해사안전실무

- 해사안전관리법령 및 워터제트 -

- 해사용어·선박인수실무 -

고한석

해광출판사

이 책을 보는 분에게

본 서의 집필은 해사현장에서 일어나는 다양하고 구체적인 해사실무처리를 육·해상의 오랜 현장경험을 바탕으로 행정과 현장의 연결에 그 목적이 있으며, 본질적으로 해사안전에 이바지 하고자 하는 것이다. 이하 본 서의 배경과 내용을 간략히 설명한다.

우선 해양사고의 인적 요인은 선원법과 선박직원법이, 물적 요인은 선박안전법이, 그리고 환경적 요인에 대해서는 해사안전법이 주로 대처를 하는 체제이며, 별도로 오염관련 해양환경관리법이 있다.

선박안전법의 발전은 전세계적으로 항해시대가 열리면서 17세기에 해상보험에 대비하여 선박검사를 하던 사적단체가 선급으로 형태를 갖춰가게 되었고, 그 검사기준에 국가가 개입하게 되었으며, Taitanic호 등 각종 대형 선박사고의 대책이 국제기구의 협약으로 발전된 것을 입법화한 것으로 주 내용은 선박의 각종검사와 검사증서의 효력에 관한 것이다.

해사안전법은 해양영토관련 해양주권법으로 적용대상인 인적, 물적, 장소적 범위를 법규화하여 국가의 주권행사로서의 책임과 의무 및 그에 수반하는 공권력행사 등 해양교통안전질서를 규율하고 있으며 국제기준인 선박안전관리체제(ISM code)를 국내법으로 도입·수록하고 있다.

해운법은 해상여객운송사업과 해상화물운송사업의 면허와 등록의 절차 및 국가의 지원 등 해상운송시장질서법이라 할 수 있다. 본 법에서는 내항여객선의 안전관리에 대해서 해사안전법상 선박안전관리체제의 특별법이라 할 수 있는 운항관리규정체제를 도입하여 별도로 적용하고 있다.

해양사고의 조사 및 심판에 관한 법률은 해양사고의 원인별 유형과 처벌의 종류를 정하는 하나의 특별형사법이며 또한 이를 진행시키는 절차법으로서 심급, 관할 등을 규정하여 일반소송절차법의 특별법적인 지위에도 있다.

용어해설에서는 선박, 항해학, 기관학의 해기기술뿐만 아니라 선박건조, 선사운영 및 행정담당자에 필요한 실무 전반에 걸쳐 현장에서 접하는 본질적인 문제를 다뤘다.

최근 여객선과 해경정 및 해군의 핵심선종으로 자리 잡고 있는 water jet 쾌속선의 구성, 전기회로도 및 유압회로도에 대해서도 설명하였다.

현장에서 발생한 해사상황을 정확히 적용할 수 있도록 법률조항을 케이스식으로 나누어 설명하였으며, 해사행정사 기출문제에 대한 설명을 덧붙였다.

본서의 내용이 해사안전감독관, PSC검사관, 해양경찰, 운항관리자, 상선·여객선·어선의 관리책임자, 선급·공단검사원, 해사행정사 등의 현직과 업무를 준비중인 관련분들에게 작으나마 도움이 되기를 바란다.

책의 집필에 H-LINE SHIPPING 정상훈 상무님의 교정과 많은 제언에 감사드린다. 원래 천학비재하여 내용상 오류와 착오가 적지 않을 것을 숨길 수 없으며, 집필에 다양한 책들을 참고하였으나 일일이 출처를 제시하지 못한 점도 죄송할 뿐이다. 다만, 이 책이 학문적 연구서적이 아님에 저자들에게 깊은 양해를 구한다.

고한석 드림

목 차

1부 해사안전법령

Ⅰ. 선박안전법 13

Ⅱ. 해사안전법 75

Ⅲ. 해운법 155

Ⅳ. 해양사고의 조사 및 심판에 관한 법률 225

2부 해사용어 등 기초이론해설

3부 선박인수실무

4부 WATER JET(instruction) 해설

1부
해사안전법령

Ⅰ. 선박안전법

Ⅱ. 해사안전법

Ⅲ. 해운법

Ⅳ. 해양사고의 조사 및 심판에 관한 법률

I. 선박안전법

[문1.1조.2조] 선박안전법의 목적과 부유식 해상구조물 등 용어정의
[문2.3조] 선박안전법상 선박의 적용범위 : 정기검사대상선박
[문3.4조] 선박안전법상 선박시설기준의 적용범위
[문4.5조] 선박안전법과 국제협약의 우선적용
[문5.6조] 선박안전법상 선박의 검사에의 참여등
[문6.7조] 선박안전법상 ①건조검사
[문7.8조] 선박안전법상 항해구역의 의의
[문8.8조] 선박안전법상 ②정기검사와 ③무선국검사확인
[문9.16조] 선박안전법상 선박검사증서 및 국제협약증서의 ⑤유효기간연장확인
[문10.9조] 선박안전법상 ④중간검사
[문11.10조] 선박안전법상 ⑥임시검사와 ⑦임시항해검사
[문12.12조] 선박안전법상 ⑧국제협약검사의 의의, 종류 및 신청
[문13.14조] 선박안전법상 ⑨도면의 승인과 선박검사의 준비
[문14.15조] 선박안전법상 선박검사 후 선박의 상태유지와 선박시설의 변경허가 등
[문15.17조] 선박안전법상 선박검사증서등이 없는 선박의 항해금지 등
[문16.18조] 선박안전법상 선박용 물건과 소형선박의 ⑩형식승인 및 검정과 확인서
[문17.22조] 선박안전법상 ⑪예비검사
[문18.26조] 선박안전법상 선박시설의 기준
[문19.23조] 선박안전법상 컨테이너의 ⑫형식승인 및 승인의 취소와 효력정지, 검정, 검정의 대행, 대행기관의 지정취소 및 ⑬안전점검
[문20.26조] 선박안전법상 ⑭만재흘수선의 표시와 복원성자료승인
[문21.29조] 선박안전법상 무선설비등과 선박위치발신장치
[문22.31조] 선박안전법상 안전항해를 위한 조치 (⑮제한하중, ⑯하역설비검사기록부, ⑰화물적재고박지침서, ⑱위험물적재적합여부, ⑲유조선등에 관한 강화검사, ⑳예인선항해검사
[문23.60조] 선박안전법상 검사 등 업무의 대행
[문24.66조] 선박안전법상 외국정부 등이 행한 검사의 인정
[문25.67조] 선박안전법상 정부대행검사기관의 배상책임
[문26.68조] 선박안전법상 국내항만에서의 ㉑외국선박에 대한 항만국 통제 및 이의신청
[문27.71조] 선박안전법상 ㉒특별검사와 ㉓재검사
[문28.73조] 선박안전법상 선급법인의 선박검사와 결함신고의 확인
[문29.75조] 선박안전법상 보고 및 자료제출명령
[문30.76조] 선박안전법상 선박검사관과 선박검사원의 자격과 업무

[문1.총칙.1조.2조]

선박안전법의 목적과 부유식해상구조물 등 용어정의

1. 목적 : '선박안전법'은 선박의 감항성유지 및 안전운항에 필요한 사항을 규정함으로써 국민의 생명과 재산을 보호함을 목적으로 한다.

2. 용어의 정의 : '선박안전법'에서 사용하는 용어의 정의는 다음과 같다.

① 선박 : 수상 또는 수중에서 항해용으로 사용하거나 사용될 수 있는 것(선외기를 장착한 것을 포함한다)과 이동식 시추선·수상호텔 등 규칙 제3조(부유식 해상구조물)로 정하는 해상구조물을 말한다.

[선박안전법상 선박이 아닌 선박은 검사대상이 아니며, 부유식해상구조물은 부유, 부선은 운항이 주목적이다]

* 규칙 제3조(해상구조물)에서 정하는 부유식 해상구조물

① 이동식 시추선 : 액체상태 또는 가스상태의 탄화수소, 유황이나 소금과 같은 해저자원을 채취 또는 탐사하는 작업에 종사할 수 있는 해상구조물로 항구적으로 해상에 고정된 것은 제외.

② 수상호텔, 수상식당 및 수상공연장 등으로서 소속직원외에 13명 이상을 수용할 수 있는 해상구조물로 항구적으로 해상에 고정된 것은 제외.

③ 다음에 해당하는 기름 또는 폐기물 등을 산적하여 저장하는 해상구조물

가) '해양환경관리법'에 따른 기름

나) '폐기물관리법'에 따른 폐기물

다) '하수도법'에 따른 하수, 분뇨 및 하수도·공공하수도·하수처리구역의 유지·관리와 관련하여 발생되는 준설물질 및 오니류

라) '수질 및 수생태계 보전에 관한 법률'에 따른 폐수

마) '가축분뇨의 관리 및 이용에 관한 법률'에 따른 가축분뇨

바) 선박 및 해양시설에서 사람의 일상적인 활동에 따라 발생하는 분뇨

④ 법 제41조(위험물의 운송)에 따른 위험물을 산적하여 저장하는 해상구조물

② 선박시설 : 선체·기관·돛대·배수설비 등 선박에 설치되어 있거나 설치될 각종 설비로서 규칙 제4조(선박시설)로 정하는 것을 말한다.

③ 선박용물건 : 선박시설에 설치·비치되는 물건으로서 '선박용물건의 형식승인시험 및 검정에 관한 기준'에서 정하는 것을 말한다.

④ 기관 : 원동기·동력전달장치·보일러압력용기·보조기관등의 설비 및 이들의 제어장치로 구성되는 것

⑤ 선외기 : 선박의 선체외부에 붙일 수 있는 추진기관으로서 선박의 선체로부터 간단한 조작에 의하여 쉽게 떼어낼수 있는 것

⑥ 감항성 : 선박이 자체의 안정성을 확보하기 위하여 갖추어야 하는 능력으로서 일정한 기상이나 항해조건에서 안전하게 항해할 수 있는 성능

⑦ 만재흘수선 : 선박이 여객이나 화물을 승선 또는 적재하고 안전하게 항해할 수 있는 최대한도의 흘수선을 말한다.

⑧ 복원성 : 수면에 평형상태로 떠 있는 선박이 파도·바람 등 외력에 의하여 기울어졌을 때 원래

의 평형상태로 되돌아오려는 성질

⑨ 여객 : 선박에 승선하는 자로서 다음에 해당하는 자를 제외한 자

가. 선원

나. 1세미만의 유아

다. 세관공무원등 일시적으로 승선한 자로서 규칙 제5조(임시승선자)로 정하는 자

* 규칙 제5조(임시승선자)

① 선원과 동승하며 생활하는 선원의 가족

② 선박소유자(선박관리인 및 선박임차인을 포함한다) 및 선박정비, 화물관리, 안전관리 등 해당 선박과 관련된 업무에 종사하는 선박회사의 소속 직원과 해당선박의 수리작업 등을 위한 작업원

③ 시험·조사·지도·단속·점검·실습에 관한 업무에 사용되는 선박에 해당업무를 수행하기 위하여 승선하는 사람

④ 도선사, 운항관리자, 세관공무원, 선박검사관, 선박검사원 등으로서 선원업무가 아닌 업무를 하는 자. → <u>규칙 제18조(최대승선인원의 산정)에 따라 선박의 입·출항경우 승선시 승선인원에서 제외</u>

⑤ 규칙 제3조(부유식해상구조물)제②호에 따른 부유식해상구조물인 수상호텔, 수상식당 및 수상공연장 등의 소속 직원과 이를 이용하는 자

⑥ 국가·지방자치단체 또는 공공기관의 선박을 이용하여 항만을 견학하는 자

⑦ 다음 각호의 하나에 해당하는 차량의 화물관리인(해양수산부장관이 고시하는 안전교육을 받은 운전자를 포함한다)

가. '축산법' 제2조에 따른 가축을 운송하는 차량

나. '동물보호법' 제2조에 따른 동물을 운송하는 차량

다. 산소공급장치를 가동하여 살아있는 수산물을 운송하는 차량

* 2022년부터는 2016년식 이후선박부터 선적, 2023년부터는 2017년식 이후선박부터 선적, 2024년부터는 2018년식 이후선박부터 선적, 2025년부터는 전면선적금지. [선적허용선박일지라도 선내에서의 액화산소압축기용 전선의 안전성은 선급기준의 적용을 받는다]

라. '위험물 선박운송 및 저장규칙'에 따른 화약류, 인화성액체류 또는 가연성 물질류등 폭발이나 화재의 위험성이 높은 위험물을 운송하는 차량

⑧ 해당선박의 출항지를 관할하는 지방해양수산청장(지방해양수산청장 소속 해양수산사무소의 장을 포함한다. 이하같다)이 인정하는 공익목적의 행사에 참여하기 위해 ③에 따른 선박에 승선한 사람

⑩ 여객선 : 13인 이상의 여객을 운송할 수 있는 선박을 말한다.

⑪ 소형선박: 법 제27조(만재흘수선의 표시등)제1항제②호에서 '선박법시행규칙'제11조제1항 제⑨호에 따른 측정방법으로 측정된 선박길이가 12미터 미만인 선박

* 해사안전법상의 소형선박 : 20톤미만, 길이 12미터미만(제81조등), 20미터미만(제67조등), 24미터미만

* 선박직원법 영 제2조5항의 소형선박 : 25톤 미만(소형선박조종사면허기준), 2005년 시행령 개정 당시의 소형선박은 30톤 미만이었으며 경과규정에 의하여 당시까지의 30톤 미만은 여전히 소형선박조종사면허가 필요하다

* '선박법시행규칙' 제11조제1항제⑨호의 소형선박
선박의 길이[최소 型깊이의 85%의 위치에서 계획만재흘수선에 평행한 흘수선전장의 96%와 만재흘수선상의 船首材전면으로부터 舵頭材중심선까지의 거리 중 긴 것을 말한다]

* 선박법 제1조의2(정의)제2항의 소형선박
제①호 : 총톤수 20톤 미만인 기선 및 범선

제②호 : 총톤수 100톤 미만의 부선

⑫ 부선 : 원동기동력전달장치등 추진기관이나 돛대가 설치되지 아니한 선박으로서 다른 선박에 의하여 끌리거나 밀려서 항해하는 선박

⑬ 예인선 : 다른 선박을 끌거나 밀어서 이동시키는 선박

* 선박의 입항 및 출항에 관한 법률 제2조(정의)에서 예선이란 예인선중 무역항에 출입하거나 이동하는 선박을 끌어당기거나 이안·접안·계류를 보조하는 선박을 말한다. 예인선의 종류는 선박의 입항 및 출항에 관한 법률에 따른 예선, 항만운송사업법에 따른 예인선과 해상화물운송사업규정에 따른 예인선이 있다.

⑭ 컨테이너 : 선박에 의한 화물의 운송에 반복적으로 사용되고 기계를 사용한 하역 및 겹침방식의 적재가 가능하며, 선박 또는 다른 컨테이너에 고정시키는 장구가 붙어있는 것으로서 밑부분이 직사각형인 기구를 말한다.

⑮ 산적화물선 : 곡물·광물등 건화물을 산적하여 운송하는 선박

⑯ 하역장치 : 화물(해당선박에서 사용되는 연료·식량·기관·선박용품 및 작업용 자재를 포함)을 올리거나 내리는데 사용되는 기계적인 장치로서 선체의 구조등에 항구적으로 붙어있는 것

⑰ 하역장구 : 하역장치의 부속품이나 하역장치에 붙여서 사용하는 물품

⑱ 국적취득조건부선체용선 (BBCHP, bareboat charter with hire purchase) : 선체 용선기간 만료 및 총 선체용선료 완불 후 대한민국 국적을 취득하는 매선조건부 선체용선

[문2.총칙.3조]

선박안전법상 선박의 적용범위 : 정기검사대상선박

1. 적용선박의 범위 및 적용제외 : 제3조(적용범위)제1항

이 법은 대한민국 국민 또는 대한민국 정부가 소유하는 선박에 대하여 적용한다. 다만, 다음에 해당하는 선박에 대하여는 그러하지 아니하다.

① 군함 및 경찰용 선박

② 노, 상앗대, 페달등을 이용하여 인력만으로 운전하는 선박

* 범선(돛이 있는 선박)은 선박검사 적용대상

②의2 '어선법' 제2조(정의)에 따른 어선

③ 제①호, 제②호 및 제②호의2 외의 선박으로서 영 제2조(적용제외선박)로 정하는 선박

*** 영 제2조(적용제외선박)**

① 법 제3조(적용범위)제1항제③호에서 시행령으로 정하는 적용제외선박

가. 선박검사증서를 발급받은 자가 일정기간동안 운항하지 아니할 목적으로 그 증서를 해양수산부장관에게 반납한 후 해당선박을 계류한 경우 그 선박[이하 계선이라 한다. 실제반납은 선급이나 해양교통안전공단에 한다]

나. '수상레저안전법'에 따른 안전검사를 받은 수상레저기구[단, 20톤 이상 모터보트는 선박안전법의 적용대상]

* 수상레저안전법 제30조(등록)대상 선박

ㄱ. 선박법 제3조제1항제②호에 따른 총톤수 20톤미만의 모터보트

ㄴ. 추진기관 30마력이상의 고무보트

ㄷ. 세일링요트

다. 2007년 11월 4일(별도건조검사규정 시행일) 전에 건조된 선박중 다음의 하나에 해당하는 선박

ㄱ. 추진기관 또는 돛대가 설치되지 아니한 선박으로서 평수구역[호수·늪·하천 및 항내의 수역('항만법'에 따른 항만구역이 지정된 항만의 경우 항만구역과 '어촌·어항법'에 따른 어항구역이 지정된 어항의 경우 어항구역을 말한다)과 규칙 제15조(항해구역의 종류)로 정하는 수역] 안에서만 운항하는 선박. 다만, 다음에 해당하는 선박은 제외한다(선박안전법을 적용한다).

1) '항만법'제39조에 따른 항만건설작업선

2) 여객운송에 사용되는 선박등 규칙 제6조(적용선박)로 정하는 선박

ㄴ. 추진기관 또는 돛대가 설치되지 아니한 선박으로서 연해구역[(영해기점으로부터 20해리 이내의 수역과, 규칙 제15조(항해구역의 종류)로 정하는 수역]을 운항하는 선박 중 여객이나 화물의 운송에 사용되지 아니하는 선박. 다만, 다음에 해당하는 선박은 제외한다(선박안전법을 적용한다).

1) '항만법'제39조에 따른 항만건설작업선

2) 압항부선(추진기관이 설치되어 있는 선박에 결합되어 운항하는 부선) 또는 잠수선 등 특수한 구조로 되어있는 선박으로서 해양수산부장관이 고시하는 선박

② 적용제외선박이나 본 법의 적용을 받으려는 선박의 별도건조검사

제1항제3호 가)목1),2)외의부분 본문 또는 같은 호 나)목1),2)외의부분 본문에 해당하는 선박으로서 이 법의 적용을 받으려는 선박의 소유자등은 해당선박에 대하여 법 제7조(건조검사)제4항에 따른 별도건조검사를 받아야 한다.

* 2007년 11월 4일 이후 건조된 부선과 부유식 해상구조물은 검사대상선박이다 그 이전 건조되어 검사면제된 부선등을 이용하여 화물을 운송하는 경우에도 화주측에서 검사증서를 요구하는 경향이 있어 영업상 검사를 신청하여 선박안전법의 검사를 받는 경우가 제법 있다.

*** 규칙 제6조(적용선박)**

영 제2조제①항제3호 가)목2)에서 해양수산부령(규칙)으로 정하는 선박이란 다음 각호의 하나에 해당하는 선박을 말한다

① 13명이상의 여객운송에 사용되는 선박

② 규칙 제3조제3호 각 목에 해당하는 기름 또는 폐기물등을 산적하여 운항하는 선박

③ 법 제41조(위험물의 운송)에 따른 위험물을 산적하여 운송하는 선박

④ 추진기관을 가지고 있는 선박에 결합되어 운항하는 압항부선(押航艀船)

⑤ 잠수선 등 특수한 구조로 되어있는 선박으로서 해양수산부장관이 '선박안전법 적용을 받는 특수한 구조로 되어 있는 선박의 종류에 대한 고시'에서 정하는 선박

2. 외국선박의 적용 : 법 제3조제2항

외국선박으로서 다음의 선박에 대하여는 영 제3조(외국선박에 대한 선박안전법의 적용범위)에서 정하는 바에 따라 이 법의 전부 또는 일부를 적용한다. 다만, 법 제68조(항만국통제)의 규정은 모든 외국선박에 대하여 이를 적용한다.

① '해운법'제3조(적용범위)에 따른 내항정기여객운송사업 또는 내항부정기여객운송사업에 사용되는 선박

② '해운법'에 따른 내항화물운송사업에 사용되는 선박

③ 국적취득조건부 선체용선을 한 선박

3. 적용배제 또는 완화 : 법 제3조제3항

제1항 및 제2항에도 불구하고 다음의 선박에 대하여는 영 제4조(협정체결에 따른 적용배제 등)에 따라 '선박안전법'의 전부 또는 일부를 적용하지 아니하거나 이를 완화하여 적용할 수 있다.

① 대한민국 정부와 외국정부가 '선박안전법'의 적용범위에 관하여 협정을 체결한 경우의 선박
② 조난자의 구조 등 규칙 제8조(적용완화)로 정하는 긴급한 사정이 발생하는 경우의 해당선박
③ 새로운 특징 또는 형태의 선박을 개발할 목적으로 건조한 선박을 임시로 항해에 사용하고자 하는 경우의 해당선박
④ 외국에 선박매각 등을 위하여 예외적으로 단 한번의 국제항해를 하는 선박

*** 영 제4조(협정체결에 따른 적용배제 등)**

법 제3조(적용범위)제3항에 따라 법의 전부 또는 일부를 적용하지 아니하거나 이를 완화하여 적용하는 사항은 다음과 같다

① 제①호의 선박 : 해당선박에 대하여 적용되는 협정의 내용에 따른다
② 제②호의 선박 : 법 제17조(검사증서등이 없는 선박의 항해금지등)제2항을 적용하지 아니한다
③ 제③호의 선박 : 법의 전부를 적용하지 아니한다
④ 제④호의 선박 : 법 제2조(정의)제②호의 선박시설에 관한 규정을 완화하여 적용한다.

*** 규칙 제8조(적용완화)**

법 제3조(적용범위)제3항제②호에서의 긴급한 사정이 발생한 경우

① 다음 각목의 하나에 해당하는 사유로 인하여 법 제8조(정기검사)제2항에 따른 최대승선인원을 초과하는 경우 → 해운법 제48조의2(응급환자 등의 이송에 대한 특례)
  가. 전쟁 또는 천재지변 등으로 조난자를 구조하는 경우
  나. 국가 또는 지방자치단체 소유의 선박이 응급환자 또는 산불등 화재진화에 필요한 인력을 수송하는 경우
② 기상여건의 악화, 풍랑 또는 그 밖의 불가항력으로 법 제8조(정기검사)제2항에 따른 항해구역을 벗어나는 경우

*** 규칙 제17조(항해구역외의 예외적 항해)**

→ 해사안전법 규칙 제37조(인증심사에 합격하지 아니한 선박의 항행)

법 제8조(정기검사)제3항에 따라 다음의 하나의 경우에는 지정된 항해구역 외의 구역을 항해할 수 있다.

① 법 제3조(적용범위)제3항제④호에 따라 외국에 선박매각 등을 하기 위하여 예외적으로 단 한 번의 국제항해를 하는 경우 → 임시검사수검
② 선박을 수리하거나 검사를 받기 위하여 수리할 장소 또는 검사를 받을 장소까지 항해하는 경우 → 임시검사수검.
  *** 규칙 제 21조(임시검사)에 따라 검사시설이 없는 섬에서 선박사고없이 평온한 상태의 선박이 검사기간이 도래한 경우 임시검사를 면제한다.** → 법 제10조(임시검사)
③ 항해구역 밖에 있는 선박을 그 해당 항해구역 안으로 항해시키는 경우 → 임시검사수검
④ 항해구역의 변경을 위하여 변경하려는 항해구역으로 선박을 항해시키는 경우 → 임시검사수검
⑤ 접경지역(대연평도, 소연평도, 대청도, 소청도 및 백령도 부근 해역을 말한다)을 항해하는 선박으로서 해당 선박의 항해구역 중 일부가 군사목적상 항해금지구역으로 설정되어 있어 그 구역을 우회하기 위하여 일시적으로 항해구역 외의 구역을 항해하는 경우 → 임시검사면제
⑥ 그 밖에 ①호부터 ④호까지와 비슷한 사유로서 선박이 임시로 항해할 필요가 있다고 인

정되는 경우 : 법 제3조제3항제②호 긴급상황발생등

*** 영 제3조(외국선박에 대한 법의 적용범위)**
제4조(선박시설기준의 적용), 제5조(국제협약과의 관계), 제6조(선박의 검사등에의 참여등), 제7조(건조검사), 제8조(정기검사), 제9조(중간검사), 제10조(임시검사), 제11조(임시항해검사), 제13조(도면의 승인등), 제14조(검사의 준비등), 제15조(선박검사후 선박의 상태유지), 제16조(선박검사증서 및 국제협약검사증서의 유효기간등), 제17조(선박검사증서등이 없는 선박의 항해금지등), 제18조(형식승인 및 검정)9항, 제20조(지정사업장의 지정)제3항, 제22조(예비검사), 제26조(선박시설의 기준), 제27조(만재흘수선의 표시등), 제28조(복원성의 유지), 제29조(무선설비), 제30조(선박위치발신장치), 제31조(선장의 권한), 제32조(항해용간행물의 비치), 제33조(조타실의 시야확보등), 제34조(하역설비의 확인등), 제35조(하역설비검사기록 및 비치), 제36조(화물정보의 제공), 제37조(유독성가스농도 측정기의 제공등), 제38조(소독약품사용에 따른 안전조치), 제39조(화물의 적재·고박등), 제40조(산적화물의 운송), 제41조(위험물의 운송), 제42조(유조선등에 대한 강화검사), 제43조(예인선에 대한 예인선항해검사), 제44조(고인화성연료유등의 사용제한), 제60조(검사등업무의 대행)제1항·2항, 제71조(특별검사), 제72조(재검사 등), 제73조(선급법인의 선박검사), 제74조(결함신고에 따른 확인등), 제75조(보고·자료제출명령 등), 제76조(선박검사관), 제77조(선박검사원), 제80조(수수료), 제83조(벌칙), 제84조(벌칙), 제85조(벌칙), 제86조(벌칙), 제88조(벌칙의 적용), 제89조(과태료)

[문3.총칙.4조]

선박안전법상 선박시설기준의 적용범위

선박에 설치된 선박시설이나 선박용 물건이 '선박안전법'에 따라 설치하여야 하는 선박시설의 기준과 동등하거나 그 이상의 성능이 있다고 인정되는 경우에는 '선박안전법'의 기준에 따른 선박시설이나 선박용 물건을 설치한 것으로 본다.

*** 규칙 제4조(선박시설) : 법 제2조(정의)제②호에서 정하는 것**
① 선체
② 기관
③ 돛대
④ 배수설비
⑤ 조타설비
⑥ 계선설비 : 배를 항구등에 매어두기 위한 설비
⑦ 양묘설비 : 닻을 감아올리기 위한 설비
⑧ 구명설비
⑨ 소방설비
⑩ 거주설비
⑪ 위생설비
⑫ 항해설비
⑬ 적부설비 : 위험물이나 그 밖의 산적화물을 실은 선박과 운송물의 안전을 위하여 운송물을 계획적으로 선박내에 배치하기 위한 설비
⑭ 하역이나 그 밖의 작업설비

⑮ 전기설비
⑯ 원자력설비
⑰ 컨테이너설비
⑱ 승강설비
⑲ 냉동·냉장 및 수산물처리가공설비
⑳ '항만법'시행령에 따른 항만건설장비
㉑ 선박의 종류·기능에 따라 설치되는 특수한 설비로서 해양수산부장관이 인정하는 설비

[문4.총칙.5조]

선박안전법과 국제협약의 우선적용 → 해사안전법 제3조(적용범위)

국제항해에 취항하는 선박의 감항성 및 인명의 안전과 관련하여 국제적으로 발효된 국제협약의 안전규정과 '선박안전법'의 안전규정이 다른 때에는 양법의 상위법·하위법 개념에 의하여 해당국제협약의 효력을 우선한다. 다만, 선박안전법의 규정내용이 국제협약의 안전기준보다 강화된 기준을 포함하는 때에는 그러하지 아니하다.

[문5.총칙.6조]

선박안전법상 선박의 검사에의 참여등

1. 검사의 참여

'선박안전법'에 따른 선박의 검사 및 검정·확인을 받고자 하는 자 또는 그의 대리인은 선박의 검사 등을 하는 현장에 함께 참여하여야 한다.

2. 협조의무

선박의 검사 등에 참여한 자는 검사 및 검정·확인에 필요한 협조를 하여야 한다.

3. 검사 등의 중지

해양수산부장관은 검사 및 검정·확인에 참여할 자가 참여하지 아니하거나 검사 및 검정·확인에 참여한 자가 필요한 협조를 하지 아니하는 경우에는 해당검사 및 검정·확인을 중지시킬 수 있다.

[문6.선박의 검사.7조]

선박안전법상 건조검사

1. 의의

선박을 건조하고자 하는자는 선박에 설치되는 선박시설에 대하여 규칙 제10조(건조검사)로 정하는 검사를 받아야 한다.

2. 증서의 교부

해양수산부장관은 건조검사에 합격한 선박에 대해 규칙 제10조(건조검사)로 정하는 사항과 검사기록을 기재한 건조검사증서를 교부하여야 한다.

3. 효력

건조검사에 합격한 선박시설에 대하여는 법 제8조(정기검사)제1항의 규정에 따른 정기검사중 선박을 최초로 항해에 사용하는 때 실시하는 검사는 이를 합격한 것으로 본다.

4. 외국수입선박의 검사 → [제66조(외국정부등이 행한 검사의 인정)관련 안전불안해소]

1) 별도건조검사

해양수산부장관은 외국에서 수입되는 선박 등 제1항의 건조검사를 받지 아니하는 선박에 대하여 건조검사에 준하는 검사로서 별도건조검사를 받게 할 수 있다.

2) 의제규정

건조검사에 대한 검사증교부 및 효력은 별도건조검사에 합격한 선박에 대하여 준용한다.

* 규칙 제10조(건조검사)

1) 검사의 신청

건조검사를 받으려는 자는 건조검사신청서에 다음 서류를 첨부하여 건조시작 전에 제출하되, 다만, 제②호부터 제④호까지의 서류는 해당되는 경우에만 첨부한다.

① 법 제13조(도면의 승인)에 따라 승인받은 도면(도면승인을 한 대행검사기관에 신청시 생략)

② 법 제18조(형식승인 및 검정)에 따른 선박용물건 또는 소형선박의 검정증서

③ 법 제20조(지정사업장의 지정)에 따른 선박용물건 또는 소형선박의 확인서

④ 법 제22조(예비검사)에 따른 선박용물건 또는 소형선박의 예비검사증서

2) 건조검사시기와 검사사항

건조검사는 선체·기관·배수설비·조타설비·계선설비·양묘설비·전기설비와 만재흘수선에 대하여 건조 착수시부터 검사하여야 한다.

3) 증서의 기록사항

① 선박검사관의 성명(대행검사기관이 대행한 경우 선박검사원의 성명)

② 검사완료일 및 검사장소

③ 다음 검사기준일 및 검사종류

[문7.선박의 검사.8조]

선박안전법상 항해구역의 의의

1. 항해구역채택 배경

선박의 물리적 감항능력을 규정하는 원칙은 선박의 시설에 대해서만 최저기준을 설정하는 일원주의방식과 선박의 항해구역을 규정한 후 이에 대한 시설기준을 설정하는 이원주의방식의 두가지로 나눌수 있다. 우리나라의 '선박안전법'은 선박의 크기(길이)와 속력을 기준으로 하여 항해구역을 제한한 후 이에 대한 시설기준을 설정하는 이원주의방식을 채택하고 있다.

항해구역제도는 선박의 항해범위를 한정하여 감항능력을 확보함으로써 선박 항행상의 안전을 확

보하고자 하는데 그 목적이 있다. 이러한 입법주의를 채택하고 있는 나라는 우리나라와 일본이 있지만 영국을 중심으로 하는 대부분의 국가와 국제해사기구와 국제노동기구에서 채택한 선박의 감항능력규정의 원칙은 선박의 물리적 시설기준을 정한 일원주의를 채택하고 있다.

2. 항해구역의 종류 : 규칙 제15조

1) 법 제8조(정기검사)제3항에 따른 항해구역

① 평수구역 : 항내 및 해양수산부령의 18개수역

② 연해구역 : 한반도 및 제주도등의 영해기선으로부터 20마일 이내와 5개 수역

③ 근해구역 : 동남아수역

④ 원양구역 : 평수, 연해, 근해구역을 제외한 모든수역

2) 평수구역

영 제2조제1항제③호가목1)·2)외의부분 본문에 따라 "호소(호수와 늪)·하천 및 항내의 수역('항만법'에 따른 항만구역이 지정된 항만의 경우 항만구역과 '어촌·어항법'에 따른 어항구역)과 별도로 지정된 18구의 수역을 말한다.

3) 연해구역

영 제2조제1항제③호나목1)·2)외의부분 본문에 따라 "영해기점으로부터 20해리이내의 수역과 별도로 지정된 5구의 수역을 말한다. 그러므로 '선박안전법' 시행지 내의 섬이라고 할지라도 지정된 5구역과 제주도 이외의 경우는 평수구역인 호소·하천 및 항내를 벗어나면 바로 근해구역으로 된다.

4) 근해구역 : 동쪽은 동경 175도, 서쪽은 동경 94도, 남쪽은 남위 11도, 북쪽은 북위 63도의 선으로 둘러싸인 수역을 말한다.

5) 원양구역 : 모든 수역을 말한다. 여기서 말하는 원양구역은 모든 수역이 아니라 위 3개의 구역을 제외한 전세계의 해역과 수역을 의미하는 것이다. 다만, 원양구역을 항해하는 선박은 평수, 연해, 근해구역의 항로를 항해 할 수 있다는 것으로 해석하여야 한다. 따라서 원양구역은 평수, 연해, 근해구역을 제외한 전 세계의 해역 또는 수역으로 정의하는 것이 합목적적인 정의라고 본다.

[문8.선박의 검사.8조]

선박안전법상 정기검사와 무선국검사확인

1. 의의

1) 선박소유자는 선박을 최초로 항해에 사용하는 때 또는 제16조(선박검사증서 및 국제협약검사증서의 유효기간등)의 규정에 따른 선박검사증서의 유효기간이 만료된 때 등 다음의 경우에 선박시설과 만재흘수선에 대하여 규칙 제12조(정기검사)로 정하는 바에 따라 해양수산부장관에게 정기검사를 받아야 한다. 다만, 법 제29조(무선설비)의 규정에 따른 무선설비 및 법 제30조(선박위치발신장치)의 규정에 따른 선박위치발신장치에 대하여는 '전파법'의 규정에 따라

검사(무선국검사)를 받았는지 여부를 확인하는 것으로 갈음한다.

① 선박을 최초로 항해에 사용 시

② 선박검사유효기간 만료 시

2) 무선국검사의 기준(허가유효기간, 정기검사주기, 유효기간만료기준일 전후)

① 의무선박국

허가유효기간 무기한, 정기검사주기 1년, 유효기간만료기준일 전후 2개월이내 검사. 운용휴지신고를 하면 효력이 정지된다(선박검사의 계선에 해당)

② 의무선박국의 40톤미만어선 및 평수구역운항선박

허가유효기간 무기한, 정기검사주기 2년, 유효기간만료기준일 전후 3개월이내 검사

③ 선박국

허가유효기간 5년, 정기검사주기 5년, 유효기간만료기준일 전후 6개월이내 검사

2. 검사증서교부

해양수산부장관은 제1항의 규정에 따른 정기검사에 합격한 선박에 대하여 항해구역·최대승선인원 및 만재흘수선의 위치를 각각 지정하여 규칙 제13조(선박검사증서의 서식등)로 정하는 사항과 검사기록을 기재한 선박검사증서를 교부하여야 한다.

3. 제2항의 규정에 따른 항해구역의 종류와 예외적으로 허용되거나 제한되는 항해구역, 최대승선인원의 산정기준 등은 규칙 제15조(항해구역의 종류), 제16조(항해구역의 지정), 제17조(항해구역외의 예외적 항해), 제18조(최대승선인원의 산정등)으로 정한다.

* 규칙 제12조(정기검사)

1) 최초항해 사용시 검사의 신청

선박검사신청서에 다음 서류를 첨부하여 제출하되, 제③, 제④, 제⑤호는 해당되는 경우에만 첨부한다.

① 규칙 제10조(건조검사)제4항 또는 규칙 제11조(별도건조검사)제3항에 따른 건조검사증서 또는 별도건조검사증서(건조검사 또는 별도건조검사를 정기검사와 동시에 실시하는 경우에는 생략)

② 정기검사 관련 승인도면(도면승인을 한 대행검사기관에 신청하는 경우에는 생략)

③ 법 제18조(형식승인 및 검정)제10항에 따른 선박용물건 또는 소형선박의 검정증서

④ 법 제20조(지정사업장의 지정)제4항 단서에 따른 선박용물건 또는 소형선박의 확인서

⑤ 법 제22조(예비검사)제3항에 따른 선박용물건 또는 소형선박의 예비검사증서

2) 유효기간 만료의 검사신청

유효기간 만료 전에 선박검사신청서에 다음을 첨부하여 제출하여야 한다.

① 선박검사증서

② 법 제18조(형식승인 및 검정)제10항에 따른 선박용물건 또는 소형선박의 검정증서

③ 법 제20(지정사업장의 지정)제4항 단서에 따른 선박용물건 또는 소형선박의 확인서

④ 법 제22조(예비검사)제3항에 따른 선박용물건 또는 소형선박의 예비검사증서

⑤ 법 제35조(하역설비검사기록 및 비치)제1항에 따른 하역설비검사기록부

* 규칙 제13조(선박검사증서의 서식등)

1) 교부하는 선박검사증서의 서식은 선박에 따라 다르다

① 여객선 및 위험물산적운송선
② 선박길이 12미터 미만의 선박
③ 선박길이 12미터 이상의 선박

2) 검사증서의 기재사항

합격선박에 대해 항해구역, 최대승선인원 및 만재흘수선의 위치를 각각 지정하고 검사기록에 다음을 기재한 선박검사증서를 교부하여야 한다.

① 선박검사관 성명
② 검사완료일 및 검사장소
③ 다음 검사기준일과 검사종류
④ 최대승선인원 또는 선박의 길이가 변경된 경우 주요 변경내용. 이 경우 변경 사유 및 변경날짜는 선박검사증서의 비고란에 기재하여야 한다.

* 규칙 제16조(항해구역의 지정)

1) 항해구역지정시 고려사항

법 제8조(정기검사)제3항에 따라 항해구역을 지정하는 경우에는 선박소유자의 요청, 선박구조 및 선박시설기준 등을 고려하여 지정한다.

2) 외국에서의 항해구역지정

외국의 동일국가내의 항구 사이 또는 외국의 호소·하천 및 항내의 수역에서만 항해하는 선박의 항해구역은 규칙 제15조(항해구역의 종류)에 준하여 평수구역·연해구역·근해구역으로 정할 수 있다

3) 별도건조검사선박에 대한 항해구역지정

법 제7조(건조검사)제4항에 따라 별도건조검사를 받은 선박에 대하여는 해당선박의 크기·구조·용도등을 고려하여 항해구역을 제한하여 지정할 수 있다

* 규칙 제18조(최대승선인원의 산정등)

1) 의의

최대승선인원이란 선박자체의 안정성을 확보하기 위하여 선박에 승선을 허용하는 최대한도의 인원을 말하며 선박운항의 안전을 목표로하는 선원법상 승무정원증서상 선원수와 개념이 다르다. 선박의 최대승선인원은 선원 및 여객이 승선한 후 만재흘수선을 초과하지 않는 범위 내에서 여객실, 선원실의 수용범위 내에서 산정한다. 최대승선인원을 계산할 때 사람의 몸무게는 선박의 규모에 비하여 매우 작기 때문에 별로 중요하지 않으며, 여객실이나 선원실 등 사람을 수용할 수 있는 시설을 제대로 갖추는 것이 중요하다.

2) 최대승선인원의 산정

최대승선인원은 여객, 선원 및 임시승선자별로 다음의 기준에 따라 산정한다.

① 승선인원에 산입되지 않는 사람
   가) 선내 관람과 관련하여 승선하는 사람, 하역·수리작업·해상공사 등을 위한 작업원 또는 선원교대자 등으로서 해당 선박의 정박중에만 승선하는 자
   나) 선박의 입항, 출항 및 정박중에 관련 업무를 수행하기 위하여 승선하는 도선사, 운항관리자, 세관공무원, 검역공무원, 선박검사관 및 선박검사원 등
   다) 1세 미만인 유아
② 여객실, 선원실, 그 밖의 최대승선인원을 산정하는 장소에 화물을 실은 경우에는 그 화물이 차지하는 장소에 상응하는 인원수를 제외하고 산정
③ 국제항해에 종사하지 아니하는 선박의 경우 1세 이상 12세 미만인 자는 2명을 1명으로 산정

3) 제1항에 불구하고 선박소유자가 요청하는 경우에는 산정된 인원수의 범위에서 최대승선인원의 수를 제한하여 지정할 수 있다

4) 최대승선인원의 산정기준은 별도로 정한다.

5) 여객선의 경우 기준(약관에 따라서)
   * 여객선의 경우 용어의 정의
      ① 유아 : 0~12개월 미만(0인)
      ② 소인 : 12개월~12세미만(고속선에서 1인, 일반여객선에서 0.5인)
      ③ 대인 : 12세이상

[문9.선박의 검사.16조]

선박안전법상 선박검사증서 및 국제협약증서의 유효기간연장확인

1. 법 제8조(정기검사)제2항의 규정에 따른 선박검사증서 및 법 제12조(국제협약검사)제2항의 규정에 따른 국제협약검사증서의 유효기간은 5년 이내의 범위에서 영 제5조(선박검사증서 및 국제협약검사증서의 유효기간)로 정한다.
2. 해양수산부장관은 제1항의 규정에 따른 선박검사증서 및 국제협약검사증서의 유효기간을 5개월 이내의 범위에서 영 제6조(선박검사증서 및 국제협약검사증서의 유효기간연장)로 정하는 바에 따라 연장할 수 있다
3. 정해진 검사시기까지 중간검사 또는 법 제10조(임시검사)제1항제⑥호(해양수산부장관이 임시검사를 지정한 경우)에 따른 임시검사에 합격하지 못하거나 해당검사를 신청하지 아니한 선박의 선박검사증서 및 국제협약검사증서의 유효기간은 해당검사시기가 만료되는 날의 다음날부터 해당검사에 합격될 때까지 그 효력이 정지된다.

* 영 제5조(선박검사증서 및 국제협약검사증서의 유효기간)

1) 선박검사증서
   법 제16조(선박검사증서 및 국제협약검사증서의 유효기간 등)제1항에 따른 선박검사증서의 유효기간은 5년으로 한다.
2) 국제협약검사증서
   국제협약검사증서의 유효기간은 다음 구분에 따른다. 다만, 해당선박에 대하여 임시변경증 또는 임시항해검사증서를 발급받은 경우 그 유효기간은 해당 임시변경증 또는 임시항해검사증서에 기재된 유효기간으로 한다.
   ① 여객선안전검사증서·원자력여객선안전검사증서 및 원자력화물선안전검사증서 : 1년
   ② 그 밖의 국제협약검사증서 : 5년
3) <u>유효기간의 기산점</u>
   제1항에 따른 선박검사증서의 유효기간은 다음 각 호에 규정된 날부터 기산한다.
   ① 최초로 정기검사를 받은 경우 해당 선박검사증서를 발급받은 날
   ② 선박검사증서의 유효기간만료 전 3개월 이내에 정기검사를 받은 경우에는 종전 선박검사증서의 유효기간 만료일의 다음날
   ③ 선박검사증서의 유효기간만료일 3개월 전에 정기검사를 받은 경우에는 해당 선박검사증서를 발급받은 날
   ④ 선박검사증서의 유효기간이 끝난 후에 정기검사를 받은 경우에는 종전 선박검사증서의 유효기간 만료일의 다음날. 다만, 계선서류를 제출한 계선 및 규칙 제33조(선박검사증서 유효기간의 산정 사유)에 따른 사유로 인하여 종전 선박검사증서의 유효기간 만료일의 다음날부터 계산하는 것이 부당하다고 인정되는 경우에는 정기검사를 받고 해당

선박검사증서를 발급받은 날부터 계산한다.

4) 국제협약검사증서의 유효기간

제2항에 따른 국제협약검사증서의 유효기간의 기산방법은 제3항에 따른 선박검사증서의 유효기간 기산방법을 준용한다. 이 경우 선박검사증서는 국제협약검사증서로 본다.

* 영 제6조(선박검사증서 및 국제협약검사증서의 유효기간연장)

1) <u>선박검사증서의 유효기간연장</u>

법 제16조제2항에 따라 선박검사증서 및 국제협약검사증서의 유효기간을 연장하려는 경우 다음 각호의 구분에 따른 기간 이내에서 연장할 수 있다. 다만, 제①호에 해당하는 경우에는 그 연장기간 내에 해당선박이 정기검사 또는 규칙 제34(선박검사증서 및 국제협약검사증서의 유효기간 연장신청 등)로 정하는 국제협약검사를 받을 장소에 도착하면 지체없이 그 정기검사 또는 국제협약검사를 받아야 한다.

① 해당선박이 정기검사 또는 규칙 제34조(선박검사증서 및 국제협약검사증서의 유효기간 연장신청 등)에 따른 국제협약검사를 받기 곤란한 장소에 있는 경우 : <u>3개월 이내</u>

② 해당선박이 외국에서 정기검사 또는 규칙 제34조(선박검사증서 및 국제협약검사증서의 유효기간 연장신청 등)에 따른 국제협약검사를 받았으나 선박검사증서 또는 국제협약검사증서를 선박에 갖추어 둘 수 없는 사유가 발생한 경우 : <u>5개월 이내</u>

③ 해당선박이 짧은 거리의 항해(항해를 시작하는 항구부터 최종 목적지의 항구까지의 항해거리 또는 항해를 시작한 항구로 회항할 때까지의 항해거리가 1천해리를 넘지 아니하는 항해를 말한다)에 사용되는 경우(국제협약검사증서로 한정한다) : <u>1개월</u>

2) 예외

제1항에도 불구하고 국제협약검사증서 중 국제방사능핵연료화물운송적합증서의 경우 특별한 사유가 없는 한 그 유효기간은 자동으로 연장된다.

[문10.선박의 검사.9조]

<u>선박안전법상 중간검사</u>

1. 의의

선박 소유자는 규칙 제19조(중간검사)에 따라 정기검사와 정기검사의 사이에 중간검사를 받아야 한다.

2. 검사시기 및 검사사항

중간검사는 선박종류별로 제1종과 제2종으로 구분하며, 그 검사시기와 검사사항은 규칙 제9조(중간검사)로 정하며, 검사사항은 선박시설, 만재흘수선 및 무선설비(선박위치발신장치포함)로 한다.

3. 검사결과의 기재

해양수산부장관은 합격선박에 대하여 제8조(정기검사)에 따른 선박검사증서의 검사기록에 그 검사결과를 기재하여야 한다.

4. 검사의 연기

해외 수역에서의 장기간 항해, 조업 등 부득이한 사유로 인하여 중간검사를 받을 수 없는 자는 규칙 제20조(중간검사시기의 연기신청)로 정하는 바에 따라 중간검사의 시기를 연기할 수 있다

* 규칙 제19조(중간검사)

1) 제3항 : 중간검사면제선박[정기검사만 해당되는 선박]
① 총톤수 2톤 미만인 선박 → 무선설비면제
② 추진기관이나 돛대가 없는 선박[부선]으로서 평수구역안에서만 운항하는 선박. [실제 부선이 면제받는 경우는 거의 없다] 다만, 규칙 제6조(적용선박)각호의 선박은 제외한다.
* 규칙 제6조(적용선박)
① 여객선 – 매년 1종중간검사
② 기름폐기물운반선 – 5년에 1회 제1종 중간검사
③ 위험물산적운반선 – 5년에 1회 제1종 중간검사
④ 압항부선 – 예인선과 부선은 독립된 검사증서를 받는다
⑤ 잠수선등 특수한 구조로 되어있는 선박으로서 고시하는 선박
③ 추진기관 또는 돛대가 설치되지 아니한 선박(부선)으로서 연해구역을 운항하는 선박 중 여객이나 화물의 운송에 사용되지 않는 선박
2) 5년에 1회 제2종중간검사선박 : 항만법 시행규칙 제25조
항만건설작업선[선원의 산재보험가입으로 선원법적용배제], 정기검사를 받은 날부터 2년6개월이 되는날의 전후 3개월 이내
3) 5년에 1회 제1종중간검사선박 : 제2항나)
다음의 하나에 해당하는 선박은 제1종중간검사만 해당되며 정기검사후 두 번째 검사기준일 전 3개월부터 세번째 검사기준일 후 3개월 까지 검사를 받아야 한다
① 평수구역만을 항해하는 선박길이가 24미터 미만인 선박[통선]으로 5)의 선박은 제외한다.[중간검사시 상가한다]
② 삭제
③ 준설토 운반부선 및 부유식 해상구조물.
[연해구역이상부선, 2007년이후 건조된 부유식해상구조물, 기름·폐기물산적운항부선, 실제 거의 모든 부선이 해당되며 중간검사시 통상 상가를 생략하여 5년에 1회 제2종중간검사를 받는 것과 같다]
* 국내항행부선에는 선두가 승선하며 선원자격이 필요없으나 국제항행부선에는 선원자격자 2인이 승선한다.
④ 선박길이가 12미터 미만인 범선.[중간검사시 통상 상가를 생략한다]
4) 제1종, 제2종중간검사선박 : 제2항다)
3)과 5)에 해당하지 아니하는 선박(연해구역이상을 운항하는 통선, 일반화물선, 유조선 및 위험물운반선등 일반선박)
* 15년 이하의 예인선의 경우 상가 없이 선체검사로 대체할 수 있으나 페인트문제로 상가한다.
① 제1종중간검사 : 정기검사후 두 번째 또는 세 번째 검사기준일전후 3개월 이내. 다만, 선저검사는 지난번 선저검사일부터 3년을 초과하여서는 아니된다
② 제2종중간검사 : 검사기준일 전후 3개월 이내(정기검사 또는 제1종중간검사를 받아야 하는 연도의 검사기준일은 제외한다)
5) 매년 제1종중간검사대상선박 : 제2항가)
여객선, 원자력선, 잠수선, 고속선, 수면비행선박(여객용만해당) 및 선령 30년이상 선박으로서 선박길이 24미터 이상인 선박으로 검사기준일 전후 3개월 이내에 검사를 받아야 한다.
6) 중간검사항목 : 제4항
법 제9조제2항에 따른 제1종중간검사와 제2종중간검사의 검사사항은 선박시설, 만재흘수선 및 무선설비(선박위치발신장치를 포함한다)로 하되, [제2종중간검사는 선박시설등 효능을 주로검사하고 제1종중간검사는 선박시설과 만재흘수선등 구조를 포함한다]
7) 중간검사의 조기검사 : 제5항 -> 해사안전법 규칙 35조(중간인증심사의 시행시기)
검사시기를 정한 제2항에도 불구하고 선박소유자는 장기항해등 부득이한 사유가 있는 경

우에는 중간검사를 검사기준일보다 3개월 이상 앞당겨 받을 수 있다. 이 경우 해당검사 완료일부터 3개월이 지난 날을 새로운 검사기준일로 한다. [어떤 경우에도 정기검사유효 기간은 불변이다]

* 규칙 제20조(중간검사시기의 연기신청)
1) 해양수산부장관은 연기신청을 받은 경우에는 해당선박의 항해일정을 고려하여 타당하다고 인정되는 경우 해당검사기준일부터 12개월 이내의 기간을 정하여 그 검사시기를 연기할 수 있다. 이 경우 다음 검사시기와 검사종류등을 선박소유자에게 알려야 한다.
2) 연기 받은 기간내에 해당선박이 중간검사를 받을 장소에 도착하면 지체 없이 중간검사를 받아야 한다.
3) 검사시기의 연기로 인하여 연기된 중간검사와 정기검사가 겹치는 경우에는 정기검사를 실시하고, 제1종 중간검사와 제2종 중간검사가 겹치는 경우에는 제1종 중간검사를 실시한다.

[문11.선박의 검사.10조]

선박안전법상 임시검사와 임시항해검사

1. 임시검사 : 법 제10조

1) 의의

선박의 감항성 유지와 안전운항에 영향을 미칠 수 있는 선박시설의 개조나 수리 또는 구조·설비·용도 등의 변경시 받아야 하는 검사이다.

2) 임시검사사유 : 제1항

선박소유자는 다음의 경우 해양수산부장관의 검사를 받아야 한다.

① 선박시설에 대하여 규칙 제21조(임시검사)에 따라 개조 또는 수리를 하려는 경우
② 법 제8조(정기검사)제2항의 규정에 따른 선박검사증서에 기재된 내용을 변경하려는 경우. 다만, 선박소유자의 성명과 주소, 선박명 및 선적항의 변경 등 선박시설의 변경이 수반되지 아니하는 경미한 사항의 변경인 경우는 제외한다.
③ 법 제15조(선박검사후 선박의 상태유지)제3항에 따라 선박검사 후 복원성기준을 충족하는 범위에서 해양수산부장관의 허가를 받아 선박의 길이·너비·깊이 또는 설비의 개조 등을 하여 선박의 용도(여객선→화물선등)를 변경하고자 하는 경우
④ 법 제29조(무선설비)에 따라 무선설비를 새로이 설치하거나 변경하고자 하는 경우
⑤ '해양사고의 조사 및 심판에 관한 법률'제2조(정의)에 따른 해양사고 등으로 선박의 감항성 또는 인명안전의 유지에 영향을 미칠 우려가 있는 선박시설의 변경이 발생한 경우
⑥ 해양수산부장관이 선박시설의 보완 또는 수리가 필요하다고 인정하여 임시검사의 내용 및 시기를 지정한 경우
⑦ 만재흘수선의 변경 등 규칙 제21조(임시검사)로 정한 경우

3) 검사결과의 기재 : 제2항

규칙 제21조(임시검사)제8항에 따라 해양수산부장관은 합격선박에 대하여 선박검사증서의 검

사기록에 ①검사결과와 ②다음검사시기 ③검사종류 및 선박검사관의 성명을 기재하여야 한다.

4) 임시변경증교부 : 제3항

제2항에도 불구하고 해양수산부장관은 제8조(정기검사)제2항에 따른 선박검사증서에 적혀있는 내용을 일시적으로 변경하기 위하여 제1항제②호 본문에 따른 임시검사에 합격한 선박에 대해서는 규칙 제21조(임시검사)로 정하는 임시변경증을 교부할 수 있다.

* 규칙 제21조(임시검사)

1) 제1항 : 임시검사시 제출서류(제②호부터 제⑤호까지는 해당되는 경우에만 제출)
   - ① 선박검사증서
   - ② 임시검사관련 승인도면(도면승인을 한 대행검사기관에 신청하는 경우에는 생략한다)
   - ③ 법 제18조(형식승인 및 검정)제10항에 따른 선박용물건 또는 소형선박의 검정증서
   - ④ 법 제20조(지정사업장의 지정)제4항 단서에 따른 선박용물건 또는 소형선박의 확인서
   - ⑤ 법 제22조(예비검사)제3항에 따른 선박용물건 또는 소형선박의 예비검사증서

2) <u>제2항 : 개조·수리에 해당하는 경우(임시검사사유)</u> : 법 제10조 제1항제①호
   - ① 선박의 길이, 너비, 깊이 또는 다음 각목의 하나에 해당하는 선체주요부의 변경으로 선체의 강도, 수밀성 또는 방화성에 영향을 미치는 개조 또는 수리
     - 가) 상갑판아래의 선체, 선루 또는 기관실위벽(圍壁)의 폭로부(暴露部)
     - 나) 갑판실(승선자가 거주하거나 항상 사용하는 것으로 한정한다)의 측벽 또는 정부갑판(頂部甲板)
     - 다) 선루갑판(船樓甲板)아래의 폭로부 외판
     - 라) 격벽에 설치되어 폐위(閉圍)구역을 보호하는 폐쇄장치(목제창구(木製艙口)덮개 또는 창구복포(艙口覆布))는 제외한다.
   - ② 다음 각목의 하나에 해당하는 기관의 개조 또는 수리
     - 가) 기관의 성능에 영향을 미치는 기관의 교체
     - 나) 선박의 추진과 관계있는 기관의 교체
     - 다) 선박의 추진과 관계있는 기관의 성능에 중대한 영향을 미치는 기관주요부의 개조 또는 수리
   - ③ 타(舵) 또는 조타장치의 변경으로 선박의 조종성능에 중대한 영향을 미치는 개조 또는 수리
   - ④ 탱크, 펌프실, 그밖에 인화성액체 또는 인화성 고압가스가 새거나 축적될 우려가 있는 곳에 설치되어 있는 전선로를 교체·변경하는 수리
   - ⑤ 항만건설장비의 설치·변경등으로 선박의 복원성 또는 항만건설장비의 성능에 중대한 영향을 미치는 개조 또는 수리

3) 제3항 : 임시검사의 내용 및 시기지정

   해양수산부장관은 법 제10조(임시검사)제1항제⑥호에 따라 임시검사의 내용 및 시기를 지정하려는 경우에는 선박검사증서의 뒤쪽에 그 내용 및 시기를 적어야 한다.

4) <u>제4항 : 변경 또는 조정등의 경우(임시검사사유) : 법 제10조(임시검사)제1항제⑦호</u>
   - ① 선박시설에 관한 선박용 물건 중 선박에 고정설치 되는 것으로서 새로 설치하거나 변경하는 경우. 다만, 여객선 및 선박길이 24미터 이상의 선박이 아닌 선박의 경우에는 선박에 고정설치 되는 것으로서 제4조(선박시설)제⑧호(구명설비), 제⑨호(소방설비), 제⑫호(항해설비), 제⑭호(하역이나 그 밖의 설비)의 선박시설로 한정한다.
   - ② 법 제27조(만재흘수선의 표시등)제1항에 따른 만재흘수선을 새로 표시하거나 변경하려는 경우
   - ③ 법 제28조(복원성의 유지)제1항에 따른 복원성기준을 새로 적용받거나 그 복원성에 영향을 미칠 우려가 있는 선박용물건을 신설·증설 교체 또는 제거하거나 위치를 변경하려는 경우
   - ④ 원자력선의 원자로에 연료체를 투입하거나 원자로 안에서 연료체의 배치를 바꾸려는

경우
⑤ 보일러 안전밸브의 봉인을 개방하여 조정하려는 경우
⑥ 법 제34조(하역설비의 확인등)제1항에 따라 확인받은 하역설비의 제한하중, 제한각도 및 제한반지름을 변경하려는 경우
⑦ 승강설비의 제한하중 또는 정원을 변경하려는 경우
⑧ 삭제
⑨ 법 제8조(정기검사)제3항에 따른 규칙 제17조(항해구역외의 예외적항해)제①호부터 제④호까지 및 제⑥호에 해당하는 경우
* 규칙 제17조 제②호의 경우 검사시설이 없는 섬에서 선박사고없이 평온한 상태의 선박이 검사기간이 도래한 경우 선박검사를 받기위하여 검사시설이 있는 장소로 항해하려는 경우는 임시검사를 면제한다.
⑩ 삭제

5) 제5항 : 제2항에 따라 개조 또는 수리를 하는 선박소유자는 해당시설의 개조 또는 수리에 착수한 때부터 검사를 받아야 한다.
6) 제6항 : 선박소유자는 제3항에 따라 검사시기를 앞당겨 받을 수 있다.
7) 제7항 : 선박소유자는 정기검사 또는 중간검사를 받을 때에 임시검사사항이 포함되는 경우에는 별도의 임시검사를 받지 아니한다.
8) 임시변경증 : 제4항 제⑨호의 검사시설관련 임시검사
검사시설이 없는 섬에서 검사시설이 있는 항해구역외의 장소로 항해하는 각각의 경우
① 선박이 사고등 이상이 없는 경우 임시검사를 면제한다.
② 선박사고로 검사를 받는 경우 임시검사완료후 임시변경증을 발부 받는다.
③ 검사기간 도과시에는 운항계획서를 제출한후 임시항해검사를 받는다.

2. 임시항해검사 : 법 제11조

1) 정기검사를 받기 전에 임시로 선박을 항해에 사용하고자 하는 때 또는 국내의 조선소에서 건조된 외국선박(국내의 조선소에서 건조된 후 외국에서 등록되었거나 외국에서 등록될 예정인 선박)의 시운전을 하고자 하는 경우에는 선박소유자나 선박건조자는 다음의 경우 해당 선박에 요구되는 항해능력에 대하여 규칙 제22조(임시항해검사)로 정하는 바에 따라 검사를 받아야 한다.
① 정기검사 전 임시로 선박을 항해에 사용하려는 때
② 국내의 조선소에서 건조된 외국선박(국내의 조선소에서 건조된 후 외국에서 등록되었거나 등록될 예정인 선박)의 시운전을 하려는 경우.
2) 해양수산부장관은 임시항해검사에 합격한 선박에 대하여 규칙 제22조(임시항해검사)로 정하는 사항과 검사기록을 기재한 임시항해검사증서를 교부하여야 한다.

* 규칙 제22조(임시항해검사)
임시항해검사를 받으려는 선박소유자 또는 선박의 건조자는 해당선박의 운항계획서를 첨부하여 해양수산부장관에게 제출하여야 한다. 다만, 영 제21조(권한의 위임)에 따른 임시항해검사인 경우(시운전등) 에는 지방해양수산청장에게 제출하여야 한다.
* 정기검사 없이 시운전시 지방청에 임시항해검사에 대한 선박검사신청서와 운항계획서를 제출하고 선박검사관으로부터 수검 후 임시항해검사증을 교부받아 시운전을 한다.

[문12.선박의 검사.12조]

선박안전법상 국제협약검사의 의의, 종류 및 신청

1. 의의

해상에서의 안전과 환경보호를 위하여 국제항해에 취항하는 선박의 소유자는 선박의 감항성 및 인명안전과 관련하여 국제적으로 발효된 국제협약에 따른 해양수산부장관의 검사를 받아야 한다.

2. 검사증서교부

해양수산부장관은 국제협약검사에 합격한 선박에 대하여 규칙 제23조(국제협약검사증서의 서식 등)로 정하는 사항과 검사기록을 기재한 국제협약검사증서를 교부하여야 한다.

3. 국제협약검사증서의 효력정지

해양수산부장관은 제2항의 규정에 따라 교부한 국제협약검사증서의 소유자가 제1항에서 규정된 국제협약을 위반한 경우에는 해당증서를 회수하거나 효력정지 또는 취소할 수 있다. 또한 규칙 제26조(국제협약검사증서의 효력정지)에 해당되는 경우에도 효력이 정지된다.

4. 외국정부의 검사요청

해양수산부장관은 외국정부로부터 국제협약검사증서의 교부요청이 있는 때에는 해당외국선박에 대하여 제1항의 규정에 따른 국제협약검사를 한 후 국제협약검사증서를 교부할 수 있다.

* 규칙 제23조(국제협약검사증서의 서식등)
1) 국제협약검사증서의 종류
① 여객선(원자력여객선은 제외) : 별도서식의 여객선안전증서
② 원자력여객선 : 별도서식의 원자력여객선안전증서
③ 총톤수 300톤이상 500톤 미만의 화물선 : 별도서식의 화물선안전증서
④ 총톤수 500톤 이상의 화물선
가. 별도서식의 화물선안전무선증서
나. 별도서식의 화물선안전구조증서
다. 별도서식의 화물선안전설비증서
라. 별도서식의 화물선안전증서
⑤ 원자력화물선 : 별도서식의 원자력화물선안전증서
⑥ 액화가스산적운송선 : 별도서식의 국제액화가스산적운송적합증서
가. 2016년 7월 1일 이후에 건조되거나 개조된 선박으로서 '국제액화가스산적운송코드'에 규정된 물질을 운송하는 선박
나. 1986년 7월 1일 이후부터 2016년 6월 30일 이전에 건조되거나 개조된 선박으로서 '국제액화가스산적운송코드'에 규정된 물질을 운송하는 선박
다. 1986년 6월 30일 이전에 건조되거나 개조된 선박
⑦ 위험화학품산적운송선 : 별도서식의 국제위험화학품산적운송적합증서
가. 1986년 7월 1일 이후에 건조되거나 개조된 위험화학품산적운송선으로서 '국제산적화학물코드'에 규정된 물질을 운송하는 선박
나. 1986년 6월 30일 이전에 건조되거나 개조된 선박
⑧ 다음 각호의 하나에 해당하는 선박으로서 '해상에서의 인명안전을 위한 국제협약'부속서 제7장제2규칙에서 규정하는 위험물을 포장된 형태나 산적고체형태로 운송하는 선박 : 별도서식의 위험물운송적합증서
가. 1984년 9월 1일 이후에 건조되거나 개조된 여객선

나. 1984년 9월 1일 이후에 건조되거나 개조된 총톤수 500톤 이상의 화물선
다. 1992년 2월 1일 이후에 건조되거나 개조된 화물선

⑨ 여객선 및 총톤수 500톤이상의 화물선중 '고속선안전코드'의 적용을 받는 다음 각목의 고속선 : 별도서식의 고속선안전증서 및 별도서식의 고속선운항허가증
가. 1996년 1월 1일 이후부터 2002년 6월 30일 이전에 건조되거나 개조된 고속선
나. 2002년 7월 1일 이후에 건조되거나 개조된 고속선

⑩ 국제방사능핵연료 화물운송코드에서 규정하는 방사능물질을 운송하는 선박 : 별도서식의 국제방사능핵연료화물운송적합증서

⑪ 총톤수 500톤이상의 선박중 특수목적선 안전코드의 요건에 적합한 선박 : 별도서식의 특수목적선안전증서

⑫ 여객선이나 화물선으로서 선박길이가 24미터이상인 선박 : 별도서식의 국제만재흘수선증서

2) 국제협약검사증서 면제증서발급 대상선박
① 국제항해에 취항하는 여객선 및 총톤수 500톤이상의 화물선으로서 법 제26조(선박시설기준)에 따른 '선박시설기준(강선의 구조기준)'으로 정하는 바에 따라 해당 국제협약검사증서에 관한 요건의 일부 또는 전부가 면제된 선박
② 국제항해에 종사하지 아니하는 여객선 및 총톤수 300톤이상의 화물선으로서 법 제10조(임시검사)제3항에 따른 임시변경증이나 법 제11조(임시항해검사)제2항에 따른 임시항해검사증서를 발급받아 단일의 국제항해를 하는 선박

3) 국제만재흘수선증서 면제증서발급 대상선박
① 잠수선, 수중익선, 공기부양선 및 임시항해검사증서를 발급받은 선박과 그 밖에 그 구조상 만재흘수선을 표시하는 것이 곤란하거나 부적당한 선박
② 국제항해에 종사하지 아니하는 선박으로서 법 제10조(임시검사)제3항에 따른 임시변경증이나 법 제11조(임시항해검사)제2항에 따른 임시항해검사증서를 발급받아 단일의 국제항해를 하는 선박

4) 국제협약검사증서에는 대한민국정부의 권한으로 발행한다는 내용이 포함되어야 한다. 이 경우 국제협약검사증서를 대행검사기관이 발행하는 경우에는 대한민국정부의 권한을 위임받아 발행한다는 사실을 나타내야 한다.

5) 법 제12조제2항에 불구하고 국제협약검사가 끝난 후 새로운 국제협약검사증서를 발급하지 아니하는 경우에는 종전의 국제협약검사증서에 해당 국제협약검사가 완료되었다는 내용을 적어 선박소유자에게 발급하여야 한다.

6) 검사증서에는 검사기록과 다음을 기재하여야 한다.
① 선박검사관의 성명
② 검사완료일 및 검사장소

* 규칙 제24조(국제협약검사의 종류)
국제협약검사는 최초검사, 정기검사, 중간검사, 연차검사 및 임시검사 5종류가 있다.
① 최초검사 : 최초로 국제항해에 사용하는 경우 받게 되는 검사
② 정기검사 : 국제협약검사증서의 유효기간이 끝난 경우 받게 되는 검사
③ 중간검사 : 국제협약검사증서의 2번째 검사기준일 또는 3번째 검사기준일 전후의 3개월 이내에 받게 되는 검사
④ 연차검사 : 국제협약검사증서의 매 검사기준일 전후의 3개월 이내(중간검사를 받는 연도의 검사기준일은 제외)에 받게 되는 검사
⑤ 임시검사 : 국제항해에 취항하는 선박으로서 규칙 제21조(임시검사)제2항각호(개조·수리) 및 제4항각호(변경)의 사유가 발생하여 받게 되는 검사

* 규칙 제25조(국제협약검사의 신청)

1) 국제협약검사의 신청
   법 제12조(국제협약검사)제5항에 따라 국제협약검사를 받으려는 선박소유자는 국제협약검사신청서에 다음의 서류를 첨부하여 해양수산부장관에게 제출하여야 한다. 다만, 신청시기가 선박검사시기와 같은 경우에는 관련 서류를 제출하지 아니할 수 있다.
   ① 선박검사증서 또는 임시항해검사증서
   ② '전파법'에 따른 무선국검사필증(여객선안전증서, 원자력여객선안전증서, 화물선안전무선증서 또는 원자력화물선안전증서를 발급받은 경우로 한정한다)
   ③ 해당 국제협약에서 규정하는 구조 및 설비를 확인할 수 있는 도면 및 자료(규칙 제23조(국제협약검사증서의 서식등)제2항의 면제증서나 같은조 제3항의 국제만재흘수선면제증서를 발급받은 경우는 제외한다)
   ④ 소지하고 있는 해당 국제협약검사증서(최초로 국제협약검사증서를 발급받으려는 경우에는 제외한다)
2) 국제협약검사의 임의신청
   국제항해에 종사하지 아니하는 선박의 소유자도 그 구조 및 설비가 해당국제협약에서 정하는 요건에 적합한 선박에 대하여는 신청에 따라 제1항의 국제협약검사를 받을 수 있다.

* <u>규칙 제26조(국제협약검사증서의 효력정지)</u>
   법 제12조(국제협약검사증서)제5항에 따라 다음에 해당하는 경우에는 국제협약검사증서는 그 효력이 정지된다.
   ① 법 제8조(정기검사), 법 제9조(중간검사), 법 제10조(임시검사), 법 제11조(임시항해검사)에 따른 선박검사, <u>법 제41조(위험물의 운송)제2항에 따른 위험물운송방법의 검사</u>, 법 제42조(유조선등에 대한 강화검사)제1항, 법 제71조(특별검사)제1항에 따른 검사를 받지 아니한 경우
   ② 규칙 제24조(국제협약검사의 종류)제③호(중간검사), 제④호(연차검사), 제⑤호(임시검사)의 규정에 따른 검사에 합격하지 못한 선박. <u>[정기검사 미수검의 경우 효력자체가 없다]</u>
   ③ 선박의 국적이 변경된 경우

* 규칙 제27조(국제협약위반선박에 대한 조사방법등)
   법 제12조(국제협약검사)제5항에 따른 국제협약위반선박에 대한 조사방법은 법 제68조(항만국통제) 및 법 제69조(외국의 항만국통제등)에 따른 항만국통제 및 특별점검을 말한다.

* 규칙 제28조(외국선박에 대한 국제협약검사증서의 발급)
1) 해양수산부장관은 법 제12조제4항에 따라 외국선박에 대하여 국제협약검사증서를 발급하는 경우에는 그 국제협약검사증서에 해당국 정부의 요청에 따라 발행하였다는 내용을 적어야 한다.
2) 해양수산부장관은 법 제12조제4항에 따라 외국선박에 대하여 규칙 제23조(국제협약검사증서의 서식등)제1항제⑫호에 따른 국제만재흘수선증서를 발급하는 경우에는 해당증서의 발급을 요청한 외국정부에 다음의 서류를 송부해야 한다.
   ① 국제만재흘수선증서 사본
   ② 건현계산에 사용된 검사보고서사본
   ③ 건현계산서 사본
   * 만재흘수선계산서(건현계산서) : 복원성계산, 예비부력계산, scantling(구조·강도)계산

[문13.선박의 검사.14조]

도면의 승인과 선박검사의 준비

1. 도면의 승인 : 법 제13조, 검사사항

1) 의의

법 제7조(건조검사), 법 제8조(정기검사), 법 제9조(중간검사), 법 제10조(임시검사)를 받고자 하는 자는 해당 선박의 도면에 대하여 규칙 제29조(도면의 승인등)로 정하는 바에 따라 미리 해양수산부장관의 승인을 얻어야 한다. 승인을 얻은 사항을 변경하고자 하는 경우에도 또한 같다.

2) 도면의 승인

해양수산부장관은 제1항의 규정에 따라 승인요청을 받은 도면이 제26조(선박시설의 기준), 제27조(만재흘수선의 표시등), 제28조(복원성의 유지)의 규정에 따른 기준에 적합한 때에는 이를 승인하고 규칙 제29조(도면의 승인등)로 정하는 사항을 해당 도면에 표시하여야 한다

3) 승인사항과 동일하게 건조의무

제1항의 규정에 따라 해양수산부장관의 승인을 얻은 자는 승인을 얻은 도면과 동일하게 선박을 건조하거나 개조하여야 한다

4) 도면의 비치

선박소유자는 제1항의 규정에 따라 승인을 얻은 도면을 규칙 제29조(도면의 승인등)로 정하는 바에 따라 선박에 비치하여야 한다.

2. 선박검사의 준비 : 법 제14조

1) 선박검사의 준비

건조검사 또는 정기검사·중간검사·임시검사·임시항해검사(이하 선박검사)를 위하여 필요한 준비사항에 대하여는 해당 검사별로 규칙 제30조(검사의 준비등)로 정한다.

2) 검사일부면제

제1항에도 불구하고 해양수산부장관은 해당 선박의 구조·시설·크기·용도 또는 항해구역 등을 고려하여 규칙 제31조(검사의 준비 및 서류제출의 완화등)로 정하는 바에 따라 검사준비·서류제출 등에 대하여 전부 또는 일부를 완화하거나 면제할 수 있다

3) 선체두께측정

선박소유자는 제1항에 따른 검사의 준비로서 규칙 제31조의2(선체두께의 측정)로 정하는 바에 따라 제4항에서 지정된 두께측정업체로부터 선체두께의 측정을 받아야 한다. 다만, 해외수역에서의 장기간 항해·조업 또는 외국에서의 수리등 부득이한 사유로 인하여 국내에서 선체두께를 측정할 수 없는 경우에는 규칙 제31조의2(선체두께의 측정)로 정하는 바에 따라 제4항에 따라 지정된 두께측정업체외의 외국의 두께측정업체로부터 측정을 받을 수 있다.

4) 두께측정업체지정

해양수산부장관은 측정장비, 전문인력 등 영 제4조의2(선체두께측정업체의 지정기준)로 정하는 기준을 갖춘 두께측정업체를 제3항에 따른 선체두께측정업무를 수행하는 두께측정업체로 지정

할 수 있다.

5) 두께측정업체취소

해양수산부장관은 제4항에 따라 지정된 두께측정업체가 다음의 하나에 해당하는 경우에는 그 지정을 취소하거나 6개월 이내의 기간을 정하여 측정업무를 정지할 수 있다. 다만, 제①호부터 제③호까지의 하나에 해당하는 경우에는 그 지정을 취소하여야 한다.

① 거짓이나 그 밖의 부정한 방법으로 지정을 받은 경우(취소)
② 거짓이나 그 밖의 부정한 방법으로 선체두께를 측정한 경우(취소)
③ 두께측정지정업체가 그 사업을 폐업한 경우(취소)
④ 제4항에 따른 지정기준에 미달하게 된 경우
⑤ 정당한 사유없이 계속하여 1년 이상 선체두께측정업무를 하지 아니한 경우
⑥ 제75조(보고·자료제출명령)제1항에 따른 보고·자료제출명령을 따르지 아니한 경우

* 규칙 제29조(도면의 승인)

(1) 법 제13조(도면의 승인)제1항에 따라 선박의 도면에 대하여 승인 또는 변경승인을 받으려는 자는 도면승인(변경)신청서에서 정한 해당 선박의 검사종류별로 관련도면 3부를 첨부하여 해양수산부장관에게 제출하여야 한다, 다만, 다음의 하나에 해당하는 경우에는 도면의 승인을 생략할 수 있다
① 도면승인을 받은 후 변경이 없는 경우 해당 선박의 도면
② 같은 조선소에서 같은 내용으로 승인된 도면에 따라 건조되는 같은 형태의 후속 선박의 도면
③ 대행검사기관을 변경하여 검사받으려는 선박의 기존도면. 다만, 기존도면이 해당 선박과 같지 아니하거나 변경된 경우에는 그러하지 아니하다
④ 해당 검사기관에서 설계하거나 설계감리한 도면

(2) 법 제13조제2항에서 해양수산부령으로 정하는 사항이란 다음 각호의 사항을 말한다
① 별표 8에 따른 증인(證印)
② 도면의 승인 또는 변경승인을 한 선박검사관의 성명
③ 승인날짜

(3) 승인받은 도면의 비치

법 제13조제4항에 따라 승인받은 도면은 선장이나 선원이 즉시 꺼내어 확인할 수 있는 선박내의 적당한 장소에 갖추어 두어야 한다. 다만, 선박내의 장소가 좁아 도면을 갖추어 둘 수 없는 선박으로서 선박소유자, '한국해양교통안전공단법'에 따라 설립된 한국해양교통안전공단 또는 법 제60조(검사등 업무의 대행)제2항에 따른 선급법인을 통하여 도면을 공급받을 수 있는 경우에는 그러하지 아니하다.

<u>* 규칙 제31조(검사의 준비및 서류제출의 완화 등)</u>

1) 법 제 14조(검사의 준비 등)제2항에 따라 원자력설비 등 특수한 구조나 설비를 가진 선박에 대한 검사의 준비사항은 별표 13과 같다.
2) 법 제 14조(검사의 준비 등)제2항에 따라 정기검사나 중간검사에서 해당 정기검사일이나 중간검사일전 6개월 이내에 부분적인 수리나 정비를 하고 임시검사에 합격한 사항에 대하여는 규칙 제 30조제1항 제2호 및 제3호에 따른 검사의 준비를 면제할 수 있다.
3) 법 제 14조(검사의 준비 등)제2항에 따라 총톤수 2톤 미만의 선박에 대하여는 별표 10의 일부검사준비를 면제한다.
4) 법 제 14조(검사의 준비 등)제2항에 따라 부유식 해상구조물의 정기검사 및 제1종 중간검사에 대하여는 별표 10 제1호가목 및 별표 제 11 제1호가목의 선체에 관한 준비사항

중 선체에 대한 입거 또는 상가준비를 수중검사준비로 갈음할 수 있고 별표 10 나목부터 라목까지의 준비는 면제(제1종 검사시에도 적용한다)할 수 있다.

5) 법 제 14조(검사의 준비 등)제2항에 따라 선령 30년 이상의 선박길이 24미터 이상인 선박에 대하여는 별표 11 제1호에 따른 제1종 중간검사준비사항 중 같은 표 제1호 나목1)부터 6)까지의 준비를 면제할 수 있다. 다만, 연속하여 3회를 면제할 수 없다.

6) 법 제 14조(검사의 준비등)제2항에 따라 다음 각 호의 어느 하나의 선박에 대하여는 별표 11 제1호가목의 선체에 관한 준비사항 중 별표 10 제1호가목의 선체에 대한 입거 또는 상가준비를 수중검사준비로 갈음할 수 있고 별표 10 제1호나목부터 라목까지 및 제3호나목의 준비는 면제할 수 있다. 다만, 여객선에 대하여는 연속 하여 3회를 갈음하거나 면제할 수 없다.

① 내수면 안에서만 항해하는 선박

② 선령 15년 미만인 선박(여객선은 제외한다)

7) 해양수산부장관은 제4항 및 제6항에 따른 수중검사결과 부식 또는 손상 등으로 인하여 입거 또는 상가가 필요하다고 판단되는 경우에는 입거 또는 상가를 하게할 수 있다.

8) 제4항 및 제6항에 따른 수중검사준비와 그 검사방법 등은 별표 14와 같다.

9) 제4항 및 제6항에 따른 제 1항부터 제8항까지의 규정외의 검사준비 및 서류제출 등에 대하여는 별표 15와 같이 완화하거나 면제할 수 있다.

<u>* 규칙 제31조의2(선체두께의 측정)</u>

1) 법 제14조(검사의 준비 등)제3항에 따른 선체두께의 측정은 선령 10년 이상의 강선으로서 여객선 및 선박길이 24미터이상인 선박에 대하여 해당 선박의 정기검사에 측정하며, 그 측정범위 및 측정방법은 별도로 정한다.

2) 법 제14조제3항단서에 따라 국내에서 선체두께를 측정할 수 없는 경우에는 해양수산부장관이 제4항에 따라 지정된 두께측정업체와 동등하거나 그 이상의 기준을 갖추었다고 인정하는 외국의 두께측정업체로부터 측정을 받을 수 있다. 이 경우 해양수산부장관은 해당 외국의 두께측정업체의 인정에 관하여 법 제60조(검사등 업무의 대행)제1항 및 제2항에 따라 검사 등 업무를 대행하는 공단 및 선급법인의 의견을 들을 수 있다.

[문14.선박의 검사.15조]

선박안전법상 선박검사 후 선박의 상태유지와 선박시설의 변경허가등

1. 선박의 개조·변경금지

선박소유자는 건조검사 또는 선박검사를 받은 후 해당선박의 구조배치·기관·설비 등의 변경이나 개조를 하여서는 아니된다.

2. 선박의 상태유지

선박소유자는 건조검사 또는 선박검사를 받은 후 해당선박이 감항성을 유지할 수 있도록 선박시설이 정상적으로 작동·운영되는 상태를 유지하여야 한다.

3. 선박구조 등 변경의 허가

제1항에 불구하고 선박소유자는 규칙 제32조(선박시설의 변경허가 등)제1항에서 정하는 '복원성기준'을 충족하는 범위에서 해양수산부장관의 허가를 받아 선박의 길이·너비·깊이·용도의 변경 또는 설비의 개조를 할 수 있다.

* 규칙 제32조(선박시설의 변경허가 등)

1) 법 제15조제3항의 '복원성기준'은 다음과 같다(선박안전법 시행규칙 별표15의4)

① 여객선 : 변경이나 개조후 기선으로부터 경하상태에서의 무게중심까지의 수직거리가 변경이나 개조전보다 늘어나지 아니할 것. 다만, 법 제26조(선박시설의 기준)에 따른 '선박시설기준'의 제·개정 또는 새로운 적용 등에 따른 선박시설의 변경이나 개조 및 구명설비의 변경이나 개조에 따른 것은 그러하지 아니하다.

② 여객선이외의 선박 : 변경이나 개조 후 경하상태에서 액체의 자유표면의 영향을 고려한 무게중심으로부터 횡메타센터 까지의 높이(GoM)가 영(0)이상일 것. 다만, 법 제28조(복원성의 유지)에 따른 복원성의 유지의무가 없는 선박은 그러하지 아니하다.

2) 허가대상(선박안전법 시행규칙 별표15의5)

① 선박의 길이, 너비, 깊이의 변경

② 선박설비기준의 적용이 달라지는 선박의 용도변경

③ 선박추진용 원동기의 변경, 개조. 다만, 동일한 형식 및 출력의 원동기로 교체하는 경우는 제외한다.

④ 조타설비의 변경, 개조

⑤ 구명뗏목, 구명정 또는 강하식탑승장치의 변경 또는 개조. 다만, 동일한 형식으로 교체하거나 제작일 이후 1년이 경과되지 않은 설비로 교체하는 경우는 제외한다.

⑥ 고정식 가스·포말·가압분무·불활성가스 소화장치 및 스프링클러소화설비의 변경 또는 개조

⑦ 여객선의 경우, 여객실의 변경 또는 개조. 다만, 구조적 변경이 아닌 내부장식 변경 등의 경미한 변경은 제외한다.

3) 허가신청

법 제15조제3항에 따른 허가를 받으려는 선박소유자는 선박구조 등 변경허가신청서에 다음 서류를 첨부하여 지방해양항만청장에게 제출하여야 한다.

① 변경 또는 개조사항을 표시한 승인받은 도면(법 제13조제1항에 따라 승인받은 도면)

② 개조사항을 요약한 서류

③ 다음 각목의 구분에 따른 서류(선박안전법 시행규칙 별표15의5)

가) 중량 및 중심위치의 변화량을 산출한 계산서 및 승인받은 복원성자료. 다만, 선박의 주요치수의 변경 없이 선박용 물건의 증설·탑재 또는 철거 등으로 인한 중량 및 중심위치의 변화량을 정확히 산출할 수 있는 경우로서 다음의 하나에 해당하는 선박의 복원성자료에 대하여는 승인하지 아니한다.(변경된 복원성자료를 추가승인 절차 없이 그대로 제출한다)

ㄱ. 여객선을 제외한 선박으로서 상갑판 상부의 증설·탑재 또는 그 하부의 철거 등으로 경하상태의 KG가 상승이 예상되는 경우로서 중량증감량이 경하중량의 0.5%미만인 경우

ㄴ. 상갑판 하부의 증설·탑재 또는 그 상부의 철거 등으로 KG의 하강이 예상되는 경우로서 중량증감량이 경하중량의 1.5% 미만인 경우

ㄷ. 여객선이 법 제26조에 따른 '선박시설기준'의 제·개정으로 선박용 물건을 증설·탑재하는 경우로서 해양수산부장관이 인정하는 경우

나) 그밖에 복원성유지의무선박의 경우 변경 또는 개조사항을 표시한 복원성자료

4) 지방해양항만청장은 법 제15조제3항에 따른 선박구조변경허가의 공정성과 전문성 등을 확보하기 위하여 선박·조선·운항분야 전문가 및 해당 기항지 또는 기항 예정지를 관할하는 지방자치단체의 장이 지정하는 자 등으로 자문위원회를 구성하여 선박구조변경허가에 관한 자문에 응하게 할 수 있다. 다만, 별표15의5 제①호, 제②호, 제⑦호에 따른 허가의 신청을 받은 경우에는 해당자문위원회의 자문을 거쳐 심사를 하여야 한다.

* 자문위원회의 필요적 검토사항(선박안전법 시행규칙 별표15의5의 허가대상 중)

① 선박의 길이, 너비, 깊이의 변경

② '선박설비기준'의 적용이 달라지는 선박의 용도변경
⑦ 여객선의 경우, 여객실의 변경 또는 개조. 다만, 구조적 변경이 아닌 내부장식 변경 등의 경미한 변경은 제외한다.

5) 선박구조변경허가서 발급
지방해양수산청장은 신청내용이 관련 규정에 적합, 타당하다고 인정되는 경우에는 선박구조변경허가서를 신청인에게 발급해야 한다.

* 선박안전법상 여객선(유람선포함)의 개조·변경관련
1) 제28조(복원성기준)제2항(복원성자료를 제출하여 승인을 받아야 한다)
2) 제15조(선박검사 후 선박의 상태유지), 규칙 제32조(선박시설의 변경허가등)
별표 15-4(KG가 늘어나지 않을 것), 별표15-5(길이, 너비, 깊이 등의 변경 시 허가를 받아야 한다, 여객선의 경우 자문위원회의 필요적 검토사항)
3) 제10조(임시검사), 규칙 제21조(임시검사)제4항제①호(모든 선박용 물건의 신규설치 및 변경 시 임시검사를 받아야 한다)

[문15.선박의 검사.17조]

선박안전법상 선박검사증서 등이 없는 선박의 항해금지 등

1. 검사증서 없이 항해금지

1) 누구든지 법 제8조(정기검사)제2항에 따른 선박검사증서, 제10조(임시검사)제3항에 따른 임시변경증, 제11조(임시항해검사)제2항에 따른 임시항해검사증서, 제12조(국제협약검사)제2항에 따른 국제협약검사 및 제43조(예인선항해검사)제2항에 따른 예인선항해검사증서(이하 검사증서)가 없는 선박이나 선박검사증서등의 효력이 정지된 선박을 항해에 사용하여서는 아니 된다.

* 규칙 제26조(국제협약검사증서의 효력정지)에 의한 법 제12조제5항에 따라 다음에 해당하는 경우에는 국제협약검사증서의 효력이 정지된다.
(1) 선박정기검사·중간검사·임시검사·임시항해검사, 위험물운송점검, 유조선등에 관한 강화검사, 특별검사를 받지 아니한 경우
(2) 국제협약 중간검사·연차검사·임시검사를 받지 아니한 경우
(3) 선박의 국적이 변경된 경우

* [해사안전법 제47조(인증심사)제2항]에 따라 인증심사 불합격선박의 항행금지
* ['국제항해선박 및 항만시설의 보안에 관한 법률'제14조(국제선박보안증서등 미소지 국제항해선박의 항해금지)]에 따라 항해금지

2. 검사증서내용에 따른 항해의무

누구든지 선박검사증서등에 기재된 항해와 관련한 조건을 위반하여 선박을 항해에 사용하여서는 아니 된다.

3. 검사증서비치의무

선박검사증서등을 발급받은 선박소유자는 그 선박 안에 선박검사증서등을 갖추어두어야 한다.

다만, 소형선박의 경우에는 선박검사증서등을 선박외의 장소에 갖추어 둘 수 있다.

[문16.선박용물건 또는 소형선박의 형식승인등.18조]

선박용 물건과 소형선박의 형식승인 및 검정

1. 형식승인 및 검정 : 제18조

1) 검정 전 형식승인시험대상

'선박용 물건의 형식승인 시험 및 검정에 관한 기준'에 따라 선박용 물건 또는 소형선박을 제조하거나 수입하려는 자가 해당 선박용 물건 또는 소형선박에 대하여 검정을 받으려는 때에는 미리 해양수산부장관의 형식에 관한 승인(이하 형식승인)을 받아야 한다.

2) 형식승인시험과 면제

형식승인을 받으려는 자는 형식승인시험을 거쳐야 한다. 다만, '산업표준화법'에 따른 검사에 합격한 선박용 물건 또는 소형선박을 생산하는 등 규칙 제42조의2(형식승인시험의 면제)에 따른 경우에는 형식승인시험을 생략할 수 있다.

3) 형식승인시험기관의 지정·고시

해양수산부장관은 제2항에 따른 형식승인시험을 담당하는 시험기관(이하 지정기관)을 영 제7조(지정시험기관의 지정기준 및 절차 등)로 정하는 바에 따라 지정·고시하여야 한다.

4) 형식승인내용의 변경승인과 변경부분의 형식승인시험

형식승인을 받은 자가 그 내용을 변경하려는 경우에는 해양수산부장관의 변경승인을 받아야 한다. 이 경우 선박용 물건 또는 소형선박의 성능에 영향을 미치는 사항을 변경하는 때에는 해당 변경부분에 대하여 형식승인시험을 거쳐야 한다.

5) 형식승인증서발급

해양수산부장관은 형식승인 및 변경승인을 하는 경우에는 규칙 제42조의3(형식승인의 변경신청 등)으로 정하는 바에 따라 형식승인증서를 발급하여야 한다.

6) 형식승인증서 유효기간

형식승인증서의 유효기간은 그 증서를 발급받은 날부터 5년으로 한다.

7) 형식승인증서 갱신 신청

유효기간이 만료된 후 형식승인을 계속 유지하려는 자는 유효기간이 만료되기 30일전까지 해양수산부장관에게 형식승인증서의 갱신을 신청하여야 한다.

8) 형식승인시험합격물건 보관의무

형식승인을 받은 자와 지정시험기관은 형식승인시험에 합격한 선박용물건을 보관하여야 한다. 변경승인을 받은 경우에도 또한 같다.

9) 형식승인시험물건의 검정 시 검사의제

제1항 및 제4항에 따라 형식승인 또는 변경승인을 받은 자는 해당 선박용물건 또는 소형선박에 대하여 '선박용물건의 형식승인 시험 및 검정에 관한 기준'에 의한 검정을 받아야 한다. 이 경우 검정에 합격한 해당 선박용물건(이 법에서 정한 기준과 동등하거나 그 이상인 기준으로

'어선법'제24조에 따라 해양수산부장관의 형식승인시험 및 검정에 합격한 선박용물건을 포함한다) 또는 소형선박에 대하여는 <u>건조검사 또는 선박검사 중 최초로 실시하는 검사에 합격한 것으로 본다.</u>

10) 검정증서교부

해양수산부장관은 검정에 합격한 선박용물건 또는 소형선박에 대하여 검정증서를 교부하고, 해당 선박용 물건에는 검정에 합격하였음을 나타내는 표시를 하여야 한다.

* 영 제7조(지정시험기관의 지정기준 및 절차 등)

법 제18조(형식승인 및 검정)제3항에 따른 지정시험기관의 지정기준은 다음과 같다

① 형식승인대상 선박용 물건 또는 소형선박에 대한 법 제18조제2항에 따른 형식승인시험의 업무를 수행할 수 있는 전담부서가 있을 것

② 형식승인시험대상 선박용 물건 또는 소형선박을 직접 제조 또는 판매하거나 제조자에게 해당 제품을 납품하는 자가 아닐 것

③ 형식승인시험의 특정 시험항목에 대하여 국제적으로 인정받으려는 경우 '국가표준기본법' 제23조에 따라 인정받은 시험·검사기관에 해당할 것

④ 해당형식승인시험에 필요한 시설과 장비 및 인력을 갖추고 있을 것

* 규칙 제42조의2(형식승인시험의 면제)

법 제18조(형식승인 및 검정)제2항 단서의 경우는 다음 각 호의 경우를 말한다.

① 형식승인시험전부면제

가. 형식승인신청일 기준으로 과거 2년 동안 매년 1회 이상 법 제22조(예비검사)제1항에 따른 예비검사에 합격한 선박용 물건

나. '산업표준화법'에 따른 인증을 받은 선박용 물건으로서 '선박시설기준'에 적합한 선박용 물건

② 지정시험기관이 인정하는 경우 형식승인시험의 전부 또는 일부 면제

가. 해당 형식승인시험 항목에 대하여 '국가표준기본법'에 따라 인정을 받은 시험·검사기관의 시험에 합격한 경우

나. 해당 형식승인시험 항목에 대하여 국제공인시험기관으로 인정받은 시험·검사기관의 시험에 합격한 경우

다. 형식승인을 받은 선박용 물건의 일부요건을 변경하여 추가로 형식승인을 받거나 형식을 변경하는 경우

* 규칙 제42조의4(형식승인증서의 갱신)

1) 형식승인증서의 갱신을 신청하려는 자는 형식승인의 유효기간이 만료되기 전 30일까지 형식승인증서 갱신 신청서에 다음 각 호의 서류를 첨부하여 지방해양수산청장에게 제출하여야 한다.

① 형식승인증서

② 최근 2년 이내 형식승인증서에 따라 제조 또는 수입한 실적을 증명할 수 있는 서류

2) 제1항에 따른 신청을 받은 지방해양수산청장은 서류 및 현장심사를 거쳐 형식승인을 계속 유지하는 것이 적합하다고 인정되는 경우에는 별도서식의 형식승인증서를 신청인에게 발급하여야 한다.

* 규칙 제45조(지도·감독)

해양수산부장관은 지정시험기관의 형식승인시험과 관련하여 연 1회이상 정기적으로 지도·감독하여야 한다.

* 규칙 제44조(검정의 신청 등)

1) 검정을 받으려는 자는 해당 선박용 물건 또는 소형선박에 다음사항을 표시(크기나 모양을 고려하여 표시할 수 없는 경우는 제외한다)하고 검정신청서를 해양수산부장관에게 제출하여야 한다.
   ① 형식승인 품명·형식 및 규격(규격이 있는 경우로 한정한다)
   ② 형식승인증서 번호 및 형식승인일자
   ③ 제조연월일 표시 일련번호
2) 해양수산부장관은 신청을 받은 경우에는 해당 선박용 물건 또는 소형선박이 형식승인을 받은 제조공정, 부품, 자재 및 각 부품의 시험 성적서를 확인하여 제조사양서대로 제조되었는지와 검정기준에 적합한지 여부를 확인하여야 한다.
3) 법 제18조(형식승인 및 검정) 제10항에 따른 검정증서는 별지 제47호서식과 같으며 검정의 합격을 나타내는 표시는 별표 18과 같다.

2. 지정사업장의 지정 : 법 제20조

1) 지정사업장의 지정

'지정사업장의 설비 및 확인대상 선박용 물건 등에 관한 기준'에 따라 선박용 물건 또는 소형선박을 제조 또는 정비하는 자는 해당 사업장에 대하여 해양수산부장관으로부터 지정제조사업장 또는 지정정비사업장(이하 지정사업장이라 한다)으로 지정받을 수 있다.

2) 지정사업장요건

지정사업장으로 지정받고자 하는 자는 그 시설·설비, 제조·정비의 기준, 자체검사기준 및 인력 등에 대하여 규칙 제47조(지정사업장의 지정 및 설비기준)로 정하는 기준에 따라 해양수산부장관의 승인을 얻어야 한다. 승인을 얻은 사항을 변경하고자 하는 때에도 또한 같다.

3) 자체검사합격물건의 선박검사의제

해양수산부장관이 지정한 지정사업장에서 제조 또는 정비하여 자체검사기준에 합격하거나 검정을 받은 선박용 물건 또는 소형선박에 대하여는 검정 및 건조검사 또는 선박검사중 최초로 실시하는 검사에 합격한 것으로 본다. 다만, '지정사업장의 설비 및 확인대상 선박용 물건 등에 관한 기준'에서 정한 선박용물건 또는 소형선박에 대하여는 해양수산부장관으로부터 직접 확인을 받은 경우에 한정하여 동 검사에 합격한 것으로 본다.

* 규칙 제50조(선박용 물건 또는 소형선박의 확인신청)

법 제20조제6항에 따라 선박용 물건 또는 소형선박이 규칙 제48조(지정사업장의 지정)제1항에 따른 제조설명서 또는 정비설명서에 적합하게 제조 또는 정비되었음을 확인받으려는 자는 해당 선박용 물건 또는 소형선박에 다음 각 호의 사항을 표시하고 확인신청서를 해양수산부장관에게 제출하여야 한다.
   ① 지정사업장의 명칭, 지정번호 및 지정일자
   ② 지정품명·형식 및 규격
   ③ 제조 또는 정비일자
   ④ 제조번호 또는 정비번호

4) 합격증서의 발행 등

자체검사기준에 합격한 선박용 물건 또는 소형선박에 대하여 지정사업장이 직접 합격증서를 발행하고, 해당 선박용 물건에는 자체검사에 합격하였음을 나타내는 표시를 하여야 한다. 다만, 해양수산부장관으로부터 직접 확인을 받아야 하는 선박용 물건 또는 소형선박에 대하여는 해양수산부장관이 확인서를 교부하고, 해당 선박용 물건에는 확인을 나타내는 표시를 하여야 한다.

5) 지도·감독

해양수산부장관은 지정사업장을 지정한 때에는 승인을 받은 내용대로 제조·정비 및 운용·관리되고 있는지 규칙 제52조(지도·감독)에 따라 연 1회 이상 지도·감독하여야 한다.

3. 형식승인, 지정시험기관 및 지정사업장의 취소

1) 형식승인의 취소 등 : 법 제19조제1항

해양수산부장관은 형식승인을 받은 자가 다음 각 호의 하나에 해당하는 때에는 그 형식승인을 취소하거나 6개월 이내의 기간을 정하여 효력을 정지시킬 수 있다. 다만, 제①, 제②, 제③호의 경우에는 취소하여야 한다.

① 거짓 그 밖의 부정한 방법으로 형식승인 또는 변경승인을 얻은 때(취소)

② 거짓 그 밖의 부정한 방법으로 검정을 받은 때(취소)

③ 제조 또는 수입한 선박용 물건 또는 소형선박이 선박시설기준에 부적합하게 된 때(취소)

④ 정당한 사유 없이 2년 이상 계속 제조나 수입을 아니한 때

⑤ 보고, 자료제출 명령을 거부한 때

2) 지정시험기관에 대한 취소 : 법 제19조제2항

해양수산부장관은 지정시험기관이 다음에 해당하는 때에는 그 지정을 취소하거나 6개월 이내의 기간을 정하여 효력을 정지시킬 수 있다. 다만, 제①, 제②, 제③호의 경우에는 취소하여야 한다.

① 거짓 그 밖의 부정한 방법으로 지정을 받은 때(취소)

② 시험에 관한 업무를 더 이상 수행하지 아니하는 때(취소)

③ 법령에 따른 지정시험기관의 지정기준에 미달하게 된 때(취소)

④ 형식승인시험의 오차·실수·누락 등으로 인하여 공신력을 상실하였다고 인정되는 때

⑤ 정당한 사유없이 형식승인시험의 실시를 거부한 때

⑥ 형식승인시험과 관련하여 부정한 행위를 하거나 수수료를 부당하게 받은 때

3) 지정사업장의 지정취소 등 : 법 제21조

가. 지정취소사유 등

해양수산부장관은 지정사업장의 지정을 받은 자가 다음에 해당하는 경우에는 그 지정을 취소하거나 6개월 이내의 기간을 정하여 그 효력을 정지시킬 수 있다. 다만, 제①, 제②호의 경우에는 이를 취소하여야 한다.

① 거짓이나 그 밖의 부정한 방법으로 지정사업장의 지정을 받은 때(취소)

② 제조하거나 정비한 선박용 물건 또는 소형선박이 선박시설기준에 적합하지 아니하게 된 때(취소)

③ 유효기간이 지난 선박용 물건을 판매한 때

④ 정당한 사유 없이 1년 이상 계속하여 해당 선박용 물건 또는 소형선박을 제조하거나 정

비하지 아니한 때

⑤ 해당 사업장이 지정기준에 미달하게 된 때

⑥ '지정사업장의 설비 및 확인대상 선박용 물건 등에 관한 기준'에 의하여 해양수산부장관이 정하여 고시하는 선박용 물건 또는 소형선박에 대하여 해양수산부장관으로부터 직접 확인을 받아야 하는 사항을 부정한 방법으로 확인을 받은 때

⑦ 법 제75조(보고·자료제출명령 등)에 따른 보고·자료제출명령을 거부한 때

나. 지정취소의 효과

지정사업장 지정이 취소된 자는 지정취소 된 날부터 1년간 지정사업장으로 재지정 될 수 없다.

다. 청문 및 고시

해양수산부장관은 지정받은 사업장의 업무를 정지하거나 지정을 취소하고자 하는 경우 법 제78조(청문)에 따라 청문을 실시하여야 한다.

[문17.선박용 물건 또는 소형선박의 형식승인 등.22조]

선박안전법상 예비검사

* 형식승인을 거친 검정과 예비검사의 차이

1) 예비검사는 선박용 물건을 선박에 설치하기 전에 하며, 검정은 형식승인을 거친 선박용 물건을 선박에 설치하기 전에 한다.
2) 예비검사는 제품을 제조할 때마다 도면승인을 포함하여 형식승인에 준하는 모든 검사를 한다.
3) 예비검사는 선박용 물건을 선박에 설치하기 전 모든 물건을 검사하지만 형식승인을 거친 물건은 표본검사의 검정을 거쳐 선박에 설치할 수 있어 보다 간단한 절차이다.

1. 의의

'예비검사의 대상 및 기준'에 따라 선박용 물건 또는 소형선박의 선체를 제조·개조·수리·정비 또는 수입하고자 하는 자는 선박용 물건이 선체에 설치되기 전에 해양수산부장관의 검사를 받을 수 있다.

2. 도면승인

예비검사를 받고자 하는 자는 규칙 제54조(예비검사)제6항에 따라 해당 선박용 물건 또는 소형선박의 선체의 도면에 대하여 해양수산부장관의 승인을 받아야 한다.

3. 증서 교부 및 합격의 표시

해양수산부장관은 예비검사에 합격한 선박용 물건 또는 소형선박의 선체에 대하여 규칙 제54조(예비검사)로 정하는 예비검사증서를 교부하여야 한다. 이 경우 해당 선박용 물건에 대하여는 합격을 나타내는 표시를 별도로 하여야 한다.

4. 예비검사 합격의 효과

예비검사에 합격한 선박용 물건 또는 소형선박의 선체에 대하여는 건조검사 또는 선박검사 중

최초로 실시하는 검사에 합격한 것으로 본다.

5. 법 제14조(검사의 준비 등)제1항의 규정은 예비검사의 준비에 관하여 준용한다.

* 규칙 제54조(예비검사)

1) 예비검사시기 : 제2항
예비검사를 받으려는 자는 해당 선박용 물건 또는 소형선박의 제조·개조·수리·정비에 착수한때부터 검사를 받아야 한다. 다만, 수입되는 선박용 물건 또는 소형선박의 선체에 대해서는 해당 선박용 물건 또는 소형선박의 선체가 수입된 이후 검사를 받을 수 있다.

2) 예비검사장소 : 제3항
제2항 본문에 따라 팽창식구명설비의 수리 또는 정비에 착수한때부터 예비검사를 받으려는 경우에는 지방해양수산청장의 확인을 받은 곳에서 검사를 받아야 한다.

3) 팽창식 구명설비 : 제4항
제3항에 따라 확인을 받으려는 자는 별표24의 기준에 맞는 시설 등을 갖추고 다음 각 호의 서류를 지방해양수산청장에게 제출하여야 한다.
① 시설명세서
② 별표 24 제2호가목에 따른 정비기술자의 요건에 적합함을 증명하는 서류
③ 별표 24 제4호에 따른 자체 정비기준

[문18.선박시설의 기준.26조]

선박시설의 기준

1. 선박시설의 기준 : 법 제26조

선박시설은 해양수산부장관이 고시하는 ‘선박시설기준’에 적합하여야 한다.

2. 구명뗏목 등 선박용 물건 정비 : ‘선박구명설비기준’ 제129조(팽창식구명뗏목등의 정비)에 따라 연 1회

1) 선박용물건의 검정후의 정비(검사) : 지정사업장의 정비로 갈음한다.

2) 지정사업장에 대하여 해양수산부장관은 연 1회 이상 지도·감독을 한다.

3. 항해용 간행물의 비치 : 규칙 제75조

항해용 간행물의 요건 등은 법 제26조에 따른 ‘선박시설기준’에 적합하여야 한다.

4. 선박시설관련 사고 시 특별검사

선박시설기준에 적합하지 아니한 선박의 구조설비 등으로 대형사고가 발생하였거나 또는 유사사고가 지속적으로 발생한 것으로 인정하여 검사대상으로 공고한 선박에 대하여는 법 제92조(특별검사)에 따라 특별검사를 한다.

[문19.컨테이너의 형식승인.23조]

컨테이너의 형식승인 및 검정, 검정의 대행, 대행기관의 지정취소 및 안전점검

1. 컨테이너의 형식승인 및 검정등 : 법 제23조

1) 형식승인

선박에 적재되어 화물운송에 사용되는 컨테이너의 경우 그 바닥의 면적이 규칙 제55조(컨테이너형식승인대상)로 정하는 면적 이상인 컨테이너를 제조하고자 하는 자는 해양수산부장관으로부터 형식에 관한 승인(이하 컨테이너형식승인이라 한다)을 받아야 한다.

* 규칙 제55조(컨테이너형식승인대상) : 법 제23조(컨테이너의 형식승인 및 검정 등)에서 정하는 면적이상인 컨테이너란 바닥 면적이 7제곱미터(윗부분에 모서리 끼움쇠가 없는 컨테이너인 경우인 경우에는 14제곱미터)이상인 컨테이너를 말한다.

* 20피트컨테이너 : 5.9 x 2.35 x 2.39 = 33CBM
40피트컨테이너 : 12.03 x 2.35 x 2.39 = 68CBM

2) 형식승인시험

컨테이너형식승인을 받고자 하는 자는 해양수산부장관이 지정하여 고시하는 시험기관(이하 컨테이너 지정시험기관 이라 한다)의 형식승인시험을 거쳐야 한다.

3) 변경승인

형식승인을 받은 자가 그 내용을 변경하고자 하는 경우에는 해양수산부장관으로부터 변경승인을 받아야 한다. 이 경우 컨테이너의 성능에 영향을 미치는 사항을 변경하는 때에는 해당변경부분에 대하여 별도의 형식승인시험을 거쳐야 한다.

4) 검정, 검사사항

컨테이너형식승인 또는 그 변경승인을 받은 자는 당해 컨테이너에 대하여 '컨테이너형식승인시험 및 검정기준'에 따라 해양수산부장관의 검정(이하 컨테이너검정이라 한다)을 받아야 한다. 해양수산부장관은 컨테이너검정에 합격한 컨테이너에 대하여는 컨테이너 검정증서를 교부하여야 한다.

5) 컨테이너 형식승인판 부착, 검정합격에 대한 조치

컨테이너의 제조자는 컨테이너검정에 합격한 컨테이너에 컨테이너형식승인을 받았음을 나타내는 형식승인판을 붙여야 하며, 해양수산부장관은 그 컨테이너 형식승인판에 컨테이너검정에 합격하였음을 나타내는 확인표시를 하여야 한다.

6) 형식승인의 취소 및 효력정지

해양수산부장관은 다음의 경우에 형식승인을 취소하거나 6개월 이내의 기간을 정하여 효력을 정지시킬 수 있다. 단, 제①호의 경우에는 취소하여야 한다.

① 거짓이나 그 밖의 부정한 방법으로 컨테이너형식승인 또는 그 변경승인을 받은 때(취소)
② 거짓이나 그 밖의 부정한 방법으로 컨테이너검정을 받은 때
③ 컨테이너형식승인 또는 그 변경승인을 받은 후 2년 이상 계속하여 컨테이너를 제조하지 아니한 때

7) 지도·감독

제1항부터 제6항까지의 규정에 따른 컨테이너형식승인 및 그 변경승인의 절차, 컨테이너형식승인을 얻은 자 및 컨테이너지정시험기관에 대한 지도·감독 등에 관하여 필요한 사항은 규칙 제62조(지도·감독)로 정한다.

8) 컨테이너 적재금지

선박소유자 또는 선장은 컨테이너 형식승인판을 붙이지 아니한 컨테이너를 선박에 실어 화물운송에 사용하여서는 아니 된다.

* 규칙 제62조(지도·감독)
1) 해양수산부장관은 컨테이너지정시험기관의 형식승인시험과 관련하여 연 1회 이상 정기적으로 지도·감독하여야 한다.
2) 해양수산부장관은 지도·감독 및 확인결과에 따라 지정시험기관에 개선·보완을 요청할 수 있다.

2. 컨테이너검정 등의 대행 : 법 제64조

1) 해양수산부장관은 다음에 해당하는 업무를 지정기준(미제정)에 적합한 대행기관(이하 컨테이너검정대행기관)으로 하여금 대행하게 할 수 있다.
   ① 제23조제4항의 규정에 따른 컨테이너검정
   ② 제23조제5항의 규정에 따른 컨테이너 형식승인판의 확인표시
2) 컨테이너검정등대행기관의 대행 및 대행의 취소 등에 관한 사항은 영 제13조(컨테이너 검정등대행기관의 취소 등)로 정하고 지도·감독에 관한 사항은 규칙 제88조의2(지도·감독)로 정한다.
3) 청문 : 법 제78조

해양수산부장관은 이 법에 따라 형식승인의 효력을 정지하거나 취소하고자 하는 경우 청문을 실시하여야 한다.

* 영 제13조(컨테이너검정등대행기관의 취소등)
규정위반시 업무를 취소시키거나 6개월의 범위에서 그 업무를 정지시킬 수 있다.

* 규칙 제88조의2(지도·감독)
1) 해양수산부장관은 업무대행과 관련하여 컨테이너 검정 등 대행기관을 연 1회 이상 정기적으로 지도·감독해야 하며, 해양수산부장관이 필요하다고 인정하는 경우에는 수시로 지도·감독할 수 있다.
2) 해양수산부장관은 지도·감독 결과에 따라 컨테이너 검정 등 대행기관에 개선보완을 요청할 수 있다.

3. 컨테이너의 안전점검 : 법 제24조, 검사확인사항

1) 안전점검의무

컨테이너의 소유자는 해양수산부장관으로부터 자체 안전점검방법의 승인을 받아 스스로 안전점검을 실시하여야 한다. 이 경우 컨테이너의 소유자는 안전점검업무를 수행하는 안전점검사업자로 하여금 이를 대행하게 할 수 있다.

2) 안전점검사업자의 자격요건

규칙 제63조(안전점검사업자의 자격요건)에 따라 안전점검업무를 대행하는 자는 다음요건에 적합한 자격을 갖추어야 한다.

① 안전점검업무를 수행하기 위한 주된 사무소 및 분사무소를 가지고 있을 것
② 안전점검에 필요한 시설 및 설비를 갖추고 있을 것
③ 법령에 해당하는 점검인력이 있을 것

* 규칙 제64조(안전점검의 기준)
1) 컨테이너의 소유자는 다음에 해당하는 점검방법에 대하여 지방해양수산청장의 승인을 받은 후 점검하여야 한다.
   ① 정기점검방법 : 국제협약(안전한 컨테이너를 위한 국제협약 부속서I 제2규칙 제2항)에 따른 점검연월에 하는 안전점검
   ② 계속점검방법 : 국제협약(안전한 컨테이너를 위한 국제협약 부속서I 제2규칙 제3항)에 따른 점검연월에 하는 안전점검
2) 정기점검방법 또는 계속점검방법을 위한 안전점검기준은 '컨테이너 안전점검 기준'에 따른다.

* 규칙 제65조(컨테이너의 안전점검방법의 승인 등)
1) 컨테이너의 점검방법의 승인을 받으려는 자는 컨테이너정기(계속)점검방법승인신청서에 다음서류를 첨부하여 관할 지방해양수산청장에게 제출하여야 한다.
   ① 회사의 연혁·조직 및 업무분장 등 회사의 개요를 설명하는 서류
   ② 다음의 사항을 적은 서류
      가. 컨테이너의 종류별·규격별 보유현황
      나. 정기(계속)점검계획(조직 및 실시요령을 포함한다)
      다. 정기(계속)점검기준(점검항목 및 판정기준을 포함한다)
      라. 정기(계속)점검기록, 정기(계속)점검에 필요한 컨테이너의 구조·강도 등에 관한 서류의 관리방법
   ③ 안전점검사업자로 하여금 컨테이너 안전점검을 대행하게 하는 경우에는 안전점검사업자 자격요건에 적합함을 증명하는 서류
2) 지방해양수산청장은 컨테이너 안전점검방법의 승인신청을 받은 경우에는 안전점검기준에 적합한지 여부를 확인하고 적합한 경우에는 위 (1)의 각호의 서류사본을 첨부하여 컨테이너정기(계속)점검방법승인서를 발급하여야 한다.

* 규칙 제66조(지도·감독)
지방해양수산청장은 안전점검방법의 승인을 받은 자가 승인받은 사항대로 점검하고 있는지에 대한 지도·감독을 연 1회 이상 하여야 한다.

4. 사용금지 : 법 제25조

1) 사용금지 의무
누구든지 선박안전법상 안전점검을 실시하지 아니한 컨테이너를 선박에 실어 해상화물운송에 사용하여서는 아니 된다.

2) 신고의무
누구든지 파손·부식 또는 균열이나 유해한 변형 등으로 인하여 인명과 선박의 안전에 위협이 될 수 있는 컨테이너를 발견하면 지체 없이 해양수산부장관에게 신고하여야 한다.

3) 컨테이너 안전조치

해양수산부장관은 제2항의 규정에 따른 파손·부식 또는 균열이나 유해한 변형 등으로 인명과 선박의 안전에 위협이 될 수 있는 컨테이너를 발견하거나 또는 신고를 받은 때에는 해당 컨테이너를 개방하고 이를 수리하거나, 컨테이너에 적재된 화물의 이적 또는 폐기 등 안전에 필요한 조치를 취할 수 있다.

4) 비용청구

해양수산부장관은 제3항의 규정에 따른 조치에 소요된 비용을 컨테이너의 소유자에게 청구할 수 있다.

5) 공매

해양수산부장관은 컨테이너의 소유자를 알 수 없거나 소재를 모르는 경우 해당컨테이너 및 적재된 화물을 공매하여 안전조치에 소요된 비용에 충당할 수 있다. 이 경우 비용에 충당하고 남은 금액이 있는 때에는 이를 공탁하여야 한다.

* 규칙 제67조(컨테이너의 안전조치)

1) 지방해양수산청장이 컨테이너의 안전에 필요한 조치를 하려는 경우에는 '행정대집행법'의 규정을 준용한다. 이 경우 해당 컨테이너의 소유자, 점유자 또는 이해관계인을 알 수 없거나 소재를 모르는 경우에는 다음사항을 해당 컨테이너가 방치된 현장에 7일간 공고한 후 안전에 필요한 조치를 할 수 있다.
   ① 컨테이너의 종류 및 화물의 내용
   ② 컨테이너가 소재하는 위치
   ③ 제거일시
   ④ 제거방법
2) 지방해양수산청장은 컨테이너 및 적재된 화물을 처분하는 경우 공매를 하되, 공매를 하려는 경우에는 다음사항을 14일 이상 공고하여야 한다.
   ① 공매할 컨테이너 및 실린 화물의 종류 및 내용
   ② 공매의 장소 및 일시
   ③ 입찰보증금을 받는 경우에는 그 금액
3) 지방해양항만청장은 공탁하는 경우에는 '공탁법'에 따라야 한다.

[문20.선박시설의 기준.27조]

선박안전법상 만재흘수선의 표시와 복원성자료 승인

1. 만재흘수선

1) 선박이 여객이나 화물을 싣고 안전하게 항해할 수 있는 최대한도의 흘수선이다.
2) 규칙 제14조(만재흘수선의 지정등) : 법 제8조(정기검사)제2항에 따른 만재흘수선 지정
   가. 국제항해 및 근해구역 이상의 항해구역을 항해하는 선박에 표시하는 만재흘수선의 종류별로 적용되는 대역, 계절기간 또는 기간 및 이에 대응하는 건현은 별도로 정한다.
   ① 열대담수만재흘수선 : 열대담수건현(TF(LTF) (lumber) tropical fresh water)
   ② 하기담수만재흘수선 : 하기담수건현(F(LF) (lumber) fresh water)
   ③ 열대만재흘수선 : 열대건현(T(LT) (lumber) tropical(28 °C))

④ 하기만재흘수선 : 하기건현(S(LS) (lumber) summer)

⑤ 동기만재흘수선 : 동기건현(W(LW) (lumber) winter)

⑥ 동기북대서양만재흘수선 : 동기북대서양건현(WNA(LWNA) (lumber) winter north atlantic (2°C))

나. 갑판에 목재를 실어 운송하는 선박은 위(1)을 준용한다.

다. 국제항해를 하지 아니하는 선박길이 12미터 이상의 선박에 표시하는 만재흘수선의 종류별로 적용되는 구역 및 건현

① 해수만재흘수선 : 구역은 해면이며, 건현은 해수건현

② 담수만재흘수선 : 구역은 비중 1.000인 수면이며, 건현은 담수건현

라. 만재흘수선의 표시

만재흘수선의 표시는 선박길이의 중앙과 양쪽 가장자리의 외판에 용접 등 항구적 방법으로 하고, 외판과 구별되는 한 가지 색으로 알아보기 쉽게 하여야 한다.

3) <u>만재흘수선의 표시 : 적용대상선박</u>

가. 다음 선박의 소유자는 '만재흘수선기준'에 따라 만재흘수선의 표시를 하여야 한다.

① 국제항해 취항 선박

② '선박법'시행규칙 제11조(등록사항) 선박의 길이[최소형깊이의 85퍼센트의 위치에서 계획만재흘수선에 평행한 흘수선 전장의 96퍼센트와 계획만재흘수선상의 선수재(船首材)전면으로부터 타두재(舵頭材) 중심선까지의 거리 중 긴 것을 말한다)에 따라 길이가 12미터 이상인 선박

* [12미터이상의 부선, 선박길이가 24미터 이상인 예인·해양사고구조·준설· 측량에 사용되는 선박은 만재흘수선표시대상선박이다]

③ 길이가 12미터 미만인 선박 중

ㄱ. 여객선

ㄴ. 법 제41조(위험물의 운송)의 규정에 따른 위험물을 산적하여 운송하는 선박

나. 누구든지 만재흘수선을 초과하여 여객이나 화물을 운송하면 아니 된다.

* <u>규칙 제69조(만재흘수선의 표시 등)로 정하는 만재흘수선 표시의무 면제선박</u>

① 잠수함

② 수중익선(hydrofoil), 공기부양선(hovercraft), 수면비행선박(wing in ground effect craft) 및 부유식 해상구조물(다만, 이동식 시추선, 항구적으로 해상에 고정되지 않은 수상호텔, 수상식당 및 수상공연장 등으로서 소속직원 외에 13명 이상을 수용할 수 있는 해상구조물은 만재흘수선을 표시하여야 한다)

③ 운송업에 종사하지 않는 유람범선(요트)

④ 국제항해에 종사하지 않는 선박으로서 선박길이가 24미터 미만인 예인·해양사고구조·준설·측량에 사용되는 선박

⑤ 임시항해검사증서를 발급받은 선박

⑥ 시운전을 위하여 항해하는 선박

⑦ 만재흘수선을 표시하는 것이 구조상 곤란하거나 적당하지 아니한 선박으로서 해양수산부장관이 인정하는 선박

2. 복원성, 검사사항

1) 복원성의 의의

수면에 평형상태로 떠 있는 선박이 파도, 바람 등 외력에 의해 기울어졌을 때 원래의 평형 상태로 되돌아오려는 성질을 말한다.

2) 복원성의 유지 : 제28조(복원성의 유지)복원성기준 적용선박 : 제1항

다음 선박의 소유자(해당선박에 대한 정당한 권원을 가지고 점유 또는 사용하는 자를 포함한다. 이하 같다)는 '선박복원성기준'에 따른 복원성을 유지하여야 한다.

① 여객선

② 선박길이가 12미터 이상인 선박

* 승선정원 13명이상의 요트는 복원성을 유지하여야 한다(수상레저안전법 규칙 제8조(복원성))

* 규칙 제71조(복원성기준 제외선박)

1) 국제항해에 종사하지 아니하는 길이 24미터 미만인 선박으로서
 ① 예인·해양사고구조·준설·측량에 사용되는 선박
 ② 부선 → 만재흘수선대상, 무선설비면제
2) 여객선이 아니거나 카페리선이 아닌 선박으로서 호소·하천 및 항내의 수역에서만 항해하는 선박 → 만재흘수선대상선박
3) 부유식 해상구조물(다만, 이동식 시추선, 항구적으로 해상에 고정되지 않은 수상호텔, 수상식당 및 수상공연장 등으로서 소속직원 외에 13명 이상을 수용할 수 있는 해상구조물은 복원성을 유지하여야 한다)
4) 복원성 시험이 구조상 곤란하거나 적당하지 아니한 선박으로서 해양수산부장관이 인정한 선박

* 부선의 복원성관련 임시검사('공사용장비등을 탑재한 부선의 임시검사지침')

1. 길이 24미터 이상의 부선은 복원성승인을 받아야 한다.
2. 길이 24미터 미만의 부선은 자체적으로 복원성을 진단할 수 있으며, 소유자는 통상의 탑재와 다른 다음의 경우 필요시 복원성승인을 요청할 수 있다
 1) 다음의 공사용장비를 탑재한 경우 복원성기준충족에 관하여 임시검사를 받아야 한다
  ① 굴착기, ② 덤프트럭, ③ 기중기, ④ 로더
 2) 임시검사시 다음 물건에 대한 복원성유지 검사를 받아야 한다
  ① 공사용장비
  ② 작업용컨테이너(작업자의 일시적 휴게실, 작업실용도의 컨테이너등)
  ③ 이동식발전기(주전원, 비상전원 등 선박전기설비기준에 따르지 않은 이동식 50KV 이상의 발전기)

3) 복원성 자료의 승인

① 선박소유자는 복원성 자료를 제출하여 적합여부에 대하여 해양수산부장관의 승인을 받아야 하며, 승인 받은 복원성 자료를 선장에게 제공하여야 한다.

② 복원성 계산을 위하여 컴퓨터프로그램을 사용한 때에는 '선박복원성기준'의 계산방식에 따라야 한다.

(3) 복원성자료 및 복원성계산용 컴퓨터프로그램의 작성요령 등에 관하여 필요한 사항은 '선박복원성기준'에 의한다.

4) 선박구조 등 변경허가의 경우 : 규칙 제32조(선박시설의 변경허가)

법 제15조(선박검사후 선박의 상태유지)제3항에 따라 선박구조 등의 변경 또는 개조는 복원성 기준을 충족하는 범위에서만 해양수산부장관의 허가를 받을 수 있다.

[문21.선박시설의 기준.29조]

선박안전법상 무선설비등과 선박위치발신장치

1. 무선설비

1) 국제항해에 종사하는 선박(GMDSS 대상선박)

다음에 해당하는 선박소유자는 국제협약(해상인명안전협약(SOLAS)에 따른 '세계해상조난 및 안전제도'의 시행(GMDSS)에 필요한 무선설비를 갖추어야 한다. 이 경우 무선설비는 '전파법'에 따른 성능과 기준에 적합하여야 한다.

① 국제항해에 취항하는 여객선

② 제①호선박외에 국제항해에 취항하는 총톤수 300톤 이상의 선박

2) 무선설비면제 선박

규칙 제72조(무선설비의 설치)에서 정하는 다음 선박을 제외한 선박은 '무선설비의 설치기준'이 정하는 무선설비를 갖추어야 한다. 이 경우 무선설비는 '전파법'에 따른 성능과 기준에 적합하여야 한다.

① 총톤수 2톤 미만의 선박 → (중간검사면제선박)

② 추진기관을 설치하지 아니한 선박

③ 호소·하천 및 항내의 수역에서만 항해하는 선박 → (만재흘수선지정대상선박, 복원성면제선박)

④ '유선 및 도선사업법'에 따른 도선으로서 출발항으로부터 도착항까지의 항해거리(경유지를 포함한다)가 2해리 이내인 선박

3) 선박안전법 시행규칙의 '무선설비의 설치기준'

가. 평수구역을 항해구역으로 하는 선박 : 초단파대무선설비(VHF무선전화 및 디지털선택호출장치)(1개)

나. 연해구역 이상을 항해구역으로 하는 선박 :

① 국제항해에 취항하지 아니하는 총톤수 300톤 미만의 선박 : 초단파대무선설비(VHF 무선전화 및 디지털선택호출장치)(1개), 위성비상위치지시용무선표지설비(EPIRB)(1개)

② 국제항해에 취항하는 총톤수 300톤 미만의 선박 : 초단파대무선설비(무선전화 및 디지털선택호출장치)(1개), 중단파대 또는 중단파대 및 단파대무선설비(MF/HF무선전화 및 디지털선택호출장치)(1개), 위성비상위치지시용무선표지설비(EPIRB)(1개)

③ 총톤수 300톤 이상의 선박 : 초단파대무선설비(VHF무선전화 및 디지털선택호출장치)(1개), 네브텍스수신기(1개), 위성비상위치지시용무선표지설비(EPIRB)(1개), 수색 및 구조위치확인장치(SART 또는 AIS-SART)(1개), 양방향초단파대무선전화장치(2-way VHF)(1개)

④ 연해구역이상의 항해구역요트 : VHF, EPIRB, AIS(또는 V-pass), 수상레저안전법 시행규칙 제9조(무선설비)

다. 항해의 금지

누구든지 '선박안전법'의 규정에 따른 무선설비를 갖추지 아니하고 선박을 항해에 사용하여서는 아니 된다. 다만, 임시항해검사증서를 가지고 1회의 항해에 사용하는 경우 또는 시운전을 하는 경우에는 그러하지 아니하다.

* 수상레저안전법에 의한 요트

외국항을 항해하는 요트는 항해전 CIQ(세관, 입국수속, 검역)를 완료하여야 하고 입항국가 입항전 항해중 무선으로 CIQ를 요청하여 도착후 완료할 수 있다

① 제 19조(원거리 수상레저활동의 신고등) : 국내항을 항해하는 요트는 10해리이상의 항해를 할시 해경에 인터넷 (메일주소 boat.kcg.kr) 또는 팩스를 이용한 신고서를 관할 해양경찰서에 제출한다

② 규칙 제26조의2(안전검사의 방법 및 준비사항) : 선박안전법 시행규칙 제15조제1항에 따른 연해구역, 근해구역 또는 원양구역을 항해구역으로 하는 동력수상레저기구는 다음 각 목에 따른 무선설비를 비치할 것. 이 경우 무선설비는 전파법에 따른 성능과 기준에 적합하여야 한다.

가. 위성비상위치지시용 무선표지설비(EPIRB) 또는 그 밖의 수상레저기구의 위치를 송신할 수 있는 설비로서 해양경찰청장이 고시하는 것

나. 초단파대 무선설비(무선전화 및 디지털 선택호출장치를 포함한다) 또는 그 밖의 주파수통신장치로서 해양경찰청장이 고시하는 것

③ 국제항해에 종사하는 동력수상레저기구는 해당 국제협약에 따른 검사준비를 할 것

2. '선박위치발신장치의 설치기준 및 운영등에 관한 규정'

-. 선박위치발신장치(AIS)설치 및 작동

선박의 안전운항을 확보하고 해양사고 발생시 신속한 대응을 위하여 규칙 제73조(선박위치발신장치 설치 대상선박)로 정하는 선박의 소유자는 '선박위치발신장치의 설치기준 및 운영 등에 관한 규정'의 기준에 따라 선박의 위치를 자동으로 발신하는 다음의 장치(이하 선박위치발신장치라 한다)를 갖추고 이를 작동하여야 한다.

① 협약에 의한 선박자동식별장치(선박안전법 제30조(선박위치발신장치))

② 연안선박용 선박자동식별장치(V-pass)(어선법 제5조의2(어선위치발신장치)제1항)

③ 초단파대무선설비(VHF)

④ 중단파대 및 단파대 무선설비(MF/HF)

⑤ 위성통신장치(INMARSAT)

1) 무선설비의 선박위치발신장치 기능

무선설비가 선박위치발신장치의 기능을 가지고 있는 때에는 선박위치발신장치를 갖춘 것으로 본다.

2) 선박위치발신장치작동의 일시적 중단

선장은 해적 또는 해상강도의 출몰 등으로 인하여 선박의 안전을 위협할 수 있다고 판단되는 경우 선박위치발신장치의 작동을 중단할 수 있다. 이 경우 선장은 그 상황을 항해일지 등에 기재하여야 한다.

* 규칙 제73조(선박위치발신장치설치 대상선박)

① 총톤수 2톤 이상의 다음의 선박

가. '해운법'에 따른 여객선
나. '유선 및 도선사업법'에 따른 유선. 다만, 해가 뜨기 30분전부터 해가 지고 30분 후까지 사이에 운항하는 선박으로서 평수구역만을 항해하는 항해예정시간이 2시간 미만인 선박은 그러하지 아니하다.

② 여객선이 아닌 선박으로서 국제항해에 취항하는 총톤수 300톤 이상의 선박
③ 여객선이 아닌 선박으로서 국제항해에 취항하지 아니하는 총톤수 500톤 이상의 선박
④ 연해구역 이상을 항해하는 총톤수 50톤 이상의 예선, 유조선 및 위험물산적운송선

* '선박설비기준' 제108조의2(위성항법장치등) : GPS plotter

자동식별장치등의 항해장비 내부에 본선의 위치를 측정할 수 있는 위성항법장치가 설치되어 있는 경우에는 면제

① 국제항해에 종사하는 선박
② 국제항해에 종사하지 아니하는 선박으로서 다음 각목의 선박
가. 연해구역이상을 항해구역으로 하는 총톤수 20톤 이상의 선박
나. 평수구역을 항해구역으로 하는 총톤수 500톤 이상의 선박

* '선박설비기준' 제108조의4(선수방위전달장치) : GPS compass

제94조(항해용레이더)에 따른 레이더, 제95조(전자플로팅설비)에 따른 전자플로팅장치, 제108조의5(자동식별장치)에 따른 자동식별장치를 설치한 선박으로서 제99조(자이로컴퍼스)에 따른 자이로컴퍼스를 설치하지 아니한 선박은 이들 장비에 선수방위전달장치를 설치하여야 한다.

* e-navigation(지능형해상교통정보서비스의 제공 및 이용활성화에 관한 법률)

IMO에서 추진중인 운항체계로 정보통신기술(ICT)을 활용, 선박에서는 전자해도를 기반으로 항법시스템을 자동화, 표준화하고 육상에서는 관제, 모니터링을 통해서 선박안전운항을 원격 지원하기위해 해상무선통신환경을 개선한 차세대 해양안전 종합관리체계로 전파항해관련 모든 장치를 통합화하고 있다. ICT의 발전으로 대형선사의 선박안전관리책임자는 매일 같은 시간에 수십척의 전체 사선을 한꺼번에 화상회의로 점검을 하고 있으며, 선박정비 시에 현장의 실제화면을 보면서 필요한 정보제공 및 정비방법까지 실시간 육상에서 제공하고 있다. 향후의 무인화선시대에 대비한 항법체계의 전초단계이며 기관은 현재의 대형디젤기관을 대체할 수소·암모니아 등으로 충전되는 대형 배터리가 급부상하고 있고 궁극적으로 소형원자로를 탑재하여 연료보급 및 고장과 정비없이 안정적으로 구동되는 전기모터추진체계가 급부상하고 있다.

* '선박설비기준' 제108조의7(항해자료기록장치)

① 항해기록장치(VDR)는 국제항해에 종사하는 여객선과 총톤수 3000톤 이상의 선박에 설치
② 최종기록장치는 고정식기록장치, 자유부양식 기록장치, 장기저장 기록장치로 구성될 것
가. 고정식기록장치는 기록종료 후 2년 동안 기록유지, 기록중단 후 48시간 자료유지
나. 자유부양식은 6개월 동안 기록된 자료 보존, 초기위치신호를 발신하여야 하며, 7일(168시간)이상의 기간 동안에 추가위치수신신호(homing signal)를 최소 48시간 발신할 수 있을 것
다. 장기저장 기록장치는 선박의 비상전원으로 작동될수 있어야 하며, 비상전원이 손실된 경우에도 예비전원으로 선교의 음성을 2시간 동안 계속 기록할 수 있을 것, 기록중단 후 30일(720시간) 지료유지

* '선박전기설비기준'에 따른 비상전원의 급전시간

① 제130조(국제항해에 종사하는 여객선의 비상전원)

급전시간은 36시간이며 단기간의 항해에 종사하는 경우에는 12시간까지 감할 수 있다
② 제131조(국내항해에 종사하는 여객선의 비상전원)
급전시간은 12시간이며 항해예정시간이 6시간미만인 경우에는 6시간동안 급전하면 된다
③ 제132조(외양항해선의 비상전원)
급전시간은 18시간이며 항해시간에 따라 12시간까지 감할 수 있다
④ 제133조(외양항해선 이외 선박의 비상전원)
급전시간은 6시간이상이 되어야 한다
* 선급기준에 따라 비상발전기는 45초 내에 급전하여야 한다.

[문22.안전항해를 위한 조치.31조~44조]

안전항해를 위한 조치 (항해용간행물, 하역설비(제한하중, 하역설비검사기록부), 화물정보, 화물적재고박, 유독성가스화물, 산적화물)

1. 선장의 권한 : 법 제31조, 선장의 고유재량권 인정 → 해사안전법 제45조, 선원법 제7조

전통적으로 선박은 육지로부터 멀리 떨어져 해상위험에 맞서 운항하였기 때문에 선장은 현장의 최고책임자로서 선박운항에 관한 한 거의 모든 권한을 행사하여 왔다. 그러나 선박통신기술이 발전하면서 선장의 권한은 점차 해상에서 육지로 이동하고 있다. 즉 육상의 선박소유자는 무선전화, 인터넷 등을 통하여 선장과 계속 연락하면서 수시로 지시할 수 있기 때문에 선장의 재량권은 점차 축소되고 있다. 그 결과 일부 선박소유자는 선박의 운항에 관한 거의 모든 결정을 스스로 내리고, 선장은 현장에서 이를 집행하는 단순 보조자의 역할로 전락시켜 버리는 경우도 있다. 이러한 점 등을 감안하여 국제협약(해상인명안전협약 부속서 제5장 제34-1 규칙)은 선주, 용선자, 선박회사 등은 선장이 전문적인 판단에 따라 해상에서 인명안전과 해양환경보호에 관하여 필요한 결정을 내리는 것을 방해하거나 제한하지 말도록 규정하고 있다. 이러한 국제협약(해상인명안전협약)의 내용을 수용하여 '선박안전법' 제31조(선장의 권한)에서 누구든지 선박의 안전을 위한 선장의 전문적인 판단을 방해하거나 간섭하여서는 아니 된다고 규정함으로써 선장이 선박운항 중에 겪는 여러 가지 상황에 있어 전문가로서 스스로 판단을 내릴 수 있는 재량권을 인정하고 있다.

2. 항해용 간행물의 비치 : 법 제32조 : 수로도지(해도, 항해서지) → 선원법 제7조(출항전검사·보고의무), 해운법규칙 제15조의5, 여객선안전관리지침 ⇒ 출항전점검

선박소유자는 규칙 제74조(항해용간행물의 종류)로 정하는 해도 및 조석표등 항해용 간행물을 규칙 제75조(항해용 간행물의 비치)로 정하는 바에 따라 선박에 비치하여야 한다.

* 규칙 제74조(항해용 간행물의 종류)
법 제32조에서 정하는 해도 및 조석표등 항해용 간행물이란 '해양조사와 해양정보활용에 관한 법률'에 따른 해도, 항해서지[해도를 보조하는 해상교통에 필수적인 안내책자]중 조석표·등대표·항로지[근해 및 대양항로지] 및 항행통보[NAVTEX(선박교통문자방송)로 수신가능]를 말한다.
* 규칙 제75조(항해용 간행물의 종류)
① 승인된 전자해도를 선박에 비치하는 경우에는 해양수산부장관이 인정하는 백업장치 또

는 예비목적의 최신화된 해도를 비치하여야 한다(전자해도 2대 비치 시 면제)
② 선박에 비치하는 항해용 간행물은 수로정보[waterway information]에 따른 최신의 것이어야 한다.
③ 항해용 간행물의 요건등은 법 제26조(선박시설의 기준)에 적합하여야 한다.
④ 항해용 간행물은 선장이나 선원이 즉시 꺼내어 확인할 수 있는 적당한 장소에 비치하여야 한다.

3. 조타실의 시야확보 등 : 법 제33조

선박소유자는 당해 선박의 조타실에 대하여 '선박설비기준'에 따라 충분한 시야를 확보할 수 있도록 필요한 조치를 하여야 하며, 또한 선박소유자는 해당선박의 조타실과 조타기가 설치된 장소 사이에 '선박설비기준'에 따른 통신장치를 설치해야 한다.

* solas requirement(선박 하역장치 등으로 인한 맹목구간관련)
① total blind sector : 20°미만
② max. blind sector : 10°미만
③ max. blind sector forward of the bow to 10 DEG on either side : 5°미만
④ min. clear sector between blind sector : 5°이상

4. 하역설비의 확인 등 : 법 제34조, 검사사항

1) 제한하중 등의 확인

하역장치 및 하역장구(이를 하역설비라 한다)를 갖춘 선박의 소유자는 규칙 제77조(하역설비의 확인신청)로 정하는 기준에 따라 제한하중·제한각도·제한반지름(이하 제한하중 등이라 한다)의 사항에 대하여 해양수산부장관의 확인을 받아야 한다.

2) 제한하중 등의 확인서 교부

해양수산부장관은 제한하중·제한각도 및 제한반경의 확인을 한 때에는 제한하중등확인서를 교부하여야 한다.

3) 제한하중 등의 표시

제1항의 규정에 따라 확인을 받은 선박소유자는 해당하역설비에 규칙 제77조(하역설비의 확인신청)로 정하는 바에 따라 확인받은 제한하중 등의 사항을 표시하여야 한다.

4) 제한하중 등의 사항 준수의무

제1항의 규정에 따라 확인을 받은 선박소유자는 확인받은 제한하중 등의 사항을 위반하여 하역설비를 사용하여서는 아니 된다.

* 규칙 제77조(하역설비의 확인신청)
① 1톤 이상의 화물의 하역설비에 대하여 다음의 하나에 해당하는 제한하중 등의 확인을 받으려는 선박소유자는 제한하중등신청서를 해양수산부장관에게 제출하여야 한다 .
ㄱ. 데릭장치 : 제한하중 및 제한각도
ㄴ. 집크레인 : 제한하중 및 제한반지름
ㄷ. 그 밖의 하역장치 : 제한하중
ㄱ. 하역장치에 처음으로 사용되는 하역장구와 용접등에 의하여 수리를 한 하역장구 : 제한하중
② 제한하중 등 확인서의 서식은 별도로 정한다.
③ 제한하중 등의 표시는 하역설비의 잘 보이는 곳에 금속제 판을 고정시키거나 용접 등 항

구적인 방법으로 하여야 한다.

5. 하역설비검사기록부 및 비치 : 법 제35조, 검사확인사항

1) 하역설비검사기록부 작성의무

해양수산부장관은 하역설비에 대하여 정기검사 또는 중간검사를 한 때에는 규칙 제78조(하역설비에 관한 검사의 기록)로 정하는 바에 따라 하역설비검사기록부를 작성하고 그 내용을 기재하여야 한다.

2) 하역설비검사기록부 비치의무

선박소유자는 제1항의 규정에 따른 하역설비검사기록부 등 하역설비에 대한 검사와 관련된 규칙 제78조로 정하는 다음서류를 선박에 비치하여야 하며 검사와 관련 바로 제시할 수 있도록 적절한 장소에 보관하여야 한다.

가. 제한하중등확인서

나. 하역설비검사기록부

6. 화물정보의 제공 : 법 제36조

1) 선장에게 화주의 화물정보제공의무

화주는 화물을 안전하게 싣고 운송하기 위하여 화물을 싣기 전에 그 화물에 관하여 규칙 제79조(화물정보의 제공)에 따라 정보를 선장에게 제공하여야 한다.

2) 선장외의 관계자에게 정보제공의무

컨테이너에 실은 화물을 외국으로 운송하려는 화주는 제1항에 따라 화물에 관한 정보를 선장에게 제공하는 경우 규칙 제79조(화물정보의 제공)로 정하는 방법에 따라 화물의 총중량에 관한 검증된 정보도 함께 제공하여야 한다. 이 경우 선장이 화주에게 요청하는 경우에는 선장외에 '항만법'에 따른 항만시설운영자 또는 임대계약자에게도 화물의 총중량에 관한 검증된 정보를 제공하여야 한다.

3) 선장의 화물적재거부

선장은 제1항 또는 제2항에 따라 정보가 제공되지 아니한 경우에는 해당 화물의 적재를 거부할 수 있다.

4) 제공정보의 내용

제1항에 따라 정보를 제공하여야 하는 화물의 종류 및 그 화물별로 제공하여야 하는 정보의 내용은 규칙 제79조(화물정보의 제공)로 정한다.

* 규칙 제79조(화물정보의 제공)

1) 정보를 제공하여야 하는 화물의 종류 및 그 화물별로 제공하여야 하는 정보의 내용은 다음 각 호와 같다.

① 일반화물과 화물유닛 또는 컨테이너에 의하여 운송되는 화물의 경우

가. 화물명세

나. 화물의 총중량(화물유닛 또는 컨테이너의 중량을 포함한다)

다. 화물특성

② 산적화물의 경우

가. 화물명세

나. 화물의 총중량(화물닛 또는 컨테이너의 중량을 포함한다)
다. 화물특성
라. 화물의 적하계수(무게 1톤에 대하여 입방미터로 표시된 부피를 말한다) 및 짐 고르기 방법
마. 선적 후 화물표면 경사각도를 포함한 화물이동의 특성
바. 응집되거나 액화될 수 있는 화물의 경우 화물 수분량 및 운송허용 수분값

③ 해를 입힐 수 있는 화학성질을 가진 산적화물의 경우
가. 화물명세
나. 화물의 총중량(화물유닛 또는 컨테이너의 중량을 포함한다)
다. 화물특성
라. 화물의 적하계수(무게 1톤에 대하여 입방미터로 표시된 부피를 말한다) 및 짐 고르기 방법
마. 선적 후 화물표면 경사각도를 포함한 화물이동의 특성
바. 응집되거나 액화될 수 있는 화물의 경우 화물 수분량 및 운송허용 수분값
사. 화학성질에 관한 정보

2) 컨테이너에 실린 화물을 외국으로 운송하려는 화주는 법 제36조(화물정보의 제공)제2항 본문에 따라 다음 각 호의 하나에 해당하는 방법으로 화물의 총중량에 관한 정보를 검증하여야 한다.
① 컨테이너에 화물을 실은 상태로 화물의 총중량을 '계량에 관한 법률'에 따른 계량기로 계측하는 방법
② 컨테이너에 실린 화물 및 화물을 고정·보호하기 위한 장비 등과 컨테이너 자체의 중량을 각각 합산하는 방법(화주가 '컨테이너 화물의 총중량 검증 등에 관한 기준'에 따라 화물의 총중량을 계산·관리할 수 있는 품질경영체계를 운영하는 경우로 한정한다)

3) 기타 화물의 총중량에 관한 정보제공 및 검증과 관련된 세부사항은 '컨테이너 화물의 총중량 검증 등에 관한 기준'으로 정한다.

7. 유독성가스농도 측정기의 제공 등 : 법 제37조

선박소유자는 유독성가스를 발생하거나 또는 산소의 결핍을 일으킬 수 있는 화물을 산적하여 운송하는 경우에는 해양수산부장관이 정하여 고시하는 바에 따른 유독성가스 또는 산소의 농도를 측정할 수 있는 기기 및 그 사용설명서를 선장에게 제공하여야 한다.

8. 소독약품 사용에 따른 안전조치 : 법 제38조

선장은 선박의 소독을 위하여 살충제 등 소독약품을 사용하는 경우에는 해양수산부장관이 정하여 고시하는 바에 따라 안전조치를 하여야 한다.

* '감염병의 예방 및 관리에 관한 법률' 시행규칙 별표(소독회수기준)에 의한 여객선의 소독

9. 화물의 적재·고박방법 등 : 법 제39조, 검사사항

1) '화물적재고박지침서'의 승인

선박소유자는 화물을 선박에 적재하거나 고박하기 전에 화물의 적재·고박의 방법을 정한 자체의 '화물적재고박지침서'를 마련하고, '특수화물선박운송규칙'으로 정하는 바에 따라 해양수산부장관의 승인을 받아야 한다.

2) 화물과 화물유닛의 화물적재고박지침서내용 준수

선박소유자는 화물과 화물유닛(차량 및 이동식탱크 등과 같이 선박에 부착되어 있지 아니하는

운송용 기구를 말한다) 및 화물닛 안에 실린 화물을 적재 또는 고박하는 때에는 승인된 '화물적재고박지침서'에 따라야 한다.

3) 차량의 '화물적재고박지침서'내용 준수

선박소유자는 차량 등 운반선박(육상교통에 이용되는 차량 등을 실어 운송할 수 있는 갑판이 설치되어있는 선박을 말한다)에 차량 및 화물 등을 적재하는 경우에는 제1항에 따라 승인된 '화물적재고박지침서'에 따르되, 해양수산부령(미제정)으로 정하는 바에 따라 필요한 안전조치를 하여야 한다.

4) 컨테이너의 화물적재고박지침서 및 컨테이너형식 승인판 내용준수

선박소유자는 컨테이너에 화물을 수납·적재하는 경우에는 제1항의 규정에 따라 승인된 화물적재고박지침서에 따르되, 컨테이너형식 승인판에 표시된 최대중량을 초과하여 화물을 수납·적재하여서는 아니 된다.

5) 제1항부터 제4항까지의 규정에 따른 화물의 적재·고박방법 등에 관하여 필요한 사항은 '특수화물선박운송규칙'으로 정한다.

*'특수화물선박운송규칙'에 의한 '화물적재 고박 등에 관한 기준'에 따른 '화물적재고박지침서'

① '화물적재고박지침서'는 '선박복원성기준', '위험물선박운송 및 저장규칙', '선박만재흘수선기준' 및 '강선의 구조기준'의 요건에 적합해야한다.

② <u>'화물적재고박지침서'는 평수구역에만 운송되는 화물에 대해서는 적용하지 아니한다. 다만, 국내항해에 종사하는 카페리선박으로 운송되는 화물은 이 기준에 따라 '차량적재도'의 승인을 받아야 한다.</u>

* 화물적재고박등에 관한 기준

'화물적재고박등에 관한 기준' 제17조(일반화물의 적재등) → 일반화물적재구역지정

카페리선박의 차량구역에는 일반화물을 적재할 수 없다. 다만, 일반화물을 적재하고자 하는 경우에는 화물의 종류에 따른 묶어 매는 설비 등에 대하여 제13조(차량적재도의 승인)의 규정에 의하여 해양수산부장관의 승인을 받은 경우에는 그러하지 아니 하다.

* 수하물적재를 위한 여객전용여객선의 약관

여객전용여객선은 약관에서 정하는 1인당 휴대품의 중량과 부피에 대하여만 적재할 수 있을 뿐 일반화물은 적재할 수 없으며, 화물적재고박지침서와 고박설비 등에 대한 승인절차도 면제된다. 다만, 객실내의 좌석통로등 비상탈출로의 통행과 구명소화설비 등 비상장치의 접근에 지장을 주지 않는 범위에서 적재 한다.

10. <u>산적화물의 운송 : 법 제40조</u>

1) 선박소유자는 산적화물을 운송하기 전에 해당 선박의 선장에게 선박의 복원성·화물의 성질 및 적재방법에 관한 정보를 제공하여야 한다.

2) 산적화물을 운송하고자 하는 선박소유자는 필요한 안전조치를 하여야 한다.

3) 선박의 복원성·화물의 성질 및 적재방법의 내용, 안전조치 등에 관하여 필요한 사항은 '특수화물 선박운송규칙'으로 정한다.

11. <u>위험물의 운송 : 법 제41조</u>, 위험물적재적합여부 검사사항 → '위험물선박운송 및 저장규칙', '선박에서의 오염방지에 관한 규칙'

1) 위험물운송규정 준수

선박으로 위험물을 적재·운송하거나 저장하고자 하는 자는 항해상의 위험방지 및 인명안전에 적합한 방법에 따라 적재·운송 및 저장하여야 한다.

2) 위험물적재 등의 적합여부의 검사 또는 승인[위반시 국제협약의 효력이 정지된다]

제1항에 따라 위험물을 적재·운송하거나 저장하고자 하는 자는 그 방법의 적합여부에 관하여 해양수산부장관의 검사를 받거나 승인을 받아야 한다.

3) '위험물 선박운송 및 저장규칙'

제1항 및 제2항의 규정에 따른 위험물의 종류와 그 용기·포장·적재·운송 및 저장의 방법, 검사 또는 승인 등에 관하여 필요한 사항은 '위험물선박운송 및 저장규칙'으로 정한다.

4) 방사성물질 및 산적액체위험물운송

→ '선박에서의 오염방지에 관한 규칙'에 따른 '방사성물질 운송선박의 운송기준' 및 '산적액체위험물운송선박의 시설등에 관한 기준'(2차 방벽요구)

제1항부터 제3항까지의 규정에도 불구하고 방사성물질을 운송하는 선박과 액체의 위험물을 산적하여 운송하는 선박의 시설기준 등은 '방사성물질 운송선박의 운송기준'으로 정한다.

5) 법 제65조(위험물관련 검사·승인의 대행)

가. 위험물의 적재·운송 및 저장등에 관한 검사 및 승인에 대한 업무의 지정

나. 해양수산부장관은 제41조(위험물의 운송)제2항의 규정에 따른 위험물의 적재·운송 및 저장등에 관한 검사 및 승인에 대한 업무를 소정의 지정기준에 적합한 자로서 '위험물검사등 대행기관'[한국해사위험물검사원]으로 하여금 대행하게 할 수 있다.

* 위험물검사등대행기관의 취소 등

① 영 제14조(위험물검사등대행기관의 취소등)

규정위반 시 업무를 취소시키거나 6개월의 범위에서 그 업무를 정지 시킬 수 있다.

② 규칙 제89조의2(지도·감독)

가. 해양수산부장관은 제41조(위험물의 운송)제2항에 따른 위험물의 적재·운송 및 저장등에 관한 검사 및 승인업무의 대행과 관련하여 위험물검사등 대행기관을 연 1회 이상 정기적으로 지도·감독해야 하며, 해양수산부장관이 필요하다고 인정하는 경우에는 수시로 지도·감독할 수 있다.

나. 해양수산부장관은 지도·감독 결과에 따라 위험물검사 등 대행기관에 개선보완을 요청할 수 있다.

* [여객선의 위험물운송]

선박의 항해나 인명의 안전을 유지하기 위하여 해당선박에서 사용하는 위험물외의 모든 위험물은 'MSDG code', 선박안전법 제41조(위험물의 운송) 및 '선박의 입항 및 출항등에 관한 법률', '위험물선박운송규칙'의 규정에 따라 선내반입이 제한되며 여객선에서는 선내반입이 더욱 엄격히 적용된다.

1) 위험물분류 : '위험물선박운송 및 저장규칙' 제2조제①호, 제4조제1항
2) 위험물반입 : '선박의 입항 및 출항등에 관한 법률' 제32조
3) 위험물반입의 신고 : '선박의 입항 및 출항등에 관한 법률' 규칙 제14조
4) 위험물반입의 제한 : '선박의 입항 및 출항등에 관한 법률' 규칙 제15조
5) 위험물취급시의 안전조치 : '선박의 입항 및 출항등에 관한 법률' 규칙 제19조
6) 위험물반입신고위반시의 벌칙 : '선박의 입항 및 출항등에 관한 법률' 제59조, 영 제23조

* 여객선외의 선박에 산적운송 할 수 있는 위험물 및 적재방법
  '위험물선박운송 및 저장규칙'에 따른 '위험물운송기준' 별표

* 액화산소통탑재 활어운반차량의 카페리여객선 선적금지
  '위험물선박운송 및 저장규칙' 제27조제4항 및 '위험물선박운송기준'에 따라 2014년식 이전차량은 2021년 1월부터 선적금지 되며 2025년까지 단계적으로 금지되어 이후 기체 산소통탑재차량만 선적된다.

* 선박평형수관리, '선박평형수관리법'
  1) 목적 : 유해수중생물의 국내유입통제와 해양생태계 보호
  2) 적용범위
     국제항해에 종사하는 대한민국선박과 부유식해상구조물 포함
  3) 관할구역 : 내수, 영해, 배타적경제수역

* 이중선체구조
  '해양환경관리법' 제26조(기름오염방지설비의 설치기준)에 의한 '선박에서의 오염방지에 관한 규칙' 제15조(기름오염방지설비 등의 설치기준)에 따른다.

* 내항선연료유의 황함유량 0.5%기준
1) '해양환경관리법'에 따라 2021. 1. 1.이후에 검사를 받은 선박은 시행, 미수검선박도 2021. 12. 31.부터 시행
2) '항만대기질법'의 적용을 받는 경우 0.1%까지

* <u>탄소배출제한</u>
  선박은 IMO의 탄소배출 효율등급에 따라 A~E등급으로 나누고 3년 연속 D등급을 받거나 한번이라도 E등급을 받으면 시정조치와 함께 IMO로부터 승인을 받아야 한다. 또한 IMO는 매년 이 기준을 상향하며 선박이 이 기준에 미치지 못하면 운항할 수 없다.

12. 유조선 등에 대한 강화검사 : 법 제42조

1) 강화검사대상선박
   유조선·산적화물선 및 위험물산적운송선(액화가스산적운송선을 제외한다)의 선박소유자는 건조검사 및 선박검사외에 선체구조를 구성하는 재료의 두께확인 등 규칙 제80조(강화검사)로 정하는 사항에 대하여 해양수산부장관의 검사(이하 강화검사라 한다)를 받아야 한다. 다만, 국제항해를 하지 아니하는 선박으로서 규칙 제80조(강화검사)로 정하는 선박은 그러하지 아니 하다.
2) 검사결과의 표기
   해양수산부장관은 강화검사에 합격한 유조선 등에 대하여는 선박검사증서에 그 검사결과를 표기하여야 한다.
3) 면제선박 : 규칙 제80조(강화검사)
   가. 강화검사의 방법 및 절차등에 관한 사항에 대하여는 '강화검사 등에 관한 기준'으로 정한다
   나. 법 제42조제1항 단서에서 정하는 선박은 비국제항해선박으로서 다음과 같다.
      ① 선령 5년 미만의 선박
      ② 선령 5년 미만의 선박 이외의 선박 중 총톤수 300톤 미만의 선박
4) 강화검사는 '강화검사 등에 관한 기준'에 따라 정기검사, 제1종, 제2종중간검사와 함께 실시하

여야 한다.(매년 검사신청 시 직전검사시의 계측기록을 첨부한다)

13. 예인선에 대한 예인선항해검사 : 법 제43조

1) 예인선항해검사 의무

예인선의 선박소유자가 부선 및 구조물 등을 예인하고자 하는 때에는 규칙 제81조(예인선항해검사)에 따라 해양수산부장관의 검사(이하 예인선항해검사라 한다)를 받아야 한다.

2) 예인선항해검사증서 교부

해양수산부장관은 예인선항해검사에 합격한 예인선에 대하여 예인선항해검사증서를 교부하여야 한다.

3) 예인선항해검사증서 비치의무

예인선의 선박소유자는 제2항의 규정에 따른 예인선항해검사증서를 해당 예인선에 비치하여야 한다.

4) 예인선에 대한 준용규정

법 제15조(선박검사 후 선박의 상태유지)제1항 및 제2항의 규정은 본조 제1항의 규정에 따라 예인선항해검사를 받은 예인선에 대하여 이를 준용한다.

5) 대상선박과 검사 시기 : 규칙 제81조(예인선항해검사)

가. 예인선 항해검사는 예인선이 부선과 구조물 등을 예인하기 위하여 갖추어 둔 예인설비 등에 대하여 1년마다 예인선항해검사증서의 유효기간이 끝나는 날 전후 3개월 이내에 검사를 받아야 한다. 다만, 압항부선과 결합하여 운항하는 예인선과 평수구역에서만 운항하는 예인선의 경우에는 예인선항해검사를 받지 아니 한다.

나. 예인설비의 비치 및 검사에 관한 사항은 별도로 정한다.

다. 예인선항해검사증서의 유효기간기산방법은 영 제5조(선박검사증서 및 국제협약검사증서의 유효기간)에 따른 선박검사증서의 유효기간기산방법을 준용한다.

14. 고인화성연료유등의 사용제한 : 법 제44조

누구든지 선박에서는 화재폭발방지시설 등 '선박소방설비기준'에 따른 시설을 갖추지 아니하고는 인화점이 60°C 미만의 연료유·윤활유등을 사용하여서는 아니 된다.

[문23.검사업무의 대행.60조]

선박안전법상 검사 등 업무의 대행

1. 검사등 업무의 대행 : 법 제60조

1) 검사업무의 대행

해양수산부장관은 다음에 해당하는 건조검사·선박검사 및 도면의 승인 등에 관한 업무(이하 검사 등 업무)를 '한국해양교통안전공단법'에 따른 한국해양교통안전공단에 대행하게 할 수 있다. 이 경우 해양수산부장관은 영 제10조(검사 등 업무의 대행 등)로 정하는 바에 따라 협정을 체결하여야 한다.

① 법 제7조(건조검사)
② 법 제8조(정기검사)
③ 법 제9조(중간검사)
④ 법 제10조(임시검사)
⑤ 법 제11조(임시항해검사)
⑥ 법 제12조(국제협약검사)
⑦ 법 제13조(도면의 승인)
⑧ 삭제
⑨ 법 제16조(선박검사증서 및 국제협약증서 유효기간연장
⑩ 법 제18조(소형선박의 검정)
⑪ 법 제20조(선박용물건 또는 소형선박의 확인)
⑫ 법 제22조(예비검사)
⑬ 법 제28조(복원성자료의 승인)
⑭ 법 제34조(제한하중등의 확인)
⑮ 법 제35조(하역설비검사기록부의 작성)
⑯ 법 제39조(화물적재고박지침서의 승인)
⑰ 법 제42조(강화검사)
⑱ 법 제43조(예인선항해검사)

2) 선급업무의 대행 및 협정체결

해양수산부장관은 선박보험의 가입·유지를 위하여 선박의 등록 및 감항성에 관한 평가의 업무(이하 선급업무)를 하는 국내외 법인으로서 해양수산부장관이 정하여 고시하는 기준에 적합한 법인(이하 선급법인)에 해당 선급법인이 관리하는 명부에 등록하였거나 등록하려는 선박(이하 선급등록선박)에 한정하여 제1항 각호의 검사등 업무를 대행하게 할 수 있다. 이 경우 해양수산부장관은 영 제10조(검사등업무의 대행등)로 정하는 바에 따라 협정을 체결하여야 한다

3) 협정기간

제1항 각호외의 부분 후단 및 제2항 후단의 규정에 따른 협정의 기간은 5년 이내로 하며, 규칙 제84조(협정기간의 연장)로 정하는 바에 따라 이를 연장할 수 있다

4) 검사규정승인

공단 및 선급법인이 검사 등 업무의 대행을 하는 때에는 대행과 관련된 자체검사규정을 제정하여 해양수산부장관의 승인을 받아야 한다. 승인을 받은 사항을 변경하려는 경우에도 또한 같다.

2. <u>대행업무의 차질에 따른 조치 : 법 제61조</u>

해양수산부장관은 공단 및 선급법인이 제60조에 따른 검사등업무를 대행할 때 차질이 발생하거나 발생할 우려가 있다고 인정되는 경우에는 해양수산부장관이 직접 이를 수행하거나 해양수산부장관이 지정하는 자로 하여금 대행하게 할 수 있다

3. 대행업무에 관한 지도·감독 : 법 제62조

1) 선급업무의 대행지정취소

해양수산부장관은 공단 및 선급법인이 제60조에 따른 협정에 위반한 때에는 해당업무의 대행을 취소하거나 정지할 수 있다

2) 대행의 취소나 정지의 요건

대행의 취소나 정지의 요건에 관하여 필요한 사항은 영 제11조(대행업무의 취소등)로 정한다.

3) 지도·감독

검사 등 업무의 대행과 관련하여 공단 및 선급법인의 지도·감독등에 필요한 사항은 규칙 제86조(지도·감독)로 정하는 바에 따라 연 1회 정기지도·감독을 하여야 하며 필요시 수시로 지도·감독을 할 수 있다. 지도·감독결과에 따라 필요한 경우에는 공단 및 선급법인에게 개선보완을 요청할 수 있다.

* 영 제10조(검사 등 업무의 대행 등)

① 법 제60조(검사 등 업무의 대행)제1항 각호외의 부분 후단 및 제2항 후단에 따라 검사등 업무의 대행에 대하여 협정을 체결하려는 공단 또는 제2항 전단에 따른 선급법인은 규칙 제83조(협정의 체결신청)로 정하는 협정신청서를 작성하여 해양수산부장관에게 신청하여야 한다.

② 해양수산부장관은 제1항에 따른 신청을 받은 경우 공단 또는 선급법인이 검사등 업무를 대행할 수 있는 능력이 있다고 인정될 때에 해당공단 또는 선급법인과 협정을 체결하여야 한다. 이 경우 협정의 기간은 5년으로 한다.

[문24.검사업무의 대행.66조]

선박안전법상 외국정부 등이 행한 검사의 인정

1. 외국정부의 검사인정

외국선박이 해당 소속국가에서 시행중인 선박안전과 관련되는 법령의 내용이 국제협약 또는 이 법의 기준과 동등하거나 그 이상에 해당하는 때에는 해당 외국정부 또는 그 외국정부가 지정한 대행기관(이하 외국정부)이 행한 해당 외국선박에 대한 검사 등 업무는 이 법에 따른 검사 등 업무로 본다.

2. 외국정부의 검사증서효력인정

외국정부 등이 검사 등업 무를 행하고 교부한 증서는 이 법에 따라 교부한 증서와 동일한 효력을 가진 것으로 본다. 다만, 이 법에 따라 교부한 증서의 효력을 인정하지 아니하는 국가의 외국정부 등이 발행한 증서에 대하여는 그러하지 아니하다.

[문25.검사업무의 대행.67조]

선박안전법상 정부대행검사기관의 배상책임

1. 정부대행검사기관의 위법행위에 대한 국가의 배상

국가는 공단, 선급법인, 컨테이너 검정 등 대행기관 및 위험물 검사 등 대행기관(이하 대행검사기관)이 해당 대행업무를 수행하면서 위법하게 타인에게 손해를 입힌 때에는 그 손해를 배상하여야 한다.

2. 국가의 정부대행검사기관에 대한 구상(경과실 시 구상하지 않는다)

국가는 정부대행검사기관의 위법행위에 따른 손해배상에서 대행검사기관이 고의 또는 중대한 과실이 있는 경우에는 해당대행검사기관에 구상할 수 있다.

3. 구상금액한도(중과실의 정도가 심하면 구상하되 한도를 적용하지 않는다)

1) 대행검사기관에 대한 구상은 영 제15조(대행검사기관에 대한 구상)로 정하는 금액을 한도로 한다. 다만, 대행검사기관이 고의 또는 손해발생의 염려가 있음을 인식하면서 무모하게 한 작위 또는 부작위로 인하여 생긴 손해에 대해서는 구상금액 한도를 적용하지 아니한다.

2) 영 제15조(대행검사기관에 대한 구상)

① 검사업무대행기관공단 : 3억원

② 검사업무대행기관선급법인 : 50억원

③ 컨테이너검정등의대행기관 : 3억원

④ 위험물검사·승인의대행기관 : 3억원

* 정부검사관에 의한 직접검사 또는 대행검사기관의 검사원에 의한 검사 시 검사관과 검사원에 대한 직접적 배상책임은 없다. 다만, 기관 내부적으로 그들에게 구상권 청구 가능성을 검토할 수 있을 뿐이다.

* 서해페리호나 세월호 사건에서조차 아직 본 규정이 적용된 사례는 없다.

[문26.항만국통제.68조]

국내항만에서의 외국선박에 대한 항만국통제 및 이에 대한 이의신청

1. <u>항만국통제 : 법 제68조 → 해사안전법 제50조, 제60조</u>

1) 항만국통제

해양수산부장관은 외국선박의 구조·설비·화물운송방법 및 선원의 선박운항지식 등이 영 제16조(항만국통제의 시행)로 정하는 선박안전에 관한 국제협약에 적합한지 여부를 확인하고 그에 필요한 조치(이하 항만국통제)를 할 수 있다.

2) 승선확인 등

해양수산부장관은 항만국통제를 하는 경우 소속 공무원으로 하여금 대한민국의 항만에 입항하거나 입항예정인 외국선박에 직접 승선하여 행하게 할 수 있다. 이 경우 해당선박의 항해가 부당하게 지체되지 아니하도록 하여야 한다.

3) 시정조치

해양수산부장관은 항만국통제의 결과 외국선박의 구조·설비·화물운송방법 및 선원의 선박운항지식 등이 국제협약의 기준에 미달되는 것으로 인정되는 때에는 해당선박에 대하여 수리 등 필요한 시정조치를 명할 수 있다.

4) 출항정지

해양수산부장관은 항만국통제결과 선박의 구조·설비·화물운송방법 및 선원의 선박운항지식 등과 관련된 결함으로 당해 선박 및 승선자에게 현저한 위험을 초래할 우려가 있다고 판단되는 때에는 출항정지를 명할 수 있다.

5) 이의신청제기

외국선박의 소유자는 시정조치명령 또는 출항정지명령에 불복하는 경우에는 해당명령을 받은 날부터 90일 이내에 그 불복사유를 기재하여 해양수산부장관에게 이의신청을 할 수 있다.

6) 이의신청에 대한 조치

이의신청을 받은 해양수산부장관은 소속 공무원으로 하여금 해당시정조치명령 또는 출항정지명령의 위법·부당 여부를 직적 조사하게 하고 그 결과를 신청인에게 60일 이내에 통보하여야 한다. 다만, 부득이한 사정이 있는 때에는 30일 이내의 범위에서 통보시한을 연장할 수 있다.

7) 행정소송의 이의신청전치주의

항만국통제의 시정조치명령 또는 출항정지명령에 대하여 불복하는 자는 이의신청의 절차를 거치지 아니하고는 행정소송을 제기할 수 없다. 다만, '행정소송법' 제18조(행정심판과의 관계)에 해당되는 경우(행정심판의 재결이 선행조건임에도 재결이 없는등 정당한 사유가 있는 경우)에는 그러하지 아니하다

* 선박안전법은 해양사고방지를 위한 기술법적인 성격이 짙어 전문가집단인 행정관료에게 다시 한 번 확인할 필요가 있어 이의신청전치주의가 적용되고, 해사안전법의 경우 법의 성격이 통치관련 주권행사의 성격이 있어 이의신청전치주의를 적용시키지 않고 있다.

* 규칙 제27조(국제협약위반선박에 대한 조사방법등)
법 제12조(국제협약검사)제5항에 따른 국제협약위반선박에 대한 조사방법은 법 제68조(항만국통제) 및 법 제69조(외국의 항만국통제등)에 따른 항만국 통제 및 특별점검을 말한다.

* 영 제16조(항만국통제의 시행)
1) 선박안전에 관한 국제협약
① 해상에서의 인명안전을 위한 국제협약(SOLAS)
② 만재흘수선에 관한 국제협약(LOAD LINES)
③ 국제해상충돌 예방규칙협약(COLLEG)
④ 선박톤수측정에 관한 국제협약(TONNAGE MEASUREMENT)
⑤ 상선의 최저기준에 관한 국제협약(MLC,maritime labour convention : ILO해사노동협약)
⑥ 선박으로부터의 오염방지를 위한 국제협약(MARPOL)
⑦ 선원의 훈련·자격증명 및 당직근무에 관한 국제협약(STCW)
2) 제1항 ⑤호의 '상선의 최저기준에 관한 국제협약'을 적용할 때 1994년 3월 31일 이전에 용골(선박바닥중앙의 길이방향 지지대)이 거치된 선박에 대하여는 같은 협약의 석

용으로 인하여 선박의 구조 또는 거주설비의 변경이 초래되지 않는 범위에서 항만국 통제를 실시한다.

* 영 제17조(항만국통제에 따른 조치등)
  1) 해양수산부장관은 시정조치명령 또는 출항정지명령을 하려는 경우 해당선박의 선장에게 법령으로 정하는 항만국통제점검보고서를 발급하여야 한다. 이 경우 해당 서류에는 이의신청에 대한 안내문이 포함되어야 한다.
  2) 해양수산부장관은 출항정지를 명한 경우 규칙 제90조(항만국통제에 따른 조치 등)에 따라 그 사실을 해당 선박이 등록된 국가의 정부 또는 영사에게 알려야 한다.
  3) 이의신청을 하려는 자는 그 사유 및 이를 증명하는 서류를 갖추어 해양수산부장관에게 제출하여야 한다.
  4) 해양수산부장관은 이의신청을 받은 경우 해당선박의 선장·선박소유자·선급법인 또는 선박이 등록된 국가 등에 필요한 자료를 요청하거나 관계전문가의 의견을 들을 수 있다.
  5) 해양수산부장관은 이의신청이 타당하다고 인정되는 경우 지체없이 해당 시정조치명령 또는 출항정지명령을 철회하여야 한다.

2. 외국의 항만국 통제 등 : 법 제69조, 특별점검

1) 선박소유자의 국제협약규정 준수의무

선박소유자는 외국 항만당국의 항만국통제에 의하여 선박의 결함이 지적되지 아니하도록 관련되는 국제협약 규정을 준수하여야 한다.

2) 사후적 특별점검

해양수산부장관은 외국 항만당국의 항만국통제에 의하여 출항정지 처분을 받은 대한민국 선박이 국내에 입항할 경우 규칙 제27조(국제협약위반 선박에 대한 조사방법)와 규칙 제91조(특별점검)로 정하는 바에 따라 관련되는 선박의 구조·설비 등에 대하여 점검(이하 특별점검)을 할 수 있다. 다만, 외국정부에서 확인을 요청하는 경우 등 필요한 경우에는 외국에서 특별점검을 할 수 있다.

3) 사전적 특별점검

해양수산부장관은 다음의 대한민국 선박에 대하여 외국항만에서 출항정지를 예방하기 위한 조치가 필요하다고 인정되는 경우 규칙 제91조(특별점검)에 따라 관련되는 선박의 구조·설비 등에 대하여 특별점검을 할 수 있다.

가. 선령이 15년을 초과하는 산적화물선·위험물운반선

나. 그밖에 법령으로 정하는 선박

① 최근 3년 이내에 외국 항만당국의 항만국통제로 인하여 출항이 정지된 선박

② 최근 3년간 외국 항만당국의 항만국통제로 인하여 소속 선박의 출항정지율이 대한민국 선박의 평균 출항정지율을 초과하는 선박소유자의 선박

③ 그밖에 외국 항만당국의 항만국통제로 인하여 출항정지율이 특별히 높은 선박 등 해양수산부장관이 정하여 고시하는 선박

4) 특별점검에 대한 항해정지명령 또는 시정·보완 명령

해양수산부장관은 특별점검의 결과 선박의 안전 확보를 위하여 필요하다고 인정되는 경우에는 선박의 소유자에 대하여 규칙 제27조(국제협약위반선박에 대한 조사방법) 및 규칙 제91조(특별점검)로 정하는 바에 따라 항해정지명령 또는 시정·보완 명령을 할 수 있다.

5) 규칙 제91조(특별점검)제3항

해양수산부장관은 선박소유자에게 항해정지명령 또는 시정·보완 명령을 하려는 경우에는 항해정지명령서 또는 시정·보완명령서를 발급해야 한다.

* 국적선박의 항해정지명령등에 대해서는 외국선박의 항만국통제에 대해서 이의신청전치주의가 적용되는 것과 같이 이의신청전치주의가 적용된다고 해석된다.

2. 공표 : 법 제70조

1) 외국 항만당국의 항만국통제로 인하여 출항정지명령을 받은 대한민국 선박의 공표

해양수산부장관은 외국 항만당국의 항만국통제로 인하여 출항정지명령을 받은 대한민국 선박에 대하여는 영 제18조(공표)에 따라 해당 선박의 선박명·총톤수, 출항정지 사실 등을 공표할 수 있다.

* 영 제18조(공표)

가. 해양수산부장관은 외국의 항만당국으로부터 출항정지명령을 받은 사실을 통보받은 경우 해당 선박의 명세를 해양수산부의 게시판 또는 일간신문 등에 3개월의 범위에서 공표하거나 선주협회 등 관련단체에 배포할 수 있다.

나. 출항정지명령을 받은 선박의 명세에는 다음 각 호의 사항이 포함되어야 한다.

① 선박명(한글 또는 영어로 표기)

② 총톤수

③ 선박번호 및 국제해사기구번호

④ 선박소유자 성명(법인의 경우에는 법인명을, 용선의 경우에는 선박 운항자의 명칭을 말한다)

⑤ 외국 항만당국의 점검일, 항만명, 출항정지기간 및 출항정지 원인

다. 해양수산부장관은 선박의 명세를 공표하는 경우 공표대상자에 대한 부당한 침해가 없도록 하여야 한다.

[문27.특별검사등.71조]

<u>선박안전법상 특별검사와 재검사</u>

1. <u>특별검사 : 법 제71조</u>

1) 특별검사의 의의(대형사고관련 구조·설비결함조사)

해양수산부장관은 선박의 구조·설비 등의 결함으로 인하여 대형 해양사고가 발생한 경우 또는 유사사고가 지속적으로 발생한 경우에는 규칙 제92조(특별검사)로 정하는 바에 따라 관련되는 선박의 구조·설비 등에 대하여 검사(이하 특별검사)를 할 수 있다.

2) 특별검사선박의 공고

해양수산부장관은 특별검사를 하고자 하는 경우에는 대상선박의 범위, 선박소유자의 준비사항 등 필요한 사항을 <u>30일 전 공고하고</u>, 해당선박소유자에게 직접 통보하여야 한다.

3) 특별검사선박의 항해정지명령 또는 시정·보완명령

해양수산부장관은 특별검사의 결과 선박의 안전 확보를 위하여 필요하다고 인정되는 경우에는

선박의 소유자에 대하여 영 제19조(특별검사에 따른 조치 등)로 정하는 항해정지명령 또는 시정·보완명령을 할 수 있으며, 이 경우 규칙 제92조제4항으로 정하는 바에 따라 항해정지명령 또는 시정·보완명령서를 발급하여야 한다.

4) 특별검사선박의 준용규정

법 제15조(선박검사 후 선박의 상태유지)제1항·제2항 및 제16조(선박검사증서 및 국제협약검사증서의 유효기간 등)제3항을 준용 한다.

* 영 제19조(특별검사에 따른 조치 등)
해양수산부장관은 법 제71조(특별검사)에 따라 항해정지명령 또는 시정·보완명령을 하려는 경우 항해정지명령서 또는 시정·보완명령서를 발급하여야 한다.

* 규칙 제92조(특별검사)
1) 해양수산부장관은 법 제71조(특별검사)에 따라 법 제26조(선박시설의 기준)에 따른 선박시설기준에 적합하지 아니한 선박의 구조·설비 등으로 인하여 대형사고가 발생하였거나 또는 유사사고가 지속적으로 발생한 것으로 인정하여 검사대상으로 공고한 선박에 대하여 특별검사를 하여야 한다.
2) 특별검사 공고내용
① 검사대상 선박의 범위
② 검사사항
③ 검사기간
④ 검사준비사항
⑤ 그밖에 특별검사에 필요한 사항
3) 특별검사의 대상이 된 선박의 소유자는 선박검사신청서에 다음의 서류를 첨부하여 해양수산부장관에게 제출하여야 한다.
①선박검사증서
②공고에 포함된 특별검사에 관련되는 서류 또는 도면

2. 재검사 등 : 법 제72조

1) 재검사등 요청

해양수산부장관이 직접수행하거나 정부대행검사기관으로부터 검사·검정 및 확인을 받은 자가 그 결과에 대하여 불복하는 때에는 그 결과에 관한 통지를 받은 날부터 90일 이내에 그 사유를 갖추어 해양수산부장관에게 재검사·재검정 및 재확인을 신청할 수 있다.

2) 통보연장

재검사·재검정 및 재확인의 신청을 받은 해양수산부장관은 소속공무원으로 하여금 재검사 등을 직접 행하게 하고 그 결과를 신청인에게 60일 이내에 통보하여야 한다. 다만, 부득이한 사정이 있는 경우에는 30일 이내의 범위에서 통보시한을 연장할 수 있다.

3) 행정소송의 재검사 전치주의

정부대행검사기관의 검사·검정 및 확인에 대하여 불복이 있는 자는 재검사·재검정 및 재확인의 절차를 거치지 아니하고 행정소송을 제기할 수 없다.

* 규칙 제93조(재검사등)
1) 법 제72조(재검사등)제1항에 따라 재검사·재검정 및 재확인을 신청하려는 자는 재검사(재검정·재확인)신청서를 관할 지방해양수산청장에게 제출하여야 한다.
2) 삭제

3) 지방해양수산청장은 신청이 있는 경우 소속공무원을 현장에 파견하여 재검사·재검정 및 재확인과 필요한 조치를 하여야 한다.

[문28.보칙.73조]

선박안전법상 선급법인의 선박검사와 결함신고의 확인

1. 선급법인의 선박검사 : 법 제73조

선급등록선박의 검사합격의제

선급등록선박은 규칙 제94조(선급법인의 선박검사)에 따라 선박시설 및 만재흘수선에 한정하여 '선박안전법'에 따른 선박검사를 받아 이에 합격한 것으로 본다.

* 규칙 제94조(선급법인의 선박검사)
  선박시설이란 제4조제①호부터 제⑦호까지, 제⑬호부터 제⑮호까지의 규정에 따른 설비를 말한다.
  ① 선체
  ② 기관
  ③ 돛대
  ④ 배수설비
  ⑤ 조타설비
  ⑥ 계선설비 : 배를 항 구등에 매어두기 위한 설비
  ⑦ 양묘설비 : 닻을 감아올리기 위한 설비
  ⑬ 적부설비 : 위험물이나 그 밖의 산적화물을 실은 선박과 운송물의 안전을 위하여 운송물을 계획적으로 선박 내에 배치하기 위한 설비
  ⑭ 하역이나 그 밖의 작업설비
  ⑮ 전기설비

2. 결함신고에 따른 확인 등 : 법 제74조

1) 결함신고

누구든지 선박의 감항성 및 안전설비의 결함을 발견한 때에는 규칙 제95조(선박의 결함신고)로 정하는 바에 따라 그 내용을 해양수산부장관에게 신고하여야 한다.

2) 사실확인

해양수산부장관은 결함신고를 받은 때에는 규칙 제95조(선박의 결함신고)에 따라 소속 공무원으로 하여금 지체없이 그 사실을 확인하게 하여야 한다.

3) 출항정지명령

해양수산부장관은 사실 확인결과 결함의 내용이 중대하여 해당선박을 항해에 계속하여 사용하는 것이 해당선박 및 승선자에게 위험을 초래할 우려가 있다고 인정되는 경우에는 규칙 제95조(선박의 결함신고)에 따라 해당결함이 시정될 때까지 출항정지를 명할 수 있다.

4) 신고자 공개금지

누구든지 결함을 신고한 자의 인적사항 또는 신고자임을 알 수 있는 사실을 다른 사람에게 알려주거나 공개 또는 보도하여서는 아니 된다.

* 규칙 제95조(선박의 결함신고)

1) 긴급한 경우에는 전화 등을 통하여 구두로 신고할 수 있다.
2) 지방해양수산청장은 선박의 결함신고를 받으면 그 신고내용을 선박결함신고기록부에 적고 그 사실을 확인하여야 한다
3) 지방해양수산청장은 선박의 결함신고를 한자의 신원과 관련된 내용은 선박결함신고자 명부에 적어 보안업무관련규정에 따라 대외비로 관리해야 한다
4) 출항정지를 명하려는 경우에는 해당 선박의 소유자에게 출항정지명령서를 발부하여야 한다.

[문29.보칙.75조]

선박안전법상 보고 및 자료제출명령

1. 보고·자료제출명령

해양수산부장관은 다음에 해당하는 경우에는 선박소유자, 두께측정지정업체, 선박용 물건 및 소형선박에 대하여 형식승인을 받은 자, 형식승인의 지정시험기관, 선박용 물건 및 소형선박에 대하여 지정사업장의 지정을 받은 자, 예비검사를 받은 자, 컨테이너형식승인을 받은 자, 컨테이너 안전점검사업자, 화주, 선장, 항만시설운영자 또는 임대계약자, 공단, 선급법인, 컨테이너 검정 등 대행기관, 위험물검사 등 대행기관(이하 선박소유자등이라 한다)에 대하여 필요한 보고를 명하거나 자료를 제출하게 할 수 있다.

① 검사의 준비, 형식승인 및 검정, 지정사업장의 지정, 컨테이너형식승인 및 검정등, 컨테이너안전점검, 컨테이너 검정 등의 대행, 위험물관련 검사·승인 등의 대행에 따른 지도·감독과 관련하여 필요한 경우

② 선박의 감항성과 인명안전을 위한 시설 및 항해상의 위험방지조치와 관련하여 필요한 경우

③ 검사 등 업무 대행의 규정에 따른 감독과 관련하여 필요한 경우

2. 장부·서류 및 시설조사

해양수산부장관은 규정에 따른 보고내용 및 제출된 자료의 내용을 검토한 결과 제1항 각호의 목적달성이 어렵다고 인정되는 때에는 소속공무원으로 하여금 직접 해당 선박 또는 사업장에 출입하여 장부·서류 및 시설을 조사하게 할 수 있다.

3. 해양수산부장관은 조사를 하는 경우에는 조사 7일 전까지 조사자, 조사일시·이유 및 내용 등이 포함된 조사계획을 선박소유자등에게 통보하여야 한다.

다만, 선박의 항해일정 등에 따라 긴급을 요하거나 사전통보를 하는 경우 증거인멸 등으로 인하여 제1항 각호의 목적달성이 어렵다고 인정되는 경우에는 그러하지 아니하다.

4. 증표 등의 제시

조사를 하는 공무원은 그 권한을 표시하는 증표를 지니고 이를 관계인에게 제시하여야 하며, 해당선박 또는 사업장에 출입시 성명·출입시간·출입목적 등이 표시된 문서를 관계인에게 제시하여야 한다.

5. 항해정지명령 또는 수리·보완과 관련된 처분

해양수산부장관은 선박 또는 사업장을 조사한 결과 이 법 또는 이 법에 따른 명령을 위반한 사실이 있다고 인정되는 때에는 해당선박 또는 사업장에 대하여 영 제20조(항해정지 등의 조치)에 따라 항해정지명령 또는 수리·보완과 관련된 처분을 할 수 있다.

6. 항해정지명령의 해제

항해정지명령 등을 한 경우에는 그 사유가 없어지는 즉시 이를 해제하여야 한다.

[문30.보칙.76조]

선박안전법상 선박검사관과 선박검사원의 자격과 업무

1. 선박검사관의 업무 : 법 제76조

1) 건조검사, 정기검사, 중간검사, 임시검사, 임시항해검사, 국제협약검사, 위험물운송의 규정에 따른 위험물 적재방법의 적합여부에 대한 검사, 강화검사, 예인선검사, 특별점검, 특별검사 및 재검사·재검정·재확인에 관한 업무
2) 선박용 물건 또는 소형선박의 검정, 지정사업장에서 제조 또는 정비한 물건이라도 해양수산부장관이 정하여 고시하는 선박용 물건 또는 소형선박의 확인, 컨테이너의 형식승인에 따른 검정
3) 대행업무의 차질에 따른 직접수행에 관한 업무
4) 항만국통제에 관한 업무
5) 선박의 결함신고 사실의 확인에 관한 업무
6) 보고·자료제출 규정에 따른 선박 또는 사업장의 출입·조사에 관한 업무

2. 선박검사관의 취업제한 : 법 제76조의2

'공직자윤리법' 제17조(퇴직공직자의 취업제한, 3년간 취업금지)에도 불구하고 퇴직 직전 5년 이내 기간 중 선박검사관으로 근무했던 경력을 보유한 공무원은 퇴직일부터 2년이 경과하지 아니한 경우 선박검사원이 될 수 없다.

* 규칙 제97조(선박검사관의 자격 등) : 선박검사관의 종류 및 직무

1) 종류
   선박의 감항성 유지 및 안전운항을 위한 각종 업무를 수행하는 국가공무원으로서 선체검사관 및 기관검사관으로 구분한다.
2) 자격
   7급 이상의 해양수산부 소속 공무원으로서 선체검사관은 항해관련분야, 기관검사관은 기관관련분야에서의 일정학력, 자격면허 또는 근무경력이 있는 자이어야 한다.
3) 직무
   ① 선체검사관 : 선박의 선체와 이에 부수되는 선박시설 및 선박용 물건의 검사
   ② 기관검사관 : 선박의 기관과 이에 부수되는 선박시설 및 선박용 물건의 검사

3. 선박검사원 : 법 제77조

법 제60조(검사 등 업무의 대행)에 따라 검사대행업무를 행하는 선박안전기술공단 및 선급법인

은 규칙 제97조의2(선박검사원의 자격)에서 정하는 해당대행업무를 직접 수행하는 자로서 선박검사원을 둘 수 있으며, 선박검사원은 선체검사원, 기관검사원, 전문검사원으로 구분한다.

* 규칙 제97조의2(선박검사원의 자격)

  선체검사원은 해양계·수산계·조선 관련분야에서, 기관검사원은 기관·기계관련 분야에서 그리고 전문검사원은 금속 또는 전기·전자분야에서의 일정학력, 근무경력 또는 자격면허상의 조건을 갖추어야 한다.

  1) 선체검사원
     선박의 선체와 이에 부수되는 선박시설 및 선박용 물건의 검사
  2) 기관검사원
     선박의 기관과 이에 부수되는 선박시설 및 선박용 물건의 검사
  3) 전문검사원
     선박의 금속분야 또는 전기·전자, 통신 및 해양학분야에 관한 시설 및 이와 관련된 선박용 물건 등의 검사

Ⅰ. 선박안전법 : 정리문제

[문제1] 선박안전법상 국내항만에서의 외국선박에 대한 항만국통제를 설명하고 이에 대한 이의신청에 관하여 약술하시오.

→ [문26.68조] 선박안전법상 국내항만에서의 외국선박에 대한 항만국통제 및 이의신청 ☞ p64

[문제2] 선박안전법상 국제협약검사의 의의, 종류 및 신청에 대하여 약술하시오.

→ [문12.12조] 선박안전법상 국제협약검사의 의의, 종류 및 신청 ☞ p31

[문제3] 선박안전법상 안전항해를 위한 조치에 관하여 논하시오.(단, 위험물 안전운송교육에 대한 내용은 제외)

→ [문22.31조] [문22.41조] [문22.42조]선박안전법상 안전항해를 위한 조치에 관하여 논하시오.(단, 위험물 안전운송교육에 대한 내용은 제외) ☞ p54, p58, p60

[문제4] 선박안전법상 항해구역의 의의, 종류 및 항해구역 이외의 예외적 항해에 관하여 약술하시오.

→ [문7.8조] 선박안전법상 항해구역의 의의 ☞ p21

→ [문11.10조] 항해구역 이외의 예외적 항해 ☞ p28

[문제5] 선박안전법상 컨테이너의 형식승인 대상 및 승인취소와 효력정지에 관하여 설명하고, 컨테이너 검정 대상 및 검정 합격시 조치사항에 관하여 약술하시오.

→ [문19.23조] 선박안전법상 컨테이너의 형식승인 및 승인의 취소와 효력정지, 검정, 검정의 대행, 대행기관의 지정취소 및 안전점검 ☞ p45

[문제6] **A해운회사는 외항부정기운송사업자로서 석탄, 철광석 등을 주로 운송한다. 최근 10척의 유조선을 광석운반선으로 개조하여 임시검사 수검 후 운항하던 중 선체구조의 잠재적 결함으로 인해 1척의 선박이 침몰하는 대형사고가 발생하였다. 이 경우 자매선(sister ship)인 나머지 9척의 선박에 대해 선박안전법상 해양수산부장관이 실시할 수 있는 선박검사의 종류와 주요내용에 관하여 설명하시오.**

→ [문27.71조] 선박안전법상 특별검사와 재검사 ☞ p67

[문제7] **선박안전법상 정부대행검사기관의 배상책임에 관하여 약술하시오.**

→ [문25.67조] 선박안전법상 정부대행검사기관의 배상책임 ☞ p64

[문제8] **최근 1년 사이에 서해안의 A항에서 중국의 B항을 운항하는 여객선 중 유사한 구조를 가지고 있고, 비슷한 시기에 건조된 4척의 선박에서 유사한 유형의 해양사고가 20차례 반복적으로 발생하고 있다. 그 중 한국국적 선박이 2척이고 중국국적 선박이 2척이다. 선박안전법상 다음 물음에 답하시오.**

한국국적 선박 2척에 대하여 해양사고의 원인을 규명하기 위하여 해양수산부장관이 실시할 수 있는 특별검사의 내용에 관하여 설명하시오.

→ [문27.71조] 선박안전법상 특별검사와 재검사 ☞ p67

[문제9] **한국국적 선박 2척에 대한 검사결과 선박설비와 구조 등에서 선박안전에 관한 국제협약이 정한 기준에 미달하였다는 결과가 도출되었다. 지난 1년간 해양사고의 원인이 유사할 것으로 의심한 우리정부가 A항에 입항한 중국국적 선박 2척에 대하여 항만국통제를 실시하여 출항정지명령을 내렸다. 이에 대해 중국국적 선박의 소유자가 취할 수 있는 불복절차에 관하여 설명하시오.**

→ [문26.68조] 선박안전법상 국내항만에서의 외국선박에 대한 항만국통제 및 이의신청 ☞ p64

[문제10] **외국 항만당국의 항만국통제(port state control)에 의한 우리나라 국적선박의 출항정지 예방을 위하여 선박안전법령에서 정하고 있는 특별점검대상선박에 관하여 약술하시오.**

→ [문26.] 선박안전법상 국내항만에서의 <u>㉑외국선박에 대한 항만국통제</u> 및 이의신청 ☞ p64

Ⅱ. 해사안전법

[문1.총칙.1조]

해사안전법의 목적과 의의

1. 목적

'해사안전법'은 선박의 안전운항을 위한 안전관리체계를 확립하여 선박항행과 관련된 모든 위험과 장해를 제거함으로써 해사안전 증진과 선박의 원활한 교통에 이바지함을 목적으로 한다.

2. 의의

1) 적용법역의 확대

'해사안전법'은 대한민국 연안에서의 선박의 대형화, 고속화와 함께 특정해역에서의 해상교통량 확대로 인하여 발생할 수 있는 해양사고를 방지하기 위하여 대한민국연안의 특수한 지리적 조건과 특성에 맞추어 입법된 해상교통질서기본법이다. 특히 이 법은 우리나라 선박에 대해서는 우리나라의 관할권이 미치는 영해뿐 아니라 대륙붕 개발 등의 해양시설안전관리에 법적근거가 되는 배타적 경제수역과 항해의 자유가 보장되는 전반적인 공해에까지 그 적용법역을 확대시키고 있다.

2) 해상활동 이용자 및 정부의 책임과 의무가 강제된 강행규정

'해사안전법'은 해상에서 선박의 충돌과 항행의 위험을 방지하기 위하여 선박 스스로의 판단과 단독적 실행만을 요구하고 그 위반에 대해서는 책임규정이 없는 지침규범적 성격을 넘어 이용자에게는 교통질서의 유지의무 및 선박의 안전운항을 위한 안전관리체제 확립의무를 부여하였고, 정부에게는 항행교통시설 및 항로표지의 설치와 관리의무를 부여한 해상교통공법으로서의 강행규범이다.

3) 종합적해사안전체제로서의 국제법적성격

'해사안전법'은 대한민국의 해상교통질서확립에서 나아가 국제해사기구의 회원국 감사제도에서 요구하고 있는 해사안전정책 및 환류체계를 확립함으로써 해사안전정책의 실효성을 높이고 있다.

[문2.총칙.2조]

해사안전법의 용어정의

① 해사안전관리 : 선원·선박소유자등 인적요인, 선박·화물 등 물적 요인, 항행보조시설·안전제도 등 환경적 요인을 종합적·체계적으로 관리함으로써 선박의 운용과 관련된 모든 일에서 발생할 수 있는 사고[해사안전법상 해양사고]로부터 생명·신체 및 재산의 안전을 확보하기 위한 모든 활동을 말한다.

② 선박 : 물에서 항행수단으로 사용하거나 사용할 수 있는 모든 종류의 배(물위에서 이동할 수 있

는 수상항공기와 수면비행선박을 포함)를 말한다.

③ 수상항공기 : 물위에서 이동할 수 있는 항공기를 말한다.

④ 수면비행선박 : 표면효과작용을 이용하여 수면 가까이 비행하는 선박을 말한다.

⑤ 대한민국선박 : '선박법' 제2조(한국선박)에 따른 선박을 말한다.

> * '선박법' 제2조(한국선박)
> ① 국유 또는 공유의 선박
> ② 대한민국국민이 소유하는 선박
> ③ 대한민국의 법률에 따라 설립된 상사법인이 소유하는 선박
> ④ 대한민국에 주된 사무소를 둔 제③호 외의 법인으로서 그 대표자(공동대표인 경우에는 그 전원)가 대한민국국민인 경우에 그 법인이 소유하는 선박

⑥ 위험화물운반선 : 선체의 한부분인 화물창이나 선체에 고정된 탱크등에 규칙 제2조(위험물의 범위)로 정하는 위험물을 싣고 운반하는 선박을 말한다.

> * 규칙 제2조(위험물의 범위)
> 1) 위험물의 범위는 다음의 하나에 해당하는 것을 말한다, 다만, 해당선박에서 연료로 사용되는 것은 제외한다.
> ① 별도로 정한 화약류로서 총톤수 300톤 이상의 선박에 적재된 것
> ② 고압가스중 인화성가스로서 총톤수 1천톤 이상의 선박에 산적된 것
> ③ 인화성 액체류로서 총톤수 1천톤 이상의 선박에 산적된 것
> ④ 200톤 이상의 유기과산화물로서 총톤수 300톤 이상의 선박에 적재된 것
> ⑤ 제②호 및 제③호에 따른 위험물을 산적한 선박에서 해당 위험물을 내린 후 선박내에 남아있는 인화성 가스로서 화재 또는 폭발의 위험이 있는 것
> 2) 제1항에 따른 화약류·고압가스·인화성 액체류 및 유기과산화물의 정의는 '위험물 선박운송 및 저장규칙'에 따른다.

⑦ 거대선 : 길이 200미터 이상의 선박을 말한다.

⑧ 고속여객선 : 시속 15노트 이상으로 항행하는 여객선을 말한다.

⑨ 동력선 : 기관을 사용하여 추진하는 선박을 말한다. 다만, 돛을 설치한 선박이라도 주로 기관을 사용하여 추진하는 경우에는 동력선으로 본다.

⑩ 범선 : 돛을 사용하여 추진하는 선박을 말한다. 다만, 기관을 설치한 선박이라도 주로 돛을 사용하여 추진하는 경우에는 범선으로 본다.

⑪ 어로에 종사하는 선박 : 그물, 낚싯줄, 트롤망, 그밖에 조종성능을 제한하는 어구를 사용하여 어로작업을 하고 있는 선박을 말한다.

⑫ 조종불능선 : 선박의 조종성능을 제한하는 고장이나 그 밖의 사유로 조종을 할 수 없게 되어 다른 선박의 진로를 피할 수 없는 선박을 말한다.

⑬ 조종제한선 : 다음의 작업과 그밖에 선박의 조종성능을 제한하는 작업에 종사하고 있어 다른 선박의 진로를 피할 수 없는 선박을 말한다.

가. 항로표지, 해저전선 또는 해저파이프라인의 부설·보수·인양작업

나. 준설·측량 또는 수중작업

다. 항행중 보급, 사람 또는 화물의 이송작업

라. 항공기의 발착작업

마. 기뢰제거작업

바. 진로에서 벗어날 수 있는 능력에 제한을 많이 받는 예인작업

⑭ 흘수제약선 : 가항수역의 수심 및 폭과 선박의 흘수와의 관계에 비추어 볼 때 그 진로에서 벗어날 수 있는 능력이 매우 제한되어 있는 동력선을 말한다.

⑮ 해양시설 : 자원의 탐사·개발, 해양과학조사, 선박의 계류·수리·하역, 해상주거·관광·레저 등의 목적으로 해저에 고착된 교량·터널·케이블·인공섬·시설물이거나 해상부유구조물로서 선박이 아닌 것을 말한다.

⑯ 해상교통안전진단 : 해상교통안전에 영향을 미치는 다음 각목의 사업(이하 안전진단대상사업)으로 발생할 수 있는 항행안전위험요인을 전문적으로 조사·측정하고 평가하는 것을 말한다.

가. 항로 또는 정박지의 지정·고시 또는 변경

나. 선박의 통항을 금지하거나 제한하는 수역의 설정 또는 변경

다. 수역에 설치되는 교량·터널·케이블 등 시설물의 건설·부설 또는 보수

라. 항만 또는 부두의 개발·재개발

마. 그 밖에 해상교통안전에 영향을 미치는 사업으로서 영 제1조의2(해상교통안전에 영향을 미치는 사업)로 정하는 사업

* 영 제1조의2(해상교통안전에 영향을 미치는 사업)
법 제2조제⑯호마목에서 대통령령으로 정하는 사업이란 다음의 하나에 해당하는 사업으로서 최고속력이 시속 60노트 이상인 선박을 사용하는 사업을 말한다.
① 해운법 제2조(정의)에 따른 해상여객운송사업
② 해운법 제2조(정의)에 따른 해상화물운송사업

⑰ 항행장애물 : 선박으로부터 떨어진 물건, 침몰·좌초된 선박 또는 이로부터 유실된 물건 등 규칙 제4조(항행장애물)로 정하는 것으로서 선박항행에 장애가 되는 물건을 말한다.

* 규칙 제4조(항행장애물)
법 제2조제⑰호에서 해양수산부령으로 정하는 것이란 다음의 하나에 해당하는 것을 말한다.
① 선박으로부터 수역에 떨어진 물건
② 침몰·좌초된 선박 또는 침몰·좌초되고 있는 선박
③ 침몰·좌초가 임박한 선박 또는 침몰·좌초가 충분히 예견되는 선박
④ 제②호 및 제③호의 선박에 있는 물건
⑤ 침몰·좌초된 선박으로부터 분리된 선박의 일부분

⑱ 통항로 : 항행안전을 확보하기 위하여 한쪽방향으로만 항행할 수 있도록 되어있는 일정한 범위의 수역을 말한다.

⑲ 제한된 시계 : 안개·연기·눈·비·모래바람 및 그 밖에 이와 비슷한 사유로 시계가 제한되어있는 상태를 말한다.

⑳ 항로지정제도 : 선박이 통항하는 항로, 속력 및 그 밖에 선박운항에 관한 사항을 지정하는 제도를 말한다.

㉑ 선박교통관제 : '선박교통관제에 관한 법률'에 따라 선박교통의 안전 및 효율성을 증진하고 해양환경과 해양시설을 보호하기 위하여 선박의 위치를 탐지하고 선박과 통신할 수 있는 설비를 설치·운영함으로써 선박의 동정을 관찰하며 선박에 대하여 안전에 관한 정보를 제공하는 것을 말

한다.

㉒ 항행 중 : 선박이 다음 각목의 하나에 해당하지 아니하는 상태를 말한다.

가. 정박

나. 항만의 안벽 등 계류시설에 매어놓은 상태(계선부표(繫船浮標)나 정박하고 있는 선박에 매어놓은 경우를 포함한다)

다. 얹혀있는 상태

㉓ 길이 : 선체에 고정된 돌출물을 포함하여 선수의 끝단부터 선미의 끝단 사이의 최대수평거리

㉔ 폭 : 선박길이의 횡방향외판의 외면으로부터 반대쪽 외판의 외면 사이의 최대수평거리

㉕ 통항분리제도 : 선박의 충돌을 방지하기 위하여 통항로를 설정하거나 그 밖의 적절한 방법으로 한쪽 방향으로만 항행할 수 있도록 항로를 분리하는 제도를 말한다.

㉖ 분리선(대) : 서로 다른 방향으로 진행하는 통항로를 나누는 선 또는 일정한 폭의 수역을 말한다.

㉗ 연안통항대(沿岸通航帶) : 통항분리수역의 육지 쪽 경계선과 해안사이의 수역을 말한다.

㉘ 예인선열(曳引船列) : 선박이 다른 선박을 끌거나 밀어 항행할 때의 선단 전체를 말한다.

㉙ 대수속력 : 선박의 물에 대한 속력으로서 자기 선박 또는 다른 선박의 추진장치의 작용이나 그로 인한 선박의 타력에 의하여 생기는 것을 말한다.

[문3.총칙.3조]

해사안전법의 적용범위

1. 의의

'해사안전법'은 적용범위를 장소적 범위, 대물적 범위 및 대인적 범위로 나누고 있다. 이는 이 법의 목적인 해사안전 및 선박의 교통질서유지가 항해해역의 교통지리적인 조건, 국적에 따른 선박 그리고 선박조선행위를 하는 운항자와 불가분의 관계를 가진다는 데에 기인한다. 또한 '해사안전법'은 사회공공질서의 한 분야인 해상의 안전과 교통질서를 유지시키기 위한 질서법으로서 그 위반자에게는 법적·사회적 책임을 부과하도록 하는 공법임에 이 법의 집행은 엄격하고 공정하여야 하므로 적용대상의 범위를 명확히 적시할 필요가 있다.

2. 장소적 적용범위 : 법 제33조(적용범위) 제1항 일부

* 용어의 정의

① 내수 : 영해기선의 내측해역, 해상항행선박이 항행을 계속할 수 없는 하천·호수·늪 등은 영토로 인식하여 제외한다.

② 영해 : 영해기선으로부터 12해리까지의 해역. 무해통항권이 보장된다.

③ 접속수역 : 영해의 외측으로부터 12해리까지의 해역(출입국관리 등 CIQ목적)

④ 배타적 경제수역 : 영해의 외측으로부터 188해리까지의 해역(영해 밖의 대륙붕과 해양시설의 보호목적)

⑤ 공해 : 항행자유가 보장되는 지역으로 원칙은 영해외측은 전부 공해이나 특별히 대륙붕의 경제권에 관한한 배타적 경제수역 외측부터를 공해로 본다.

1) 영해와 내수에서의 무해통항권

영해와 내수는 기국주의원칙이 배타적으로 적용되는 곳으로 영해에서 인정되는 무해통항권이 내수에 있어서는 인정되지 않으나, 이전에 영해이었던 해역이 새로운 기선에 의해 내수로 설정된 해역에 대해서는 무해통항권이 인정된다.

2) 배타적경제수역과 해양경계획정의 불명확

배타적경제수역이란 연안국의 외측에 설정한 기선으로부터 200해리까지 미치는 범위에서 영해를 제외한 수역을 말한다. 연안국은 이 수역 내에서 해면과 해저, 해상(sea bed), 하층토(sub soil) 및 생물, 천연자원에 대하여 탐사, 개발, 보존, 관리하는 것과 바다를 이용한 에너지생산등 기타 경제적 활동에 관하여 주권적 권리를 가지며, 인공섬, 시설물 등의 설치·이용과 해양의 과학적 조사, 그리고 해양환경보호 등에 관한 관할권을 갖는다. 해양경계가 정확하지 않은 상황에서 '해사안전법'의 적용수역에 대륙붕관련 배타적 경제수역을 포함함으로써 해당구역내 해양시설의 안전관리 및 난파선 처리 등에 대하여 근거법안이 마련되어 우리나라 주변해역에 대한 관할권이 강화되었다고 볼 수 있으나 우리나라의 수역은 중국과 일본에 의한 반폐쇄해이며 이들 각 국가 간의 수역이 400해리가 되지 않아 독도, 이어도 및 조어도 문제 등 상당히 예민한 사항과 함께 해양경계획정을 더욱 어렵게 하고 있다.

3) 배타적경제수역과 공해에서의 관할권문제

'해사안전법'의 장소적적용범위는 국가주권주의를 바탕으로하는 기국관할권을 토대로 한다. 그러나 이 법의 관할이 항행장애물발생선박과 해양시설의 관리라는 일정한 조건에서 배타적경제수역 까지 미친다는 것은 우리나라 선박과 항행관계로 해상교통문제를 야기한 외국선박이 이 법의 내용을 숙지하고 있음을 전제요건으로 하는 경우에만 가능하다. 물론 이 법의 항행규정이 국제규칙과 거의 동일한 내용이기 때문에 적용이 가능한 것은 사실이나, 해양사고에서 상대선박과 자국선박의 항행관련성이 있다는 이유만으로 주권관할을 배타적경제수역 까지 적용하여 강제하는 것은 상대방선박 기국의 주권침해가 될 수 있다. 이러한 문제는 원래는 항해의 자유가 보장되는 공해를 연안국의 해양영토확장 욕구인 배타적경제수역으로 편입함으로써 일어난 당연한 현상임에 이에 대한 국제적 조정이 필요하나 아직은 요원한 상황이다.

또한 공해상의 선박충돌에서 과실 있는 외국선박에 대하여는 관할권 없는 상황에서 우리나라 선박에 대하여만 엄격한 공법적 책임을 묻는다고 하는 것은 책임관련 대원칙인 과실책임의 원칙과 상충됨에 이에 대한 조정도 필요하다.

3. <u>물적 적용범위 : 법 제3조(적용범위)제1항</u>

1) '해사안전법'은 해상교통의 질서유지를 그 목적으로 하므로 적용해역에서 항해에 이용되는 모든 선박은 이 법의 규정을 지킬 의무가 있다. 이 법과 관련하여 선박의 범위는 크기, 종류, 기능과 목적, 기관의 종류와 속력등에 관계없이 해상에서 항행수단으로 사용되거나 사용될 수 있는 한 전부 이 법의 적용대상이 된다. 즉 동력선뿐만 아니라 범선, 노도선 및 수상항공기도 여기에 포함되며 해양시설물에도 해상교통의 안전을 위하여 필요한 교통시설을 설치할 필요가 있으므로 적용대상에 포함시키고 있다.

2) 이 법은 다음의 하나에 해당하는 선박과 해양시설에 대하여 적용한다.

① 대한민국의 영해, 내수에 있는 선박이나 해양시설. 다만, 대한민국선박이 아닌 선박(이하 외국선박)중 다음에 해당하는 외국선박은 안전관리체제관련 이 법의 일부를 적용한다.
　가. 대한민국의 항과 항 사이만을 항행하는 선박
　나. 국적의 취득을 조건으로 하는 선체용선으로 차용한 선박
② 대한민국의 영해 및 내수를 제외한 해역에 있는 대한민국선박
③ 대한민국의 배타적 경제수역에서 항행장애물을 발생시킨 선박
④ 대한민국의 배타적 경제수역 또는 대륙붕에 있는 해양시설

* 영 제2조(외국선박에 대한 적용범위)
법 제3조제1항제①호 각목외의 부분 단서에 따라 대한민국선박이 아닌 선박(가목 및 나목)에 대해서는 법 제46조(선박의 안전관리체제 수립 등)제2항·제4항, 법 제47조(인증심사), 법 제49조(선박안전관리증서 등의 발급등), 법 제50조(인증심사에 대한 이의신청)를 적용한다. 다만, 법 제3조제1항제①호나목에 따른 선박중 그 선박의 소속국가 또는 그 소속국가가 인정하는 인증기관이 발급한 인증심사를 갖춘 선박에 대해서는 그러하지 아니하다.

4. 인적적용범위 : 법 제3조(적용범위)

1) 제2항 : 선박소유자와 선장의 적용범위
이법 또는 이법에 따른 명령 중 선박소유자에 관한 규정은 선박을 공유하는 경우로서 선박관리인을 임명하였을 때에는 그 선박관리인에게 적용하고, 선박을 임차하였을 때에는 그 선박임차인에게 적용하며, 선장에 관한 규정은 선장을 대신하여 그 직무를 수행하는 자에게도 적용한다.

2) 제3항 : 해양시설관련 인적 적용범위
이 법 또는 이 법에 따른 명령 중 해양시설의 소유자에 관한 규정은 해양시설을 임대차한 경우에는 그 임차인에게 적용한다.

[문4.총칙]

해사안전법과 국제협약 및 다른 법률과의 우선적용관계 → 선박안전법 제5조

1. 의의 및 조약과의 관계

1) 우리나라는 헌법상 별도의 입법행위없이 조약과 일반적으로 승인된 국제법규에 대하여 국내법과 같은 효력을 인정하고 있다.
2) 국제규칙은 그 적용해역이 공해를 중심으로 출발하였으나 점차 공해에 접속된 해역인 영해와 내수등 모든 해역이 적용대상이 되었고, '해사안전법'은 적용해역이 국가관할권과 관련하여 영해까지의 해역이 원칙이나 일부조건에서 배타적 경제수역까지 확장되었으며 자국선박에 대해서는 공해까지 적용되고 있어 두 법은 선박을 중심으로 하여 적용해역에 차이가 있다.
3) 국제규칙은 해상교통법분야에서 일반법적인 지위를 가지는 반면 '해사안전법', '선박의 입항 및 출항 등에 관한 법률' 및 '선박교통관제에 관한 법률'은 특별법적인 지위에 있다. 따라서 특별

법우선원칙에 의해서 '해사안전법'등이 우선적으로 적용되고 이들 법규에 규정이 없으나 국제규칙에 규정이 있는 경우에 한하여 국제규칙을 일반법적 지위에서 적용한다.

2. '선박의 입항 및 출항등에 관한 법률'[수상구역 등에서 해사안전법의 특별법]의 주요사항

* 용어정의

① 무역항 : '항만법' 제2조(정의)에 따른 항만으로 주로 외항선이 입출항하는 항만

② 연안항 : '항만법' 제2조(정의)에 따른 항만으로 주로 내항선이 입출항하는 항만(유사한 의미로 선박법상 불개항장이 있다)

③ 관리청 : 항만의 개발 및 관리에 관한 행정업무를 수행하는 다음 각목의 행정관청

가. '항만법' 제3조에 따른 국가관리무역항 및 국가관리연안항 : 해양수산부장관

나. '항만법' 제3조에 따른 지방관리무역항 및 지방관리연안항 : 특별시장, 시·도지사등 광역지자체장

④ 우선피항선

가. '선박법' 제1조의2(정의)에 따른 부선(예인선이 부선을 끌거나 밀고 있는 경우의 예인선 및 부선을 포함하되, 예인선에 결합되어 운항하는 압항부선은 제외한다)

나. 주로 노와 삿대로 운전하는 선박

다. 예선 : 예인선중 무역항에 출입하거나 이동하는 선박을 끌어당기거나 밀어서 이안·접안·계류를 보조하는 선박

라. '항만운송사업법' 제26조의3(사업의 등록등)에 따라 항만운송관련사업을 등록한 자가 소유한 선박

마. '해양환경관리법' 제70조(해양환경관리업)에 따라 해양환경관리업을 등록한자가 소유한 선박 또는 '해양폐기물 및 해양오염퇴적물관리법'제19조(해양폐기물관리업의 등록)에 따라 해양폐기물관리업을 등록한 자가 소유한 선박(폐기물해양배출업으로 등록한 선박은 제외한다)

바. 가.목부터 마.목까지의 규정에 해당하지 아니하는 총톤수 20톤 미만의 선박

⑤ 수상구역 : '항만법'상 항만구역은 육상구역과 수상구역으로 나뉘며, 수상구역은 '항만법 시행령'으로 정한다.

* 해사안전법 제25조(항행장애물의 보고등)제1항 제②호무역항의 수상구역등이란 무역항의 수상구역과 '항만법' 제2조제5호가목1)의 수역시설중 수상구역밖의 수역시설(항, 정박지, 소형선정박지, 선회장)로서 관리청이 지정·고시한 것을 말한다

1) 제1조(목적)

이 법은 무역항의 수상구역 등에서 선박의 입항·출항에 대한 지원과 선박운항의 안전 및 질서유지에 필요한 사항을 규정함을 목적으로 한다.

2) 제9조(선박교통의 제한)

관리청은 무역항의 수상구역 등에서 선박교통의 안전을 위하여 필요하다고 인정하는 경우에는 항로 또는 구역을 지정하여 선박교통을 제한하거나 금지할 수 있다.

3) 제10조(항로지정 및 준수)

가. 관리청은 무역항의 수상구역 등에서 선박교통의 안전을 위하여 필요한 경우에는 무역항과

무역항의 수상구역 밖의 수로를 항로로 지정·고시할 수 있다.

나. 우선피항선외의 선박은 무역항의 수상구역 등에 출입하는 경우 또는 무역항의 수상구역 등을 통과하는 경우에는 제1항에 따라 지정·고시된 항로를 따라 항행하여야 한다. 다만, 해양사고를 피하기 위한 경우 등 규칙 제8조(항로준수의 예외)로 정하는 사유가 있는 경우에는 그러하지 아니하다.

4) 제12조(항로에서의 항법) → 해사안전법 제73조(횡단하는 상태)

상호시계 내에서는 자신의 우현측에 접근하는 선박을 두고 있는 선박이 피항선이 되도록 한 국제규칙 및 '해사안전법'과 상충된다.

가. 모든 선박은 항로에서 다음 항법에 따라 항행하여야 한다.

① 항로 밖에서 항로에 들어오거나 항로에서 항로 밖으로 나가는 선박은 항로를 항행하는 다른 선박의 진로를 피하여 항행할 것

② 항로에서 다른 선박과 나란히 항행하지 아니할 것

③ 항로에서 다른 선박과 마주칠 우려가 있는 경우에는 오른쪽으로 항행할 것(red to red)

④ 항로에서 다른 선박을 추월하지 아니할 것. 다만, 추월하려는 선박을 눈으로 볼 수 있고 안전하게 추월할 수 있다고 판단되는 경우에는 '해사안전법' 제67조(좁은 수로 등) 및 71조(추월)에 따른 방법으로 추월할 것

⑤ 항로를 항행하는 제37조(선박수리의 허가등)[수상구역에서 수리시 관리청의 허가]제1항제①호에 따른 위험물운송선박(급유선은 제외한다) 또는 흘수제약선의 진로를 방해하지 아니할 것

⑥ '선박법'의 범선은 항로에서 지그재그로 항행하지 아니할 것

나. 관리청은 선박교통의 안전을 위하여 필요하다고 인정하는 경우에는 제1항에서 규정한 사항 외에 따로 항로에서의 항법 등에 관한 사항을 정하여 고시할 수 있다. 이 경우 선박은 이에 따라 항행하여야 한다.

5) 제13조(방파제 부근에서의 항법)

무역항의 수상구역 등에 입항하는 선박이 방파제입구 등에서 출항하는 선박과 마주칠 우려가 있는 경우에는 방파제 밖에서 출항하는 선박의 진로를 피하여야 한다.

6) 제14조(부두 등 부근에서의 항법)

선박이 무역항의 수상구역 등에서 해안으로 길게 뻗어 나온 육지부분, 부두, 방파제등 인공시설물의 튀어나온 부분 또는 정박 중인 선박(이하 부두 등이라 한다)을 오른쪽 뱃전에 두고 항행할 때에는 부두 등에 접근하여 항행하고 부두 등을 왼쪽 뱃전에 두고 항행할 때에는 멀리 떨어져서 항행하여야 한다.

7) 제15조(예인선등의 항법)

가. 예인선이 무역항의 수상구역등에서 다른 선박을 끌고 항행할 때에는 규칙 제9조(예인선의 항법 등)로 정하는 방법에 따라야 한다.

나. 범선이 무역항의 수상구역 등에서 항행할 때에는 돛을 줄이거나 예인선이 범선을 끌고가게 하여야 한다.

다. 규칙 제9조(예인선의 항법)

① 예인선의 선수로부터 피예인선의 선미까지의 길이는 200미터를 초과하지 아니할 것. 다만, 다른 선박의 출입을 보조하는 경우에는 그러하지 아니하다.

② 예인선은 한꺼번에 3척이상의 피예인선을 끌지 아니할 것

8) 제16조(진로방해의 금지) → 해사안전법 제67조(좁은 수로 등)

우선피항선은 무역항의 수상구역등이나 무역항의 수상구역부근에서 다른 선박의 진로를 방해하여서는 아니 된다. 이에 반해 국제규칙과 '해사안전법'은 협수로에서 길이 20미터 미만의 모든 선박에 대하여 통항불방해의무를 부담하도록 하고 있다.

9) 제17조(속력등의 제한)

가. 선박이 무역항의 수상구역 등이나 무역항의 수상구역부근을 항행할 때에는 다른 선박에 위험을 주지 아니할 정도의 속력으로 항행하여야 한다.

나. 해양경찰청장은 선박이 빠른 속도로 항행하여 다른 선박의 안전운항에 지장을 초래할 우려가 있다고 인정하는 무역항의 수상구역등에 대하여는 관리청에 무역항의 수상구역등에서의 선박항행최고속력을 지정할 것을 요청할 수 있다.

다. 관리청은 제2항에 따른 요청을 받은 경우 특별한 사유가 없으면 무역항의 수상구역등에서 선박항행최고속력을 지정·고시하여야 한다. 이 경우 선박은 고시된 항행최고속력의 범위에서 항행하여야 한다. 이에 반해 '해사안전법' 제64조(안전한 속력)에서는 다른 선박과의 충돌을 피하기 위하여 적절하고 유효한 동작을 취하거나 적절한 거리에서 정선이 가능한 안전한 속력을 유지하도록 일반적으로 규정하고 있다.

10) 제18조(항행선박간의 거리)

무역항의 수상구역 등에서 2척 이상의 선박이 항행할 때에는 서로 충돌을 예방할 수 있는 충분한 거리를 유지하여야 한다.

3. '선박교통관제에 관한 법률'의 주요사항

1) 제1조(목적) : 의의

이 법은 선박교통관제에 필요한 사항을 규정함으로써 선박교통의 안전 및 항만운영의 효율성을 높이고 해양환경을 보호하는데 이바지함을 목적으로 한다.

2) 제2조(정의)

① 선박교통관제 : 선박교통의 안전을 증진하고 해양환경과 해양시설을 보호하기 위하여 선박의 위치를 탐지하고 선박과 통신할 수 있는 설비를 설치·운영함으로써 선박의 동정을 관찰하며 선박에 대하여 안전에 관한 정보 및 항만의 효율적 운영에 필요한 항만운영정보를 제공하는 것을 말한다.

② 선박교통관제구역 : 선박교통관제를 시행하기 위하여 해양경찰청장이 해양수산부장관과 협의하여 고시하는 수역을 말한다.

* 영 제6조(선박교통관제구역의 설정기준)

해양경찰청장은 법 제11조(선박교통관제의 시행)제2항에 따라 다음의 수역중에서 유효한 레이더 탐지범위내의 해상교통량 및 이동경로등을 고려하여 선박교통관제구역을 설정해야 한다.

① '선박의 입항 및 출항등에 관한 법률'제2조(정의)제②호에 따른 무역항의 수상구역등

② '해사안전법' 제10조에 따른 교통안전특정해역
③ '연안관리법' 제2조제②호에 따른 연안해역[바닷가, 바다(영해외측까지)]

3) 법 제13조(관제대상선박)
① 국제항해에 취항하는 선박
② 총톤수 300톤 이상 선박
다만, '어선법'제2조에 따른 어선중 국내항 사이만을 항행하는 내항어선은 어업무선국에 신고하여 출항하며, 항시 V-pass를 작동시켜야 한다.
③ '해사안전법' 제2조(정의)제⑥호에 따른 위험화물운반선
④ 그밖에 관할 선박교통관제구역에서 이동하는 선박의 특성 등에 따라 해양경찰청장이 고시하는 선박(여객선, 2톤 이상의 선박자동식별장치탑재 선박 등)

* 규칙 제8조(관제업무절차) : 시행방법
다음 각호의 단계별 절차에 따라 선박교통관제를 시행한다.
① 1단계(관찰·확인) : 선박교통관제구역내에서 관제대상선박이 해양사고위험이 있는지 관찰·확인
② 2단계(정보제공) : 선박교통관제사가 필요하다고 인정하거나 관제대상선박에서 요구하는 경우 선박교통의 안전을 위해 필요한 정보를 제공
③ 3단계(조언·권고) : 관제대상선박에 선박교통의 안전을 위한 조치에 관한 조언·권고
④ 4단계(지시) : 관제대상선박이 명백한 해양사고위험에 처할 우려가 있는 경우 시정 또는 안전조치를 지시

* 영 제8조(관제대상선박의 신고)
① 진입신고 : 선박교통관제구역으로 들어오는 경우
가. 선박명, 호출부호, 통과위치
나. 선박교통관제구역안에 있는 항만법 제2조제⑤호가목1)에 따른 정박지(이하 정박지) 또는 같은목 4)에 따른 계류시설(이하 계류시설)에 입항하는 선박의 경우에는 입항예정시각, 입항시각 및 입항장소
다. 그 밖에 '해양경찰청장이 정하는 사항'
② 진출신고 : 선박교통관제구역에서 나가는 경우
가. 선박명, 통과위치
나. 선박교통관제구역안에 있는 정박지 또는 계류지시설에서 출항하는 선박의 경우에는 출항예정시각, 출항시각 및 출항장소
다. 그 밖에 해양경찰청장이 정하는 사항

4) 법 제14조(선장의 의무등)
가. 선박교통관제를 시행하는 구역(관제구역)을 출입·통항하는 선박의 선장은 선박교통관제에 따라야 한다. 다만, 교통관제에 따를 경우 선박을 안전하게 운항할 수 없는 명백한 사유가 있는 경우에는 선박교통관제에 따르지 아니할 수 있다.
나. 관제대상선박의 선장은 선박교통관제에도 불구하고 그 선박의 안전운항에 대한 책임을 면제받지 아니한다.
다. 관제대상선박의 선장은 선박교통관제구역을 출입하려는 때에는 해당 선박교통관제구역을 관할하는 선박교통관제관서에 신고하여야 한다.
라. 관제대상선박의 선장은 선박교통관제구역을 출입·이동하는 경우 '선박교통관제에 관한 법률 시행규칙'제4조(관제대상선박의 무선설비 등)로 성하는 무선설비와 관제동신주파수를 갖추고 관제

통신을 항상 청취·응답하여야 한다. 다만, 통신의 장애로 인하여 선박교통관제사와 지정된 주파수로 통화가 불가능할 때에는 휴대전화등 다른 통신주파수를 이용하여 보고할 수 있다.

마. 선박교통관제구역내에서 항행중인 관제대상선박의 선장은 항로상의 장애물이나 해양사고발생등으로 선박교통의 안전을 해치거나 해칠 우려가 있다고 인지한 경우에는 지체없이 이를 선박교통관제관서에 신고하여야 한다.

바. 제1항부터 제5항까지에서 규정한 사항 외에 관제대상선박의 신고절차, 관제구역별 관제통신의 제원 등 필요한 사항은 '선박교통관제에 관한 법률 시행령'으로 정한다.

5) 법 제15조(관제통신의 녹음)

가. 선박교통관제관서와 '선박교통관제에 관한 법률 시행령' 제10조(관제통신 녹음)로 정하는 선박의 선장은 제14조(선장의 의무등)제4항에 따른 관제통신을 녹음하여 60일보존하여야 한다.

나. 제1항에서 규정한 사항 외에 관제통신 녹음방법 및 보존기간 등 필요한 사항은 '선박교통관제에 관한 법률 시행령'으로 정한다.

* 영 제10조(관제통신녹음) : 관제통신녹음대상선박
① 국제항행선박
가. 13명이상의 여객을 운송할 수 있는 선박
나. 가목외의 선박으로서 총톤수 3천톤이상의 선박
② 해운법상 해상여객운송사업에 사용되는 선박으로서 국내항해에 종사하는 총톤수 300톤 이상의 여객선

* <u>선박의 입·출항신고(notice of entrance and clearance) 및 관제</u>
* 서북지방은 접경지역으로'서북지방선박운항규정'이 추가적용된다

1. 일반화물선 :
   1) 관제대상선박(제13조)
      ① 국제항해에 취항하는 선박
      ② 총톤수 300톤 이상의 선박(다만, 어선법 제2조제1호에 따른 어선중 국내항 사이만을 항행하는 내항어선은 제외한다)
      ③ '해사안전법' 제2조(정의)제6호에 따른 위험화물선
   2) 입·출항신고
      ① 입항신고 : port-mis(항만청)에 24시간전 대리점이 신고하며 도선사, 예인선, 통선 수배. VTS에 관제구역 진입신고, 통상 입항직후 신고한다.
      ② 선석회의 : 입항 48~24시간전에 화주, 대리점, 항만청이 참석하여 선석을 결정한다.
      ③ 출항신고 : 출항 1~2시간전에 VTS에 출항예정신고, 통상 port-mis에 대리점이 신고한다.
2. 내항여객선 입·출항신고(여객선안전관리지침)
   VTS에 10~15분전에 출항예보, 관제구역 진입신고, 관제구역 이탈신고, 입항직후 신고 '여객선안전관리지침'에 따라 운항관리센터에 출항 10분후, 매시10분에 위치 및 상황보고, 도착 10분전에 입항예고, 입항후 신고.
3. 어선 : 어선법, 어선안전조업법 제8조(출입항 신고)
   v-pass로 자동 입출항신고가 된다. 승선원 변동 시 온라인으로 신고가 가능하다(5톤 미만 면제)
4. 레저선박 입출항신고 (수상레저안전법, 국제선박 및 항만보안협약)
   1) 운항거리가 10해리 이내인 경우 신고면제

2) 운항거리가 10해리 이상인 경우 해양경찰서, 경찰관서에 방문 또는 fax, 인터넷 신고
3) 보험은 필수사항, 해운조합에서 준회원으로 보험을 처리할 수 있다
4) 외국항의 입출항신고 (여권, 비자, 선박국적증서)
   ① 해경에 신고, 세관에 외항자격전환신고 및 출항보고, 출입국관리소와 검역소에 출항보고하면 출입국관리소에서 여권에 출국확인도장 찍어줌.
   ② 타국의 입국절차 : 대리점에 CIQ수속신고, 입항신고 및 상륙허가. 출국 시 CIQ에 출국신고
   ③ 귀국절차 : 해경신고, 대리점에 CIQ수속신고
   ④ 25톤 이상의 경우 소형선박 해기사면허필요

[문5.총칙.4조]

국가 등의 책무와 선박·해양시설 소유자의 책무

1. 국가등의 책무 : 법 제4조

1) 국가 및 지방자치단체는 해양을 이용하거나 보존하기 위한 시책을 수립하는 경우에는 해사안전에 관한 사항을 고려하여야 한다.
2) 국가는 국민의 안전한 해양이용을 촉진하기 위하여 국민에 대한 해사안전지식·정보의 제공, 해사안전교육 및 해사안전문화의 홍보에 노력하여야 한다.
3) 국가는 외국 및 국제기구등과 해사안전에 관한 기술협력, 정보교환, 공동조사·연구를 위한 기구설치 등 효율적인 국제협력을 추진하기 위하여 노력하여야 하며, 해사안전관련 산업의 진흥 및 국제화에 필요한 지원을 하여야 한다.

2. 선박·해양시설소유자의 책무 : 법 제5조

선박·해양시설 소유자는 국가의 해사안전에 관한 시책에 협력하여 자기가 소유·관리하거나 운영하는 선박·해양시설로부터 해양사고 등이 발생하지 아니하도록 종사자에 대한 교육·훈련 등을 실시하고 제반 안전규정을 준수하여야 한다.

[문6.해사안전관리계획.6조]

해사안전기본계회과 해사안전시행계획

1. 의의

국제해사기구 회원국 감사제도(IMO MSA, International Maritime Organization Voluntary Member-State Audit scheme)는 해양사고방지를 위하여 기준미달선을 감소시키기 위한 제도로서, 회원국들에게 IMO의 기술적인 조치들을 효과적으로 관리할 수 있도록 협약체약국, 연안국(coastal state) 및 항만국(port state)의 의무사항을 식별하여 제시하고 있다.

2. 국가해사안전기본계획 : 법 제6조

1) 해사안전기본계획의 수립

해양수산부장관은 해사안전증진을 위한 국가해사안전기본계획을 5년 단위로 수립한다. 다만, 기본계획 중 항행환경개선에 관한 계획은 10년 단위로 수립할 수 있다.

2) 관계행정기관의장과 협의

해양수산부장관은 기본계획을 수립하는 경우 관계행정기관의 장과 협의하여야 한다.

3) 협력요청

해양수산부장관은 기본계획을 수립하거나 변경하기 위하여 필요하다고 인정하는 경우에는 중앙행정기관의 장, 특별시장·광역시장·특별자치시장·도지사·특별자치도지사·시장·군수·구청장, '공공기관의 운영에 관한 법률'에 따른 공공기관의 장, 해사안전과 관련된 기관·단체 또는 개인에 대하여 관련 자료의 제출, 의견의 진술 또는 그밖에 필요한 협력을 요청할 수 있다. 이 경우 요청을 받은 자는 특별한 사유가 없으면 이에 따라야 한다.

* 영 제3조(국가해사안전기본계획)

1) 국가해사안전기본계획에는 다음의 사항이 포함되어야 한다

① 해사안전정책의 추진목표 및 기본방향
② 해사안전정책환경의 변화 및 전망에 관한 사항
③ 선박·해양시설 및 여객·승무원등의 안전증진에 관한 사항
④ 수역의 설정, 교통환경조사 및 사고위해요소 개선에 관한 사항
⑤ 선박의 항행관련 항행보조시설·장비·정보통신체제등의 설치·운영에 관한 사항
⑥ 해사안전관련인력의 양성·수급에 관한 사항
⑦ 해사안전지식의 보급 및 문화의 증진에 관한 사항
⑧ 해사안전관련 기술의 연구·개발에 관한 사항
⑨ 해사안전관련 산업의 육성에 관한 사항
⑩ 해사안전관련 국제협력에 관한 사항
⑪ 해사안전관련 제도·여건의 개선에 관한 사항
⑫ 해사안전관련 투자 및 재원조달에 관한 사항
⑬ 부문별·기관별·연차별 사업계획의 추진 및 시행에 관한 사항
⑭ 그밖에 해사안전에 관한 사항으로서 해양수산부장관이 필요하다고 인정하는 사항

2) 해양수산부장관은 법 제7조의2(기본계획 및 시행계획의 국회제출 등)제2항에 따라 기본계획을 수립하거나 변경한 경우에는 관보에 고시하거나 해양수산부의 인터넷 홈페이지 등에 게재하는 방법으로 공표해야 한다.

3. 해사안전시행계획 : 법 제7조

1) 해사안전시행계획의 수립·시행

해양수산부장관은 기본계획을 시행하기 위하여 매년 해사안전시행계획을 수립·시행하고 이에 필요한 재원을 확보하기 위하여 노력하여야 한다.

2) 협력요청

해양수산부장관은 시행계획의 수립을 위하여 필요하다고 인정하는 경우에는 중앙행정기관의 장, 시·도지사, 시장·군수·구청장, 공공기관의 장, 해사안전과 관련된 기관·단체 또는 개인에 대하여 관련 자료의 제출, 의견의 진술 또는 그밖에 필요한 협력을 요청할 수 있다. 이 경우 요청을 받은 자는 특별한 사유가 없으면 이에 따라야 한다.

* 영 제4조(해사안전시행계획)

1) 해양수산부장관은 법 제7조제1항에 따른 해사안전시행계획(이하 시행계획)을 수립하려는 경우에는 시행계획의 수립지침을 작성하여 관계 중앙행정기관의 장, 특별시장·광역시장·특별자치시장·도지사·특별자치도지사, 시장·군수·구청장(자치구의 구청장), 공공기관의 장에게 통보하여야 한다.
2) 관계행정기관의 장, 시·도지사·시장·군수·구청장 및 공공기관의 장은 제1항에 따라 수립지침을 통보받은 경우에는 매년 10월 31일까지 다음 연도의 기관별 해사안전시행계획을 작성하여 해양수산부장관에게 제출하여야 한다.
3) 해양수산부장관은 제2항에 따라 제출받은 기관별 시행계획이 기본계획에 위반되거나 그 보완이 필요하다고 인정하는 경우에는 해당 시행계획의 수정이나 보완등을 요청할 수 있다. 이 경우 기관별 작성권자는 특별한 사유가 없으면 그 수정이나 보완등에 관한 사항을 반영하여 지체없이 해양수산부장관에게 제출하여야 한다.
4) 해양수산부장관은 제2항 및 제3항에 따라 제출받은 기관별 시행계획을 종합·조정하여 시행계획을 확정한 후 법 제7조의2(기본계획 및 시행계획의 국회제출 등)제2항에 따라 관보에 고시하거나 해양수산부의 인터넷 홈페이지 등에 게재하는 방법으로 공표해야 한다
5) 기관별 작성권자는 매년 2월 말일 까지 전년도 시행계획의 추진실적을 해양수산부장관에게 제출하여야 한다.

4. <u>기본계획 및 시행계획의 국회제출등 : 법 제7조의2</u>

1) 수립 및 변경시 관계기관통보 및 국회제출

해양수산부장관은 기본계획 및 시행계획을 수립하거나 변경한 때에는 관계 중앙행정기관의 장 및 시·도지사에게 통보하고 지체없이 국회 소관상임위원회에 제출하여야 한다.

2) 수립 및 변경시 공표

해양수산부장관은 기본계획 및 시행계획을 수립하거나 변경한 때에는 영 제3조(국가해사안전기본계획)로 정하는 바에 따라 이를 공표하여야 한다.

5. <u>국제해사기구의 회원국 감사 대응계획등 : 법 제7조의3 : 대응계획과 점검계획</u>

1) 해양수산부장관은 국제해사기구가 주관하는 회원국 감사에 대비하기 위한 계획(이하 대응계획)을 7년마다 수립하여야 한다.
2) 해양수산부장관은 대응계획을 시행하기 위하여 매년 점검계획을 수립하여야 한다 .
3) 해양수산부장관은 대응계획 및 점검계획을 수립하거나 변경하기 위하여 필요하다고 인정하는 경우에는 관계 중앙행정기관의 장, 시·도지사, 시장·군수·구청장, 공공기관의 장, 그밖에 관계인에게 관련 자료의 제출, 의견의 진술 또는 그밖에 필요한 협력을 요청할 수 있다. 이 경우 요청을 받은 자는 특별한 사유가 없으면 이에 따라야 한다.

* 영 제4조의2(국제해사기구의 회원국 감사 대응계획)

1) 해양수산부장관은 법 제7조의3제1항에 따라 국제해사기구가 주관하는 회원국 감사에 대비하기 위한 계획을 수립할 때에는 다음의 국제협약 및 관련 규정에 따른 협약 당사국으로서의 국가의 의무 및 책임을 고려하여야 한다.
   ① '해상에서의 인명 안전을 위한 협약'(SOLAS) → ISM code, ISPS code
   (International Convention for the Safety of Life at Sea)
   → [국내법으로 선박안전법과 해사안전법]
   ② '선박으로부터의 오염방지를 위한 국제협약'(MARPOL)

(International Convention for the Prevention of Pollution from ships)
→ [국내법으로 해양환경관리법]

③ '선원의 훈련, 자격증명 및 당직근무의 기준에 관한 국제협약'(STCW)
(International Convention on standards of Training, Certification and watchkeeping for seafarers) ILO의 MLC(maritime labour convention)
→ [국내법으로 선원법과 선박직원법]

④ '국제만재흘수선 협약'(Load Lines)
(International Convention on Load Lines)

⑤ '선박톤수측정에 관한 국제협약'(Tonnage Measurement)
(International Convention on Tonnage Measurment of Ship)

⑥ '국제해상충돌예방규칙 협약'(COLLEG)
(International Regulations for Preventing Collisions at sea)

⑦ 제①호부터 제⑥호까지의 국제협약의 이행과 관련된 국제해사기구의 규정

2) 대응계획에는 다음의 사항이 포함되어야 한다.
① 국제협약 등에 따른 협약 당사국으로서의 국가의 의무 및 책임의 이행을 보장하기 위한 기본방향 및 전략에 관한 사항
② 국제협약 등의 이행에 대한 점검 및 평가에 관한 사항
③ 국제협약등 에 따라 국가의 업무를 대행할 수 있는 기관에 대한 관리 및 해당 기관과의 협조체제 구축에 관한 사항
④ 국제해사기구가 주관하는 회원국 감사에 대비하기 위하여 해양수산부장관이 필요하다고 인정하는 사항

* 영 제4조의3(점검계획)

1) 점검계획에는 다음의 점검에 관한 내용이 포함되어야 한다.
① 국제협약 등의 국내법 반영현황 및 계획 등
② 국제협약 등의 이행과 관련된 인력의 자격, 선발방법과 권한 및 관련조직 등
③ 국제협약 등의 이행과 관련된 기록의 관리 및 유지 등
④ 국제협약 등의 이행과 관련된 교육·훈련 등
⑤ 그밖에 대응계획의 시행을 위하여 필요한 사항

2) 해양수산부장관은 점검계획에 따른 점검결과 대응계획의 시행을 위하여 제1항 각호의 사항에 관한 행정기관의 장, 공공기관의 장 및 그 밖의 관계인에게 기간을 정하여 보완등 필요한 조치를 요청할 수 있다.

* <u>ISM의 12개 요소</u> → 해사안전법 제46조제4항 안전관리체제의 포함사항
① 일반사항
② 안전 및 환경보호방침
③ 회사의 책임과 권한
④ 안전경영책임자
⑤ 선장의 책임과 권한
⑥ 자원 및 인원
⑦ 선박운항을 위한 계획의 개발
⑧ 비상대책
⑨ 부적합사항, 사고 및 위험상황에 대한 보고 및 분석
⑩ 선박 및 설비의 정비
⑪ 문서화
⑫ 회사의 검증·검토 및 평가

* MARPOL 부속서
I. 기름에 의한 오염방지를 위한 규칙
II. 산적유해액체물질에 의한 오염방지를 위한 규칙
III. 포장된 형태로 선박에 의하여 운송되는 유해물질에 의한 오염방지를 위한 규칙
VI. 선박으로부터의 분뇨에 의한 오염방지를 위한 규칙
V. 선박으로부터의 폐기물에 의한 오염방지를 위한 규칙
VI. 선박으로부터의 대기오염방지를 위한 규칙

* MLC협약의 구성
제1장 : 승무전 최저요건(최저연령, 건강진단서, 훈련 및 자격증명, 직업소개소)
제2장 : 근로조건(선원근로계약, 임금, 근로 및 휴식시간, 휴가권, 송환, 선박멸실 및 침몰시 선원보상, 승무수준, 경력과 기술개발 및 선원고용기회)
제3장 : 거주설비, 오락시설 및 식량과 조달(거주설비 및 선내오락시설, 식량 및 조달)
제4장 : 건강보호, 의료관리, 복지 및 사회보장(선내 및 육상체류시 의료관리, 선박소유자의 책임, 건강·안전보호 및 사고방지, 항만복지시설이용, 사회보장)
제5장 : 준수 및 집행(기국책임, 항만국책임, 선원공급국책임)

[문7.해양시설의 보호수역 설정 및 관리.8조]

보호수역의 설정 및 입역허가

1. 보호수역 설정의 의의

본 규정은 구체적으로 대한민국의 배타적 경제수역 내의 대륙붕 및 이어도 해양과학기지, 울산 외해 가스탐사시설 등 영해밖에 설치된 해양시설의 보호를 목적으로 하여 보호수역 설정에 관한 규정을 수립한 것이다.

2. 보호수역의 설정과 입역절차

1) 보호수역설정

해양수산부장관은 제3조(적용범위)제1항제④호(대한민국의 배타적경제수역 또는 대륙붕에 있는 해양시설)에 따른 해양시설 부근 해역에서 선박의 안전항행과 해양시설의 보호를 위한 수역(이하 보호수역)을 설정할 수 있다.

2) 보호수역입역허가

누구든지 보호수역에 입역하기 위해서는 해양수산부장관의 허가를 받아야 하며, 해양수산부장관은 해양시설의 안전확보에 지장이 없다고 인정하거나 공익상 필요하다고 인정하는 경우 보호수역의 입역을 허가할 수 있다.

3) 조건부입역허가

해양수산부장관은 입역허가에 필요한 조건을 달 수 있다 .

4) 해양수산부장관은 입역허가에 관해 필요하면 관계 행정기관의 장과 협의하여야 한다.

5) 보호수역의 범위

보호수역의 범위는 영 제5조(보호수역의 고시 등)로 정하고, 입역허가 등에 필요한 사항은 규

칙 제5조(보호수역 입역허가)로 정한다.

* 영 제5조(보호수역의 고시 등)
1) 해양수산부장관은 법 제8조제1항에 따라 보호수역을 설정하는 경우에는 해당 보호수역의 위치 및 범위를 고시하고 해도에 표시하여야 한다. 보호수역을 변경하거나 폐지하는 경우에도 또한 같다.
2) 법 제8조제5항에 따른 보호수역의 범위는 제3조(정의)제1항제④호에 따른 해양시설 부근 해역의 선박교통량 및 '해양법에 관한 국제연합협약'에 따른 국제적인 기준을 고려하여야 한다.

* 규칙 제5조(보호수역 입역허가)
1) 법 제8조제2항에 따라 보호수역 입역허가를 받으려는 자는 보호수역 입역허가 신청서를 관할 지방해양수산청장에게 제출하여야 한다.
2) 지방해양수산청장은 제1항에 따른 입역허가 신청이 적합하다고 인정하는 경우에는 그 기간을 정하여 입역을 허가하여야 한다.

3. 보호수역의 입역 : 법 제9조

1) 입역허가의 면제선박

제8조제2항에도 불구하고 다음 각 호의 하나에 해당하면 해양수산부장관의 허가를 받지 아니하고 입역할 수 있다.

① 선박의 고장이나 그 밖의 사유로 선박조종이 불가능한 경우
② 해양사고를 피하기 위하여 부득이한 사유가 있는 경우
③ 인명을 구조하거나 급박한 위험이 있는 선박을 구조하는 경우
④ 관계행정기관의 장이 해상에서 안전확보를 위한 업무를 하는 경우
⑤ 해양시설을 운영하거나 관리하는 기관이 그 해양시설의 보호수역에 들어가려고 하는 경우

2) 제1항에 따른 입역등에 필요한 사항은 규칙 제6조(보호수역 입역통지)로 정한다.

* 규칙 제6조(보호수역 입역통지)
1) 법 제9조제1항에 따라 보호수역에 입역한 자는 지체 없이 그 입역 사유를 관할 지방해양수산청장에게 통지하여야 한다.
2) 제1항에 따라 입역한 자는 그 입역사유가 해소된 경우에는 지방해양수산청장에게 통지한 후 지체 없이 보호수역으로부터 나와야 한다.

[문8.교통안전특정해역의 설정등.10조]

교통안전특정해역의 설정 등 → 제31조(항로의 지정과 고시)

1. 의의

우리나라의 짧은 해안선에 임해공업지역과 수산기지의 발달로 주요개항부근의 해역에 해상교통이 밀집돼 있으며 내항해운의 발달로 고속여객선이 연안항로에 집중함으로서 해상교통의 위험성이 매우 높아지고 있다. 이러한 위험성을 제거하기 위하여 해상교통이 집중하는 연안해역을 해상교통의 특정해역으로 설정하여 교통위험성을 효율적으로 관리하기 위한 제도적 장치가 필요하다. 즉, 교통안전특정해역의 설정은 무원칙의 연안항로를 제도적으로 정형화시켜서 해양사고의 위험

성을 제거하기 위한 것이다.

2. 교통안전특정해역의 설정 : 법 제10조

1) 교통안전특정해역설정

해양수산부장관은 다음의 하나에 해당하는 해역으로서 대형해양사고가 발생할 우려가 있는 해역(이하 교통안전특정해역)으로 설정할 수 있다.

① 해상교통량이 아주 많은 해역

② 거대선, 위험화물운반선, 고속여객선 등의 통항이 잦은 해역

2) 교통안전특정해역 안에서의 항로지정제도

해양수산부장관은 관계행정기관의 장의 의견을 들어 규칙 제7조(교통안전특정해역에서의 항로지정제도)로 정하는 바에 따라 교통안전특정해역 안에서의 항로지정제도를 시행할 수 있다.

3) 교통안전특정해역의 범위는 영 제6조(교통안전특정해역의 범위)로 정한다.(인천, 부산, 울산, 포항, 여수해역이 지정되어 있다)

* 규칙 제7조(교통안전특정해역에서의 항로지정제도)

1) 교통안전특정해역의 지정, 속력 및 항법

법 제10조제2항에 따라 교통안전특정해역에서의 항로지정제도는 다음의 구분에 따라 운영한다.

① 교통안전특정해역 지정항로의 범위 : 별도로 정한다

② 교통안전특정해역 지정항로에서의 속력 : 별도로 정한다. 다만, 해양사고를 피하거나 인명이나 선박을 구조하기 위하여 부득이한 경우에는 그러하지 아니하다

③ 교통안전특정해역 지정항로에서의 항법 : 별도로 정한다

2) 항로지정제도의 예외

제1항제①호에도 불구하고 다음의 하나에 해당하는 경우에는 별도로 정하는 지정항로를 이용하지 아니하고 교통안전특정해역을 항행할 수 있다. 이 경우 해당 지정항로를 이용하고 있는 다른 선박의 안전한 통항을 방해하여서는 아니 된다.

① 해양경비·해양오염방제 및 항로표지의 설치 등을 위하여 긴급히 항행할 필요가 있는 경우

② 해양사고를 피하거나 인명이나 선박을 구조하기 위하여 부득이한 경우

③ 교통안전특정해역과 접속된 항구에 입·출항하지 아니하는 경우

3. 거대선 등의 항행안전확보조치 : 법 제11조

1) 해양경찰서장은 거대선, 위험화물운반선, 고속여객선, 그 밖에 규칙 제8조(항행안전확보조치가 필요한 선박)로 정하는 선박이 교통안전특정해역을 항행하려는 경우 항행안전을 확보하기 위하여 필요하다고 인정하면 선장이나 선박소유자에게 다음의 사항을 명할 수 있다.

① 통항시각의 변경

② 항로의 변경

③ 제한된 시계의 경우 선박의 항행제한

④ 속력의 제한

⑤ 안내선의 사용

* 규칙 제8조(항행안전 확보 조치가 필요한 선박)

① 흘수 제약선

② 수면비행선박

③ 선박 또는 물체를 끌거나 미는 선박중 그 예인선열이 길이가 200미터 이상인 경우에 해당하는 선박

4. 어업의 제한 등 : 법 제12조

1) 어로작업선의 통항불방해의무

교통안전특정해역에서 어로작업에 종사하는 선박은 항로지정제도에 따라 그 교통안전특정해역을 항행하는 다른 선박의 통항에 지장을 주어서는 아니 된다.

2) 어구 등 설치금지

교통안전특정해역에서는 어망 또는 그밖에 선박의 통항에 영향을 주는 어구 등을 설치하거나 양식어업을 하여서는 아니 된다.

3) 어업권행사보장

교통안전특정해역으로 정하여지기 전에 그 해역에서 면허를 받은 어업권을 행사하는 경우 해당 어업면허의 유효기간이 끝나는 날까지 전항을 적용하지 아니한다.

4) 사전협의

특별자치도지사·시장·군수·구청장이 교통안전특정해역에서 어업면허를 허가(어업면허의 유효기간 연장허가를 포함)하려는 경우에는 미리 해양경찰청장과 협의하여야 한다.

5. 공사 또는 작업 : 법 제13조

1) 작업허가

교통안전특정해역에서 해저전선이나 해저파이프라인의 부설, 준설, 측량, 침몰선인양작업 또는 선박의 항행에 지장을 줄 우려가 있는 공사나 작업을 하려는 자는 해양경찰청장의 허가를 받아야 한다. 다만, 관계법령에 따라 국가가 시행하는 항로표지설치, 수로측량 등 해사안전에 관한 업무의 경우에는 그러하지 아니하다.

2) 보고·고시

해양경찰청장은 허가를 하면 그 사실을 해양수산부장관에게 보고하여야 하며, 해양수산부장관은 이를 고시하여야 한다.

3) 행정처분

해양경찰청장은 공사 또는 작업의 허가를 받은 자가 다음에 해당하면 그 허가를 취소하거나 6개월의 범위에서 공사나 작업의 전부 또는 일부의 정지를 명할 수 있다.

① 거짓이나 그 밖의 부정한 방법으로 제1항에 따른 허가를 받은 경우(취소)

② 공사나 작업이 부진하여 이를 계속할 능력이 없다고 인정되는 경우

③ 제1항에 따라 허가를 할 때 붙인 허가조건 또는 허가사항을 위반한 경우

④ 정지명령을 위반하여 정지기간 중에 공사 또는 작업을 계속한 경우(취소)

4) 원상복구

제1항에 따라 허가를 받은 자는 해당 허가기간이 끝나거나 허가가 취소되었을 때에는 해당 구조물을 제거하고 원래 상태로 복구하여야 한다.

[문9.유조선통항금지해역등의 설정 및 관리.14조]

유조선의 통항제한과 항행가능 요건 및 시운전 금지해역

1. 유조선 통항제한 : 법 제14조

1) 적용대상선박

다음의 하나에 해당하는 석유 또는 유해액체물질을 운송하는 선박(이하 유조선)의 선장이나 항해당직을 수행하는 항해사는 유조선의 안전운항을 확보하고 해양사고로 인한 해양오염을 방지하기 위하여 유조선의 통항을 금지한 해역(이하 유조선 통항금지해역)에서 항행하여서는 아니 된다.

① 원유, 중유, 경유 또는 이에 준하는 '석유 및 석유대체연료사업법'제2조에 따른 탄화수소유, 가짜석유제품, 석유대체연료 중 원유·중유·경유에 준하는 것으로 규칙 제10조(원유 등에 준하는 기름)로 정하는 기름 1천500킬로리터 이상을 화물로 싣고 운반하는 선박

② '해양환경관리법' 제2조(정의)에 따른 유해액체물질을 1천500톤 이상 싣고 운반하는 선박

2) 유조선통항금지해역의 범위는 영 제7조(유조선통항금지해역의 범위)로 정한다

3) 유조선통항금지해역제도의 면제선박

유조선은 다음의 하나에 해당하면 제1항에도 불구하고 유조선통항금지해역에서 항행할 수 있다.

① 기상상황의 악화로 선박의 안전에 현저한 위험이 발생할 우려가 있는 경우

② 인명이나 선박을 구조하여야 하는 경우

③ 응급환자가 생긴 경우

④ 항만을 입항·출항하는 경우, 이 경우 유조선은 출입해역의 기상 및 수심, 그 밖의 해상상황 등 항행여건을 충분히 헤아려 유조선통항금지해역의 바깥쪽 해역에서부터 항구까지의 거리가 가장 가까운 항로를 이용하여 입항·출항하여야 한다.

2. 시운전금지해역의 설정 : 법 제14조의2

1) 시운전금지대상선박

누구든지 충돌 등 해양사고를 방지하기 위하여 시운전(조선소 등에서 선박을 건조·개조·수리후 인도 전 까지 또는 건조·개조·수리중 시험 운전하는 것)을 금지한 해역(이하 시운전금지해역이라 한다)에서 길이 100미터 이상의 선박에 대하여 시운전을 하여서는 아니 된다.

2) 시운전금지해역은 영 제7조의2(시운전금지해역의 범위)로 정한다.

* 규칙 제10조의2(시운전금지해역에서 금지되는 시운전)
법 제14조의2제1항에 따른 금지되는 시운전은 규칙 제10조의2(시운전금지해역에서 금지되는 시운전)로 다음의 시운전을 말한다.
① 선박의 선회권 등 선회성능을 확인하기 위한 시운전
② 선박의 침로를 좌·우로 바꿔 지그재그로 항해하는 등 선박의 운항성능을 확인하기 위한 시운전
③ 전속력 또는 후진으로 항해하거나 급정지하는 등 선박의 기관성능을 확인하기 위한 시운전
④ 비상조타 기능 등 선박의 조타성능을 확인하기 위한 시운전

⑤ 그밖에 선박의 침로나 속력의 급격한 변경 등으로 인하여 다른 선박의 항행안전을 저해할 우려가 있는 시운전

[문10.해상교통안전진단.15조]

해상교통안전진단

1. 해상교통안전진단의 의의

해양사고는 일단 발생하면 인명과 환경에 돌이킬 수 없는 피해를 주게 되며, 복구에 막대한 비용이 소요된다. 따라서 해양사고를 유발할 가능성이 있는 해양개발사업을 시행할 경우에 그것이 해상교통안전에 미치게 될 영향을 미리 평가하고 고려함으로써 해양사고를 예방하려는 제도가 해상교통안전진단제도이다.

해상교통안전진단이란 해상교통안전에 영향을 미치는 사업(안전진단대상사업)으로 발생할 수 있는 행행안전위험요인을 전문적으로 조사·측정하고 평가하는 것을 말한다.

2. 사업자의 해상교통안전진단 : 법 제15조

1) 의무부과

해양수산부장관은 안전진단대상사업을 하려는 사업자에게 규칙 제11조(안전진단서의 작성 및 제출 등)로 정하는 '안전진단기준'에 따른 해상교통안전진단을 실시하도록 하여야 한다. 사업자는 사전에 한국교통안전공단에 컨설팅 할 수 있다.

2) 사업자의 안전진단서의 제출

사업자는 안전진단대상사업에 대하여 '항만법' 등 해양의 이용 또는 보존과 관련된 관계 법령에 따른 허가·인가·승인·신고 등을 받으려는 경우 해상교통안전진단의 결과(안전진단서)를 허가 등의 권한을 가진 행정기관(처분기관)의 장에게 제출하여야 한다.

3) 안전진단 대상사업

제1항 및 제2항에 따라 해상교통안전진단을 실시하고 안전진단서를 제출하여야 하는 안전진단대상사업의 범위는 영 제7조의3(안전진단대상사업의 범위)로 정한다.

4) 처분기관의 안전진단서의 제출

제2항에 따라 안전진단서를 제출받은 처분기관은 허가 등을 하기 전에 사업자로부터 이를 제출받은 날부터 10일 이내에 해양수산부장관에게 제출하여야 한다.

5) 해양수산부장관의 검토 및 통보

해양수산부장관은 처분기관으로부터 안전진단서를 제출받은 날부터 45일 이내에 안전진단서를 검토한 후 규칙 제11조(안전진단서의 작성 및 제출)로 정하는 바에 따라 그 의견을 처분기관에 통보하여야 한다. 서류의 보완이나 관계기관과의 협의에 걸리는 기간은 산입하지 아니한다.

6) 해양수산부장관의 전문기관의 의견청취

해양수산부장관은 제5항에 따른 안전진단서검토를 위하여 해상교통안전관련분야의 전문가 또는 대통령령으로 정하는 해상교통안전진단 전문기관의 의견을 들을 수 있다.

7) 처분기관의 통보

처분기관은 해양수산부장관으로부터 검토의견을 통보받은 날부터 10일 이내에 이를 사업자에게 통보하여야 한다.

* 영 제7조의3(안전진단대상사업의 범위)
법 제15조제3항에 따른 안전진단대상사업(이하 안전진단대상사업)의 범위는 별도로 정한다.
① 항로 또는 정박지의 지정·고시 또는 변경
② 선박의 통항을 금지하거나 제한하는 수역의 설정 또는 변경
③ 수역에 설치되는 교량·터널·케이블 등 시설물의 건설·부설 또는 보수
④ 항만 또는 부두의 개발·재개발
⑤ 그밖에 해상교통안전에 영향을 미치는 사업

* 규칙 제11조(안전진단서의 작성 및 제출 등)
1) 제3항 : 법 제15조제4항에 따라 안전진단서의 검토를 요청하려는 처분기관이나 법 제18조의2제1항에 따라 안전진단서를 제출하고 협의를 요청하려는 국가기관 등의 장은 해상교통안전진단검토요청서에 안전진단서 17부를 첨부하여 해양수산부장관에게 제출하여야 한다.
2) 제4항 : 해양수산부장관은 제3항에 따라 안전진단서의 검토 또는 협의를 요청받은 경우에는 별도로 정하는 기준에의 적합여부를 심사한 후 이에 대한 검토의견을 처분기관 또는 국가기관 등의 장에게 통보하여야 한다. 이 경우 해양수산부장관은 안전진단서의 세부적 검토를 위하여 관련분야의 전문가 또는 전문기관의 의견을 들을 수 있다.
③ 제②호에 따른 수정의견에 대한 타당성 분석자료
3) 처분기관은 제1항에 따른 이의신청서를 제출받은 경우에는 그 제출받은 날부터 10일 이내에 해양수산부장관에게 해당서류를 송부하여야 한다.
4) 해양수산부장관은 제2항에 따라 송부 받은 경우에는 다음의 사항이 포함된 이의신청검토결과를 처분기관을 경유하여 이의신청을 한자에게 통보하여야 한다.
① 이의신청에 대한 수용여부
② 이의신청의 내용 및 사유에 대한 타당성 분석결과
③ 추가적인 해양안전의 확보방안(필요한 경우)

3. 안전진단서 제출이 면제되는 사업 : 법 제16조

1) 안전진단서제출 면제사업과 의견서제출

사업자는 제15조(해상교통안전진단)제2항에도 불구하고 안전진단대상사업이 다음의 하나에 해당하여 안전진단서 제출이 필요하지 아니하다고 판단하는 경우 규칙 제13조(안전진단서의 제출면제)로 정하는 바에 따라 해당사업의 목적, 내용, 안전진단서 제출이 필요하지 아니한 사유 등이 포함된 의견서를 해양수산부장관에게 제출하여야 한다.

① 선박통항안전, 재난대비 또는 복구를 위하여 긴급히 시행하여야 하는 사업
② 그밖에 선박의 통항에 미치는 영향이 적은 사업으로 '해상교통안전진단시행지침'에서 정하는 사업

2) 안전진단서 제출필요성 여부의 결정

제1항에 따라 의견서를 제출받은 해양수산부장관은 규칙 제13조(안전진단서의 제출면제)로 정하는 바에 따라 의견서를 검토한 후 제출받은 날부터 30일 이내에 안전진단서 제출필요성 여부를 결정하여 그 결과를 통보하여야 한다. 이 경우 의견서의 서류를 보완하는데 걸리는 기간

은 통보기간에 산입하지 아니한다.

3) 안전진단서제출 의무부과

해양수산부장관이 사업자에게 안전진단서를 제출하라고 통보한 경우 사업자는 해양수산부장관에게 안전진단서를 제출하여야 한다.

4) 안전진단서 검토 및 통보

해양수산부장관은 사업자로부터 안전진단서를 제출받은 날부터 45일 이내에 안전진단서를 검토한 후 검토의견을 사업자에게 통보하여야 한다. 이 경우 안전진단서의 서류를 보완하거나 관계기관과의 협의에 걸리는 기간은 통보기간에 산입하지 아니 한다.

* 규칙 제13조(안전진단서의 제출면제)

1) 법 제16조제1항 또는 법 제18조의2제8항에 따라 안전진단서의 제출을 면제받으려는 사업자 또는 국가기관 등의 장은 다음의 사항이 포함된 의견서를 관할 지방해양수산청장에게 제출하여야 한다.
   ① 사업의 목적
   ② 사업의 내용
   ③ 안전진단서제출이 필요하지 아니한 사유
   ④ 사업이 해상교통에 미치는 영향 및 안전대책
   ⑤ 그밖에 해상안전 및 선박항행의 안전을 위하여 '해상교통안전진단시행지침'으로 정하는 사항
2) 지방해양수산청장은 제1항에 따라 의견서를 제출받은 경우에는 해당사업이 법 제16조(안전진단서제출이 면제되는 사업)제1항 각호의 하나에 해당하는지 여부를 검토한 후 그 결과를 사업자 또는 국가기관 등의 장에게 통보하여야 한다.

4. 검토의견에 대한 이의신청 : 법 제17조

1) 사업자의 이의신청

검토의견에 이의가 있는 사업자는 처분기관을 경유하여 해양수산부장관에게 이의신청을 할 수 있다. 이 경우 사업자는 검토의견을 통보받은 날부터 30일 이내에 처분기관에 이의신청서를 제출하여야 한다. 다만, 천재지변 등 부득이한 사정이 있을 때에는 그 기간을 제출기간에 산입하지 아니한다.

2) 이의신청의 타당성검토

해양수산부장관은 제1항에 따른 이의신청 내용의 타당성을 검토하여 그 결과(이하 검토결과)를 규칙 제 14조(이의신청)로 정하는 바에 따라 20일 이내에 처분기관을 거쳐 이의신청을 한 자에게 통보하여야 한다. 다만, 천재지변 등 부득이한 사정이 있을 때에는 10일의 범위에서 통보기간을 연장할 수 있다.

* 규칙 제14조(이의신청)

1) 법 제17조제1항 본문에 따라 이의신청을 하려는 사업자는 다음의 사항이 포함된 이의신청서를 처분기관에 제출하여야 한다.
   ① 이의신청의 내용 및 사유
   ② 규칙 제11조(안전진단서의 작성 및 제출)제4항(안전진단서 내용이 기준에 적합한지 여부에 대한 검토)에 따른 검토의견에 대한 수정의견

5. 처분기관의 허가 등 : 법 제18조

1) 처분기관의 허가

처분기관은 이의신청이 없는 검토의견 또는 검토결과를 반영하여 허가 등을 하여야 하며, 허가 등을 하였을 때에는 해양수산부장관에게 통보하여야 한다.

2) 현장조사 등

처분기관은 이의신청이 없는 검토의견 또는 검토결과대로 사업자가 사업을 시행하는지를 확인하여 해양수산부장관에게 제출하여야 하며, 이를 위하여 사업자에게 이행에 관련된 자료의 제출요구 또는 현장조사를 실시할 수 있다.

3) 이행명령

처분기관은 사업자가 이의신청이 없는 검토의견 또는 검토결과대로 이행하지 아니한 사실이 확인된 경우에는 서면으로 이행시한을 명시하여 이행할 것을 명하여야 한다.

4) 사업중지 명령

처분기관은 사업자가 명령을 이행하지 아니하여 해상교통안전에 중대한 영향을 미칠 것으로 판단될 경우에는 그 사업의 전부 또는 일부에 대하여 사업중지 명령을 하여야 한다.

5) 해양수산부장관의 필요한 조치 요청

해양수산부장관은 처분기관이 제15조제2항부터 제5항까지의 규정에 따른 절차를 거치지 아니하고 허가 등을 하였을 때에는 그 허가 등의 취소, 사업의 중지, 인공구조물의 철거, 운영정지 및 원상회복 등 필요한 조치를 취할 것을 그 처분기관에 요청할 수 있다.

6) 해양수산부장관의 확인

해양수산부장관은 처분기관이 정당한 사유없이 제2항에 따른 확인을 하지 아니하거나 현저히 지연할 때에는 사업자가 검토의견 또는 검토결과대로 사업을 시행하는지를 확인할 수 있다. 이 경우 해양수산부장관은 필요하면 해상교통안전관련분야의 전문가 또는 해상교통안전진단 전문기관의 의견을 듣거나 현장조사를 의뢰할 수 있고, 처분기관 또는 사업자에게 관련자료의 제출을 요청할 수 있다.

7) 해양수산부장관의 처분기관의 사업자에 대한 사업중지요청

해양수산부장관은 검토의견 또는 검토결과의 이행을 위하여 필요한 경우에는 처분기관에 사업자에 대하여 제3항에 따른 이행명령이나 제4항에 따른 사업의 전부 또는 일부에 대한 사업중지명령을 할 것을 요청할 수 있다.

8) 제5항부터 제7항까지의 규정에 따른 요청을 받은 처분기관 또는 사업자는 특별한 사유가 없으면 그 요청에 따라야 한다.

6. 국가기관 또는 지방자치단체의 해상교통안전진단 : 법 제18조의2

1) 국가 및 지자체의 안전진단서제출 및 협의요청의무

제15조(해상교통안전진단)에 불구하고 국가기관의 장 또는 지방자치단체의 장은 안전진단대상사업을 시행하려는 경우에는 해양수산부장관에게 안전진단서를 제출하고 협의를 요청하여야 한다.

2) 안전진단서검토의견 통보

제1항에 따라 협의를 요청받은 해양수산부장관은 협의를 요청받은 날부터 45일 이내에 안전

진단서를 검토한 후 그 검토의견을 협의를 요청한 국가기관의 장 또는 지방자치단체의 장에게 통보하여야 한다. 이 경우 해양수산부장관은 안전진단서의 검토를 위하여 해상교통안전관련분야의 전문가 또는 해상교통안전진단 전문기관의 의견을 들을 수 있다.

3) 재협의요청(이의신청)

제2항에 따른 검토의견에 이의가 있는 국가기관의 장 또는 지방자치단체의 장은 검토의견을 통보받은 날부터 30일 이내에 이의의 내용·사유 등을 적어 해양수산부장관에게 재협의를 요청할 수 있다. 다만, 천재지변등 부득이한 사정이 있을 때에는 그 기간을 재협의 요청기간에 산입하지 아니한다.

4) 재협의 요청에 대한 타당성검토결과 통보

해양수산부장관은 제3항에 따른 재협의 요청을 받은 경우 그 타당성을 검토한 후 그 검토결과를 재협의를 요청받은 날부터 20일 이내에 재협의를 요청한 국가기관의 장 또는 지방자치단체의 장에게 통보하여야 한다. 다만, 천재지변 등 사정이 있을 때는 10일 이내의 범위에서 통보기간을 연장할 수 있다.

5) 검토의견 또는 검토결과에 따른 사업시행

국가기관의 장 또는 지방자치단체의 장은 해양수산부장관의 검토의견 또는 검토결과에 따라 안전진단대상 사업을 시행하여야 하며, 대통령령으로 정하는 바에 따라 그 이행결과를 해양수산부장관에게 제출하여야 한다.

6) 절차미준수시 사업 중지 및 원상회복요청

해양수산부장관은 국가기관의 장 또는 지방자치단체의 장이 제1항부터 제4항까지의 규정에 따른 절차를 거치지 아니하거나 제5항에 따른 해양수산부장관의 검토의견, 검토결과에 따르지 아니하고 안전진단대상사업을 시행하는 경우 사업계획의 취소, 사업의 중지, 인공구조물의 철거, 운영정지 및 원상회복 등 필요한 조치를 할 것을 국가기관의 장 또는 지방자치단체의 장에게 요청할 수 있다.

7) 해양수산부장관의 확인

해양수산부장관은 국가기관의 장 또는 지방자치단체의 장이 검토의견 또는 검토결과에 따라 안전진단대상사업을 시행하는지를 확인하기 위하여 해상교통안전관련분야의 전문가 또는 해상교통안전진단 전문기관의 의견을 듣거나 현장조사를 의뢰할 수 있고, 해당국가기관의 장 또는 지방자치단체의 장에게 관련자료의 제출을 요청할 수 있다.

8) 해양수산부장관의 요청에 대한 국가기관장등의 준수

제6항 및 제7항에 따른 해양수산부장의 요청을 받은 국가기관의 장 또는 지방자치단체의 장은 특별한 사유가 없으면 해양수산부장관의 요청에 따라야 한다.

9) 안전진단서제출면제사업의 경우 의견서제출

제1항에도 불구하고 국가기관의 장 또는 지방자치단체의 장은 시행하려는 안전진단대상사업이 법 제16조(안전진단서 제출이 면제되는 사업 등)제1항 각호의 하나에 해당하여 안전진단서제출이 필요하지 아니하다고 판단하는 경우 해당 사업의 목적, 내용, 안전진단서 제출이 필요하지 아니한 사유 등이 포함된 의견서를 해양수산부장관에게 제출하고 협의하여야 한다.

10) 제1항부터 제9항까지에 규정한 사항외에 안전진단서의 제출, 협의·재협의요청의 방법, 절차

등에 필요한 사항은 영 제8조의2로 정한다.

* 영 제8조의2(국가기관 또는 지방자치단체의 해상교통안전진단등)

1) 법 제18조의2제1항에 따라 국가기관의 장 또는 지방자치단체의 장이 안전진단대상사업을 시행하려는 경우에는 법 제15조(해상교통안전진단)제1항에 따른 안전진단기준에 따라 해상교통안전진단을 실시하고, 해상교통안전진단의 결과(이하 안전진단서)를 규칙 제11조(안전진단서의 작성 및 제출등)로 정하는 바에 따라 해양수산부장관에게 제출하고 협의를 요청하여야 한다.
2) 법 제18조의2제3항 본문에 따라 해양수산부장관에게 재협의를 요청하려는 국가기관 등의 장은 다음 각 호의 사항이 포함된 이의신청서를 해양수산부장관에게 제출하여야 한다.
   ① 해양수산부장관의 검토의견에 대한 이의의 내용 및 사유
   ② 해양수산부장관의 검토의견에 대한 수정의견
   ③ 제②호에 따른 수정의견에 대한 타당성분석자료
3) 법 제18조의2제4항 본문에 따른 해양수산부장관의 검토결과에는 다음 각 호의 사항이 포함되어야 한다.
   ① 법 제18조의2제3항에 따라 국가기관등의 장이 제출한 이의의 수용여부 및 그 타당성 분석결과
   ② 안전진단대상사업의 시행과 관련하여 해사안전을 확보하기 위하여 추가적인 조치 등이 필요한 경우에는 그 조치 등의 내용
4) 법 제18조의2제8항에 따른 의견서를 제출받은 해양수산부장관은 의견서를 제출받은 날부터 30일 이내에 안전진단서 제출이 필요한지 여부를 검토하고 그 결과를 의견서를 제출한 국가기관 등의 장에게 통보하여야 한다. 이 경우 의견서의 서류보완에 걸리는 기간은 통보기간에 산입하지 아니 한다.
5) 제1항부터 제4항까지에서 규정한 사항 외에 국가기관 등의 장의 안전진단서, 이의신청서, 의견서의 작성 및 제출에 필요한 사항은 해양수산부령으로 정한다.

[문11.해상교통안전진단.19조]

해상교통안전진단의 대행 및 대행업자의 결격사유

1. 해상교통안전진단의 대행과 등록 : 법 제19조

1) 대행

제15조제1항에 따른 사업자나 제18조의2제1항에 따라 해양수산부장관에게 협의를 요청하여야 하는 국가기관의 장 또는 지방자치단체의 장은 제2항에 따라 등록한 안전진단대행업자로 하여금 해상교통안전진단을 대행하게 할 수 있다.

2) 안전진단 대행업자의 등록

해상교통안전진단을 대행하려는 자(이하 안전진단대행업자)는 규칙 제15조(안전진단대행업자의 등록)로 정하는 기술인력·장비 등 자격을 갖추어 해양수산부장관에게 등록하여야 한다. 등록한 사항 중 규칙 제16조(등록사항의 변경)로 정하는 사항을 변경하려는 경우에도 또한 같다.

3) 등록절차 및 등록증 발급 등

등록절차 및 등록증의 발급 등에 필요한 사항은 규칙 제15조(안전진단대행업자의 등록)로 정한다.

2. 안전진단대행업자의 결격사유 : 법 제20조

다음 각 호의 자는 안전진단대행업자로 등록할 수 없다.

① 피성년후견인·피한정후견인 또는 미성년자

② 이 법을 위반하거나 '형법' 제186조에 따른 등대·표지의 손괴 또는 선박의 교통을 방해함으로써 금고이상의 실형을 선고받고 그 집행이 끝나거나(집행이 끝난 것으로 보는 경우를 포함한다) 집행이 면제된 날부터 2년이 지나지 아니한 자

③ 이 법을 위반하거나 '형법' 제186조에 따른 등대·표지의 손괴 또는 선박의 교통을 방해함으로써 금고 이상의 형의 집행유예를 선고받고 그 유예기간 중에 있는 자

④ 법 제23조(안전진단대행업자의 등록취소등)에 따라 등록이 취소(제①호에 해당하여 등록이 취소된 경우는 제외한다)된 날부터 2년이 지나지 아니한 자

⑤ 대표자가 제①호부터 제④호까지의 어느 하나에 해당하는 법인

3. 권리와 의무의 승계 : 법 제21조

1) 제19조에 따른 안전진단대행업자로 등록한 자가 그 영업을 양도하거나 법인이 합병한 경우에는 그 양수인 또는 합병 후에 존속하는 법인이나 합병으로 설립되는 법인은 그 등록에 따른 권리와 의무를 승계한다.

2) 제1항에 따라 권리와 의무를 승계한 자는 승계한 날부터 30일 이내에 규칙 제17조(권리·의무의 승계신고)로 정하는 바에 따라 해양수산부장관에게 신고하여야 한다.

3) 해양수산부장관은 제2항에 따른 신고를 받은 날부터 3일 이내에 신고수리여부를 신고인에게 통지하여야 한다.

4) 해양수산부장관이 제3항에서 정한 기간 내에 신고수리여부 또는 '민원처리관련법령'에 따른 처리기간의 연장여부를 신고인에게 통지하지 아니하면 그 기간('민원처리관련법령'에 따라 처리기간이 연장 또는 재연장된 경우에는 해당처리기간)이 끝난 날의 다음날에 신고를 수리한 것으로 본다.

5) 안전진단대행업을 승계한 자에 관하여는 제20조(안전진단대행업자의 결격사유)를 준용한다.

4. 사업의 휴업 또는 폐업의 신고 : 법 제22조

안전진단대행업자로 등록한 자는 그 사업을 휴업하거나 폐업하려면 규칙 제18조(휴업·폐업의 신고)로 정하는 바에 따라 해양수산부장관에게 신고하여야 한다.

5. 안전진단대행업자의 등록 취소 등 : 법 제23조

해양수산부장관은 안전진단대행업자가 다음의 하나에 해당하면 그 등록을 취소하거나 6개월 이내의 기간을 정하여 영업의 정지를 명할 수 있다. 다만, 제①호부터 제③호까지, 제⑤호, 제⑪호 또는 제⑫호에 해당하면 그 등록을 취소하여야 한다.

① 제15조(해상교통안전진단)제1항에 따른 안전진단기준을 따르지 아니하거나, 해상교통안전진단 업무를 수행하지 아니하고 거짓으로 안전진단서를 작성한 경우(취소)

② 거짓이나 그 밖의 부정한 방법으로 등록하거나 변경등록을 한 경우(취소)

③ 제19조(해상교통안전진단의 대행)제2항 전단에 따른 규칙 제15조(안전진단대행업자의 등록)로 정한 자격을 갖추지 못하게 된 경우(취소)
④ 제19조제2항 후단에 따른 변경등록을 하지 아니한 경우
⑤ 제20조(안전진단대행업자의 결격사유)각호의 하나에 해당하게 된 경우. 다만, 법인의 대표자가 제20조각호의 하나에 해당하게 된 날부터 6개월이 되는 날까지 시정한 경우에는 그 등록을 취소하지 아니한다(취소)
⑥ 제21조(권리와 의무의 승계)제2항을 위반하여 권리·의무에 대한 승계신고를 하지 아니한 경우
⑦ 제22조(사업의 휴업 또는 폐업의 신고)를 위반하여 사업의 휴업 또는 폐업 신고를 하지 아니한 경우
⑧ 제58조(지도·감독)제1항제①호에 따른 출석 또는 진술을 거부·방해하거나 기피한 경우
⑨ 제58조제1항제②호에 따른 출입·검사·확인·조사 또는 점검을 거부·방해하거나 기피한 경우
⑩ 제58조제1항제③호에 따른 서류제출 또는 보고를 하지 아니하거나 거짓으로 서류제출 또는 보고를 한 경우
⑪ 영업정지 명령을 위반하여 정지기간 중에 해상교통안전진단 대행업무를 계속한 경우(취소)
⑫ 다른 안전진단대행업자로 하여금 해상교통안전진단을 하게 한 경우(취소)

6. 안전진단대행업자의 업무계속 : 법 제24조

1) 안전진단대행업자는 제23조(안전진단대행업자의 등록취소등)에 따른 등록취소 또는 영업정지 처분에도 불구하고 그 처분전에 체결한 해상교통안전진단 대행업무를 계속하여 수행할 수 있다. 다만, 법 제23조제1항제①호부터 제③호까지, 제⑪호 또는 제⑫호에 따라 등록취소의 처분을 받은 경우에는 그러하지 아니하다.
2) 제1항에 따라 해상교통안전진단 대행업무를 계속 수행할 수 있는 자는 그 업무를 끝낼 때까지 이 법에 따른 안전진단대행업자로 본다.
3) 제23조(안전진단대행업자의 등록취소 등)제1항에 따라 등록취소 또는 영업정지의 처분을 받은 안전진단대행업자는 그 사실을 등록취소 또는 영업정지 처분을 받은 날부터 10일 이내에 해상교통안전진단을 의뢰한 자에게 통지하여야 한다.
4) 해상교통안전진단을 의뢰한 자는 특별한 사유가 있는 경우를 제외하고는 그 안전진단대행업자로부터 등록취소 또는 영업정지의 처분통지를 받거나 등록취소 또는 영업정지의 처분이 있었던 사실을 안 날부터 30일 이내에만 그 해상교통안전진단의 대행에 관한 계약을 해지할 수 있다.

[문12.항행장애물의 처리.25조]

항행장애물의 보고와 표시 및 제거와 비용징수

1. 항행장애물의 처리의 의의

해상교통에 방해가 되는 침몰선·폐자재 등 장애물로 인하여 해상교통에 위험을 초래 할 수 있는

경우 해양수산부장관이 장애물의 소유자 등에게 표시등의 조치나 제거를 명할 수 있도록 하였고 또한 배타적 경제수역에서도 난파물을 발생시킨 선박소유자나 선장등에게 난파물 발생 시 보고 및 제거의무를 부여하고 국비로 직접 제거하여야 하는 경우에 대비하여 처리비용징수를 담보하기 위하여 보험증서 등 관련서류를 제출하도록 하여 신속히 선박의 안전한 통항로 확보 및 해양환경이 보호될 수 있도록 하였다.

2. 항행장애물의 보고등 : 법 제25조

1) 항행장애물 보고의무

다음에 하나에 해당하는 항행장애물을 발생시킨 선박의 선장, 선박소유자 또는 선박운항자(이하 항행장애물제거책임자)는 규칙 제20조(항행장애물의 보고)로 정하는 바에 따라 해양수산부장관에게 지체없이 그 항행장애물의 위치와 제27조(항행장애물의 위험성 결정)에 따른 위험성 등을 보고하여야 한다.

① 떠다니거나 침몰하여 선박의 안전운항 및 해상교통질서에 지장을 주는 항행장애물

② '항만법'제2조에 따른 항만의 수역, '어촌·어항법'제2조에 따른 어항의 수역, '하천법'제2조에 따른 하천의 수역(이하 수역 등)에 있는 시설 및 다른 선박등과 접촉할 위험이 있는 항행장애물

2) 외국정부에 대한 보고의무

대한민국선박이 외국의 배타적경제수역에서 항행장애물을 발생시켰을 경우 항행장애물 제거책임자는 해역을 관할하는 외국정부에 지체 없이 보고하여야 한다.

3) 해양수산부장관의 주변선박과 외국정부에 대한 통지의무

제1항의 보고를 받은 해양수산부장관은 항행장애물 주변을 항행하는 선박과 인접 국가의 정부에 항행장애물의 위치와 내용 등을 알려야 한다.

* 규칙 제20조(항행장애물의 보고)
법 제25조제1항에 따라 항행장애물을 발생시킨 선박의 선장, 선박소유자 또는 선박운항자가 보고하여야 하는 사항에는 다음의 사항이 포함되어야 한다
① 선박의 명세에 관한 사항
② 선박소유자 및 선박운항자의 성명 및 주소에 관한 사항
③ 항행장애물의 위치에 관한 사항
④ 항행장애물의 크기·형태 및 구조에 관한 사항
⑤ 항행장애물의 상태 및 손상의 형태에 관한 사항
⑥ 선박에 선적된 화물의 양과 성질에 관한 사항(항행장애물이 선박인 경우만 해당)
⑦ 선박에 선적된 연료유 및 윤활유를 포함한 기름의 종류와 양에 관한 사항(항행장애물이 선박인 경우만 해당)

3. 항행장애물의 표시등 : 법 제26조

1) 항행장애물 표시등 의무

항행장애물제거책임자는 항행장애물이 다른 선박의 항행안전을 저해할 우려가 있는 경우에는 지체없이 항행장애물에 위험성을 나타내는 표시를 하거나 다른 선박에게 알리기 위한 조치를 하여야 한다. 다만, 항행장애물 중 침몰·좌초된 선박에 대하여는 '항로표지법'제14조(침선표지의 설치·관리)에 따라 조치하여야 한다.

2) 항행장애물표시명령

해양수산부장관은 항행장애물제거책임자가 표시나 조치를 하지 아니한 경우 항행장애물제거책임자에게 그 표시나 조치를 하도록 명할 수 있다.

3) 해양수산부장관이 직접 항행장애물 표시[대집행]

항행장애물제거책임자가 명령을 이행하지 아니하거나 시급히 표시하지 아니하면 선박의 항행안전에 위해를 미칠 우려가 큰 경우 해양수산부장관은 직접 항행장애물에 표시할 수 있다.

4. 항행장애물의 위험성 결정 : 법 제27조

1) 해양수산부장관의 항행장애물의 위험성결정의무

해양수산부장관은 항행장애물이 선박의 항행안전이나 해양환경에 중대한 영향을 끼치는 지를 고려하여 항행장애물의 위험성을 결정하여야 한다.

2) 항행장애물의 위험성 결정에 필요한 사항은 규칙 제21조(항행장애물의 위험성 결정)로 정한다.

* 규칙 제21조(항행장애물의 위험성 결정)

법 제27조제2항에 따른 항행장애물의 위험성결정에 필요한 사항은 다음 각 호와 같다

① 항행장애물의 크기·형태 및 구조
② 항행장애물의 상태 및 손상의 형태
③ 항행장애물에 선적된 화물의 성질·양과 연료유 및 윤활유를 포함한 기름의 종류·양
④ 침몰된 항행장애물의 경우에는 그 침몰된 상태(음파 및 자기적 측정결과 등에 따른 상태를 포함)
⑤ 해당수역의 수심 및 해저의 지형
⑥ 해당수역의 조차·조류·해류 및 기상등 수로조사결과
⑦ 해당수역의 주변해양시설과의 근접도
⑧ 선박의 국제항해에 이용되는 통항대 또는 설정된 통항로와의 근접도
⑨ 선박통항의 밀도 및 빈도
⑩ 선박통항의 방법
⑪ 항만시설의 안전성
⑫ 국제해사기구에서 지정한 특별민감해역 또는 '해양법에 관한 국제연합협약',에 따른 특별규제조치가 적용되는 수역

5. 항행장애물 제거 : 법 제28조

1) 항행장애물 제거의무

항행장애물제거책임자는 항행장애물을 제거하여야 한다.

2) 해양수산부장관의 권한

항행장애물제거책임자가 제1항에 따라 항행장애물을 제거하지 아니하는 때에는 해양수산부장관은 그 항행장애물제거책임자에게 항행장애물을 제거하도록 명할 수 있다.

3) 행정대집행(계고 없이 집행)

항행장애물제거책임자가 제2항에 따른 명령을 이행하지 아니하거나 항행장애물이 제27조(항행장애물의 위험성결정)에 따라 위험성이 있다고 결정된 경우 해양수산부장관이 직접 제거할 수 있다.

* 규칙 제22조(항행장애물 제거)

1) 제거기한 명시

지방해양수산청장 또는 시·도지사는 법 제28조제2항에 따라 항행장애물제거를 명하는 경우에는 그 제거기한을 정하여야 한다.

2) 제거 시 사전통지의무

지방해양수산청장 또는 시·도지사는 법 제28조제3항에 따라 항행장애물을 직접 제거하려는 경우에는 항행장애물제거책임자에게 그 제거계획을 알려야 한다.

3) 제거완료 후 주변선박에 통지

지방해양수산청장 또는 시·도지사는 법 제28조제1항부터 제3항까지의 규정에 따라 항행장애물이 제거된 경우에는 주변수역을 항행하는 선박과 인접한 국가에 대하여 그 제거내용을 알려야 한다.

6. 비용징수 : 법 제29조

1) 지불보증서류 제출요구(사전징수)

해양수산부장관은 제26조(항행장애물의 표시등)제3항 및 제28조(항행장애물 제거)제3항에 따른 항행장애물의 표시·제거에 드는 비용의 징수에 대비하여 필요한 경우에는 선박소유자에게 비용지불을 보증하는 서류의 제출을 요구할 수 있다.

2) 비용의 충당 등(사후징수)

제26조제3항 및 제28조제3항에 따른 항행장애물의 표시·제거에 쓰인 비용은 항행장애물제거책임자의 부담으로 하되, 항행장애물제거책임자를 알 수 없는 경우에는 영 제9조(비용징수)로 정하는 바에 따라 그 항행장애물 또는 항행장애물을 발생시킨 선박을 처분하여 비용에 충당할 수 있다.

* 영 제9조(비용징수)

1) 공매처분

해양수산부장관은 법 제29조(비용징수 등)제2항에 따라 항행장애물 또는 항행장애물을 발생시킨 선박을 처분하는 경우에는 공매(公賣)에 의하여 처분한다. 다만, 항행장애물 또는 항행장애물을 발생시킨 선박의 가액이 공매비용에 미치지 못할 우려가 있는 경우에는 그러하지 아니하다.

2) 공매공고

해양수산부장관은 항행장애물 또는 항행장애물을 발생시킨 선박을 공매하는 경우에는 다음 각 호의 사항을 게시판 또는 인터넷 홈페이지에 7일 동안 공고하여야 한다.

① 공매할 물건의 명칭 및 내용

② 공매의 장소 및 일시

③ 입찰보증금을 받는 경우에는 그 금액

3) '공탁법' 준용

해양수산부장관은 제1항에 따른 공매로 취득한 금액중에서 해당 물건의 표시·제거와 공매 등에 든 비용을 제외하고 남은 금액이 있는 경우에는 '공탁법'에 따라 공탁하여야 한다.

7. 사전징수거부의 조치 : 법 제30조(국내항의 입항·출항 등 거부)

해양수산부장관은 제29조제1항의 요구에 응하지 아니하는 선박에 대하여는 국내항의 입항·출항을 거부하거나 국내계류시설의 사용을 허가하지 아니할 수 있다.

[문13.항해안전관리.31조]

항로의 지정과 고시

→ 제10조(교통안전특정해역)해사안전법상 항로지정의 특별규정, 해운법 제5조의2(항로고시), 선박의 입항 및 출항 등에 관한 법률 제10조(항로지정 및 준수)

1. 항로지정의 의의

특수한 해상교통의 지리적 조건을 고려하여 도입된 규정으로 특정 해역의 지형·조류·기상조건이 불량한 상태에서 선박의 안전통항을 보장하기 위하여 규정한 것이다.

2. 항로의 지정등 : 법 제31조, 항로지정의 일반규정

1) 항로의 고시

해양수산부장관은 선박이 통항하는 수역의 지형·조류, 그 밖에 자연적 조건 또는 선박 교통량 등으로 해양사고가 일어날 우려가 있다고 인정하면 관계 행정기관의 장의 의견을 들어 그 수역의 범위, 선박의 항로 및 속력 등 선박의 항행안전에 필요한 사항을 규칙 제23조(항로의 고시)로 고시할 수 있다.

2) 피항수역 지정·운영

해양수산부장관은 태풍 등 악천후를 피하려는 선박이나 해양사고 등으로 자유롭게 조종되지 아니하는 선박을 위한 수역 등을 지정·운영할 수 있다.

* 규칙 제23조(항로의 고시 등)
  1) 지방해양수산청장은 법 제31조제1항에 따라 선박의 항행안전에 필요한 다음 각 호의 사항을 고시할 수 있다.
     ① 선박의 항로·속력 또는 항법
     ② 선박의 교통량
     ③ 수역의 범위
     ④ 기상여건
     ⑤ 해상교통 및 선박의 항행안전을 위하여 해양수산부장관이 필요하다고 인정하는 사항
  2) 지방해양수산청장이 고시한 수역안을 통항하는 선박은 해당고시에 따른 항로·항법 및 속력 등을 따라야 한다.

[문14.항해안전관리.32조]

외국선박의 통항 및 안전조치

* 용어정의
  ① 무해통항권 : 외국선박이 타국의 영해내에서 연안국의 평화, 공공질서 또는 안전을 침해하지 않고 항행하는 권리. 정박·정류·계류 또는 배회없이 계속적이고 신속하게 통항
  ② 내수 : '영해 및 접속수역법' 제2조(정의)에 따른 기선의 안쪽 해역. 무해통항권 제한
  ③ 무해통항권이 인정되는 내수 : 기선을 다시 설정하여 원래 영해이었던 해역이 내수가 된 해역

1. 의의

선박국적이라 함은 선박이 어느나라에 귀속하는 것을 나타내는 것으로 선박의 고유특성과 더불어 취급 유사성의 기준이기도 하다. 이에 따라 선박국적은 국제법과 행정법의 관할권 기준이 되며 공해에서는 기국법의 적용근거이기도 하다. 또한 선박국적은 교전, 위법 또는 경제문제로서 선박을 포획 또는 나포할 것인가, 아니면 해적으로 취급할 것인가를 결정하는 표준이 되기도 하며, 해사관련 행정법의 적용에 있어 자국선 우선주의의 기준이 되기도 한다. '해사안전법'은 우리나라의 선박항행상 안전확보가 목적이므로 우리나라 선박을 주된 적용대상으로 하고 있지만 우리나라 연안만을 항행하는 외국국적선박에 대해서도 '해사안전법'상 일부 제한을 두어 적용하고 있다.

2. 외국선박의 통항 : 법 제32조

1) 내수에서의 무해통항권 제한 : 제1항

영해 중 내수에서는 외국선박은 해양수산부장관의 허가를 받지 아니하고는 통항할 수 없다.

2) 내수에서의 무해통항권제한의 축소 : 제2항전단

제1항에도 불구하고 '영해 및 접속수역법' 제2조(기선)제2항에 따른 직선기선에 따라 이전의 영해에서 내수로 포함된 해역에서는 정박·정류·계류 또는 배회함이 없이 계속적이고 신속하게 통항할 수 있다.

3) 내수에서의 무해통항권제한의 예외 : 제2항후단

다음 각 호의 경우에는 내수통항을 할 수 있다.

① 불가항력이나 조난으로 인하여 필요한 경우
② 위험하거나 조난상태에 있는 인명·선박·항공기를 구조하기 위한 경우
③ 그 밖에 대한민국 항만에의 입항 등 규칙 제25조(외국선박의 통항)로 정하는 경우

* '해사안전법'의 적용대상 가운데 외국국적의 선박으로서 우리나라 각 항 사이만을 항행하는 선박과 국적취득조건부 나용선으로 차용된 선박에 대해서는 기국관할권에 의거 '해사안전법'의 내수통항제한규정이 면제되어 내수에서의 무해통항권이 인정된다.

* 규칙 제24조(외국선박의 내수 통항허가)

1) 법 제32조제1항에 따라 내수통항의 허가를 받으려는 외국선박은 다음 각 호의 서류를 관할 지방해양수산청장에게 제출하여야 한다.
   ① 선박의 명세
   ② 선박소유자 및 선박운항자의 성명(명칭) 또는 주소
   ③ 내수통항이 필요한 사유
   ④ 통항위치 및 일정등을 기재한 통항계획서
   ⑤ 해상교통에 미치는 영향 및 안전대책
2) 지방해양수산청장은 제1항에 따른 허가신청을 받은 경우에는 내수통항이 필요한 사유 및 해상교통안전에 미치는 영향등을 종합적으로 고려하여 허가여부를 결정한후 그 결과를 통보하여야 한다.
3) 지방해양수산청장은 제2항에 따라 허가를 하는 경우에 필요하다고 인정하는 때에는 해상교통안전의 확보에 관한 조건을 붙일 수 있다.

* 규칙 제25조(외국선박의 통항)

법 제32조제2항제③호에서 해양수산부령으로 정하는 경우란 다음 각 호의 하나에 해당하

는 경우를 말한다.

1) '선박의 입항 및 출항 등에 관한 법률' 제4조(출입신고)에 따른 허가를 받거나 신고를 하고 무역항의 수상구역 등에 출입하기 위하여 대기하는 경우

2) '선박법' 제6조(불개항장에의 기항과 국내 각 항간에서의 운송금지)에 따라 불개항장에서의 개항 허가를 받고 대기하는 경우

[문15.항해안전관리.33조]

특정선박의 안전조치 등

1. 특정선박에 대한 안전조치

1) 의의

'해양법에 관한 국제연합협약'에서 정하는 바에 따라 위험화물선·핵추진선박 등의 영해 내 통항시 안전조치 준수의무 등을 규정할 필요가 있어 제정된 조항이다. 이로써 기존의 유류등을 운반하는 유조선외의 다른 위험선박에 대해서도 효율적인 통제가 가능하게 되었다.

2) 특별예방조치 준수의무

대한민국의 영해 또는 내수를 통항하는 외국선박 중 다음의 선박은 '해상에서의 인명안전을 위한 국제협약'등 관련 국제협약에서 정하는 문서를 휴대하거나 규칙 제26조(특정선박에 대한 안전조치)로 정하는 특별예방조치를 준수하여야 한다.

① 핵추진선박

② 핵물질 등 위험화물운반선

3) 안전조치명령

해양수산부장관은 특정선박에 의한 해양오염 방지, 경감 및 통제를 위하여 필요하면 통항로를 지정하는 등 안전조치를 명할 수 있다.

2. 항로 등의 보전 : 법 제34조

1) 항로 등의 보전의 의의

선박이 출입하는 항로는 육상의 도로나 철도와 같이 기본적인 교통로이다. 그러므로 항로는 선박의 통항을 최우선으로 보장할 필요가 있고 이를 법정하여 제도화할 필요가 있다. 이규정은 항로를 보호하기 위하여 절대금지행위와 허가행위를 구분하여 규제하는 법적 근거를 마련한 것이다.

2) 항로 등의 보전

가. 무단방치금지

누구든지 항로에서 다음의 하나에 해당하는 행위를 하여서는 아니된다.

① 선박의 방치

② 어망 등 어구의 설치나 투기

나. 제거명령

해양경찰서장은 제1항을 위반한 자에게 방치된 선박의 이동·인양 또는 어망 등 어구의 제

거를 명할 수 있다.

다. 해상교통 안전장애금지와 예외

① 원칙 : 누구든지 '항만법'에 따른 항만의 수역 또는 '어촌·어항법'에 따른 어항의 수역 중 해상교통의 안전에 장애가 되는 스카이다이빙, 수쿠버다이빙, 윈드서핑을 하여서는 아니 된다.

② 예외 : 해상교통안전에 장애가 되지 아니한다고 인정되어 해양경찰서장의 허가를 받은 경우와 '체육시설의 설치·이용에 관한 법률' 제20조에 따라 신고한 체육시설업과 관련된 해상에서 행위를 하는 경우에는 그러하지 아니하다.

라. 행정처분

해양경찰서장은 허가를 받은 사람이 다음의 하나에 해당하면 허가를 취소하거나 해상교통안전에 장애가 되지 아니하도록 시정할 것을 명할 수 있다. 다만, 제③호에 해당하는 경우에는 그 허가를 취소하여야 한다.

① 항로나 정박지 등 해상교통 여건이 달라진 경우

② 허가조건을 위반한 겨우

③ 거짓이나 그 밖의 부정한 방법으로 허가를 받은 경우(취소)

3. <u>수역등 및 항로의 안전확보 : 법 제35조</u>

1) 의의

우리나라 연안은 그 규모가 작기 때문에 어업허가 또는 항로의 허가등을 이유로 하는 이익충돌로 인하여 어선 등 선박을 이용한 해상시위가 발생하곤 한다. 이러한 시위는 항만의 입구를 봉쇄하거나 항로를 차단하여 선박의 출입항과 하역에 막대한 지장을 주는 경우가 많다. '국제해상법'에서 상선의 출입이 해상시위로 방해를 받을 경우, 비안전항으로 간주되고 또한 해상시위는 사회소요내지 정치적 불안요소가 되어 항해용선 계약과 정기용선계약에서 용선자에게 매우 불리한 요소로 작용한다. 본 규정은 선박등을 이용하여 수역등이나 항로를 점거하거나 차단하는 행위를 금지하는 내용이다.

2) 수역 등 및 항로의 안전확보 : 법 제35조

가. 점거, 차단행위 등 통항방해금지

누구든지 수역[항만법에 따른 항만의 수역 또는 어촌·어항법에 따른 어항의 수역] 등 또는 수역 등의 밖으로부터(경계로부터 바깥쪽으로) 10킬로미터 이내의 수역에서 선박 등을 이용하여 수역 등이나 항로를 점거하거나 차단하는 행위를 함으로써 선박 통항을 방해하여서는 아니된다.

나. 해산요청, 명령

해양경찰서장은 선박통항을 방해한 자 또는 방해할 우려가 있는 자에게 일정한 시간 내에 스스로 해산할 것을 요청하고, 이에 따르지 아니하면 해산을 명할 수 있다.

다. 해산의무

해산명령을 받은 자는 지체 없이 물러가야 한다.

[문16.항해안전관리.37조]

선박위치정보의 공개제한

1. 의의

국제항해선박의 필수탑재장비인 항적기록장치(블랙박스)에 기록된 정보는 정부의 해양사고 조사관이 보유하도록 국제해사기구에서 결의하였으며, 어선, 컨테이너선등의 위치정보는 선박소유자의 영업비밀과 같이 취급되고 있으므로 해당정보를 보호할 필요성이 있어 전자적 수단으로 선박의 항적 등을 기록한 정보를 보유한자는 승선원구조, 해양사고 원인조사 등의 경우를 제외하고는 공개할 수 없도록 하였다. 해사안전법에서는 선박위치정보의 무분별한 공개를 금지함으로써 해양사고의 증거유출 또는 훼손이 방지되고 선박영업활동의 비밀이 보장될 수 있도록 하고 있다.

2. 공개제한의 예외

항해자료기록장치 등 규칙 제29조(자료기록장치등)로 정하는 전자적 수단으로 선박의 항적 등을 기록한 정보(선박위치정보)를 보유한 자는 다음의 경우를 제외하고는 선박위치정보를 공개하여서는 아니된다.

① 선박위치정보의 보유권자가 그 보유목적에 따라 사용하려는 경우

② '해양사고의 조사 및 심판에 관한 법률' 제16조(조사관등)에 따른 조사관등이 해양사고의 원인을 조사하기 위하여 요청하는 경우

③ '재난 및 안전관리기본법' 제3조에 따른 긴급구조기관이 급박한 위험에 처한 선박 또는 승선자를 구조하기 위하여 요청하는 경우

③의2 중앙행정기관의 장 또는 공공기관의 장이 항만시설의 보안, 여객선의 안전운항관리, '통합방위법' 제2조에 따른 통합방위작전의 수행 또는 관세의 부과·징수등에 관한 소관업무를 수행하기 위하여 요청하는 경우

③의3 선박소유자의 동의를 받은 경우

④ 6개월 이상의 기간이 지난 선박위치정보로서 규칙 제30조(선박위치정보의 공개)로 정하는 경우

3. 변조·훼손금지

직무상 선박위치정보를 알게 된 선박소유자, 선장 및 해원 등은 선박위치정보를 누설·변조·훼손하여서는 아니 된다.

* 규칙 제29조(자료기록장치등)
법 제37조제1항각호외의 부분에서 해양수산부령으로 정하는 전자적수단이란 다음 각호의 장치를 말한다
① '선박안전법' 제26조에 따라 해양수산부장관이 정하여 고시하는 '선박설비기준'에 따른 항해자료기록장치(VDR)
② '선박안전법' 제30조(선박위치발신장치)제1항에 따른 선박위치발신장치(AIS)
③ '어선법' 제5조의2제1항에 따른 어선위치발신장치(V-pass)

* 규칙 제30조(선박위치정보의 공개) : 선박위치정보 공개의 예외
법 제37조제1항제④호에서 해양수산부령으로 정하는 경우란 다음 각 호의 하나에 해당하는 경우를 말한다.

① '해양사고의 조사 및 심판에 관한 법률'에 따라 조사·심판이 종료된 경우
② 선원에 대한 교육용으로 사용하는 경우
③ 해상교통안전진단을 위하여 필요한 경우
④ 해사안전의 증진 및 선박의 원활한 교통확보를 위하여 해양수산부장관이 필요하다고 인정하는 경우

* 선박교통관제에 관한 법률 시행령 제10조(관제통신녹음)

[문17.항해안전관리.38조]

선박출항통제, 순찰, 정선

* ① 앞바다 : 서해와 남해는 주요섬의 지점을 연결하는 선안의 해역, 동해 및 제주특별자치도는 '영해 및 접속수역법' 제2조(정의)에 따른 우리나라 기선에서 12해리 안의 해역(내수와 영해)이며 앞바다와 먼바다 경계해역의 위·경도는 별표5와 같다.
  ② 먼바다 : 앞바다를 제외한 해역으로 먼바다의 바깥경계는 영해로부터 200해리로 한다.

1. 선박출항통제 : 법 제38조

1) 출항통제

해양수산부장관은 해상에 대하여 기상특보가 발표되거나 제한된 시계 등으로 선박의 안전운항에 지장을 줄 우려가 있다고 판단할 경우에는 선박소유자나 선장에게 선박의 출항통제를 명할 수 있다.

2) '예보업무규정'에 따른 출항통제의 기준 등

제1항에 따른 출항통제의 기준·방법 및 절차 등에 필요한 사항은 규칙 제31조(선박출항통제)로 정한다.

* 규칙 제31조(선박출항통제)

1) 국제항해에 종사하지 않는 여객선 및 여객용 수면비행선박의 출항통제
  ① 적용선박 : 해운법 제2조(정의)에 따른 여객선 중 국제항해에 종사하지 않는 여객선 및 여객용 수면비행선박(이하 내항여객선이라 한다)
  ② 출항통제권자 : 해양경찰서장
  ③ 기상상태별 출항통제선박 및 통제절차
    가. 풍랑·폭풍해일주의보(풍속 14m/s, 3시간, 유의파고 3m)〈출항통제의 핵심사항〉
    * 해양경찰서장의 출항통제
    풍랑·폭풍해일주의보시 평수구역을 운항하는 내항여객선은 운항정지조건이 있는 위험한 경우에 통제되며, 원칙적으로 평수구역밖을 운항하는 모든 내항여객선은 출항통제된다. 다만, '기상법'상의 앞바다에서 운항하는 내항여객선이 특보의 경계선상에 있는 경우 또는 총톤수 2000톤 이상 내항여객선에 대하여 종합분석된 해상상태가 '운항관리규정'상 출항정지조건에는 해당하지 않아 출항을 허용하려는 경우에는 출항통제권자에게 보고되어야 하며, 출항통제권자는 해상상태와 운항관리자의 보고 등을 고려하여 결정한다. 실무에서 운항관리센터장은 운항의 연속과 해사안전의 2축을 고려하여 과거의 관례, 선장의 의견을 듣고 무엇보다도 출항지·항로상·입항지의 기상의 추이(호전·악화·유지 가능성)를 고려하여 해사안전감독관과

협의하되 선사의 의견에 일방 추종치 않토록 주의하여 통제권자에게 요청하며 기록을 남긴다.

나. 풍랑·폭풍해일경보(풍속 21m/s, 3시간, 유의파고 5m) 및 태풍주의보·경보 : 모든 내항여객선은 통제된다.

다. 시계제한 1킬로미터에서 모든 내항여객선 통제

라. 시계제한 11킬로미터에서 여객용 수면비행선박 통제

2) 내항여객선외의 선박의 출항통제

① 적용제외선박

가. '수상레저안전법'에 따른 수상레저기구

나. '낚시관리 및 육성법'에 따른 낚시어선

다. '유선 및 도선사업법'에 따른 유·도선

② 출항통제권자 : 지방해양수산청장(출항금지권한)

③ 기상상태별 출항통제선박 및 통제절차

가. 풍랑·폭풍해일주의보(풍속 14m/s, 3시간, 유의파고 3m) 상태에서 평수구역밖을 운항하는 선박 중 총톤수 250톤 미만으로서 길이 35미터 미만의 국제항해에 종사하지 않는 선박, 국제항해에 종사하는 예부선 결합선박, 비여객용 수면비행선박 통제

나. 풍랑·폭풍해일경보(풍속 21m/s, 3시간, 유의파고 5m)상태에서 총톤수 1000톤 미만으로서 길이 63미터 미만의 국제항해에 종사하지 않는 선박, 국제항해에 종사하는 예부선 결합선박(예선의 톤수기준) 통제

다. 태풍주의보 및 경보상태에서 총톤수 7000톤 미만의 국제항해에 종사하지 않는 선박, 국제항해에 종사하는 예부선 결합선박 통제

라. 시계제한 0.5킬로미터에서 위험물운반선 및 레이더와 VHF를 갖추지 않은 선박 통제

3) 어선의 출항통제에 관한 사항은 '어선안전조업법'시행규칙 제4조(기상특보발효시 출항제한의 기준 등)에 따른다.

* 지방해양수산청장의 출항통제

국제항해여객선의 경우 지방해양수산청장이 통제권자이나 구체적 기상통제절차는 없고 실무에서 내항여객선과 달리 '선박안전관리체제'에 의하여 주로 선장의 결정(사실상 선사의 결정)에 따르고 있어, 실제 내항여객선과 비교시 동급의 선박이 동급의 기상상태에서 통제되지 않고 운항이 이루어지는 모순이 있어 이에 대한 조정문제가 대두되고 있다.

2. 순찰 : 법 제39조

해양경찰서장은 선박통항의 안전과 질서를 유지하기 위하여 소속 경찰공무원에게 수역등·항로 또는 보호수역을 순찰하게 하여야 한다.

3. 정선등 : 법 제40조

1) 해양경찰서장은 이 법 또는 이 법에 따른 명령을 위반하였거나 위반한 혐의가 있는 사람이 승선하고 있는 선박에 대하여 정선하거나 회항할 것을 명할 수 있다.

2) 정선명령이나 회항명령은 영 제13조(정선명령·회항명령등)로 정하는 방법으로 그 선박에서 항해당직을 수행하고 있는 사람에게 알려야 한다.

3) 영 제13조(정선명령·회항명령의 고지)

정선명령이나 회항명령은 음성·음향·수기(手旗)·발광·기류신호(깃발신호)·무선통신 등 해당선박에서 항해당직을 수행하고 있는 사람이 알 수 있는 방법으로 해야 한다.

[문18.항해안전관리.41조]

음주와 약물복용금지 상태에서 조타기 조작금지

1. 술에 취한 상태에서의 조타기 조작 등 금지

1) 술에 취한 상태에서의 조타기 조작등 금지의 의의

일반적으로 선박에 승선근무중인 선원은 사회와 가족에서 떨어진 근무환경의 특수성 때문에 음주행위가 흔한 편이다. 특히 소형어선의 경우 어로작업이 힘들기 때문에 술 마시는 것을 즐기고 있다. 그러나 근래 선박운항자의 음주는 충돌과 좌초의 위험을 증가시키고 있어 해상교통의 안전을 확보하기 위한 기본수칙의 하나로 음주운항을 금지하고 있다.

2) 음주운전금지대상선박

술에 취한 상태에 있는 사람은 운항을 하기 위하여 '선박직원법' 제2조(정의)제①호(선박안전법 제2조제①호 및 어선법 제2조제①호)의 선박에서 조타기를 조작하거나 조작할 것을 지시하는 행위 또는 '도선법'에 따른 도선을 하여서는 아니 된다.

가. 총톤수 5톤 미만의 선박중 다음은 포함된다

① 여객정원이 13명 이상인 선박

② '낚시관리 및 육성법'에 따라 신고 된 낚시어선

③ '유선 및 도선사업법'에 따라 바다에서의 영업면허나 신고 된 유선·도선

④ 수면비행선박

나. 어선

다. 도선(導船)

3) 음주측정면제선박

① 총톤수5톤미만의 선박

② 노와 삿대로 운전하는 선박

③ 부선과 계류된 선박중 500톤미만의 선박

④ ②와 ③의 외국선박

⑤ 국내조선소에서 건조하여 인도전 시운전중인 선박

⑥ 이동식시추선, 수상호텔, 규칙 제3조의 부유식해상구조물

4) 음주측정요구 이행의무

해양경찰청 소속 경찰공무원은 다음에 해당하는 경우에는 운항을 하기 위하여 조타기를 조작하거나 조작할 것을 지시하는 사람(운항자) 또는 도선을 하는 사람이 술에 취하였는지 측정할 수 있으며 해당 운항자 또는 도선사는 해양경찰청소속 공무원의 측정요구에 따라야 한다.

① 다른 선박의 안전운항을 해치거나 해칠 우려가 있는 등 해상교통의 안전과 위험방지를 위하여 필요하다고 인정되는 경우

② 술에 취한 상태에서 조타기를 조작하거나 조작할 것을 지시하였거나 도선을 하였다고 인정할 만한 충분한 이유가 있는 경우

③ 해양사고가 발생한 경우(필수측정)

5) 음주측정결과 불복시 혈액채취

제2항에 따라 술에 취하였는지를 측정한 결과에 불복하는 사람에 대하여는 해당 운항자 또는 도선사의 동의를 받아 혈액채취 등의 방법으로 다시 측정할 수 있다.

6) 음주기준

술에 취한 상태의 기준은 혈중알코올농도 0.03% 이상으로 한다.

2. 약물복용 등의 상태에서 조타기 조작 등의 금지 : 법 제41조의2

약물('마약류 관리에 관한 법률'의 마약류), 환각물질('화학물질관리법'의 환각물질)의 영향으로 인하여 정상적으로 다음의 행위를 하지 못할 우려가 있는 상태에서는 해당행위를 하여서는 아니된다.

① '선박직원법' 제2조제①호에 따른 선박의 조타기를 조작하거나 조작할 것을 지시하는 행위

② '선박직원법' 제2조제①호에 따른 선박의 도선

3. 위험방지를 위한 조치 : 법 제41조의3

해양경찰서장은 운항자 또는 도선사가 제41조제1항 및 제41조의2를 위반한 경우에는 그 운항자 또는 도선사가 정상적으로 조타기를 조작하거나 조작할 것을 지시할 수 있는 상태가 될 때까지 조타기 또는 조작지시를 하지 못하게 명령하거나 도선을 하지 못하게 명령하는 등 필요한 조치를 취할 수 있다.

4. 해기사면허의 취소·정지요청 : 법 제42조

해양경찰청장은 선박직원법 제4조에 따른 해기사면허를 받은 자가 다음 각 호의 하나에 해당하는 경우 해양수산부장관에게 해당 해기사면허를 취소하거나 1년의 범위에서 해기사면허의 효력을 정지할 것을 요청할 수 있다.

1) 제41조제1항을 위반하여 술에 취한 상태에서 운항을 하기 위하여 조타기를 조작하거나 그 조작을 지시한 경우

2) 제41조제2항을 위반하여 술에 취한 상태에서 조타기를 조작하거나 조작할 것을 지시하였다고 인정할 만한 상당한 이유가 있음에도 불구하고 해양경찰청 소속 경찰공무원의 측정요구에 따르지 아니한 경우

3) 제41조의2를 위반하여 약물·환각물질의 영향으로 인하여 정상적으로 조타기를 조작하거나 그 조작을 지시하지 못할 우려가 있는 상태에서 조타기를 조작하거나 그 조작을 지시한 경우

[문19항해안전관리.43조]

해양사고가 일어난 경우의 조치와 신고절차

1. 해양사고가 일어난 경우의 조치

해양사고는 선원·선박소유자등 인적요인, 선박·화물 등 물적요인, 항행보조시설·안전제도등 환경적 요인으로 인하여 선박의 운용과 관련된 모든 일에서 발생할 수 있는 사고로 어느 선박이라도

다른 선박이 조난상태에 있음을 알았을 경우에는 구조하는 것이 관행적 의무사항이다. 국제협약에서는 해양사고에 대한 조치를 연안국정부의 법정의무로 채택한 이래 우리나라에서는 '선원법'과 '수난구호법'에 규정하고 있다.

1) 조치의무

선장이나 선박소유자는 해양사고가 일어나 선박이 위험하게 되거나 다른 선박의 항행안전에 위험을 줄 우려가 있는 경우 위험을 방지하기 위하여 신속하게 필요한 조치를 취하고 해양사고의 발생사실과 조치사실을 해양경찰서장이나 지방해양수산청장에게 신고하여야 한다.

2) 해양경찰서장에게 통보

지방해양수산청장은 지체 없이 그 사실을 해양경찰서장에게 통보하여야 한다.

3) 해당선박에 대한 필요한 조치 명령

해양경찰서장은 선장, 선박소유자가 신고한 조치사실을 적절한 수단을 사용하여 확인하고 조치를 취하지 아니하였거나 취한 조치가 적당하지 아니하다고 인정하는 경우에는 그 선박의 선장이나 선박소유자에게 해양사고를 신속하게 수습하고 해상교통의 안전을 확보하기 위하여 필요한 조치를 취할 것을 명하여야 한다.

4) 다른 선박에 대한 필요한 조치 명령

해양경찰서장은 해양사고가 일어나 선박이 위험하게 되거나 다른 선박의 항행안전에 위험을 줄 우려가 있는 경우 필요하면 구역을 정하여 다른 선박에 대하여 선박의 이동·항행제한 또는 조업중지를 명할 수 있다.

* 규칙 제32조(해양사고신고절차)

1) 선장 또는 선박소유자는 법 제43조제1항에 따른 해양사고가 발생한 경우 다음 사항을 관할 해양경찰서장 또는 지방해양수산청장(관할관청)에게 신고하여야 한다. 다만, 외국에서 발생한 해양사고의 경우에는 선적항 소재지의 관할관청에 신고하여야 한다.
   ① 해양사고의 발생일시 및 발생장소
   ② 선박의 명세
   ③ 사고개요 및 피해상황
   ④ 조치사항
   ⑤ 그밖에 해양사고의 처리 및 항행안전을 위하여 '해양사고 등의 수습에 관한 규정'에서 정하는 사항

2) 선장 또는 선박소유자는 신고 후에 해당 해양사고에 대하여 추가로 조치한 사항이 있는 경우에는 지체 없이 관할관청에 알려야 한다.

2. 해사안전법의 해양교통안전정보관리체계의 구축 등 : 법 43조의2

1) 해양교통안전정보관리체계를 구축·운영

해양수산부장관은 해양사고 원인정보등 해양수산부령으로 정하는 해양교통안전정보를 통합적으로 유지·관리하기 위하여 해양교통안전정보관리체계를 구축·운영할 수 있다

2) 구축·운영에 대한 협력요청

해양수산부장관은 해양교통안전정보를 보유하고 있는 중앙행정기관의 장, 시·도지사, 시장·군수·구청장, 공공기관의 장 및 해사안전과 관련된 기관·단체 또는 개인에게 해양교통안전정보관리체계의 구축·운영에 필요한 정보의 제공 및 그밖에 필요한 협력을 요청할 수 있다. 이 경우

요청을 받은 자는 특별한 사유가 없으면 그 요청에 따라야 한다.

3) 해양교통안전정보를 공유

해양수산부장관은 해사안전정책에 효과적으로 활용할 수 있도록 관계중앙행정기관, 지방자치단체, '공공기관의 운영에 관한 법률' 제4조에 따른 공공기관 및 관련기관·단체와 해양교통안전정보를 공유할 수 있다.

[문20.항해안전관리.44조]

항행보조시설의 설치 및 관리

1. 의의

해상에서 선박충돌을 방지하고 해상안전을 확보하기 위해서는 선장과 항해사의 운항기술을 제1차적 요소로 한다. 그러나 해상교통의 지리적 특수성과 연안교통의 혼잡성을 예방하기 위해서는 해상교통이 밀집한 해역에서 과학적인 항로보조시설의 설치와 정비가 필요하다. 이를 제2차적 요소라 한다. 본 규정은 해상교통의 안전을 적극적으로 확보하기 위한 방법으로 제2차적인 요소에 대한 정부의 설치 및 관리책임을 정하고 있다.

2. 항행보조시설의 설치와 관리 : 법 제44조

1) 항행보조시설의 설치 및 관리의무

해양수산부장관은 선박의 항행안전에 필요한 항로표지·신호·조명등 항행보조시설을 설치하고 관리·운영하여야 한다.

2) 해양경찰청장, 지방자치단체의 장 및 운항자의 설치요청권

해양경찰청장, 지방자치단체의 장 또는 운항자는 다음의 수역에 '항로표지법' 제2조(정의)에 따른 항로표지를 설치할 필요가 있다고 인정하면 해양수산부장관에게 그 설치를 요청할 수 있다.

① 선박교통량이 아주 많은 수역

② 항행상 위험한 수역

* '항로표지법'제2조(정의)에 의한 시설

1) 의의

항로표지시설은 다음의 시설로 우리나라의 연안뿐만 아니라 해상교통이 밀집하거나 외해의 암초 또는 침몰선 등 항해의 안전을 위협하는 장소에 설치·운용되어야 한다. 즉, 항, 만, 해협 기타 우리나라의 내수, 영해를 비롯하여 배타적 경제수역까지 항행하는 선박이 지표로 삼아 안전운항을 할 수 있도록 하는 시설이다.

2) 해상부표식(海上浮標識)

① 측방표지

② 방위표지

③ 고립장해표지[BRB, black red black]

④ 안전수역표지

⑤ 특수표지

⑥ 기타표지(특수하게 비상침선표지를 사용할 때가 있다)

3) 항로표지(航路標識)

① 광파표지

② 형상표지

③ 음파표지

④ 전파표지

⑤ 특수신호표지

별도로 교량표지('항로표지의 기능 및 규격에 관한 기준'에 따라 해상교량 위쪽과 기둥에 등화시설 설치. ■▲의 통항방향표시)가 있다.

* '항만법' 제2조(정의)에 따른 시설

항만해역의 다음시설은 항해의 안전에 절대적인 영향을 주는 것이므로 그 시설의 설치위치와 관리에 대하여 해양수산부는 상당한 주의를 이행할 의무가 있다.

① 항로·정박지·선류장·선회장등 수역시설

② 방파제, 방사제, 파제제(波除提), 방조제, 도류제, 갑문, 호안(해안보호둑) 등 외곽시설

③ 도로, 교량, 철도, 궤도, 운하 등 임항(臨港)교통시설

④ 선착장, 안벽, 소형선부두(물량장), 잔교, 부잔교, 돌핀(계선말뚝), 램프(경사식진출입로) 등 계류(繫留)시설

⑤ 선박의 입출항을 위한 항로표지·신호·조명·항무통신시설 등 항행보조시설

[문21.선박의 안전관리체제.45조]

선장의 권한과, 선박 및 사업장의 안전관리체제 : 대상선박과 안전관리체제포함 사항

1. 안전관리체제의 의의

선박의 안전관리체제는 최근 발생한 해양사고의 80% 이상이 인적요인에 의해 발생하고 있어 선박소유자의 안전의식 및 안전관리능력의 제고를 통하여 해양사고의 재발을 막고 더불어 해양환경을 보호하고자 하는 제도이다. 이를 위해 국제협약으로 제정된 ISM CODE를 국내법인 '해사안전법'에 수용하고 있다. 본 규정은 선박안전관리체제수립 대상선박과 해상에서의 안전 및 환경보호에 관한 기본방침 등 안전관리체제에 포함될 사항을 정하고 있다.

2. 선장의 권한 : 법 제45조 → 선박안전법 제31조, 선원법 제7조

누구든지 선박의 안전을 위한 선장의 전문적인 판단을 방해하거나 간섭하여서는 아니 된다.

3. 선박의 안전관리체제 수립 등 : 법 제46조

1) 안전운항 시책강구

해양수산부장관은 제2항에 따른 선박을 운항하는 선박소유자가 그 선박과 사업장에 대하여 규칙 제33조(안전관리체제의 수립 및 시행)로 정하는 바에 따라 선박의 안전운항 등을 위한 관리체제를 수립하고 시행하는 데 필요한 시책을 강구하여야 한다.

2) 대상선박

다음의 하나에 해당하는 선박(해저자원을 채취·탐사 또는 발굴하는 작업에 종사하는 이동식 해상구조물을 포함한다. 이하 같다.)을 운항하는 선박소유자는 안전관리체제를 수립하고 시행하여야 한다. 다만, '해운법' 제21조(운항관리규정의 작성·심사 및 준수)에 따른 운항관리규정을 작성하여 해양수산부장관으로부터 심사를 받고 시행하는 경우에는 안전관리체제를 수립하여 시행하는 것으로 본다.

① '해운법' 제3조(사업의 종류)에 따른 해상여객운송사업에 종사하는 선박

② '해운법' 제23조(사업의 종류)에 따른 해상화물운송사업에 종사하는 선박으로서 총톤수 500톤 이상의 선박(기선과 밀착된 상태로 결합된 부선을 포함)

③ 국제항해에 종사하는 총톤수 500톤 이상의 어획물운반선과 이동식 해상구조물[自航船]

④ 수면비행선박

⑤ 그밖에 영 제15조(안전관리체제를 수립·시행하여야 하는 선박)로 정하는 선박

* 영 제15조(안전관리체제를 수립·시행하여야 하는 선박)
법 제46조제2항제⑤호에서 대통령령으로 정하는 선박이란 다음 각 의 하나에 해당하는 선박을 말한다.

① '해운법' 제23조(사업의 종류)의 해상화물운송사업에 종사하는 선박으로서 총톤수 100톤 이상 500톤 미만의 유류·가스류 및 화학제품류를 운송하는 선박(기선과 밀착된 상태로 결합된 부선을 포함)

② '선박안전법 시행령'제2조제1항제③호가목에 따른 평수구역 밖을 운항하는 선박으로서 다음에 해당하는 부선이나 구조물을 끌거나 미는 선박(예인선)으로,
가. 총톤수가 2천톤 이상이거나 길이가 100미터 이상인 부선
나. 길이가 100미터 이상인 구조물
다. 각각의 부선의 총톤수의 합이 2천톤 이상인 2척 이상의 부선
라. 밀리거나 끌리는 각각의 구조물의 길이의 합이 100미터 이상인 2개 이상의 구조물
마. 밀리거나 끌리는 부선이나 구조물의 길이의 합이 100미터 이상인 부선과 구조물

③ 국제항해에 종사하는 총톤수 500톤 이상의 준설선

3) 안전관리체제의 포함사항 → 해사안전법 6조, solas ISM 12개 요소

안전관리체제에는 다음 각 호의 사항이 포함되어야 한다. 다만, 제2항제⑤호[영 제15조]에 따른 선박의 안전관리체제에는 규칙 제33조(안전관리체제의 수립 및 시행)에서 별도로 정하는 바에 따라 그 일부를 포함시키지 아니할 수 있다

① 해상에서의 안전과 환경보호에 관한 기본방침

② 선박소유자의 책임과 권한에 관한 사항

③ 안전관리책임자와 안전관리자의 임무에 관한 사항

④ 선장의 책임과 권한에 관한 사항

⑤ 인력의 배치와 운영에 관한 사항
⑥ 선박의 안전관리체제 수립에 관한 사항
⑦ 선박충돌사고 등 발생시 비상대책의 수립에 관한 사항
⑧ 사고, 위험상황 및 안전관리체제의 결함에 관한 보고와 분석에 관한 사항
⑨ 선박의 정비에 관한 사항
⑩ 안전관리체제와 관련된 지침서 등 문서 및 자료관리에 관한 사항
⑪ 안전관리체제에 대한 선박소유자의 확인·검토 및 평가에 관한 사항

4) 안전관리책임자

가. 제2항에 따라 안전관리체제를 수립·시행하여야 하는 선박의 소유자는 안전관리체제의 시행을 위하여 안전관리책임자와 안전관리자를 두어야 한다.

나. 제2항에 따라 안전관리체제를 수립·시행하여야 하는 선박소유자는 제51조에 따른 안전관리대행업자에게 이를 위탁할 수 있다. 이 경우 선박소유자는 그 사실을 10일 이내에 해양수산부장관에게 알려야 한다.

* 영 제2조(외국선박에 대한 적용범위) → 법 제3조(적용범위)
법 제3조(적용범위)제1항제①호에 해당하는 대한민국선박이 아닌 선박에 대해서는 법 제46조(선박의 안전관리체제 수립등)제2항·제4항, 제47조(인증심사), 제49조(선박안전관리증서 등의 발급 등), 제50조(인증심사에 대한 이의신청)를 적용한다. 다만, 해당 외국선박의 소속국가 또는 그 소속 국가가 인정하는 인증기관이 발급한 인증심사증서를 갖춘 선박에 대해서는 그러하지 아니하다.

[문22.선박의 안전관리체제.47조]

인증심사의 종류와 선박보안심사

1. 인증심사 : 법 제47조

1) 인증심사종류

선박소유자는 제46조제2항에 따라 안전관리체제를 수립·시행하여야 하는 선박이나 사업장에 대하여 다음 구분에 따라 해양수산부장관으로부터 안전관리체제에 대한 인증심사를 받아야 한다.

① 최초인증심사 : 안전관리체제의 수립·시행에 관한 사항을 확인하기 위하여 처음으로 하는 심사
② 갱신인증심사 : 선박안전관리증서 또는 안전관리적합증서의 유효기간이 끝난 때에 하는 심사
③ 중간인증심사 : 최초인증심사와 갱신인증심사 사이 또는 갱신인증심사와 갱신인증심사 사이에 규칙 제35조(중간인증심사의 시행시기)로 정하는 시기에 행하는 심사
④ 임시인증심사 : 최초인증심사를 받기 전에 임시로 선박을 운항하기 위하여 다음 사항에 대하여 하는 심사
ㄱ. 새로운 종류의 선박을 추가하거나 신설한 사업장

ㄴ. 개조 등으로 선종이 변경되거나 신규로 도입한 선박

⑤ 수시인증심사 : 제①호부터 제④호까지의 인증심사 외에 선박의 해양사고 및 외국항에서의 항행정지 예방 등을 위하여 규칙 제36조(수시인증심사를 받아야 하는 사업장 또는 선박)로 정하는 경우에 사업장 또는 선박에 대하여 하는 심사

2) 인증심사불합격선박 항행금지

선박소유자는 인증심사에 합격하지 아니한 선박을 항행에 사용하여서는 아니 된다. 다만, 천재지변 등으로 인증심사를 받을 수 없다고 인정되는 등 규칙 제37조(인증심사에 합격하지 아니한 선박의 항행)로 정하는 경우에는 그러하지 아니하다.

* 규칙 제34조(인증심사의 신청)

법 제47조제1항에 따른 안전관리체제에 대한 인증심사를 받으려는 자는 다음의 서류를 첨부하여 지방해양수산청장 또는 법 제48조제1항에 따른 인증심사대행기관에 제출하여야 한다.

① 공통제출서류 : '해운법' 시행규칙 제2조제6항에 따른 해상여객운송사업 면허증사본 또는 해상화물운송사업 등록증사본등 법 제46조(선박의 안전관리체제 수립 등)제2항에 따라 안전관리체제를 수립·시행하여야 하는 선박임을 증명하는 서류. 다만, 인증심사의 신청시 해당서류를 제출할 수 없는 경우에는 법 제49조(선박안전관리증서 등의 발급 등)에 따른 선박안전관리증서 또는 임시선박안전관리증서를 교부받기 전까지 제출할 수 있다.

② 개별제출서류

가. 임시인증심사를 신청하는 경우

ㄱ. 사업장 : 회사조직도 및 부서별 업무개요에 관한 서류(새로운 종류의 선박을 추가하는 경우 안전관리적합증서 사본만 제출)

ㄴ. 새로운 종류의 선박을 추가하는 경우에 해당선박 : 새로 추가된 선박을 반영한 임시안전관리적합증서 사본

ㄷ. 같은 종류의 선박을 도입하는 경우에 해당선박 : 기존의 안전관리적합증서 사본

나. 최초인증심사를 신청하는 경우

ㄱ. 사업장 : 안전관리체제관련 서류목록, 사업개요·조직 및 보유선박현황에 관한 서류 및 임시안전관리적합증서 사본

ㄴ. 선박 : 안전관리적합증서 사본

다. 갱신인증심사 또는 중간인증심사를 신청하는 경우

ㄱ. 사업장 : 안전관리적합증서 사본

ㄴ. 선박 : 안전관리적합증서 사본 및 선박안전관리증서 사본

* 규칙 제35조(중간인증심사의 시행시기) → 선박안전법 규칙 제19조(중간검사)

사업장의 경우 : 법 제47조제1항③호에서 해양수산부령으로 정하는 시기란 다음의 구분에 따른 시기를 말한다.

① 사업장 : 안전관리적합증서의 유효기간 개시일 부터 매 1년이 되는 날 전후 3개월 이내

② 선박 : 선박안전관리증서의 유효기간 개시일 부터 2년 6개월이 되는 날 전후 6개월 이내. 다만, 선박소유자의 요청이 있는 경우에는 유효기간 개시일 부터 매 1년이 되는 날 전후 3개월 이내에 할 수 있다

* 규칙 제36조(수시인증심사를 받아야 하는 사업장 또는 선박)

1) 법 제47조제1항제⑤호에서 해양수산부령으로 정하는 경우란 다음 각 호의 하나에 해당하는 경우를 말한다.

① 법 제56조(선박점검등)제1항 및 제2항에 따라 사업장이나 선박에 대한 점검결과 선박의 안전확보를 위하여 필요하다고 인정하는 경우

② 법 제58조(지도·감독)제1항에 따른 지도·감독결과 해양사고를 방지하고 해사안전관리 업무를 효율적으로 수행하기 위하여 필요하다고 인정하는 경우
③ '해양사고의 조사 및 심판에 관한 법률'제2조(정의)제①호에 따른 해양사고가 발생한 경우로서 해당 선박의 안전 확보를 위하여 필요하다고 인정하는 경우

2) 지방해양수산청장은 법 제47조(인증심사)제1항제⑤호에 따라 수시인증심사를 하려는 경우에는 선박소유자, 안전관리대행업자, 그 밖의 이해관계인에게 심사목적 및 심사 시기 등을 서면으로 알려야 한다.

* 규칙 제37조(인증심사에 합격하지 아니한 선박의 항행)
→ 선박안전법 규칙 제17조(항해구역외의 예외적 항해)
법 제47조(인증심사)제2항단서에서 해양수산부령으로 정하는 경우란 다음의 하나에 해당하는 경우를 말한다.
① '선박안전법' 제8조부터 제12조(정기검사, 중간검사, 임시검사, 임시항행검사, 국제협약검사)까지의 규정에 따른 선박의 검사를 받기 위하여 해당항만 또는 인근해역에서 시운전을 하는 경우
② '선박안전법'제18조(형식승인 및 검정)제1항에 따른 선박의 형식승인을 받기위하여 해당항만 또는 인근해역에서 시운전을 하는 경우
③ 국제항해에 종사하지 아니하는 선박의 수리를 위하여 국제항해를 왕복하는 경우, 이 경우 왕복횟수는 1회만 해당한다.
④ 외국으로부터 선박을 구입하여 국내(국내항으로 입항 전 수리·검사 등을 위하여 외국항으로 항해하는 경우를 포함한다)로 국제항해를 하는 경우
⑤ 그밖에 천재지변 및 불가항력 등 '인증심사 사무처리 규정'에서 정하는 불가피한 사유로 인하여 인증심사를 받을 수 없는 경우

2. 선박안전관리증서 등의 발급 : 법 제49조

1) 안전관리증서 발급

해양수산부장관은 최초인증심사나 갱신인증심사에 합격하면 그 선박에 대하여는 선박안전관리증서(SMC)를 내주고 그 사업장에 대하여는 안전관리적합증서(DOC)를 내주어야 한다.

2) 임시안전관리증서 발급

해양수산부장관은 임시인증심사에 합격하면 그 선박에 대하여는 임시선박안전관리증서를, 그 사업장에 대하여는 임시안전관리적합증서를 내주어야 한다.

3) 비치의무

선박소유자는 그 선박에는 선박안전관리증서나 임시선박안전관리증서의 원본과 안전관리적합증서나 임시안전관리적합증서의 사본을 갖추어 두어야 한다.

4) 유효기간

① 제1항에 따른 선박안전관리증서와 안전관리적합증서의 유효기간은 각각 5년으로 하고
② 제2항에 따른 임시안전관리적합증서의 유효기간은 1년
③ 제2항에 따른 임시선박안전관리증서의 유효기간은 6개월로 한다.

5) 연장기간

선박안전관리증서는 5개월의 범위에서, 임시선박안전관리증서는 6개월의 범위에서 규칙 제44조(증서의 유효기간 연장)으로 정하는 바에 따라 각각 한 차례만 유효기간을 연장할 수 있다.

6) 증서의 효력정지

해양수산부장관은 선박소유자가 제47조제1항제③호에 따른 중간인증심사 또는 같은 항 제⑤호에 따른 수시인증심사에 합격하지 못한 경우 그 인증심사에 합격할 때까지 제1항에 따른 안전관리적합증서 또는 선박안전관리증서의 효력을 정지하여야 한다.

7) 안전관리적합증서 효력정지와 선박안전관리증서의 연계
제6항에 따라 안전관리적합증서의 효력이 정지된 경우 해당 사업장에 속한 모든 선박의 선박안전관리증서의 효력도 정지된다.

8) 제4항 및 제5항에 따른 유효기간의 기산방법 등에 필요한 사항은 규칙 제45조로 정한다.

* 규칙 제45조(증서의 유효기간 기산)
선박안전관리증서 및 안전관리적합증서의 유효기간 기산은 다음의 구분에 따른다. 다만, 임시선박안전관리증서 및 임시안전관리적합증서의 경우에는 해당 인증심사의 완료일로 한다.
① 최초인증심사를 받은 경우 : 해당 인증심사의 완료일
② 유효기간 만료일 전 3개월 이내에 갱신인증심사를 받은 경우 : 유효기간 만료일의 다음날
③ 유효기간 만료일 3개월 전에 갱신인증심사를 받은 경우 : 해당 인증심사의 완료일

* 선박보안심사 : '국제항해선박 및 항만시설의 보안에 관한 법률'
1) 제3조(적용범위)
① 다음 각목의 하나에 해당하는 대한민국국적의 국제항해선박
가. 모든 여객선
나. 총톤수 500톤 이상의 화물선
다. 이동식 해상구조물(천연가스등 해저자원의 탐사·발굴 또는 채취 등에 사용되는 것을 말한다)
② 제①호 각목의 하나에 해당하는 대한민국국적 또는 외국국적의 국제항해선박과 선박항만연계활동이 가능한 항만시설
2) 제1항에도 불구하고 비상업용 목적으로 사용되는 선박으로서 국가 또는 지방자치단체가 소유하는 국제항해선박에 대하여는 이 법을 적용하지 아니한다.

* 선박보안점검
'국민보호와 공공안전을 위한 테러방지법'[다른법률에 우선적용]제10조(테러예방을 위한 안전관리대책의 수립)
1) 관계기관의 장은 '국민보호와 공공안전을 위한 테러방지법 시행령' 제25조(테러대상시설 및 테러이용수단 안전대책 수립)로 정하는 국가중요시설과 많은 사람이 이용하는 시설 및 장비(이하 테러대상시설)에 대한 테러예방대책과 테러의 수단으로 이용될 수 있는 폭발물·총기류·화생방물질(이하 테러이용수단) 및 국가중요행사에 대한 안전관리대책을 수립하여야 한다.
2) 제1항에 따른 안전관리대책의 수립·시행에 필요한 사항은 '국민보호와 공공안전을 위한 테러방지법 시행령' 제25조(테러대상시설 및 테러이용수단 안전대책 수립)로 정한다.
3) '테러방지법 시행령' 제25조(테러대상시설 및 테러이용수단 안전대책 수립)
제1항제②호나)의 '선박안전법' 제2조제⑩호에 따라 내항여객선도 테러방지대상시설에 포함되는 경우가 있다.

3. 이의신청 : 법 50조→제60조

1) 인증심사에 불복하는 자는 심사결과를 통지받은 날부터 30일 이내에 그 사유를 적어 해양수산부장관이 정하는 바에 따라 이의신청을 할 수 있다.

2) 이의신청 비전치주의

인증심사에 관하여 이의가 있는 자는 이의신청 여부와 관계없이 '행정심판법'에 따른 행정심판 청구 또는 '행정소송법'에 따른 행정소송을 제기할 수 있다.

* 규칙 제46조(이의신청의 절차 등)
1) 법 제50조제1항에 따라 이의신청을 하려는 자는 이의신청서에 사유서를 첨부하여 해양수산부장관에게 제출하여야 한다.
2) 해양수산부장관은 제1항에 따른 이의신청이 이유있다고 인정하는 경우에는 해당인증심사를 행한 지방해양수산청장 또는 정부대행기관으로 하여금 재심사를 하게 할 수 있다.

4. 인증심사 업무의 대행 : 법 제48조

1) 인증심사 대행기관

해양수산부장관은 다음의 업무를 해양수산부장관이 지정하는 인증심사대행기관(정부대행기관)이 대행하게 할 수 있다. 이 경우 해양수산부장관은 영 제17조(인증심사대행기관의 지정신청 등)로 정하는 바에 따라 정부대행검사기관과 협정을 체결하여야 한다.

① 인증심사

② 제49조제1항 및 제2항에 따른 선박안전관리증서 등의 발급(SMC(ship safety management certificate 선박안전관리증서), DOC(document of compliance 안전관리적합증서)

2) 인증심사대행기관에 대한 지도·감독

해양수산부장관은 규칙 제40조의2(정부대행기관의 업무에 대한 지도·감독)로 정하는 바에 따라 정부대행기관의 업무에 대하여 정기적으로 또는 수시로 지도·감독할 수 있다.

3) 인증심사대행기관의 지정기준

정부대행기관의 조직·인원 및 사무소등 지정기준·심사업무에 종사하는 사람의 자격 등에 필요한 사항은 영 제18조(정부대행기관의 지정기준)로 정한다.

4) 정부대행기관이 인증심사를 대행하는 경우 인증심사를 받으려는 자는 정부대행기관이 정하는 수수료를 그 정부대행기관에 내야한다.

5) 정부대행기관은 수수료의 기준을 정하여 해양수산부장관의 승인을 받아야 한다. 승인사항을 변경하려는 경우에도 또한 같다.

6) 인증심사대행기관의 행정처분

해양수산부장관은 정부대행기관이 다음에 해당하면 그 지정을 취소하거나 6개월의 범위에서 업무의 전부나 일부를 정지할 것을 명할 수 있다. 다만, 제①호 제③호 또는 제⑥호에 해당하는 경우에는 그 지정을 취소하여야 한다.

① 거짓이나 그 밖의 부정한 방법으로 지정을 받은 경우(취소)
② 정부대행기관의 지정기준을 충족하지 못하게 된 경우
③ 인증심사에 관한 업무를 수행할 능력이 없다고 인정된 경우
④ 수수료의 승인 또는 변경승인을 받지 아니하고 수수료를 징수한 경우
⑤ 제7항의 보고의무를 위반하여 대행업무에 관한 보고를 하지 아니한 경우
⑥ 업무정지명령을 위반하여 정지기간 중에 대행업무를 계속한 경우(취소)

7) 정부대행기관은 대행업무에 관하여 규칙 제41조로 정하는 바에 따라 해양수산부장관에게 보고

하여야 한다.

8) 해양수산부장관은 정부대행기관이 보고한 대행업무에 관하여 그 처리내용을 확인하여야 하며 제6항 각호의 위반사항이 발견된 경우에는 정부대행기관 지정의 취소등 필요한 조치를 하여야 한다.

9) 제6항에 따른 행정처분의 세부기준과 절차, 그 밖에 필요한 사항은 규칙 제42조에 따른다.

* 규칙 제40조의2(정부대행기관의 업무에 대한 지도·감독)

1) 해양수산부장관은 법 제48조(인증심사업무의 대행)제2항에 따라 정부대행기관의 업무에 대한 지도·감독을 위하여 정부대행기관에 필요한 자료를 제출하게 하거나 필요한 경우 소속 공무원으로 하여금 정부대행기관의 사무소등에 출입하여 관계서류를 검사하게 할 수 있다.
2) 해양수산부장관은 제1항에 따라 소속 공무원으로 하여금 정부대행기관의 사무소 등에 출입하여 관계서류를 검사하게 하려는 경우에는 검사실시일 7일 전까지 검사의 목적, 내용, 날짜 및 시간 등을 서면으로 알려야 한다. 다만, 긴급한 경우 또는 사전에 검사의 실시를 알리면 증거인멸등으로 해당검사의 목적을 달성할 수 없다고 인정되는 경우에는 그러하지 아니할 수 있다.

* 규칙 제41조(정부대행기관의 보고)

1) 정부대행기관은 법 제48조제7항에 따라 매반기 종료일부터 10일 이내에 인증심사대행업무의 실적을 해양수산부장관에게 보고하여야 한다.
2) 정부대행기관은 인증심사결과 불합격판정을 받은 사업장 및 선박에 관하여는 지체없이 그 사실을 해양수산부장관에게 보고하여야 한다.

5. 안전관리업무대행

1) <u>안전관리대행업의 등록 : 법 제51조</u> → <u>선사와 같은 차원에서 직접적인 지도·감독대상</u>
선박소유자로부터 안전관리체제의 수탁과 시행에 관한 업무를 위탁받아 안전관리대행업을 경영하려면 해양수산부장관에게 등록하여야 한다.

2) <u>안전관리대행업의 결격사유 : 법 제52조</u>

가. 법인의 대표자가 법 제20조(안전진단대행업자의 결격사유)제①호·제②호 또는 제③호에 해당하면 안전관리대행업을 등록할 수 없다.

① 피성년후견인·피한정후견인 또는 미성년자

② 이 법을 위반하거나 '형법' 제186조에 따른 등대·표지의 손괴 또는 선박의 교통을 방해함으로써 금고이상의 실형을 선고받고 그 집행이 끝나거나(집행이 끝난 것으로 보는 경우를 포함한다) 집행이 면제된 날부터 2년이 지나지 아니한 자

③ 이 법을 위반하거나 '형법' 제186조에 따른 등대·표지의 손괴 또는 선박의 교통을 방해함으로써 금고 이상의 형의 집행유예를 선고받고 그 유예기간 중에 있는 자

나. 법 제54조(안전관리대행업의 등록취소등)에 따라 등록이 취소(법인의 대표자가 법 제20조제①호에 해당하여 등록이 취소된 경우는 제외한다)된 날부터 2년이 지나지 아니한 법인은 안전관리대행업을 할 수 없다.

3) <u>권리와 의무의 승계 : 법 제53조</u>

가. 안전관리대행업을 등록한자의 권리와 의무의 승계에 관하여는 법 제21조(권리와 의무의 승계)제1항부터 제4항까지를 준용하며, 안전관리대행업을 승계한 자에 대하여는 법 제52조(안

전관리대행업의 결격사유)를 준용한다.

나. 안전관리대행업의 휴업과 폐업에 관하여는 법 제22조(사업의 휴업 또는 폐업의 신고)를 준용한다.

4) 안전관리대행업의 등록취소 등 : 법 제54조

다음의 경우 등록을 취소하거나 6개월의 범위에서 업무의 일부 또는 전부를 정지할 수 있다.

① 거짓이나 그 밖의 부정한 방법으로 등록한 경우(취소)

② 제51조제1항 후단을 위반하여 변경등록을 하지 아니한 경우

③ 제51조제2항에 따른 사업장 안전관리체제를 갖추지 못하게 된 경우

④ 법인의 대표자가 제52조제1항의 결격사유에 해당하게 된 경우. 다만, 법인의 대표자가 제52조제1항의 결격사유에 해당하게 된 날부터 6개월이 되는 날까지 시정한 경우에는 그 등록을 취소하지 아니한다(취소)

⑤ 안전관리체제의 수립과 시행에 관한 업무를 수행하지 아니하고 거짓으로 서류를 작성한 경우

⑥ 제53조제1항을 위반하여 권리·의무에 대한 승계신고를 하지 아니한 경우

⑦ 제53조제2항을 위반하여 사업의 휴업 또는 폐업신고를 하지 아니한 경우

⑧ 제58조제1항제①호에 따른 출석 또는 진술을 거부·방해하거나 기피한 경우

⑨ 제58조제1항제②호에 따른 출입·검사·확인·조사 또는 점검을 거부·방해하거나 기피한 경우

⑩ 제58조제1항제③호에 따른 서류제출 또는 보고를 하지 아니하거나 거짓으로 서류제출 또는 보고를 한 경우

⑪ 제59조에 따른 개선명령을 이행하지 아니한 경우

⑫ 영업정지 명령을 위반하여 정지기간 중에 안전관리대행업의 영업을 계속한 경우(취소)

[문23.선박점검 및 사업장 안전관리.55조]

외국선박통제와 그 조치 등(PSC)

1. 외국선박 통제 ; 법 제55조

1) 항만국통제의 의의

SOLAS 협약에서는 협약에 따른 증서를 소지하고 있는 선박은 연안국의 항만국통제를 받도록 되어있다. SOLAS협약의 안전관리체제를 수용하고 있는 우리나라는 이에 따라 영해 안에 있는 우리나라선박이 아닌 선박가운데 SOLAS협약에 의한 안전관리체제를 수립·시행하여야 하는 선박에 대하여 선박의 안전관리체제가 국제기준에 적합한지의 여부를 확인하고 그 기준에 미달한때에는 필요한 조치를 하도록 규정하고 있다.

2) 영해상의 외국선박에 대한 통제

해양수산부장관은 대한민국의 영해에 있는 외국선박중 대한민국의 항만에 입항하였거나 입항할 예정인 선박에 대하여 선박 안전관리체제, 선박의 구조·시설, 선원의 선박운항지식 등이 영 제19조(해사안전에 관한 국제협약)로 정하는 '해사안전에 관한 국제협약'의 기준에 맞는지 확인할 수 있다.

3) 항행정지 명령 등 행정처분

해양수산부장관은 제1항에 따른 확인결과 외국선박의 안전관리체제, 선박의 구조·시설, 선원의 선박운항지식 등이 국제협약의 기준에 미치지 못하는 경우로서, 해당 선박의 크기·종류·상태 및 항행기간을 고려할 때 항행을 계속하는 것이 인명이나 재산에 위험을 불러일으키거나 해양환경보전에 장해를 미칠 우려가 있다고 인정되는 경우 그 선박에 대하여 항행정지를 명하는 등 필요한 조치를 할 수 있다.

4) 행정처분 해제

해양수산부장관은 제2항에 따른 위험과 장해가 없어졌다고 인정할 때에는 지체없이 해당선박에 대한 조치를 해제하여야 한다.

* 규칙 제49조(외국선박 통제의 시행)
1) 지방해양수산청장은 법 제55조제1항에 따라 외국선박을 확인하려는 경우에는 소속 공무원으로 하여금 직접 승선하여 확인하게 할 수 있다.
2) 지방해양수산청장은 법 제55조제2항에 따라 필요한 조치를 하려는 경우에는 해당선박의 선장에게 외국선박 통제점검보고서를 발급하여야 한다. 이 경우 해당서류에는 법 제60조제1항에 따른 이의신청에 대한 안내문이 포함되어야 한다.
3) 지방해양수산청장은 법 제55조제2항에 따라 항행정지를 명한 경우에는 팩스 및 전자우편 등의 방법으로 해당 선박이 등록된 국가의 정부 또는 영사에게 그 정지사실을 알려야 한다.

2. 기국통제 : 법 제56조(선박 점검등)

1) 사후점검

해양수산부장관은 대한민국선박이 외국정부의 선박통제에 따라 항행정지 처분을 받은 경우,

① 그 선박의 사업장에 대하여 안전관리체제의 적합성 여부를 점검하거나

② 선박이 국내항에 입항할 경우 규칙 제50조(선박점검)에 따른 선박의 안전관리체제, 선박의 구조·시설, 선원의 선박운항지식 등에 대하여 점검을 할 수 있다.

③ 다만, 외국정부에서 확인을 요청하는 경우 등 필요한 경우에는 외국에서 점검을 할 수 있다.

2) 사전점검

해양수산부장관은 외국정부의 선박통제에 따른 항행정지를 예방하기 위한 조치가 필요하다고 인정하는 경우 규칙 제50조(선박점검)로 정하는 바에 따라 관련되는 선박에 대하여 제1항에 따른 점검(이하 특별점검)을 할 수 있다.

3) 시정보완 또는 항행정지등의 행정처분

해양수산부장관은 특별점검의 결과 선박의 안전 확보를 위하여 필요하다고 인정하면 그 선박의 소유자 또는 해당사업장에 대하여 규칙 제50조로 정하는 바에 따라 시정·보완 또는 항행정지를 명할 수 있다.

* 규칙 제50조(선박의 점검 등)
1) 지방해양수산청장은 법 제56조(선박점검 등)제1항 및 제2항에 따라 점검(이하 기국통제)하려는 경우에는 그 점검대상, 점검시기 및 점검방법 등을 선박소유자에게 알려야 한다.
2) 지방해양수산청장은 법 제56조제3항에 따른 시정·보완 또는 항행정지를 명하는 경우에는 해당 선박의 선장에게 기국통제점검보고서를 발급하여야 한다. 이 경우 해당 서류에는 이의신청에 대한 안내문이 포함되어야 한다.

3. 이의신청 : 법 제60조→해사안전법 제50조, 선박안전법 제68조

1) 이의신청

제55조제2항(외국선박통제)에 따른 항행정지명령 또는 제56조제3항(선박점검)에 따른 시정·보완 명령에 불복하는 선박소유자는 명령을 받은 날부터 90일 이내에 그 불복 사유를 적어 해수부장관에게 이의신청을 할 수 있다.

2) 이의신청검토결과 통보

제1항에 따라 이의신청을 받은 해양수산부장관은 이의신청에 대하여 검토한 결과를 60일 이내에 신청인에게 통보하여야 한다. 다만, 부득이한 사정이 있을 때에는 30일 이내의 범위에서 통보시한을 연장할 수 있다.

3) 이의신청 비전치주의

제55조제2항에 따른 항행정지명령 또는 제56조제3항에 따른 시정·보완명령, 항행정지명령에 이의가 있는 자는 제1항에 따른 이의신청여부와 관계없이 '행정심판법'에 따른 행정심판청구 또는 '행정소송법'에 따른 행정소송을 제기할 수 있다.

* 선박안전법과 달리 해사안전법에서는 선박검사규정과 해사안전에 관한 기술적 판단 뿐 아니라 통치권적 판단에 따른 항행정지를 할 수 있어 이의신청 없이 바로 행정소송을 제기할 수 있도록 차별화 하였다.

* 영 제20조(이의신청)

1) 법 제60조제3항에 따른 이의신청을 하려는 자는 그 사유 및 이를 증명하는 서류를 갖추어 해양수산부장관에게 제출하여야 한다.
2) 해양수산부장관은 제1항에 따른 이의신청을 받은 경우에는 해당선박의 선장·선박소유자·선급법인 또는 선박이 등록된 국가 등에 필요한 자료를 요청하거나 관계전문가의 의견을 들을 수 있다.
3) 해양수산부장관은 이의신청이 타당하다고 인정되는 경우에는 즉시 해당 시정·보완명령 또는 항행정지명령을 취소하여야 한다.

* 규칙 제49조(외국선박통제의 시행)

1) 지방해양수산청장은 법 제55조제1항에 따라 외국선박을 확인하려는 경우에는 소속 공무원으로 하여금 직접 승선하여 확인하게 할 수 있다.
2) 지방해양수산청장은 법 제55조제2항에 따라 필요한 조치를 하려는 경우에는 해당선박의 선장에게 외국선박통제점검보고서를 발급하여야 한다. 이 경우 해당서류에는 60조(이의신청)에 따른 이의신청안내문이 포함되어야 한다.
3) 지방해양수산청장은 법 제55조제2항에 따라 항행정지를 명한 경우에는 팩스 및 전자우편 등의 방법으로 해당선박이 등록된 국가의 정부 또는 영사에게 그 정지사실을 알려야 한다.

[문24.선박점검 및 사업장안전관리.57조]

선박안전도정보 공표대상선박

→ 해운법제11조의3(여객선이력관리 및 안전정보의 공개)

해양수산부장관은 국민의 선박이용의 안전을 도모하기 위하여 다음에서 정하는 선박의 해양사고

발생건수, 관계법령이나 국제협약에서 정한 선박의 안전에 관한 기준의 준수 여부 및 그 선박의 소유자·운항자 또는 안전관리대행자 등에 대한 정보를 공표할 수 있다. 다만, 영 제19조의2(선박안전도정보의 공표)로 정하는 중대한 해양사고가 발생한 선박에 대하여는 사고개요, 해당선박의 명세 및 소유자등 규칙 제51조(선박안전도정보의 공표등)로 정하는 정보를 공표하여야 한다.

① '해운법'제3조(사업의 종류)에 따른 해상여객 운송사업에 종사하는 선박으로서 규칙 제51조(선박안전도정보의 공표 등)로 정하는 선박
② '해운법'제23조(사업의 종류)에 따른 해상화물 운송사업에 종사하는 선박으로 규칙 제51조(선박안전도정보의 공표 등)로 정하는 선박
③ 대한민국의 항만에 기항하는 외국선박으로서 규칙 제51조(선박안전도정보의 공표 등)로 정하는 선박
④ 그 에 국제해사기구 등 해사안전과 관련된 국제기구의 요청 등에 따라 해당 선박의 안전도에 대한 정보를 제공할 필요가 있다고 해양수산부장관이 인정하는 선박

* 영 제19조의2(선박안전도정보의 공표)
법 제57조제1항 각호 외의 부분 단서에서 대통령령으로 정하는 중대한 해양사고가 발생한 선박이란 선박의 구조·설비 또는 운용과 관련하여 다음의 하나에 해당하는 해양사고가 발생한 선박을 말한다.
① 사람이 사망하거나 실종된 사고
② 선박이 충돌·좌초·전복·침몰 등으로 멸실되거나 감항능력을 상실하여 선박에 대한 수난구호 또는 예인작업이 이루어진 사고
③ 다음 각목의 구분에 따른 유류 또는 기름이 유출된 사고
　가. '유류오염손해배상 보장법' 제2조(정의)에 따른 유류 : 30킬로리터 이상
　나. 법 제14조(유조선의 통항제한)제1항제①호에 따른 기름(가목에 따른 유류는 제외한다) : 100킬로리터 이상

* 규칙 제51조(선박안전도정보의 공표)
1) 법 제57조제1항제①호에서 제③호까지의 선박으로 해양수산부령으로 정하는 선박은 다음의 하나인 선박을 말한다.
　① 해양사고를 야기한 선박
　② 법 제55조(외국선박 통제)제2항에 따라 항행정지명령등 필요한 조치를 받은 외국선박
　③ 법 제56조(선박점검 등)제1항에 따른 외국정부의 항행정지 처분을 받은 선박
2) 법 제57조제1항에 따라 해양수산부장관이 공표하는 선박안전도정보에는 다음의 사항이 포함되어야 한다. 이 경우 그 공표는 인터넷홈페이지 또는 일간신문 등에 게재하는 방법에 따른다.
　① 해당선박의 명세 : 선박명, 총톤수, 선박번호, 국제해사기구번호
　② 해당선박의 해양사고발생건수 및 사고개요
　③ 해당선박의 안전기준 준수여부 및 위반실적
　④ 선박소유자, 선박운항자 및 안전관리대행업자의 성명(상호)
3) 해양수산부장관은 선박의 안전을 도모하기 위하여 필요하다고 인정하는 경우에는 제2항에 따른 공표사항을 다음의 단체에 알릴 수 있다.
　① 두께측정지정업체·선급법인·컨테이너검정 등 대행기관 및 위험물검사 등 대행기관
　② 한국해운조합 또는 한국선주협회
　③ 한국선주상호보험조합 또는 손해보험협회
　④ 한국해양교통안전공단

[문25.선박점검 및 사업장안전관리.57조의2]

해사안전우수사업자의 지정

1) 우수사업자의 지정 → 해운법 제47조의2(우수선화주기업)

해양수산부장관은 다음에 해당하는 자 중 해사안전의 수준 향상과 해양사고감소에 기여한 자로서 규칙 제51조의2(해사안전우수사업자의 지정·취소기준 등)로 정하는 기준에 적합한자를 해사안전우수사업자로 지정할 수 있다.

① '해운법' 제4조(사업면허)제1항에 따라 해상여객운송사업의 면허를 받은 자

② '해운법' 제24조(사업의 등록)제1항에 따라 내항 화물운송사업의 면허를 받은 자

③ '해운법' 제24조(사업의 등록)제2항에 따라 외항 화물운송사업의 면허를 받은 자

④ 그밖에 해사안전관리 또는 해상운송 관련 사업으로서 해양수산부장관이 정하여 고시하는 사업을 영위하는 자

2) 관련기관에 자료요청

해양수산부장관은 해사안전 우수사업자의 지정에 필요한 경우에는 그 지정을 받으려는 자, 관계 행정기관의 장, '공공기관의 운영에 관한 법률'에 따른 공공기관의 장이나 그 밖에 해사안전과 관련된 기관·단체 또는 관계인에게 필요한 자료의 제출을 요청할 수 있다.

3) 요청사항 준수

제2항에 따라 자료의 제출을 요청받은자는 특별한 사유가 없으면 그 요청에 따라야 한다

4) 우수사업자에 대한 지원

해양수산부장관은 해사안전 우수사업자로 지정된 자에 대하여 우수사업자로 지정되었음을 나타내는 표지의 제공 등 지원을 할 수 있다.

5) 행정처분

해양수산부장관은 해사안전 우수사업자로 지정된 자가 다음에 해당하는 경우 그 지정을 취소하거나 3개월 이내의 기간을 정하여 지정의 효력을 정지할 수 있다.

① 거짓이나 그 밖의 부정한 방법으로 해사안전 우수사업자의 지정을 받은 경우(취소)

② 제1항에 따른 규칙 제51조의2(해사안전 우수사업자의 지정·취소기준 등)로 정하는 해사안전우수사업자의 지정기준에 부적합한 경우

③ 해사안전 우수사업자가 다음 각 목의 하나에 해당하는 위반행위를 한 경우

가. 인증심사에 합격하지 아니한(제49조에 따라 선박안전관리증서나 안전관리적합증서의 효력이 정지된 경우를 포함) 선박을 항행에 사용

나. 제58조(지도·감독)에 따른 지도·감독을 거부·방해하거나 기피하는 경우

다. 제59조(개선명령)에 따른 개선명령을 따르지 아니한 경우

* 규칙 제51조의2(해사안전 우수사업자의 지정·취소기준 등)

1) 유효기간

해사안전 우수사업자 지정의 유효기간은 지정을 받은 날부터 3년으로 한다.

2) 해양수산부장관은 해사안전우수사업자로 지정된 자에 대하여 다음의 지원을 할 수 있다

① 해사안전 우수사업자로 지정된 표지의 제공 또는 해사안전 우수사업자 관련 포상

② 다음 각 호에 해당하는 수수료의 경감 또는 면제
가. 인증심사 수수료
나. '선박안전법'에 따른 수수료 및 대행검사기관에 대한 수수료
다. '국제항해선박 및 항만시설의 보안에 관한 법률' 제43조에 따른 수수료
③ '해운법' 제38조에 따른 선박확보 등을 위한 재정적 지원 또는 같은 법 제39조에 따른 선박 현대화 지원 사업 대상자 선정 시 우대

[문26.선박점검 및 사업장안전관리.58조]

해사안전감독관의 직무 및 이의신청

1. 지도·감독 : 법 제58조

1) 지도·감독시행 : 안전관리체제 미 수립 선박·선사포함

해양수산부장관은 해양사고가 발생할 우려가 있거나 해사안전관리의 적정한 시행여부를 확인하기 위하여 필요한 경우 등 규칙 제52조(지도·감독)로 정하는 경우에는 정기 또는 수시로 지도·감독을 행할 수 있다.

2) 지도·감독 예외

'수상레저안전법'에 따른 수상레저기구와 선착장 등 수상레저시설, '유선 및 도선사업법'에 따른 유·도선, 유·도선장에 대해서는 그러하지 아니하다.

3) 해사안전감독관의 직무

① 선장, 선박소유자, 안전진단대행업자, 안전관리대행업자, 그 밖의 관계인에게 출석 또는 진술을 하게 하는 것
② 선박이나 사업장에 출입하여 관계서류를 검사하게 하거나 선박이나 사업자의 해사안전관리 상태를 확인·조사 또는 점검하게 하는 것
③ 선장, 선박소유자, 안전진단대행업자, 안전관리대행업자, 그 밖의 관계인에게 관계서류를 제출하게 하거나 그밖에 해사안전관리에 관한 업무를 보고하게 하는 것

4) 해사안전감독관 배치

제1항에 따른 지도·감독을 수행하기 위하여 해양수산부에 해사안전감독관을 둔다. 다만, 법 제99조(권한의 위임·위탁)에 따라 해양수산부장관의 지도·감독권한의 일부를 위임하는 경우에는 그 권한을 위임받은 기관의 장이 소속된 기관에 해사안전감독관을 둔다.

5) 지도·감독의 사전 통보 및 예외

가. 제1항제①호 또는 제②호의 조치(이하 지도·감독)를 실시하려는 해사안전감독관은 지도·감독 실시일 7일 전까지 지도·감독의 목적, 내용, 날짜 및 시간 등을 서면으로 해당 지도·감독의 대상이 되는 자에게 알린다.
나. 긴급한 경우 또는 사전에 지도·감독의 실시를 알리면 증거인멸 등으로 해당 지도·감독의 목적을 달성할 수 없다고 인정되는 경우에는 그러하지 아니할 수 있다.

* 규칙 제52조(지도·감독) : 지도·감독이 필요한 경우

① 중대한 해양사고가 발생한 경우로서 유사한 사고의 발생을 예방하기 위하여 필요한 경우
② 안전진단서가 안전진단기준 또는 안전진단작성기준에 현저히 미달한 경우
③ 안전관리체제의 수립 및 시행에 중대한 결함이나 부적합사항이 발생한 경우
④ 선박 또는 사업장의 해사안전관리상태에 대하여 종사자 또는 도선사등 관계인의 결함신고가 있는 경우
⑤ 외국정부로부터 선박안전에 관한 결함사항의 통보가 있어 기국통제가 필요한 경우
⑥ 선장, 선박소유자, 안전진단대행업자, 안전관리대행업자, 그 밖의 관계인이 법·영이나 이 규칙을 위반하여 법 제58조 1항의 각호에 해당하는 조치를 하여야 할 필요가 인정된 경우
⑦ 그밖에 해양사고가 발생할 우려가 있거나 해사안전관리의 적정한 시행여부를 확인하기 위하여 필요한 경우

2. 개선명령 : 법 제59조

1) 개선명령

해양수산부장관은 지도·감독 결과 필요하다고 인정하거나 해양사고의 발생빈도와 경중 등을 고려하여 필요하다고 인정할 때에는 그 선박의 선장, 선박소유자, 안전관리대행업자, 그 밖의 관계인에게 다음의 조치를 명할 수 있다.

① 선박시설의 보완이나 대체
② 소속직원의 근무시간 등 근무 환경의 개선
③ 소속 임직원에 대한 교육·훈련의 실시
④ 그 밖에 해사안전관리에 관한 업무의 개선

2) 항행정지

해양수산부장관은 조치를 명할 경우 선박시설을 보완하거나 대체하는 것을 마칠 때까지 해당 선박의 항행정지를 함께 명할 수 있다.

[문27.모든 시계상태에서의 항법.62조]

모든 시계상태에서의 항법 중 경계, 안전한 속력 그리고 충돌위험, 피하기 위한 동작, 좁은 수 로등

1. 법 제62조(적용) 모든 시계상태의 선박에 대해 적용한다.

2. 법 제63조(경계)

선박은 주위의 상황 및 다른 선박과 충돌할 수 있는 위험성을 충분히 파악할 수 있도록 시각·청각 및 당시의 상황에 맞게 이용할 수 있는 모든 수단을 이용하여 항상 적절한 경계를 하여야 한다.

3. 법 제64조(안전한 속력)

1) 안전한 속력 항행

선박은 다른 선박과의 충돌을 피하기 위하여 적절하고 효과적인 동작을 취하거나 당시의 상황

에 알맞은 거리에서 선박을 멈출 수 있도록 안전한 속력으로 항행하여야 한다.

2) 안전한 속력결정시의 고려사항

① 시계의 상태
② 해상교통량의 밀도
③ 선박의 정지거리·선회성능, 그 밖의 조종성능
④ 야간의 경우에는 항해에 지장을 주는 불빛의 유무
⑤ 바람·해면 및 조류의 상태와 항행장애물의 근접상태
⑥ 선박의 흘수와 수심과의 관계
⑦ 레이더의 특성 및 성능
⑧ 해면상태·기상, 그 밖의 장애요인이 레이더 탐지에 미치는 영향
⑨ 레이더로 탐지한 선박의 수·위치 및 동향

4. 제65조(충돌위험)

1) 충돌예방을 위한 모든 수단 활용

선박은 다른 선박과 충돌한 위험이 있는지를 판단하기 위하여 당시의 상황에 알맞은 모든 수단을 활용하여야 한다.

2) 레이더를 설치한 선박

레이더를 설치한 선박은 다른 선박과 충돌할 위험성 유무를 미리 파악하기 위하여 레이더를 이용하여 장거리주사, 탐지된 물체에 대한 작도, 그 밖의 체계적인 관측을 하여야 한다.

3) 충분한 정보의존

선박은 불충분한 레이더정보나 그 밖의 불충분한 정보에 의존하여 다른 선박과의 충돌위험여부를 판단하여서는 아니 된다.

4) 접근선박에 대한 주의

선박은 접근하여 오는 다른 선박의 나침방위에 뚜렷한 변화가 일어나지 아니하면 충돌할 위험성이 있다고 보고 필요한 조치를 하여야 한다. 접근하여 오는 다른 선박의 나침방위에 뚜렷한 변화가 있더라도 거대선 또는 예인작업에 종사하고 있는 선박에 접근하거나 가까이 있는 다른 선박에 접근하는 경우에는 충돌을 방지하기 위하여 필요한 조치를 하여야 한다.

5. 제66조(충돌을 피하기 위한 동작)

1) 시간적 여유

선박은 제반 항법에 따라 다른 선박과 충돌을 피하기 위한 동작을 취하되, '해사안전법'에서 정하는 바가 없는 경우에는 될 수 있으면 충분한 시간적 여유를 두고 적극적으로 조치하여 선박을 적절하게 운용하는 관행에 따라야 한다.

2) 상대방인지수준의 침로속력변경

선박은 다른 선박과 충돌을 피하기 위하여 침로나 속력을 변경할 때에는 될 수 있으면 다른 선박이 그 변경을 쉽게 알아볼 수 있도록 충분히 크게 변경하여야 하며, 침로나 속력을 소폭으로 연속적으로 변경하여서는 아니 된다.

3) 대각도 침로변경

선박은 넓은 수역에서 충돌을 피하기 위하여 침로를 변경하는 경우에는 적절한 시기에 큰 각도로 침로를 변경하여야 하며, 그에 따라 다른 선박에 접근하지 아니하도록 하여야 한다.

4) 다른 선박이 완전히 통과할 때까지 안전거리 확보

선박은 다른 선박과의 충돌을 피하기 위하여 동작을 취할 때에는 다른 선박과의 사이에 안전한 거리를 두고 통과할 수 있도록 그 동작을 취하여야 한다. 이 경우 그 동작의 효과를 다른 선박이 완전히 통과할 때까지 주의깊게 확인하여야 한다.

5) 감속·정지 및 후진

선박은 다른 선박과의 충돌을 피하기 위하거나 상황을 판단하기 위한 시간적 여유를 얻기 위하여 필요하면 속력을 줄이거나 기관의 작동을 정지하거나 후진하여 선박의 진행을 완전히 멈추어야 한다.

6) 준수사항

'해사안전법'에 따라 다른 선박의 통항이나 통항의 안전을 방해하여서는 아니 되는 선박은 다음의 사항을 준수하고 유의하여야 한다.

① 다른 선박이 안전하게 지나갈 수 있는 여유 수역이 충분히 확보될 수 있도록 조기에 동작을 취할 것

② 다른 선박에 접근하여 충돌할 위험이 생긴 경우에는 그 책임을 면할 수 없으며, 피항동작을 취할 때에는 '해사안전법'에서 요구하는 동작에 대하여 충분히 고려할 것.

7) 방해금지

'해사안전법'에 따라 통항할 때에 다른 선박의 방해를 받지 아니하도록 되어 있는 선박은 다른 선박과 서로 접근하여 충돌할 위험이 생긴 경우 '해사안전법'의 규정에 따라야 한다.

6. 제67조(좁은 수로 등)

1) 좁은 수로

좁은 수로나 항로(이하 좁은 수로 등이라 한다)를 따라 항행하는 선박은 항행의 안전을 고려하여 될 수 있으면 좁은 수로 등의 오른편 끝 쪽에서 항행하여야 한다. 다만, 해양수산부장관이 특별히 지정한 수역 또는 통항분리제도가 적용되는 수역에서는 좁은 수로 등의 오른편 끝 쪽에서 항행하지 아니하여도 된다.

2) 길이 20미터 미만의 선박이나 범선

길이 20미터 미만의 선박이나 범선은 좁은 수로 등의 안쪽에서만 안전하게 항행할 수 있는 다른 선박의 통행을 방해하여서는 아니 된다.

3) 어로종사선박의 통항불방해의무

어로에 종사하고 있는 선박은 좁은 수로등의 안쪽에서 항행하고 있는 다른 선박의 통항을 방해하여서는 아니 된다.

4) 좁은 수로 횡단금지

선박이 좁은 수로등의 안쪽에서만 안전하게 항행할 수 있는 다른 선박의 통항을 방해하게 되는 경우에는 좁은 수로등을 횡단하여서는 아니 된다.

5) 추월선과 피추월선 동작 → 제92조(조종신호와 경고신호)

추월선은 좁은 수로 등에서 추월당하는 선박이 추월선을 안전하게 통과시키기 위한 동작을 취하지 아니하면 추월할 수 없는 경우에는 기적신호를 하여 추월하겠다는 의사를 나타내야 한다. 이 경우 추월당하는 선박은 그 의도에 동의하면 기적신호를 하여 그 의사를 표현하고, 추월선을 안전하게 통과시키기 위한 동작을 취하여야 한다.

6) 굽은 부분

선박이 좁은 수로 등의 굽은 부분이나 항로에 있는 장애물 때문에 다른 선박을 볼 수 없는 수역에 접근하는 경우에는 특히 주의하여야 한다.

7) 정박

선박은 좁은 수로 등에서 정박(정박 중인 선박에 매어 있는 것을 포함한다)을 하여서는 아니 된다. 다만, 해양사고를 피하거나 인명이나 그 밖의 선박을 구조하기 위하여 부득이하다고 인정되는 경우에는 그러하지 아니하다.

[문28.선박점검 및 사업장안전관리.58조]

해사안전감독관의 직무 및 이의신청

1) 용어정의

가. 통항로 : 항행안전을 확보하기 위하여 한쪽방향으로만 항행할 수 있도록 되어있는 일정한 범위의 수역

나. 분리선(대) : 서로 다른 방향으로 진행하는 통항로를 나누는 선 또는 일정한 폭의 수역

다. 연안통항대 : 통항분리수역의 육지쪽 경계선과 해안사이의 수역

라. 통항분리제도 : 선박의 충돌을 방지하기 위하여 통항로를 설정하거나 그 밖의 적절한 방향으로 한쪽방향으로만 항행할 수 있도록 항로를 분리하는 제도

2) 통항분리수역

가. 국제해사기구가 채택하여 통항분리제도가 적용되는 수역

나. 해상교통량이 아주 많아 충돌사고 발생의 위험성이 있어 통항분리제도를 적용할 필요성이 있는 수역으로서 규칙 제54조(통항분리방식이 적용되는 수역)로 정하는 수역

3) 통항분리수역 이행사항 준수의무

선박이 통항분리수역을 항행하는 경우에는 다음의 사항을 준수하여야 한다.

가. 통항로 안에서는 정하여진 진행방향으로 항행할 것

나. 분리선이나 분리대에서 될 수 있으면 떨어져서 항행할 것

다. 통항로의 출입구를 통하여 출입하는 것을 원칙으로 하되, 통항로의 옆쪽으로 출입하는 경우에는 그 통항로에 대하여 정하여진 선박의 진행방향에 대하여 될 수 있으면 작은 각도로 출입할 것

4) 횡단금지

본선은 통항로를 횡단하여서는 아니 된다. 다만, 부득이한 사유로 그 통항로를 횡단하여야 하는 경우 그 통항로와 선수방향이 직각에 가까운 각도로 횡단하여야 한다.

5) 연안통항대 통항선박

선박은 연안통항대에 인접한 통항분리수역의 통항로를 안전하게 통과할 수 있는 경우 연안통항대를 따라 항행하여서는 아니 된다. 다만, 다음 각 호의 선박은 연안통항대를 항행할 수 있다.

가. 길이 20미터 미만의 선박

나. 범선

다. 어로에 종사하고 있는 선박

라. 인접한 항구로 입항·출항하는 선박

마. 연안통항대 안에 있는 해양시설 또는 도선사의 승하선 장소에 출입하는 선박

바. 급박한 위험을 피하기 위한 선박

6) 통항로를 횡단하거나 통항로에 출입하는 선박외의 선박

통항로를 횡단하거나 통항로에 출입하는 선박외의 선박은 급박한 위험을 피하기 위한 경우나 분리대 안에서 어로에 종사하고 있는 경우 외에는 분리대에 들어가거나 분리선을 횡단하여서는 아니 된다.

7) 통항분리수역에서 어로에 종사하고 있는 선박

통항분리수역에서 어로에 종사하고 있는 선박은 통항로를 따라 항행하는 다른 선박의 항행을 방해하여서는 아니 된다.

8) 출입구 부근

모든 선박은 통항분리수역의 출입구 부근에서는 특히 주의하여 항행하여야 한다.

9) 정박금지

선박은 통항분리수역과 그 출입구 부근에 정박(정박하고 있는 선박에 매어 있는 것 포함)하여서는 아니 된다. 다만, 해양사고를 피하거나 인명이나 선박을 구조하기 위하여 부득이하다고 인정되는 사유가 있는 경우에는 그러하지 아니하다.

10) 원거리 항행

통항분리수역을 이용하지 아니하는 선박은 될 수 있으면 통항분리수역에서 멀리 떨어져서 항행하여야 한다.

11) 길이 20미터 미만의 선박이나 범선

길이 20미터 미만의 선박이나 범선은 통항로를 따라 항행하고 있는 다른 선박의 항행을 방해하여서는 아니 된다.

12) 통항분리수역에서 작업 중인 선박

통항분리수역 안에서 해저전선을 부설·보수 및 인양하는 작업을 하거나 항행안전을 유지하기 위한 작업을 하는 중이어서 조종능력이 제한되고 있는 선박은 그 작업을 하는 데에 필요한 범위에서 제1항부터 제10항까지의 금지규정을 적용하지 아니한다.

[문29.선박이 서로 시계 안에 있는 때의 항법.69조]

선박이 서로 시계 안에 있는 때 범선과 추월선의 항법 및 마주치거나 횡단하는 상태, 유지선, 선박사이의 책무

1. 법 제69조(적용)

선박에서 다른 선박을 눈으로 볼 수 있는 상태에 있는 선박에 적용한다.

2. 법 70조(범선)

1) 범선의 충돌예방

2척의 범선이 서로 접근하여 충돌할 위험이 있는 경우 다음 각 호의 항행방법에 따라 항행한다.

① 각 범선이 다른 쪽 현에 바람을 받고 있는 경우
좌현에 바람을 받고 있는 범선이 다른 범선의 진로를 피한다.

② 두 범선이 서로 같은 현에 바람을 받고 있는 경우
바람이 불어오는 쪽의 범선이 바람이 불어가는 쪽의 범선의 진로를 피한다.

③ 좌현에 바람을 받고 있는 범선은 바람이 불어오는 쪽에 있는 다음 범선을 본 경우로서 그 범선이 바람을 좌우 어느 쪽에 받고 있는지 확인할 수 없는 때에는 그 범선의 진로를 피하여야 한다.

2) 종범선과 횡범선에서의 바람이 불어오는 쪽과 불어가는 쪽

① 종범선에서는 바람이 불어오는 쪽이란 주범을 펴고 있는 쪽의 반대쪽

② 횡범선에서는 바람이 불어오는 쪽이란 최대의 종범을 펴고 있는 쪽의 반대쪽을 말한다.

③ 바람이 불어가는 쪽이란 바람이 불어오는 쪽의 반대쪽을 말한다.

3. 법 제71조(추월)

1) 추월선 진로

추월선은 추월당하고 있는 선박을 완전히 추월하거나 추월당하고 있는 선박에서 충분히 멀어질 때까지 그 선박의 진로를 피하여야 한다.

2) 추월선 간주

다른 선박의 양쪽 현의 정횡 으로부터 22.5도를 넘는 뒤쪽(밤에는 다른 선박의 선미등만을 볼 수 있고 어느 쪽의 현등도 볼 수 없는 위치)에서 그 선박을 앞지르는 선박은 추월선으로 보고 필요한 조치를 취하여야 한다.

3) 분명치 않은 경우 추월선간주

선박은 스스로 다른 선박을 추월하고 있는지 분명하지 아니한 경우에는 추월선으로 보고 필요한 조치를 취하여야 한다.

4) 추월선 항로유지

추월하는 경우 2척의 선박사이의 방위가 어떻게 변경되더라고 추월하는 선박은 추월이 완전히 끝날 때까지 추월당하는 선박의 진로를 피하여야 한다.

4. 법 제72조(마주치는 상태)

1) 좌현대좌현 원칙(red to red)

2척의 동력선이 마주치거나 거의 마주치게 되어 충돌의 위험이 있을 때에는 각 동력선은 서로 다른 선박의 좌현 쪽을 지나갈 수 있도록 침로를 우현 쪽으로 변경하여야 한다.

2) 마주치는 상태 간주

선박은 다른 선박을 선수방향에서 볼 수 있는 경우로서 다음에 해당하면 마주치는 상태에 있다고 보아야 한다.

① 밤에는 2개의 마스트 등을 일직선으로 또는 거의 일직선으로 볼 수 있거나 양쪽의 현등을 볼 수 있는 경우

② 낮에는 2척의 선박의 마스트가 선수에서 선미까지 일직선이 되거나 거의 일직선이 되는 경우

3) 불분명한 경우 마주치는 상태 간주

선박은 마주치는 상태에 있는지가 분명하지 아니한 경우에는 마주치는 상태에 있다고 보고 필요한 조치를 취하여야 한다.

5. 제73조(횡단하는 상태)

1) 피항선

2척의 동력선이 상대의 진로를 횡단하는 경우로서 충돌의 위험이 있을 때에는 다른 선박을 우현쪽에 두고 있는 선박이 그 다른 선박의 진로를 피하여야 한다.

2) 피항선의 진로

이 경우 다른 선박의 진로를 피하여야 하는 선박은 부득이한 경우 외에는 그 다른 선박의 선수 방향을 횡단하여서는 아니 된다.

6. 제74조(피항선의 동작)

'해사안전법'에 따라 다른 선박의 진로를 피하여야 하는 모든 선박(피항선)은 될 수 있으면 미리 동작을 크게 취하여 다른 선박으로부터 충분히 멀리 떨어져야 한다.

7. 제75조(유지선의 동작)

1) 유지선의 의무(침로와 속력)

2척의 선박 중 1척의 선박이 다른 선박의 진로를 피하여야 할 경우 다른 선박은 그 침로와 속력을 유지하여야 한다.

2) 유지선의무의 예외

침로와 속력을 유지하여야 하는 선박(유지선)은 피항선이 '해사안전법'에 따른 적절한 조치를 취하고 있지 아니하다고 판단하면 제1항에 불구하고

가. 스스로의 조종만으로 피항선과 충돌하지 아니하도록 조치를 취할 수 있다.

나. 이 경우 유지선은 부득이하다고 판단하는 경우 외에는 자기 선박의 좌현쪽에 있는 선박을 향하여 침로를 왼쪽으로 변경하여서는 아니 된다.

3) 충분한 협력

유지선은 피항선과 매우 가깝게 접근하여 해당 피항선의 동작만으로는 충돌을 피할 수 없다고 판단하는 경우 제1항에 불구하고 충돌을 피하기 위하여 충분한 협력을 하여야 한다.

4) 피항선의무

피항선에게는 제2항과 제3항에 불구하고 진로를 피하여야 할 의무를 면제하는 것은 아니다.

8. 第76조(선박사이의 책무)

1) 항행중인 선박의 책무

항행중인 선박은 제67조(좁은 수로 등), 제68조(통항분리제도) 제71조(추월)의 경우 외에는 다음 항법에 따라야 한다.

2) 항행중인 동력선의 책무

항행중인 동력선은 다음 각 호에 따른 선박의 진로를 피하여야 한다.

① 조종불능선

② 조종제한선

③ 어로에 종사하고 있는 선박

④ 범선

3) 항행중인 범선은 다음에 따른 선박의 진로를 피하여야 한다.

① 조종불능선

② 조종제한선

③ 어로에 종사하고 있는 선박

4) 어로에 종사하고 있는 선박중 항행중인 선박은 될 수 있으면 다음에 따른 선박의 진로를 따라야 한다.

① 조종불능선

② 조종제한선

5) 흘수제약선의 통항불방해의무

조종불능선이나 조종제한선이 아닌 선박은 부득이하다고 인정하는 경우 외에는 제86조(흘수제약선)에 따른 등화나 형상물을 표시하고 있는 흘수제약선의 통항을 방해하여서는 아니 된다.

6) 수상항공기의 의무

수상항공기는 될 수 있으면 모든 선박으로부터 충분히 떨어져서 선박의 통항을 방해하지 아니하도록 하되, 충돌할 위험이 있는 경우에는 '해사안전법'에서 정하는 바에 따라야 한다.

7) 수면비행선박의 의무

수면비행선박은 선박의 통항을 방해하지 아니하도록 모든 선박으로부터 충분히 떨어져서 비행(이륙 및 착륙을 포함한다)하여야 한다. 다만, 수면에서 항행하는 때에는 동력선의 항법을 따라야 한다.

[문30.제한된 시계에서 선박의 항법.77조]

제한된 시계 상태에서의 항법

1) 제한된 수역항행선박에 적용

시계가 제한된 수역 또는 그 부근을 항행하고 있는 선박이 서로 시계 안에 있지 아니한 경우에 적용한다.

2) 안전속력

모든 선박은 시계가 제한된 그 당시의 사정과 조건에 적합한 안전한 속력으로 항행하여야 하며, 동력선은 제한된 시계 안에 있는 경우 기관을 즉시 조작할 수 있도록 준비하고 있어야 한다.

3) 상황에 유의한 항행

선박은 '모든 시계 상태에서의 항법' 규정에 따라 조치를 취할 때에는 시계가 제한되어 있는 당시의 상황에 충분히 유의하여 항행하여야 한다.

4) 시간적 여유를 둔 피항동작

레이더만으로 다른 선박이 있는 것을 탐지한 선박은 해당 선박과 얼마나 가까이 있는지 또는 충돌할 위험이 있는지를 판단하여야 한다. 이 경우 해당 선박과 매우 가까이 있거나 그 선박과 충돌할 위험이 있다고 판단한 경우에는 충분한 시간적 여유를 두고 피항동작을 취하여야 한다.

5) 피항동작 시 제한

제4항의 피항동작이 침로를 변경하는 것만으로 이루어질 경우에는 될 수 있으면 다음의 동작은 피하여야 한다.

① 다른 선박이 자기 선박의 양쪽현의 정횡 앞쪽에서 있는 경우 좌현 쪽으로 침로를 변경하는 행위(피추월 선박은 제외한다.)

② 자기 선박의 양쪽 현의 정횡 또는 그 곳으로부터 뒤쪽에 있는 선박의 방향으로 침로를 변경하는 행위

6) 충돌위험성이 완전히 제거 될 때까지 안전속력 유지

충돌한 위험성이 없다고 판단한 경우 외에는 다음에 해당하는 경우 모든 선박은 자기 배의 침로를 유지하는 데에 필요한 최소한으로 속력을 줄여야 한다. 이 경우 필요하다고 인정되면 자기 선박의 진행을 완전히 멈추어야 하며, 어떠한 경우에도 충돌할 위험성이 사라질 때까지 주의하여야 한다.

① 자기 선박의 양쪽현의 정횡 앞쪽에서 있는 다른 선박에서 무중신호를 듣는 경우

② 자기 선박의 양쪽현의 정횡으로부터 앞쪽에 있는 다른 선박과 매우 근접한 것을 피할 수 없는 경우

[문31.등화와 형상물.78조]

등화의 종류와 등화 및 형상물의 기준

1. 법 제78조(적용)

1) 모든 날씨에 적용한다.
2) 선박은 해지는 시각부터 해 뜨는 시각까지 '해사안전법'에서 정하는 등화를 표시하여야 하며, 이 시간 동안에는 이 법에서 정하는 등화외의 등화를 표시하여서는 아니 된다. 다만, 다음에 해당하는 등화는 표시할 수 있다.
   ① 이 법에서 정하는 등화로 오인되지 아니하는 등화
   ② 이 법에서 정하는 등화의 가시도나 그 특성의 식별을 방해하지 아니하는 등화
   ③ 이 법에서 정하는 등화의 적절한 경계를 방해하지 아니하는 등화
3) 이 법에서 정하는 등화를 설치하고 있는 선박은 해 뜨는 시각부터 해지는 시각까지도 제한된 시계에서는 등화를 표시하여야 하며, 필요하다고 인정되는 그 밖의 경우에도 등화를 표시할 수 있다.
4) 선박은 낮 동안에는 이 법에서 정하는 형상물을 표시하여야 한다.

2. 법 제79조(등화의 종류)

1) 마스트등 : 선수와 선미의 중심선상에 설치되어 225도에 걸치는 수평의 호를 비추되 그 불빛이 정선수 방향으로부터 양쪽현의 정횡으로부터 뒤쪽 22.5도까지 비출수 있는 흰색등
2) 현등 : 정선수 방향에서 양쪽현으로 각각 112.5도에 걸치는 수평의 호를 비추는 등화로서 그 불빛이 정선수 방향에서 좌현 정횡으로부터 뒤쪽 22.5도까지 비출 수 있도록 좌현에 설치된 붉은색등과 그 불빛이 정선수 방향에서 우현 정횡으로부터 뒤쪽 22.5도까지 비출 수 있도록 우현에 설치된 녹색등
3) 선미등 : 135도에 걸치는 수평의 호를 비추는 흰색등으로서 그 불빛이 정선미 방향으로부터 양쪽현의 67.5도까지 비출 수 있도록 선미부분 가까이에 설치된 등
4) 예선등 : 선미등과 같은 특성을 가진 황색등
5) 전주등 : 360도에 걸치는 수평의 호를 비추는 등화. 다만, 섬광등은 제외한다.
6) 섬광등 : 360도에 걸치는 수평의 호를 비추는 등화로 일정한 간격으로 1분에 120회 이상 섬광을 발하는 등
7) 양색등 : 선수와 선미의 중심선상에 설치된 붉은색과 녹색의 두 부분으로 된 등화로서 그 붉은색과 녹색부분이 각각 현등의 붉은색 등 및 녹색등과 같은 특성을 가진 등
8) 삼색등 : 선수와 선미의 중심선상에 설치된 붉은색·녹색·흰색으로 구성된 등으로서 그 붉은색·녹색·흰색의 부분이 각각 현등의 붉은색등과 녹색등 및 선미등과 같은 특성을 가진 등
9) 등화의 가시거리·광도 등 기술적 기준, 등화·형상물의 구조와 설치할 위치 등에 관하여 필요한 사항은 '선박설비기준'에서 정한다.

[문32.등화와 형상물.82조]

항행중인 동력선의 등화표시

1. 항행중인 동력선 등화등
   ① 앞쪽에 마스트등 1개와 그 마스트등보다 뒤쪽의 높은 위치에 마스트등 1개. 다만, 길이 50미터 미만의 동력선은 뒤쪽의 마스트등을 표시하지 아니할 수 있다.
   ② 현등 1쌍(길이 20미터 미만의 선박은 이를 대신하여 양색등을 표시할 수 있다)
   ③ 선미등 1개

2. 공기부양선
   수면에 떠있는 상태로 항행중인 규칙 제55조(황색섬광등을 표시하여야 할 선박)로 정하는 선박(공기부양선)은 제1항에 따른 등화에 덧붙여 사방을 비출 수 있는 황색의 섬광등 1개를 표시하여야 한다.

3. 수면비행선박
   수면비행선박이 비행하는 경우 등화에 덧붙여 사방을 비출 수 있는 고광도 홍색 섬광등 1개를 표시하여야 한다.

4. 길이 12미터 미만의 동력선
   길이 12미터 미만의 동력선은 등화를 대신하여 흰색 전주등 1개와 현등 1쌍을 표시할 수 있다.

5. 길이 7미터 미만이고 최대속력이 7노트 미만인 동력선
   1) 등화를 대신하여 흰색 전주등 1개와 현등 1쌍을 표시할 수 있으며,
   2) 가능한 경우 현등 1쌍도 표시할 수 있다.

6. 길이 12미터 미만인 동력선
   마스트등이나 흰색 전주등을 선수와 선미의 중심선상에 표시하는 것이 불가능할 경우
   1) 그 중심선 위에서 벗어난 위치에 표시할 수 있다.
   2) 이 경우 현등 1쌍은 이를 1개의 등화로 결합하여 선수와 선미의 중심선상 또는 그에 가까운 위치에 표시하되
   3) 그 표시를 할 수 없을 경우에는 될 수 있으면 마스트등이나 흰색 전주등이 표시된 선으로부터 가까운 위치에 표시하여야 한다.

[문33.등화와 형상물.82조]

항행중인 예인선의 등화표시와 형상물

1. 동력선이 다른 선박이나 물체를 끌고 있는 경우 다음의 등화나 형상물을 표시하여야 한다.
   ① 〈앞쪽에 마스트등 1개와 그 마스트등보다 뒤쪽의 높은 위치에 마스트등 1개. 다만, 길이 50미터 미만의 동력선은 뒤쪽의 마스트등을 표시하지 아니할 수 있다〉의 앞쪽의 마스트등을 대신하여 같은 수직선위에 마스트 등 2개. 다만, 예인선의 선미로부터 끌려가고 있는 선박이나 물체의 뒤쪽 끝까지 측정한 예인선열의 길이가 200미터를 초과하면 같은 수직선 위에 마스트등 3개를 표시하여야 한다.
   ② 현등 1쌍
   ③ 선미등 1개
   ④ 선미등의 위쪽에 수직선 위로 예선등 1개
   ⑤ 예인선열 길이가 200미터를 초과하면 가장 잘 보이는 곳에 마름모꼴의 형상물 1개

2. 다른 선박을 밀거나 옆에 붙여서 끌고 있는 동력선은 다음의 등화를 표시한다.
   ① 〈앞쪽에 마스트등 1개와 그 마스트등보다 뒤쪽의 높은 위치에 마스트등 1개. 다만, 길이 50미터 미만의 동력선은 뒤쪽의 마스트등을 표시하지 아니할 수 있다〉의 앞쪽의 마스트등을 대신하여 같은 수직선 위로 마스트등 2개
   ② 현등 1쌍
   ③ 선미등 1개

3. 끌려가고 있는 선박이나 물체는 다음의 등화나 형상물을 표시하여야 한다.
   ① 현등 1쌍
   ② 선미등 1개
   ③ 예인선열 길이가 200미터 초과하면 가장 잘 보이는 곳에 마름모꼴의 형상물 1개

4. 2척 이상의 선박이 한 무리가 되어 밀려가거나 옆에 붙여서 끌려갈 경우에는 이를 한척의 선박으로 보고 다음의 등화를 표시하여야 한다.
   ① 앞쪽으로 밀려가고 있는 선박의 앞쪽 끝에 현등 1쌍
   ② 옆에 붙어서 끌려가고 있는 선박은 선미등 1개와 그의 앞쪽 끝에 현등 1쌍

5. 일부가 물에 잠겨 잘 보이지 아니하는 상태에서 끌려가고 있는 선박이나 물체 또는 끌려가고 있는 선박이나 물체의 혼합체는 제3항에도 불구하고 다음의 등화나 형상물을 표시하여야 한다.
   ① 폭 25미터 미만 : 앞쪽 끝과 뒤쪽 끝 또는 그 부근에 흰색 전주등 각 1개
   ② 폭 25미터 이상 : 제①호에 따른 등화에 덧붙여 그 폭의 양쪽 끝이거나 그 부근에 흰색 전주등 각 1개
   ③ 길이가 100미터 초과 : 제①호와 제②호에 따른 등회시이의 거리가 100미터를 넘지 아니하도

록 하는 흰색 전주등을 함께 표시

④ 끌려가고 있는 맨 뒤쪽의 선박이나 물체의 뒤쪽 끝 또는 그 부근에 마름모꼴의 형상물 1개. 이 경우 예인선열의 길이가 200미터를 초과할 때에는 가장 잘 볼 수 있는 앞쪽 끝 부분에 마름모꼴의 형상물 1개를 함께 표시한다.

6. 끌려가고 있는 선박이나 물체에 제3항 또는 제5항에 따른 등화나 형상물을 표시할 수 없는 경우에는 끌려가고 있는 선박이나 물체를 조명하거나 그 존재를 나타낼 수 있는 가능한 모든 조치를 취하여야 한다.

7. 통상적으로 예인작업에 종사하지 아니한 선박이 조난당한 선박이나 구조가 필요한 다른 선박을 끌고 있는 경우로서

1) 제1항이나 제2항에 따른 등화를 표시할 수 없을 때에는 그 등화들을 표시하지 아니할 수 있다.

2) 이 경우 끌고 있는 선박과 끌려가고 있는 선박 사이의 관계를 표시하기 위하여 끄는 데에 사용되는 줄을 탐조등으로 비추는 등 제94조(주의환기신호)에 의한 가능한 모든 조치를 취하여야 한다.

8. 밀고 있는 선박과 밀려가고 있는 선박이 단단하게 연결되어 하나의 복합체를 이룬 경우 이를 1척의 동력선으로 보고 제81조(항행중인 동력선)를 적용한다.

[문34.등화와 형상물.83조]

항행중인 범선과 조종불능선과 조종제한선, 흘수제약선, 도선선의 등화표시

1. 법 제83조(항행중인 범선)

1) 항행중인 범선은 다음의 등화를 표시하여야 한다

① 현등 1쌍

② 선미등 1개

2) 항행중인 길이 20미터 미만 범선

〈① 현등 1쌍, ② 선미등 1개〉에 따른 등화를 대신하여 마스트의 꼭대기나 그 부근의 가장 잘 보이는 곳에 삼색등 1개를 표시할 수 있다.

3) 항해중 범선

항행중인 범선은 〈① 현등 1쌍, ② 선미등 1개〉에 따른 등화에 덧붙여 마스트의 꼭대기나 그 부근의 가장 잘 보이는 곳에 전주등 2개를 수직선의 위아래에 표시할 수 있다. 이 경우 위쪽의 등화는 붉은색, 아래쪽의 등화는 녹색이어야 하며, 이 등화들은 제2항에 따른 삼색등과 함께 표시하여서는 아니된다.

4) 길이 7미터 미만의 범선

될 수 있으면 제1항이나 제2항에 따른 등화를 표시하여야 한다. 다만, 이를 표시하지 아니할

경우에는 흰색 휴대용 전등이나 점화된 등을 즉시 사용할 수 있도록 준비하여 충돌을 방지할 수 있도록 충분한 가간 동안 이를 표시하여야 한다.

5) 노도선

노도선은 본조의 범선의 등화에 따라 표시할 수 있다. 다만, 이를 표시하지 아니하는 경우에는 제4항의 단서에 따라야 한다.

6) 범선이 기관을 동시에 사용하여 진행하고 있는 경우

앞쪽의 가장 잘 보이는 곳에 원뿔꼴로 된 형상물 1개를 그 꼭대기가 아래로 향하도록 표시하여야 한다.

2. 법 제84조(어선)

1) 항망이나 그 밖의 어구를 수중에서 끄는 트롤망어로에 종사하는 선박은 항행에 관계없이 다음의 등화나 형상물을 표시하여야 한다.

① 수직선 위쪽에는 녹색, 그 아래쪽에는 흰색 전주등 각 1개 또는 수직선 위에 2개의 원뿔을 그 꼭대기에서 위아래로 결합한 형상물 1개

② 제①호의 녹색 전주등보다 뒤쪽의 높은 위치에 마스트등 1개, 다만, 어로에 종사하는 길이 50미터 미만의 선박은 이를 표시하지 아니할 수 있다.

③ 대수속력이 있는 경우에는 제①호와 제②호에 따른 등화에 덧붙여 현등 1쌍과 선미등 1개

2) 제1항에 따른 어로에 종사하는 선박 외에 어로에 종사하는 선박은 항행여부에 관계없이 다음의 등화나 형상물을 표시하여야 한다.

① 수직선 위쪽에는 붉은색, 아래쪽에는 흰색 전주등 각 1개 또는 수직선 위에 두 개의 원뿔을 그 꼭대기에서 위아래로 결합한 형상물 1개

② 수평거리로 150미터가 넘는 어구를 선박 밖으로 내고 있는 경우에는 어구를 내고 있는 방향으로 흰색 전주등 1개 또는 꼭대기를 위로한 원뿔꼴의 형상물 1개

③ 대수속력이 있는 경우에는 제①호와 제②호에 따른 등화에 덧붙여 현등 1쌍과 선미등 1개

3) 트롤망어로와 선망(대형 그물로 다량의 물고기를 포위한후 그물아래의 밧줄을 죄어 포획하는 방식)어로에 종사하고 있는 선박에는 제1항과 제2항에 따른 등화 외에 규칙 제56조(어로에 종사하고 있는 선박의 추가신호)로 정하는 추가신호를 표시하여야 한다.

4) 어로에 종사하고 있지 아니하는 선박은 이 조에 따른 등화나 형상물을 표시하여서는 아니되며, 그 선박과 같은 길이의 선박이 표시하여야 할 등화나 형상물만을 표시하여야 한다.

3. 법 제85조(조종불능선과 조종제한선)

1) 조종불능선은 다음의 등화나 형상물을 표시하여야 한다.

① 가장 잘 보이는 곳에 수직으로 붉은색 전주등 2개

② 가장 잘 보이는 곳에 수직으로 둥근꼴이나 그와 비슷한 형상물 2개

③ 대수속력이 있는 경우 제①호와 제②호에 따른 동화에 덧붙여 현등 1쌍과 선미등 1개

2) 조종제한선은 기뢰제거작업에 종사하고 있는 경우 외에는 다음의 등화나 형상물을 표시하여야 한다.

① 가장 잘 보이는 곳에 수직으로 위쪽과 아래쪽에는 붉은색 전주등, 가운데에는 흰색 전주등 각 1개

② 가장 잘 보이는 곳에 수직으로 위쪽과 아래쪽에는 둥근꼴, 가운데에는 마름모꼴의 형상물 각 1개

③ 대수속력이 있는 경우에는 제①호에 따른 등화에 덧붙여 마스트등 1개, 현등 1쌍 및 선미등 1개

④ 정박 중은 제①호와 제②호에 덧붙여 법 제88조(정박선과 얹혀있는 선박) 따른 등화나 형상물

3) 동력선이 진로로부터 이탈능력을 매우 제한받는 예인작업에 종사하고 있는 경우에는 제82조(항행중인 예인선)제1항〈동력선이 다른 선박이나 물체를 끌고있는 경우에는 다음의 등화나 형상물을 표시하여야 한다. ① 〈앞쪽에 마스트등 1개와 그 마스트등보다 뒤쪽의 높은 위치에 마스트등 1개. 다만, 길이 50미터 미만의 동력선은 뒤쪽의 마스트등을 표시하지 아니할 수 있다〉에 따라 앞쪽에 표시하는 마스트등을 대신하여 같은 수직선위에 마스트등 2개. 다만, 예인선의 선미로부터 끌려가고 있는 선박이나 물체의 뒤쪽 끝까지 측정한 예인선열의 길이가 200미터를 초과하면 같은 수직선 위에 마스트등 3개를 표시하여야 한다. ② 현등 1쌍. ③ 선미등 1개. ④ 선미등의 위쪽에 수직선 위로 예선등 1개〉에 따른 등화나 형상물에 덧붙여 제2항제①호와 제②호에 따른 등화나 형상물을 표시하여야 한다.

4) 준설이나 수중작업에 종사하고 있는 선박이 조종능력을 제한받고 있는 경우에는 제2항에 따른 형상물을 표시하여야 하며, 장애물이 있는 경우에는 이에 덧붙여 다음의 형상물을 표시하여야 한다.

① 장애물이 있는 쪽을 가리키는 뱃전에 수직으로 붉은색 전주등 2개나 둥근꼴의 형상물 2개 ② 다른 선박이 통과할 수 있는 쪽을 가리키는 뱃전에 수직으로 녹색 전주등 2개나 마름모꼴의 형상물 2개

③ 정박 중인 때에는 제88조(정박선과 얹혀있는 선박)에 따른 등화나 형상물을 대신하여 제①호와 제②호에 따른 등화나 형상물

5) 잠수작업에 종사하고 있는 선박이 그 크기로 인하여 4)에 따른 등화와 형상물을 표시할 수 없으면 다음의 표시를 하여야 한다.

① 가장 잘 보이는 곳에 수직으로 위쪽과 아래쪽에는 붉은색 전주등, 가운데에는 흰색 전주등 각 1개

② 국제해사기구가 정한 국제신호서 에이(A)기의 모사판을 1미터 이상의 높이로 하여 사방에서 볼 수 있도록 표시

6) 기뢰제거작업에 종사하고 있는 선박은 해당선박에서 1천미터 이내로 접근하면 위험경고로서 제81조(항행중인 동력선)의 동력선에 관한 등화, 제88조(정박선과 얹혀있는 선박)에 따른 정박하고 있는 선박의 등화난 형상물에 덧붙여 녹색의 전주등 3개 또는 둥근꼴의 형상물 3개를 표시하여야 한다. 이 경우 이들 등화나 형상물 중에서 하나는 앞쪽 마스트의 꼭대기 부근에 표시하고, 다른 2개는 앞쪽 마스트의 가름대의 양쪽 끝에 1개씩 표시한다.

7) 길이 12미터 미만의 선박이 잠수작업에 종사하고 있는 경우 외에는 이 조에 따른 형상물을 표시하지 아니할 수 있다.

4. 법 제86조(흘수제약선)

흘수제약선은 제81조(항행중인 동력선)에 따른 동력선의 등화에 덧붙여 가장 잘 보이는 곳에 붉은색 전주등 3개를 수직으로 표시하거나 원통으로 형상물 1개를 표시할 수 있다.

5. 법 제87조(도선선)

1) 도선업무에 종사하고 있는 선박은 다음의 등화나 형상물을 표시하여야 한다.

① 마스트의 꼭대기나 그 부근에 수직선 위쪽에는 흰색 전주등, 아래쪽에는 붉은색 전주등 각 1개

② 항행중에는 제①호에 따른 등황 덧붙여 현등 1쌍과 선미등 1개

③ 정박중에는 제①호에 따른 등화에 덧붙여 제88조(정박선과 얹혀있는 선박)에 따른 정박하고 있는 선박의 등화나 형상물

2) 도선선이 도선 업무에 종사하지 아니할 때에는 그 선박과 같은 길이의 선박이 표시하여야 할 등화나 형상물을 표시하여야 한다.

[문35.등화와 형상물.88조]

정박선, 얹혀있는 선박과 7미터, 50미터, 12미터 미만 선박의 등화표시와 형상물

1) 정박 중인 선박 : 가장 잘 보이는 곳에 다음의 등화나 형상물을 표시하여야 한다.

① 앞쪽에 흰색의 전주등 1개 또는 둥근꼴의 형상물 1개

② 선미나 그 부근에 제①호에 따른 등화보다 낮은 위치에 흰색 전주등 1개

2) 길이 50미터 미만선박 : 길이 50미터 미만인 선박은 제1항에 따른 등화를 대신하여 가장 잘 보이는 곳에 흰색 전주등 1개를 표시할 수 있다.

3) 정박 중인 선박의 갑판조명 : 정박중인 선박은 갑판을 조명하기 위하여 작업등 또는 이와 비슷한 등화를 사용하여야 한다. 다만, 길이 100미터 미만의 선박은 이 등화들을 사용하지 아니할 수 있다.

4) 얹혀있는 선박 : 얹혀있는 선박은 제1항이나 제2항에 따른 등화를 표시하여야 하며, 이에 덧붙여 가장 잘 보이는 곳에 다음의 등화나 형상물을 표시하여야 한다.

① 수직으로 붉은색의 전주등 2개

② 수직으로 둥근꼴의 형상물 3개

5) 길이 7미터 미만의 선박이 좁은 수로 등 정박지 안 또는 그 부근과 다른 선박이 통상적으로 항행하는 수역이 아닌 장소에 정박하거나 얹혀있는 경우 제1항과 제2항에 따른 등화나 형상물을 표시하지 아니할 수 있다.

6) 길이 12미터 미만의 선박이 얹혀 있는 경우

제4항에 따른 등화나 형상물을 표시하지 아니할 수 있다.

[문36.등화와 형상물.89조]

수상항공기 및 수면비행선박

수상항공기 및 수면비행선박은 이 법의 등화나 형상물을 표시할수 없거나 규정된 위치에 표시할수 없는 경우 그 특성과 위치에 관하여 될 수 있으면 이 법에서 규정하는 것과 비슷한 등화나 형상물을 표시하여야 한다.

[문37.음향신호와 발광신호.90조]

기적의 종류와 음향신호 설비

1. 법 제90조(기적의 종류)

기적이란 다음의 구분에 따라 단음과 장음을 발할 수 있는 음향신호장치를 말한다.

① 단음 : 1초 정도 계속되는 고동소리

② 장음 : 4초부터 6초까지의 시간 동안 계속되는 고동소리

2. 법 제91조(음향신호설비)

1) 길이에 따른 음향설비설치

가. 길이 12미터 이상의 선박 : 기적 1개

나. 길이 20미터 이상의 선박 : 기적 1개 및 호종 1개

다. 길이 100미터 이상의 선박

① 기적 1개

② 기적 1개 및 호종 1개

③ 덧붙여 호종과 혼동되지 아니하는 음조와 소리를 가진 징. 다만, 호종과 징은 각각 그것과 음색이 같고 '해사안전법'에서 규정한 신호를 수동으로 행할 수 있는 다른 설비로 대체할 수 있다.

2) 예외

길이 12미터 미만의 선박은 음향신호설비를 갖추어 두지 아니하여도 된다. 다만, 이들을 갖추어 두지 아니한 경우에는 유효한 음향신호를 낼 수 있는 다른 기구를 갖추어 두어야 한다.

3) 선박이 갖추어 두어야 할 기적·호종 및 징의 기술적 기준과 위치 등은 '선박설비기준'에 따른다.

[문38.음향신호와 발광신호.92조]

항행중인 동력선, 좁은수로, 시계 안에서 항행 중 조종과 경고신호(기적 등)

1. 항해중인 동력선의 기적신호 : 항행중인 동력선이 서로 상대의 시계 안에 있는 경우에 이법의 규

정에 따라 그 침로를 변경하거나 그 기관을 후진하여 사용할 때에는 다음의 구분에 따라 기적신호를 행하여야한다.

1) 침로를 오른쪽으로 변경하고 있는 경우 : 단음 1회
2) 침로를 왼쪽으로 변경하고 있는 경우 : 단음 2회
3) 기관을 후진하고 있는 경우 : 단음 3회

2. 항행중인 동력선의 발광신호

항행중인 동력선은 다음의 구분에 따른 발광신호를 적절히 반복하여 제1항에 따른 기적신호를 보충할 수 있다.

1) 침로를 오른쪽으로 변경하고 있는 경우 : 섬광 1회
2) 침로를 왼쪽으로 변경하고 있는 경우 : 섬광 2회
3) 기관을 후진하고 있는 경우 : 섬광 3회

3. 섬광신호

제2항에 따른 섬광의 지속시간 및 섬광과 섬광사이의 간격은 1초 정도로 하되, 반복되는 신호사이의 간격은 10초 이상으로 하며, 이 발광신호에 사용되는 등화는 적어도 5해리의 거리에서 볼 수 있는 흰색 전주등 이어야 한다.

4. 좁은 수로 등에서 상대의 시계 안에 있는 경우의 기적신호

선박이 좁은 수로 등에서 서로 상대의 시계 안에 있는 경우 第67조(좁은 수로 등)에 따른 기적신호를 할 때에는 다음에 따라 행하여야 한다.

1) 다른 선박의 우현 쪽으로 추월하려는 경우 : 장음 2회와 단음 1회의 순서로 의사를 표시
2) 다른 선박의 좌현 쪽으로 추월하려는 경우 : 장음 2회와 단음 2회의 순서로 의사를 표시
3) 추월당하는 선박이 다른 선박의 추월에 동의할 경우 : 장음 1회, 단음 1회의 순서로 2회에 걸쳐 동의의사를 표시

5. 서로 상대의 시계 안에 있는 선박이 접근하고 있을 경우

하나의 선박이 다른 선박의 의도 또는 동작을 이해할 수 없거나 다른 선박이 충돌을 피하기 위하여 충분한 동작을 취하고 있는지 분명하지 아니한 경우에는 그 사실을 안 선박이 즉시 기적으로 단음을 5회 이상 재빨리 울려 그 사실을 표시하여야 한다. 이 경우 의문신호는 5회 이상의 짧고 빠르게 섬광을 발하는 발광신호로써 보충할 수 있다.

6. 좁은 수로 등의 굽은 부분이나 장애물 때문에 다른 선박을 볼 수 없는 수역에 접근하는 선박

장음으로 1회의 기적신호를 울려야 한다. 이 경우 그 선박에 접근하고 있는 다른 선박이 굽은 부분의 부근이나 장애물의 뒤쪽에서 그 기적신호를 들은 경우에는 장음 1회의 기적신호를 울려 이에 응답하여야 한다.

7. 100미터 이상 거리를 두고 둘 이상의 기적을 갖추어 두고 있는 선박이 조종신호 및 경고신호를 울릴 때에는 그 중 하나만을 사용하여야 한다.

[문39.음향신호와 발광신호.93조]

제한된 시계에서 음향신호

1. 시계가 제한된 수역이나 그 부근에 있는 모든 선박은 밤낮에 관계없이 다음에 따른 신호를 하여야 한다.

① 항행중인 동력선이 대수속력이 있는 경우 : 2분을 넘지 아니하는 간격으로 장음을 1회 울려야 한다.

② 항행중인 동력선이 정지하여 대수속력이 없는 경우

ㄱ. 장음 사이의 간격을 2초 정도로 연속하여 장음을 2회 울리되

ㄴ. 2분을 넘지 아니하는 간격으로 울려야 한다.

③ 조종불능선, 조종제한선, 흘수제약선, 범선, 어로작업을 하고 있는 선박 또는 다른 선박을 끌고 있거나 밀고 있는 선박 : 제①호와 제②호에 따른 신호를 대신하여 2분을 넘지 아니하는 간격으로 연속하여 3회의 기적(장음 1회에 이어 단음 2회)을 울려야 한다.

④ 끌려가고 있는 선박(2척이상의 선박이 끌려가고 있는 경우에는 제일 뒤쪽의 선박)에 승무원이 있을 경우 : 2분을 넘지 아니하는 간격으로 연속하여 4회의 기적(장음 1회에 이어 단음 3회)을 울릴 것. 이 경우 신호는 될 수 있으면 끌고 있는 선박이 행하는 신호 직후에 울려야 한다.

⑤ 정박중인 선박 : ㉮ 1분을 넘지 아니하는 간격으로 5초 정도 재빨리 호종을 울릴 것. ㉯ 다만, 정박하여 어로작업을 하고 있거나 작업중인 조종제한선은 제3호에 따른 신호를 울려야 하고. ㉰ 길이 100미터 이상의 선박은 호종을 선박의 앞쪽에서 울리되, 호종을 울린 직후에 뒤쪽에서 징을 5초 정도 재빨리 울려야 하며, 접근하여 오는 선박에 대하여 자기 선박의 위치와 충돌의 가능성을 경고할 필요가 있을 경우에는 이에 덧붙여 연속하여 3회 (단음 1회, 장음 1회, 단음 1회) 기적을 울릴 수 있다.

⑥ 얹혀 있는 선박중 길이 100미터 미만의 선박 : 1분을 넘지 아니하는 간격으로 재빨리 호종을 5초 정도 울림과 동시에 그 직전과 직후에 호종을 각각 3회 똑똑히 울릴 것. 이 경우 선박은 이에 덧붙여 적절한 기적신호를 울릴 수 있다.

⑦ 얹혀 있는 선박중 길이 100미터 이상의 선박 : 그 앞쪽에서 1분을 넘지 아니하는 간격으로 재빨리 호종을 5초 정도 울림과 동시에 그 직전과 직후에 호종을 각각 3회씩 똑똑히 울리고, 뒤쪽에서는 그 호종의 마지막 울림 직후에 재빨리 징을 5초 정도 울릴 것. 이 경우 그 선박은 이에 덧붙여 알맞은 기적신호를 할 수 있다.

⑧ 길이 12미터 미만의 선박은 제①호부터 제⑦호까지의 규정에 따른 신호를, 길이 12미터 이상 20미터 미만인 선박은 제⑤호부터 제⑦호까지의 규정에 따른 신호를 하지 아니할 수 있다. 다만, 그 신호를 하지 아니한 경우에는 2분을 넘지 아니하는 간격으로 다른 유효한 음향신호를 하여야 한다.

⑨ 도선선이 도선업무를 하고 있는 경우 : 제①호와 제②호 또는 제⑤호에 따른 신호에 덧붙여 단음 4회로 식별신호를 할 수 있다.

2. 밀고 있는 선박과 밀려가고 있는 선박이 단단하게 연결되어 하나의 복합체를 이룬 경우에는 이를

1척의 동력선으로 보고 제1항을 적용한다.

[문40.음향신호와 발광신호.94조]

주의환기신호

1. 모든 선박은 다른 선박의 주의를 환기시키기 위하여 필요하면 '해사안전법'에서 정하는 다른 신호로 오인되지 아니하는 발광신호 또는 음향신호를 하거나 다른 선박에 지장을 주지 아니하는 방법으로 위험이 있는 방향에 탐조등을 비출 수 있다.

2. 제1항에 따른 발광신호나 탐조등은 항행보조시설로 오인되지 아니하는 것이어야 하며, 스트로보등이나 그 밖의 강력한 빛이 점멸하거나 회전하는 등화를 사용하여서는 아니 된다.

[문41.음향신호와 발광신호.95조]

조난신호

1. 선박이 조난을 당하여 구원을 요청하는 경우 국제해사기구가 정하는 신호를 하여야 한다.

2. 선박은 제1항에 따른 목적 외에 제1항에 따른 신호 또는 이와 오인될 위험이 있는 신호를 하여서는 아니 된다.

[문42.특수한 상황에서 선박의 항법등.95조]

절박한 위험이 있는 특수한 상황과 등화 및 형상물의 설치와 표시에 관한 특례

1. 법 제96조(절박한 위험이 있는 특수한 상황)

1) 선박, 선장, 선박소유자 또는 해원은 다른 선박과의 충돌위험 등 절박한 위험이 있는 모든 특수한 상황(관계선박의 성능의 한계에 따른 사정을 포함한다)에 합당한 주의를 하여야 한다.
2) 제1항에 따른 절박한 위험이 있는 특수한 상황에 처한 경우에는 그 위험을 피하기 위하여 이 법의 항법을 따르지 아니할 수 있다.
3) 선박, 선장, 선박소유자 또는 해원은 이법의 규정을 태만히 이행하거나 특수한 상황에 요구되는 주의를 게을리 함으로써 발생한 결과에 대하여는 면책되지 아니 한다.

2. 법 제97조(등화 및 형상물의 설치와 표시에 관한 특례

선박의 구조나 그 운항의 성질상 이법의 등화나 형상물을 설치 또는 표시할 수 없거나 표시할 필요가 없는 선박에 대하여는 규칙 제57조(등화 및 형상물의 설치와 표시에 관한 특례)로 정하는 바에 따라 등화 및 형상물의 설치와 표시에 관한 특례를 정할 수 있다.

[문43.보칙.98조]

청문

해양수산부장관이나 해양경찰청장은 다음의 하나에 해당하는 처분을 하려면 청문을 하여야 한다.

① 제13조(공사 또는 작업)제3항에 따른 공사 또는 작업허가의 취소
② 제23조(안전진단대행업자의 등록취소 등)제1항에 따른 안전진단대행업자 등록의 취소
③ 제48조(인증심사 업무의 대행 등)제6항에 따른 정부대행기관 지정의 취소
④ 제54조(안전관리대행업의 등록취소 등)제1항에 따른 안전관리대행업 등록의 취소
⑤ 제57조의2(해사안전 우수사업자의 지정 등)제5항에 따른 해사안전 우수사업자 지정의 취소 또는 지정효력의 정지

Ⅱ. 해사안전법 : 정리문제

[문제1] 해사안전법상 해상교통안전진단의 대행에 관하여 약술하시오.

→ [문11.19조] 해사안전법의 해상교통안전진단의 대행 및 대행업자의 결격사유 ☞ p101
1) 해상교통안전진단의 대행 → 제19조(해상교통안전진단의 대행)
2) 안전진단대행업자의 결격사유 → 제20조(안전진단대행업자의 결격사유)

[문제2] 해사안전법상 교통안전특정해역의 의의와 관리방안에 관하여 논술하시오.

→ [문8.10조] 해사안전법의 교통안전특정해역 등의 설정과 거대선 항행, 어업제한, 공사 또는 작업 시 조치 ☞ p92

[문제3] 해사안전법상 항행장애물의 처리에 대한 해양수산부장관의 권한에 관하여 설명하고, 이와 관련된 행정대집행의 적용 특례를 약술하시오.

→ [문12.25조] 해사안전법의 항행장애물의 보고와 표시 및 제거와 비용징수 ☞ p103

[문제4] 해사안전법상 특별점검에 관하여 설명하고, 특별점검 결과에 따른 명령이 있는 경우 그에 대한 이의신청에 관하여 설명하시오.

→ [문23.55조] 해사안전법의 외국선박통제와 그 조치 등 ☞ p126

[문제5] 해사안전법상 선박의 안전관리체제를 수립 및 시행하여야 하는 대상선박을 열거하고, 안전관리체제에 대한 인증심사의 종류와 인증심사 불복시 절차(이의신청)에 관하여 설명하시오.

→ [문21.45조] 해사안전법의 선장의 권한과, 선박 및 사업장의 안전관리체제수립대상선박과 체제에 포함될 사항 ☞ p118
→ [문22.47조] 해사안전법의 인증심사의 종류와 그 대행기관 및 지정기준 ☞ p120
→ [문22.49조] 해사안전법의 안전관리증서 발급과 이의신청 ☞ p122

[문제6] 해사안전법상 국가해사안전기본계획 및 해사안전시행계획의 의의, 수립절차 및 주요내용에 관하여 논하시오.

→ [문6.6조] 해사안전법의 해사안전기본계획과 해사안전시행계획 ☞ p87

[문제7] A선박(원양구역을 항해구역으로 하는 대한민국 국적의 선박), B선박(연해구역을 항해구역으로 하는 대한민국 국적의 선박), C선박(파나마국적의 외국선박)이 있다. 다음의 각 상황에 대하여 해사안전법상 우리정부가 취할 수 있는 조치에 관하여 서술하시오.

[문제7-1] A선박이 최근 3년 동안 미국의 항만국통제로 인하여 지속적으로 항행정지 처분을 받았을 때 우리정부가 취할 수 있는 점검 및 조치

→ [문23.55조] 해사안전법의 외국선박통제와 그 조치 등 ☞ p126

[문제7-2] B선박의 선원이 선박의 안전관리 상태에 대해 결함신고를 한 경우 우리정부가 취할 수 있는 지도·감독 및 조치

→ [문26.58조] 해사안전법의 지도·감독, 해사안전감독관의 직무, 개선명령 및 이의신청 ☞ p131

[문22.47조] 수시인증심사 ☞ p120

[문제7-3] C선박이 부산항에 입항하였을 경우 우리정부가 취할 수 있는 점검 및 조치

→ [문23.55조] 해사안전법의 외국선박통제와 그 조치 등 ☞ p126

[문제8] 해사안전법상 외국선박이 해양수산부장관의 허가를 받지 아니하고 대한민국의 내수에서 통할할 수 있는 경우에 관하여 설명하고, 외국선박의 내수 통항허가신청 시 허가에 필요한 제출서류와 이에 대한 지방해양수산청장의 조치사항에 관하여 설명하시오.

→ [문14.32조] 해사안전법의 외국선박의 통항 및 안전조치 ☞ p107

[문제9] 해사안전법령상 해양시설의 보호수역 설정 및 관리에 관하여 약술하시오.

→ [문7.8조] 보호수역의 설정 및 입역허가 ☞ p91

III. 해운법

[문1.총칙.1조] 해운법의 목적과 정의
[문2.해상여객운송사업.3조] 해상여객운송사업의 의의와 종류
[문3.해상여객운송사업.4조] 해상여객운송사업의 사업면허절차
[문4.해상여객운송사업.4조] 여객운송사업자의 면허, 허가, 승인, 신고 및 인가사항
[문5.해상여객운송사업.4조의2] 관광진흥법에 따른 관광객 이용시설업 등록의제
[문6.해상여객운송사업.6조] 외국해상여객운송사업자에 대한 특례
[문7.해상여객운송사업.7조.26조] 국내지사의 설치신고
[문8.해상여객운송사업.5조의2] 도서민의 교통권확보방안과 항로고시 등
[문9.해상여객운송사업.9조] 여객운송사업자에 대한 고객만족도평가
[문10.해상여객운송사업.11조] 운임과 요금
[문11.해상여객운송사업.11조의2] 운송약관
[문12.해상여객운송사업.11조의3] 여객선이력관리 및 안전정보의 공개
[문13.해상여객운송사업.14조] 사업개선명령
[문14.해상여객운송사업.8조] 해상여객운송사업자의 면허결격사유
[문15.해상여객운송사업.17조] 여객운송사업의 승계
[문16.해상여객운송사업.19조] 여객운송사업의 면허의 취소 등
[문17.해상여객운송사업.21조] 운항관리규정
[문18.해상여객운송사업.21조의2.21조의4] 여객선등의 여객, 차량 및 화물의 선적
[문19.해상여객운송사업.21조의5] 안전관리책임자
[문20.해상여객운송사업.21조의3] 여객의 금지행위
[문21.해상여객운송사업.22조] 여객선 안전운항관리와 운항관리자
[문22.해상화물운송사업.32조] 해상화물운송사업의 준용규정
[문23.해상화물운송사업.23조] 해상화물운송사업의 종류
[문24.해상화물운송사업.24조] 해상화물운송사업의 등록
[문25.해상화물운송사업.25조] 해상화물운송사업의 사업등록의 특례
[문26.해상화물운송사업.30조] 사업개선명령
[문27.해상화물운송사업.27조의2] 등록의 취소 등
[문28.해상화물운송사업.28조] 외항화물운송사업자의 운임 및 요금의 공표 등 및 금지행위
[문29.해운산업의 건전한 육성과 이용자의 지원.47조의2] 우수선화주기업
[문30.해상화물운송사업.준용규정.36조] 해운중개업등에 관한 준용규정
[문31.해상화물운송사업.해운중개업·해운대리점업·선박대여업 및 선박관리업.33조] 해운중개업, 해운대리점업 선박대여업 및 선박관리업.
[문32.해상화물운송사업.34조] 선박관리업의 영업보증금예치명령 등
[문33.해운산업의 건전한 육성과 이용자의 지원.37조] 해운산업장기발전계획과 내항여객선 현대화계획 및 해운산업발전위원회
[문34.해운산업의 건전한 육성과 이용자의 지원.40조의2] 전문기관의 지정 등
[문35.해운산업의 건전한 육성과 이용자의 지원.38조등] 해운업자에 대한 정부의 재정적지원의 종류와 감독
[문36해운산업의 건전한 육성과 이용자의 지원.38조] 선박확보 등 지원 및 선박현대화지원사업
[문37.해운산업의 건전한 육성과 이용자의 지원.41조] 해운업자에 대한 정부의 재정적지원등

[문38.해운산업의 건전한 육성과 이용자의 지원.42조] 선박담보특례와 압류선박의 운항 등에 대한 특례 등
[문39.해운산업의 건전한 육성과 이용자의 지원.44조] 도서민에 대한 운임 지원
[문40.해운산업의 건전한 육성과 이용자의 지원.44조의2] 여객선등의 접안시설 축조등과 국제협약 등의 이행을 위한 조치
[문41.해운산업의 건전한 육성과 이용자의 지원.46조] 대항조치 등
[문42.해운산업의 건전한 육성과 이용자의 지원.48조2] 응급환자 등의 이송에 대한 특례
[문43.보칙.49조] 선박매매와 용대선의 제한
[문44.보칙.50조] 보고 및 조사 등
[문45.보칙.51조] 청문

[문1.총칙.1조]

해운법의 목적과 정의

1. 목적

이 법은 해상운송의 질서를 유지하고 공정한 경쟁이 이루어지도록 하며, 해운업의 건전한 발전과 여객·화물의 원활하고 안전한 운송을 도모함으로써 이용자의 편의를 향상시키고 국민경제의 발전과 공공복리의 증진에 이바지 하는 것을 목적으로 한다.

2. 정의

① 해운업이란 해상여객운송사업, 해상화물운송사업, 해운중개업, 해운대리점업, 선박대여업 및 선박관리업을 말한다.

① 의2 여객선이란 '선박안전법'제2조제⑩호에 따른 선박(수상 또는 수중에서 항해용으로 사용하거나 사용될 수 있는 것과 부유식 해상구조물)으로서 규칙 제1조의2(여객선)로 정하는 선박을 말한다.

* 규칙 1조의2(여객선) : [쾌속여객선(25노트이상)과 일반여객선(25노트미만의 여객전용여객선)으로 나누며, 쾌속선 개념만 있고 쾌속선·초쾌속선의 개념은 삭제됨]
  ① 여객전용 여객선 : 여객만을 운송하는 선박 → 영 제11조의2(국고지원대상 선박 등)의 일반여객선은 쾌속여객선에 대한 상대개념임
  ② 여객 및 화물겸용 여객선 : 여객 외에 화물을 함께 운송할 수 있는 선박으로서 다음과 같이 구분되는 선박
    가. 일반카페리 여객선 : 폐위된 차량구역에 차량을 육상교통 등에 이용되는 상태로 적재·운송할 수 있는 선박으로서 시속 25노트 미만으로 항행하는 선박
    나. 쾌속카페리 여객선 : 폐위된 차량구역에 차량을 육상교통 등에 이용되는 상태로 적재·운송할 수 있는 선박으로서 시속 25노트 이상으로 항행하는 선박
    다. 차도선형 여객선 : 차량을 육상교통 등에 이용되는 상태로 적재·운송할 수 있는 선박으로서 차량구역이 폐위되지 아니한 여객선[폐위된 차량구역과 쾌속선이 아닌 점에서 쾌속카페리여객선과 다르다]

② 해상여객운송사업이란 해상이나 해상과 접하여 있는 내륙수로에서 여객선 또는 '선박법'에 따른 수면비행선박(이하 여객선)으로 사람 또는 사람과 물건을 운송하거나 이에 따르는 업무를 처리하는 사업으로서 '항만운송사업법' 제2조에 따른 항만운송관련사업(선박에 화물적재, 급유, 급수 등을 하는 사업, 통선 등)외의 것을 말한다.

③ 해상화물운송사업이란 해상이나 해상과 접하여 있는 내륙수로에서 선박(예선에 결합된 부선을 포함)으로 물건을 운송하거나 이에 수반되는 업무(용대선을 포함)를 처리하는 사업(수산업자가 어장에서 자기의 어획물이나 그 제품을 운송하는 사업은 제외)으로서 '항만운송사업법' 제2조에 따른 항만운송관련사업 외의 것을 말한다.

④ 용대선이란 해상여객운송사업이나 해상화물운송사업을 경영하는 자 사이 또는 해상여객운송사업이나 해상화물운송사업을 경영하는 자와 외국인 사이에 사람 또는 물건을 운송하기 위하여 선박의 전부 또는 일부를 용선하거나 대선하는 것을 말한다.

⑤ 해운중개업이란 해상화물운송의 중개, 선박의 대여·용대선 또는 매매를 중개하는 사업을 말한다.

⑥ 해운대리점업이란 해상여객운송사업이나 해상화물운송사업을 경영하는 자(외국인 운송사업자를 포함)를 위하여 통상 그 사업에 속하는 거래를 대리하는 사업을 말한다.

⑦ 선박대여업이란 해상여객운송사업이나 해상화물운송사업을 경영하는 자 외의 자 본인이 소유하고 있는 선박(소유권을 이전받기로 하고 임차한 선박을 포함)을 다른 사람(외국인을 포함)에게 대여하는 사업을 말한다.[운송계약을 체결하지 않는 선주사로 개인은 용선계약을, 금융기관은 나용선계약을 주로 체결한다]

⑧ 선박관리업이란 '선박관리산업발전법' 제2조에 규정된 국내외의 해상운송인, 선박대여업을 경영하는자, 관공선 운항자, 조선소, 해상구조물 운영자, 그 밖의 '선원법'상의 선박소유자로부터 기술적·상업적 선박관리, 해상구조물관리 또는 선박시운전 등의 업무의 전부 또는 일부를 수탁(국외의 선박관리사업자로부터 그 업무의 전부 또는 일부를 수탁하여 행하는 사업을 포함)하여 관리활동을 영위하는 업을 말한다.

⑨ 선박현대화지원사업이란 정부가 선정한 해운업자가 정부의 재정지원 또는 금융지원을 받아 낡은 선박을 대체하거나 새로이 건조하는 것을 말한다.

⑩ 화주란 해상화물운송을 위해 제②호 또는 제③호의 사업에 종사하는 자와 화물의 운송계약을 체결하는 당사자('물류정책기본법' 제2조에 따른 국제물류주선업에 종사하는 자를 포함)를 말한다.[국제물류주선업자는 운송계약을 직접 체결하며 선하증권 등을 발행하기도 한다]

⑪ 안전관리종사자란 여객선 안전운항을 위한 직무를 수행하는 사람으로서 다음의 하나에 해당하는 사람을 말한다.

가. 선장

나. 해원

다. 제22조(여객선안전운항관리)에 따른 선박운항관리자

라. '해사안전법' 제58조에 따른 해사안전감독관

3. 적용제외 : 제48조

다음 선박은 이 법을 적용하지 아니한다.

① 총톤수 5톤 미만의 선박

② 노나 돛만으로 운전하는 선박

[문2.해상여객운송사업.3조]

해상여객운송사업의 의의와 종류

해상여객운송사업의 종류

① 내항정기여객운송사업

국내항(해상이나 해상에 접하여 있는 내륙수로에 있는 장소로서 상시 선박에 사람이 타고 내리거나 물건을 싣고 내릴 수 있는 장소를 포함)과 국내항 사이를 일정한 항로와 일정표에 따

라 운항하는 해상여객운송사업

② 내항부정기여객운송사업

국내항과 국내항 사이를 일정한 일정표에 따르지 아니하고 운항하는 해상여객운송사업

③ 외항정기여객운송사업

국내항과 외국항 사이 또는 외국항과 외국항 사이를 일정한 항로와 일정표에 따라 운항하는 해상여객운송사업

④ 외항부정기여객운송사업

국내항과 외국항 사이 또는 외국항과 외국항사이를 일정한 항로와 일정표에 따르지 아니하고 운항하는 해상여객운송사업

⑤ 순항여객운송사업

해당선박 안에 숙박시설, 식음료시설, 위락시설 등 편의시설을 갖춘 대통령령으로 정하는 2천 톤 이상의 여객선을 이용하여 관광을 목적으로 해상을 순회하여 운항(국내외의 관광지에 기항하는 경우를 포함)하는 해상여객운송사업

⑥ 복합해상여객운송사업

제①호부터 제④호까지의 규정 중 어느 하나의 사업과 제⑤호의 사업을 함께 수행하는 해상여객운송사업

[문3.해상여객운송사업.4조]

해상여객운송사업의 사업면허절차

1. 사업면허

1) 원칙

해상여객운송사업을 경영하려는 자는 사업의 종류별로 항로마다 해양수산부장관의 면허를 받아야 한다.

* 항로 : 해운법상의 여객선항로개념은 해사안전법상의 항로개념과 다르다. 출항지터미널, 기항지터미널 및 종착지터미널이 명시된 여객선 항로는 2지역 간에 상당히 많은 항로가 나올 수 있다.

2) 예외

가. 내항부정기여객운송사업의 경우에는 둘 이상의 항로를 포함하여 면허를 받을 수 있다.

나. 외항부정기여객운송사업, 순항여객운송사업 및 복합해상여객운송사업(내항부정기여객운송사업 또는 외항부정기여객운송사업과 순항여객운송사업을 함께 수행하는 경우만으로 한정)의 경우에는 항로와 관계없이 면허를 받을 수 있다.

2. 사업자 공모

1) 해양수산부장관은 면허를 할 때 해양수산부령으로 정하는 바에 따라 사업자 공모를 할 수 있

다(이권이 걸린 면허로 공모를 하는 것을 원칙으로 하며 홈페이지에 게시한다).

2) 사업자 공모

가. 해양수산부장관 또는 지방해양수산청장은 사업자공모를 하려는 경우 해상여객운송사업의 면허를 하려는 항로 및 면허의 시기 등 필요한 사항을 공고하여야 한다.

* 사업자공모는 일반적으로 도서민의 교통권민원에 따르는 경우가 많으며 공모가 있은 후 1년간은 공모를 할 수 없다.

나. 해양수산부장관 또는 지방해양수산청장은 사업공모에 응한 자가 보유한 선박의 선령 및 재무건전성 등을 평가하고 해상여객운송사업자를 선정하여야 한다(여객선선정위원회구성)

다. 기타 사업자공모의 시기, 절차, 선정위원의 선임 및 세부적인 평가기준등은 '해운법 시행규칙'에 따라 정하는 "내항해운에 관한 고시'에서 별도로 정한다

3. 면허의 신청 등 : 공모의 경우 신청기간을 1개월 이내로 제한할 수 있다.

1) 면허를 받으려는 자는 사업계획서등 다음의 서류를 첨부한 신청서를 해양수산부장관에게 제출하여야 한다.

① 선박국적증서(임시선박국적증서를 포함) 및 선박검사증서 사본[무선국검사증서 포함하며 1년 이상 선박사용권한이 있는 용선계약서 또는 국적취득조건부나용선계약서를 첨부한다]

② 사업계획서

③ 정관(법인인 경우)[개인정보를 제외한 등기사항은 정보공개대상이 되지만 정관은 등기의무사항이 아니다], 법인 등 등기사항 증명서(법인인 경우만 해당한다)

2) 사업계획서에는 다음의 사항을 기재하여야 한다.

① 항로의 출발지·기항지·종착지와 이들 사이의 거리를 기재한 항로도

② 사용할 선박의 명세

* 선박을 확보하지 못한 경우 선박확보방법과 기한을 기재하고 그 증명서류를 첨부. 선박확보방법에는 LOI(letter of intent, 의향서)도 인정되지만 선정된 후에는 계약서를 제출하여야 한다.

③ 운항횟수, 출발·도착 시간(내항정기여객운송사업과 외항정기여객운송사업만 해당)

④ 사업에 필요한 시설[비관리청 항만공사가 필요한 경우가 많이 있다]

⑤ 사업개시 후 3년간 사업연도별 예상수지

⑥ 부대사업의 명세(관련법에 따른 관광객 이용시설업의 등록을 의제 받으려는 경우만 해당)

4. 면허기준에 따른 조건부면허

1) 해양수산부장관은 해상여객운송사업 면허를 할 때에는 <u>1년의</u> 기간에 '면허기준'에 따른 시설 등을 갖출 것을 조건으로 면허를 하거나 그 밖에 여객에 대한 안전강화 및 편의시설 확보 등을 위하여 필요한 조건을 붙일 수 있으며, 다음의 조건이 있는 경우 면허상 주어지는 기간 내에 조건을 충족하지 못했을 때에는 면허취소사유가 될 수 있다.

* 조건부면허에서의 조건은 정식으로 운항을 하기 전의 조건으로 대부분 안전에 관한 것이며 면허의 의미는 다른 선사의 진입이 금지된다는 의미이다.

① 공모 시의 조건

② 면허기준상 ①호와 ④호

2) 면허기준

해양수산부장관은 해상여객운송사업의 면허를 하려는 때에는 사업면허에 따라 제출한 사업계획서가 다음에 적합한지 심사하여야 한다.

① 해당사업에 사용되는 선박계류시설과 그 밖의 수송시설이 해당 항로에서의 수송수요의 성격과 해당항로에 알맞을 것

② 해당사업을 시작하는 것이 해상교통의 안전에 지장을 줄 우려가 없을 것

③ 해당사업을 하는데 있어 이용자가 편리하도록 적합한 운항계획을 수립하고 있을 것

④ 여객선등의 보유량과 여객선등의 선령 및 운항능력, 자본금등이 규칙 제5조(여객선등의 보유량 등)로 정하는 기준에 알맞을 것

5. 해상여객운송사업자의 보험가입

해상여객운송사업자는 여객 등의 피해에 대비하여 해양수산부령으로 정하는 바에 따라 보험 또는 공제에 가입하여야 한다.

* 규칙 제3조의4(보험 등에의 가입)

① 법 제4조의3에 따라 해상여객운송사업자가 가입하여야 하는 보험 또는 공제는 다음 각 호와 같다.

가. 여객, 선원 및 선박의 피해에 대비한 보험업법에 따른 보험회사의 보험

나. 한국해운조합법에 따라 설립된 한국해운조합의 공제

다. 선주상호보험조합법에 따라 설립된 선주상호보험조합의 보험

라. 외국에서 보험 또는 공제사업을 하는 자로서 해양수산부장관이 여객, 선원 및 선박의 피해를 보증할 능력이 있다고 인정하여 고시한 자의 보험 또는 공제

② 제1항에 따른 보험 또는 공제에 가입한 해상여객운송사업자는 보험증서 또는 공제증서 사본을 법 제13조제1항에 따른 사업계획상 운항개시일 전까지 해상여객운송사업의 면허를 한 해양수산부장관 또는 지방해양수산청장에게 제출하여야 한다.

* 보험은 선박보험(선체 및 기관), 여객공제, 선원임금, 선원공제가 주 대상이며, 1천톤을 초과하는 선박은 '유류오염손해배상보장법' 제47조에 따라 유류오염손해배상보장계약을 체결하여야 한다 .

* 면허를 받으면 여객선을 운항하기 전에 특히 카페리여객선의 경우에는 차량적재도에 따른 선내의 차종별 적재 및 고박시설, 중량한도, 일반화물적재사항이 포함된 복원성계산서등 '선박안전법' 및 '해사안전법'의 규정 외에도 선적이 허용된 차종의 주차시설, 야간접이안상 안전을 고려한 접이안 시설, 여객대기시설, 매표시설, 차종별 운임, 여객운임, '계량에 관한 법률'에 따른 계량, '선원법'에 따른 선원의 근로조건등과 함께 모든 안전요소가 포함된 '운항관리규정'을 운항관리규정심사위원회에 제출하여 심사받아야 한다.

* 용어설명

① insurabe value : 보험목적물의 가액

② amount insured : 보험액

③ insurer : 보험인

④ insured : 피보험인
⑤ rate : 보험요율
⑥ 손해사정인 : 보험사고발생시 손해범위를 조사하는 자
⑦ 위부 : 보험의 목적이 전부멸실시 보험자가 피보험자가 가졌던 보험목적물에 대한 권리의 취득
⑧ deductible : 피보험자의 책임부분
⑨ 선주상호보험(mutual insurance company, P&I)은 피보험자선주들이 조합을 구성하여 오히려 보험자가 되는 상호 보험을 부담하는 비영리보험이다.
⑩ P&I(protection & indemnity)에서 protection은 화물외의 피해에 대한 보험이며 indemnity는 화물의 피해에 대한 보험개념에서 출발했다.
⑪ MDAD(machinery damage additional deductible) : 기관손상에 있어 선주에 대한 추가적인 과실부담

* '내항해운에 관한 업무지침'과 '해운법 시행규칙에 따라 정하는 '내항해운에 관한 고시'에서 공모의 기준과 조건을 구체적으로 정한다.

[문4.해상여객운송사업.4조]

여객운송사업자의 면허, 승인, 신고, 신고 후 즉시수리, 인가사항

1) 면허사항 : 사업면허
2) 승인사항 : 외국의 해상여객운송사업자에 대한 특례
3) 허가사항 : 사업의 휴업 또는 폐업(내항정기여객운송사업자의 경우) [7일]
4) 인가사항 : 사업계획변경시[7일]
5) 신고사항(해운법상의 신고는 수리를 요하는 신고로 본다) [신고:2일]
   가. 국내지사의 설치신고
   나. 운임과 요금
   다. 운송약관 신고
   라. 사업계획에 따른 운항의 부득이한 사유로 인한 운항변경
   마. 사업의 승계
   바. 사업의 휴업 또는 폐업
5) 신고 후 즉시수리사항 : 부득이한 사항 [신고와 함께 수리한 것으로 본다]

* 해상여객운송사업면허의 신청관련 사업계획서 기재사항
① 항로의 출발지·기항지·종착지와 이들 사이의 거리를 기재한 항로도
② 사용할 선박의 명세(선박을 확보하지 못한 경우 선박확보방법과 기한을 기재하고 그 증명서류를 첨부)
③ 운항횟수, 출발·도착 시간(정기여객운송사업만 해당)
④ 사업에 필요한 시설
⑤ 사업개시후 3년간 사업연도별 예상수지
⑥ 부대사업의 명세(관련법에 따른 관광객 이용시설업의 등록을 의제 받으려는 경우만 해당)

* 지방해양수산청에 인·허가사항에 대한 신고 등을 하지 않는 경우 직권처리한 후 과징금처분을 한다. 여객선의 경우 과징금처분은 향후의 공모나 법적지원에 있어 감점사유가 되는 치명적인 약점이 된다.

1. 신고사항

1) 여객운송사업자가 사업계획을 변경하려면 해양수산부장관에게 미리 신고하여야 한다.
2) 해양수산부장관은 신고를 받은 날부터 2일 이내에 신고수리여부를 신고인에게 통지하여야 한다.
3) 해양수산부장관이 기간 내에 신고수리여부 또는 처기 리간의 연장여부를 신고인에게 통지하지 아니하면 그 기간이 끝난 날의 다음날에 신고를 수리한 것으로 본다.

2. 신고 후 즉시수리사항

1) 여객운송사업자는 사업계획에 따라 운항하여야 한다. 다만, 다음의 경우에는 사업계획과 다르게 운항할 수 있다.
   ① 천재지변
   ② 기상악화 또는 항만당국의 긴급점검으로 인한 일시적인 운항시간변경
   ③ 테러, 전염병 또는 항만시설의 장애발생이나 그밖에 사업계획과 다른 운항이 불가피하다고 지방해양수산청장이 인정하는 사유를 말한다.
2) 부득이한 사유의 경우 여객운송사업자는 해양수산부장관에게 신고하여야 하며, 이 경우 신고와 동시에 수리한 것으로 본다.
3) 해양수산부장관은 여객운송사업자가 부득이한 사유 없이 사업계획에 따른 운항의무를 위반한 때에는 그 여객운송사업자에게 사업계획에 따라 운항할 것을 명할 수 있다.

3. 인가사항(7일), (외항여객운송사업자의 경우는 신고사항)

1) 내항정기여객운송사업이나 내항부정기여객운송사업의 면허를 받은 자(내항여객운송사업자)가 다음에 해당하는 사업계획을 변경하려면 해양수산부장관의 인가를 받아야 한다.
   ① 선박의 증선·대체 및 감선
   ② 기항지의 변경
   ③ 선박의 운항횟수나 운항시각의 변경
   ④ 선박의 휴항
2) 사업계획변경의 인가기준
   해양수산부장관은 내항정기여객운송사업이나 내항부정기여객운송사업의 면허를 받은 자(내항여객운송사업자)의 사업계획의 변경인가를 하는 경우에는 다음에 해당하는지 여부를 심사하여야 한다.
   ① 해당사업에 사용되는 선박계류시설과 그 밖의 수송시설이 해당 항로에서의 수송수요의 성격과 해당항로에 알맞을 것
   ② 해당사업을 시작하는 것이 해상교통의 안전에 지장을 줄 우려가 없을 것
   ③ 해당사업을 하는데 있어 이용자가 편리하도록 적합한 운항계획을 수립하고 있을 것
   ④ 여객선등의 보유량과 여객선등의 선령 및 운항능력, 자본금등이 기준에 알맞을 것

⑤ 사업계획변경이 해당항로의 안정적 유지를 위한 수송안정성 확보에 지장을 줄 염려가 없을 것

[문5.해상여객운송사업.4조의2]

관광진흥법에 따른 관광객 이용시설업 등록의제

1. 관계행정기관의 장과 협의 시 관광객 이용시설업 등록 의제

해양수산부장관이 순항여객운송사업 또는 복합해상여객운송사업 면허를 할 때 관계행정기관의 장과 협의하였으면 해당 면허를 받은 자는 관련법에 따른 관광객 이용시설업 등록을 한 것으로 본다.

2. 관광객 이용시설업 등록서류제출

관광객 이용시설업의 등록을 의제 받으려는 자는 순항여객운송사업 또는 복합해상여객운송사업의 면허를 신청할 때 사업계획서등 관련법에 따른 관광객이용시설업 등록에 필요한 서류를 제출하여야 한다.

3. 제출서류의 별도지정

관광객 이용시설업 등록을 의제 받으려는 자가 관광객 이용시설업등록을 위하여 제출하는 서류는 문화체육관광부장관과 협의하여 따로 정할 수 있다.

4. 관계행정기관의 장의 협의에 대한 의견제출의무

해양수산부장관은 순항여객운송사업 또는 복합해상여객운송사업면허신청을 받은 경우 그 신청내용에 관광객이용시설업 등록에 해당하는 사항이 포함되어 있으면 미리 관계행정기관의 장과 협의하여야 하며, 협의를 요청받은 관계행정기관의장은 14일 내에 의견을 제출하여야 한다.

5. 관계행정기관의 장의 의견 제출 없을 시 무의견 간주

관계행정기관의장이 기간 내에 의견을 제출하지 아니하면 의견이 없는 것으로 본다.

6. 관계행정기관의 장에게 서면통보

해양수산부장관은 협의결과에 따라 순항여객운송사업 또는 복합해상여객운송사업면허를 한 경우 그 결과를 지체 없이 관계행정기관의 장에게 통지하여야 한다.

[문6.해상여객운송사업.6조]

외국해상여객운송사업자에 대한 특례

1. 해양수산부장관의 승인

   사업의 종류, 사업면허, '관광진흥법'에 따른 관광객 이용시설업 등록의제, 보험 등에의 가입 및 면허기준의 규정에도 불구하고 외국의 해상여객운송사업자가 국내항과 외국항 사이에서 해상여객운송사업을 경영하려면 해양수산부장관의 승인을 받아야 한다.

2. 승인을 받으려는 자는 사업계획서등 다음의 서류를 첨부한 신청서를 해양수산부장관에게 제출하여야 한다.

① 자국에서 취득한 해상여객운송사업의 허가증서사본
② 선박국적증서 및 선박검사증서사본(선박국적증서는 임시국적증서를 포함한다)
③ 사업계획서
④ 법인등기사항증명서(법인인 경우만 해당)

3. 사업계획서에는 다음사항을 기재하여야 한다.
① 항로의 출항지·기항지 및 종착지와 이들 사이의 거리를 표시한 항로도
② 사용할 선박의 명세(사용할 선박을 확보하지 못한 경우에는 그 확보방법 및 확보기한을 기재하고 그 증명서류를 첨부하여야 한다)
③ 운항횟수 및 출발·도착 시간(내항정기 여객운송사업과 외항정기 여객운송사업만 해당)
④ 사업에 필요한 시설
⑤ 사업개시 후 3년간의 사업연도별 예상수지
⑥ 부대사업의 명세(관련법에 따른 관광객이용시설업의 등록을 의제 받으려는 경우만 해당)

4. 해양수산부장관은 승인을 하려면 제출된 사업계획서에 대하여 다음의 사항을 심사하여야 한다.
① 해당사업에 사용하는 선박 계류시설과 그 밖의 수송시설이 해당 항로의 운항에 알맞은지 여부
② 해당사업을 시작하는 것이 해상교통의 안전에 지장을 줄 우려가 없는지 여부
③ 해당사업을 하는데 있어 이용자가 편리하도록 적합한 운항계획을 수립하고 있는지 여부

[문7.해상여객운송사업.7조.26조]

국내지사의 설치신고 → 화물운송사업에 준용

1. 해양수산부장관에게 신고

해양수산부장관의 승인을 받은 외국의 해상여객운송사업자가 그 사업에 딸린 업무를 수행하기 위하여 국내에 지사를 설치하려면 해양수산부장관에게 신고하여야 한다. 신고한 사항을 변경하려는 때에도 같다.

2. 신고인에게 통지

해양수산부장관은 신고 또는 변경신고를 받은 날부터 2일 이내에 신고수리여부를 신고인에게 통지하여야 한다.

3. 미통지 시 수리간주

해양수산부장관이 정한 기간 내에 신고수리여부 또는 기간 내에 처리기간 연장여부를 신고인에게 통지하지 아니하면 그 기간이 끝난 날의 다음날에 신고를 수리한 것으로 본다.

4. 외국인의 국내지사 설치신고 시 서류와 업무범위 : 규칙 제17조, 제18조

1) 국내지사의 설치 또는 설치변경신고를 하려는 자는 외국인 운송사업자 국내지사 설치(변경)신고서에 사업계획서 또는 설치변경의 사실을 증명하는 서류를 첨부하여 해양수산부장관에게 제출하여야 한다.
2) 사업계획서에는 다음의 사항을 기재하여야 한다.
① 사업개요

② 국내지사의 보유시설 및 종업원 현황

③ 보유선박 및 국내항 기항 선박의 명세

3) 외국인의 해상여객운송사업에 수반되는 업무의 범위는 여객모집, 운임·요금의 신고 및 입출항 신고 등 해상여객운송사업의 활동과 직접 관련된 업무로 한다.

4) 외국인의 해상화물운송사업에 수반되는 업무의 범위는 화물모집, 운항계획의 신고, 운임의 공표 및 입출항신고 등 해상화물운송사업의 활동과 직접 관련된 업무로 한다.

[문8.해상여객운송사업.5조의2]

도서민의 교통권확보방안과 항로고시 등

* 해운법상 도서민의 교통권 확보방안
1) 제5조의2(항로고시)
2) 제10조(선박의 최소운항기간)
3) 제15조(보조항로의 지정과 운영)
4) 제16조(운항명령)
5) 제18조(사업의 휴업 또는 폐업)
6) 제42조의2(압류선박의 운항에 대한 특례)
7) 제44조(여객선이용자등에 대한 운임과 지원)

1. 항로고시 : 법 5조의2 → 해사안전법 제31조(항로의 지정과 고시)

해양수산부장관은 도서민의 교통권 유지 등을 위하여 규칙 제5조의2(항로고시)로 정하는 바에 따라 내항여객운송사업의 항로를 정하여 고시할 수 있다.

* 규칙 제5조의2(항로고시) → 해사안전법 제31조(항로의 지정과 고시)

① 해양수산부장관은 내항여객운송사업의 항로를 고시하는 경우 항로의 출발지, 기항지 및 종착지와 이들 사이의 거리를 표시하고 고시하여야 한다.

② 지방해양수산청장은 도서민의 교통권확보를 위하여 필요하면 해양수산부장관에게 새로운 내항여객운송사업 항로의 고시나 기항지를 추가하는 등 제1항에 따른 항로고시의 변경을 요청할 수 있다.

③ 내항여객운송사업을 하려는 자는 내항여객운송사업을 하기 위하여 필요한 경우 지방해양수산청장에게 새로운 내항여객운송사업 항로의 고시나 제1항에 따른 항로고시의 변경을 요청할 수 있다. 이 경우 지방해양수산청장은 항로고시 또는 항로고시의 변경필요성을 검토하여 해양수산부장관에게 항로고시 또는 항로고시의 변경을 요청할 수 있다.

2. 선박의 최소운항기간 : 법 제10조

내항정기여객운송사업의 면허를 받은 자는 다음에 해당하는 경우를 제외하고는 면허받은 항로에 투입된 선박을 1년 이상 운항하여야 한다. 이 경우 규칙 제9조(선박의 최소운항기간)로 정하는 선박의 장기휴항 또는 휴업이 있는 경우에는 그 기간을 계산에 넣지 아니 한다.

① 규칙 제9조(선박의 최소운항기간)로 정하는 특별수송기간 등의 시기에 일시적으로 늘리거나 대체 투입한 선박의 수를 줄이는 경우[대체투입 선박]

② 운항선박의 검사·수리로 인하여 일시적으로 대체투입한 선박의 경우[대체투입 선박]

③ 운항선박의 파손·노후·고장등으로 선박의 운항이 사실상 곤란한 경우[파손·노후 선박]
④ 선박의 성능이나 편의시설 등이 더 양호한 선박으로 대체하는 경우[대체된 선박]

* 규칙 제9조(선박의 최소운항기간)
① 선박의 장기휴항 또는 휴업 : 1개월 이상 휴항하거나 휴업하는 것을 말한다.
② 특별수송기간 : '국가통합교통체계효율화법'에 따라 수립되는 특별교통대책에서 정하는 기간을 말한다.

3. 여객선의 운항명령사유 : 법 제16조

1) 해양수산부장관은 다음 각 호의 하나에 해당하는 경우에는 일정한 기간을 정하여 여객운송사업자에게 여객선의 운항을 명할 수 있다
① 제15조(보조항로의 지정과 운영)제1항에 따라 선정된 보조항로사업자가 없게 된 경우
② 운항여객선 주변해역에서 재해 등 긴급한 상황이 발생한 경우
③ 여객선이 운항되지 아니하는 도서주민의 해상교통 확보를 위하여 그 주변을 운항하는 여객선으로 하여금 해당 도서를 경유하여 운항하게 할 필요가 있는 경우
2) 해양수산부장관은 운항명령의 사유가 소멸한 때에는 그 명령을 취소하여야 한다.
3) 해양수산부장관은 운항명령을 따름으로 인한 손실과 운항명령의 취소로 인한 손실을 보상하여야 한다.

* 영 제12조(손실보상금의 결정 및 지급방법)
1) 보조항로 운항명령 및 그 취소로 손실을 입은 여객운송사업자는 규칙 제14조(손실보상금의 지급청구)로 정하는 바에 따라 해양수산부장관에게 손실보상금의 지급을 청구할 수 있다.
2) 해양수산부장관은 손실보상금의 지급청구를 받은 때에는 그 내용을 실사하여 손실보상금의 금액을 결정한 후 손실보상금지급통지서를 신청인에게 주어야 한다.

4) 손실보상금은 보조항로 운항명령에 따른 운항으로 인하여 발생하는 운항결손액과 운항명령취소로 인하여 발생하는 비용의 합계로 본다.

* 규칙 제14조(손실보상금의 지급청구)
손실보상금을 지급받으려는 자는 손실보상금지급청구서에 수입 및 지출명세서와 그 증거서류를 첨부하여 지방해양수산청장에게 제출하여야 한다.

4. 해양수산부장관이 보조항로를 지정하는 이유 및 보조항로사업자 선정과 취소 : 법 제15조

1) 보조항로의 의의
해양수산부장관은 도서주민의 해상교통수단을 확보하기 위하여 필요하다고 인정되면 국가가 운항에 따른 결손금액을 보조하는 항로(이하 보조항로)를 지정하여 내항여객운송사업자 중에서 보조항로를 운항할 사업자(이하 보조항로사업자)를 선정하여 운영하게 할 수 있다.
2) 해양수산부장관과 보조항로사업자의 운영합의
→ '내항해운에 관한 업무지침'에 따라 하도급금지 및 기존선원의 승계
제1항에 따라 지정된 보조항로의 운항계획과 운항선박의 관리 등 보조항로의 운영과 관련한 사항은 해양수산부장관이 보조항로사업자와 합의하여 정한다.
3) 보조항로사업자에 대한 평가와 우대조치

해양수산부장관은 합의하여 정한 보조항로의 운영에 대하여 평가하여 우수보조항로사업자에 대한 우대조치 등을 할 수 있다. 이 경우 평가의 방법·절차와 결과의 활용등에 관한 세부사항은 해양수산부장관이 정하여 고시한다.

4) <u>평가 등에 의한 보조항로사업자의 선정취소</u>

해양수산부장관은 보조항로사업자가 제2항의 합의사항을 위반하거나 평가결과 해당보조항로사업자가 더 이상 보조항로를 운영하기에 알맞지 아니하다고 인정되면 해당 보조항로사업자의 선정을 취소할 수 있다.

5) 선박대여예외

해양수산부장관은 보조항로사업자가 운항하는 선박의 수리 등으로 인하여 보조항로의 선박운항이 중단될 것이 우려되면 법 제33조(사업의 등록)에도 불구하고 그 보조항로사업자에게 선박대여업의 등록을 하지 아니한 자로부터 여객선을 대여 받아 운항하게 할 수 있다.

6) <u>수송수요변경관련 보조항로사업자의 지정취소</u>

해양수산부장관은 지정된 보조항로의 운영과 관련하여 다음의 하나에 해당하는 사유가 발생한 때에는 보조항로의 지정을 취소할 수 있다.

가. 해당도서에 연륙교가 설치된 경우

나. 수송수요의 뚜렷한 증가로 보조금이 불필요한 경우

다. 수송수요의 뚜렷한 감소로 보조항로의 지정이 필요치 않은 경우

7) 보조항로의 국고지원

보조항로의 지정 및 운영과 관련하여 보조항로의 지정절차, 보조항로사업자의 선정방법, 운항결손액의 결정과 지급방법 등에 관하여 필요한 사항은 영 제9조(보조항로의 지정), 영 제10조(보조항로사업자의 선정방법), 영 제11조(운항결손액의 결정 및 지급방법)로 정한다.

8) 법 제15조의2(선박건조의 지원)

가. 국가는 보조항로를 운항하는 선박에 대하여 선박건조에 소요되는 비용을 지원할 수 있다.

나. 국고지원의 대상이 되는 선박 및 건조된 선박의 운항에 관련된 사업자의 선정 등에 필요한 사항은 영 제11조의2(국고지원대상 선박등)에 따른다.

* 영 제9조(보조항로의 지정)

1) 해양수산부장관은 도서주민의 해상교통수단을 확보하기 위하여 해양수산부장관이 정하여 고시하는 기준에 따라 법 제15조(보조항로의 지정과 운영)에 따른 보조항로를 지정할 수 있다. → '내항해운에 관한 업무지침', 도서주민의 1일 생활권 보장

2) 해양수산부장관은 보조항로를 지정한 경우에는 다음의 사항을 관보에 고시하여야 한다.

① 보조항로의 지정일

② 보조항로의 지정사유['내항해운에 관한 업무지침'에 따른 도서주민에 대한 1일 생활권 보장]

③ 보조항로로 지정된 항로(출발지, 도착지 및 기항지를 포함한다)

* 영 제10조(보조항로사업자의 선정방법)

1) 해양수산부장관은 보조항로사업자를 선정하는 경우에는 경쟁입찰로 하여야 한다. 다만, 보조항로로 지정된 항로를 운항하고 있는 사업자를 해당 항로의 사업자로 선정하려는 경우에는 수의계약의 방법으로 선정할 수 있다.

2) 해양수산부장관은 경쟁입찰 시 필요하다고 인정되면 해당보조항로의 특성 및 수요에 적

합한 선박을 확보할 수 있는 자로 한정하여 입찰참가자격을 부여할 수 있다

3) 영 제11조(운항결손액의 결정 및 지급방법)

① 법 제15조제1항에 따른 운항결손액은 해당보조항로사업자가 보조항로사업의 운영을 위하여 지출한 비용에서 수익을 뺀 비용을 말하며 그 세부적인 항목은 규칙 제13조로 정한다.

② 해양수산부장관은 법 제15조제1항에 따라 운항결손액을 지급하는 경우에는 해당 보조항로의 운영기간 동안 매분기별로 보조항로사업자에게 분할지급 하여야 한다. 다만, 해당 사업자가 신청하는 경우에는 연도별로 분할 지급할 수 있다.

* 규칙 제13조(보조항로사업자의 선정방법 등)

1) 경쟁입찰은 해당보조항로사업의 계약기간 동안에 예상되는 운항결손액을 제시하는 방식에 따른다.

2) 계약기간은 3년으로 하되 입찰참가자격을 한정한 경우에는 10년으로 한다.

3) 산정하는 운항결손액의 세부비용항목은 다음과 같다.

① 선원 등 운항관련 종사자의 인건비

② 유류비

③ 선박수리비

④ 감가상각비 또는 용선료

⑤ 그 밖의 운항경비

4) 제1항부터 제3항까지의 규정에 따른 사항 외에 보조항로사업자 선정을 위한 경쟁입찰 절차에 관하여는 '국가를 당사자로 하는 계약에 관한 법률'을 준용한다.

* 영 제11조의2(국고지원 대상 선박 등)

1) 국고지원의 대상이 되는 선박 선정기준은 보조항로를 운항하는 선박중 다음의 하나에 해당하는 경우로 한다.

① 선령이 15년을 초과하는 선박을 대체하는 경우

② 선령 15년 이하인 일반여객선[여객전용여객선으로 25노트 미만의 여객전용선]을 차도선 또는 취항하고 있는 항로의 특성에 맞는 선박으로 대체하는 경우

③ 기존에 운항되고 있는 선박보다 총톤수 및 최대속력이 각각 10% 이상 크고 빠른 선박으로 대체하는 경우

2) 해양수산부장관은 국고지원으로 건조된 선박을 선정된 보조항로사업자로 하여금 보조항로에 취항하도록 하여야 한다.

5. 여객운송사업의 휴업·폐업 : 법 제18조 → 화물운송사업에 준용

1) 사업의 휴·폐업의 신고 또는 허가

여객운송사업자는 그 사업을 휴업하거나 폐업하려면 규칙 제15조(휴업 또는 폐업 신고 등)로 정하는 바에 따라 해양수산부장관에게 신고하여야 한다. 다만, 내항정기여객운송사업자가 그 사업을 휴업하려는 경우에는 해양수산부장관의 허가를 받아야 한다. [신고:2일, 인가·허가:7일]

2) 휴·폐업의 허가

해양수산부장관은 내항정기여객운송사업자가 휴업허가를 신청하는 경우 여객선등 이용자의 해상교통 이용에 불편을 야기할 우려가 있는 경우를 제외하고는 휴업을 허가하여야 한다.

3) 공고

해양수산부장관은 휴업 또는 폐업신고를 받거나 휴업허가를 하면 그 사실을 공고하여야 한다.

4) 휴업기간의 제한

내항정기여객운송사업자의 휴업기간은 연간 6개월을 초과할 수 없다.

* 제19조(면허의 취소 등)제2항제④호 : 사업기간동안 운항중단 120일 제한
* 규칙 제15조(휴업 또는 폐업신고 등)
1) 휴업 또는 폐업의 신고와 휴업허가를 신청하려는 여객운송사업자는 해상여객운송사업 휴업(폐업)신고서 또는 내항정기여객운송사업 휴업허가신청서를 해양수산부장관 또는 지방해양수산청장에게 제출하여야 한다.
2) 해양수산부장관 또는 지방해양수산청장은 제1항에 따라 폐업신고를 받은 경우와 휴업허가를 한 경우에는 그 내용을 인터넷 홈페이지에 공고하여야 한다.

6. 압류선박의 운항에 대한 특례 : 법 제42조의2

압류선박이 제3조(사업의 종류)제①호(내항정기여객운송사업)에 따른 내항정기여객운송사업의 면허를 받은 항로에서 유일한 여객선인 경우에는 법원은 '민사집행법' 제176조(압류선박의 정박)제2항 후단에도 불구하고 채권자, 최고가매수신고인, 차순위 매수신고인 및 매수인의 동의 없이 채무자의 신청에 따라 압류선박의 운항을 허가할 수 있다.

7. 여객선 이용자등에 대한 운임과 요금의 지원 등 : 법 제44조

1) 국가 또는 지방자치단체는 도서지역의 교통편의를 증진하기 위하여 예산의 범위 안에서 여객선 이용자등에 대한 운임과 요금의 일부를 지원할 수 있다. ['도서민 여객선 운임지원 집행지침'에 따라 도서민의 여객선운임의 일부를 국가와 지자체에서 보조하는 제도이다]
2) 국가 또는 지방자치단체는 예산의 범위에서 '도서개발 촉진법'에 따른 도서의 도서민이 사용할 목적의 유류, 가스, 연탄, 목재펠릿의 해상운송비중 일부를 규칙 제26조5(해상운송비의 지원)로 정하는 바에 따라 내항화물운송사업자등에게 지원할 수 있다.

* 규칙 제26조의5(해상운송비의 지원)
1) 국가 또는 지방자치단체가 해상운송비중 일부를 지원할 수 있는 자는 다음의 하나에 해당하는 자로 한다.
   ① 내항화물운송사업의 등록을 한자
   ② '유선 및 도선사업법'에 따른 도선사업에 대하여 관할관청의 면허를 받거나 관할관청에 신고한 자
   ③ 그밖에 해당도서지역 해상운송의 현실과 여건을 고려하여 지원할 필요가 있다고 인정되는 자
2) 해상운송비의 지원기준, 지원방법 및 절차 등에 관하여 필요한 사항은 '도서지역 생활필수품 해상운송비 지원지침'으로 정한다.
   ① 운임 : 여객선을 이용하여 운송하는 금액
   ② 요금 : 운임을 포함한 기타 이용시설의 이용금액
   ③ '도서민 여객선운임지원 집행지침' : 국가와 지자체에서 도서민의 운임지원을 하여 운임이 7000원을 넘지 않게 하는 제도

[문9.해상여객운송사업.9조]

여객운송사업자에 대한 고객만족도평가

→ 제15조(보조항로의 지정과 운영)제3항(보조항로사업자평가), 제47조의2(우수선화주기업), 해사안전법 제57조의2(해사안전우수사업자)

1) 목적과 평가대상

해양수산부장관은 해상교통서비스의 향상을 위하여 제4조(사업면허)제1항에 따라 해상여객운송사업의 면허를 받은 자와 제6조(외국의 해상여객운송사업자에 대한 특례)에 따라 해상여객운송사업의 승인을 받은 자(이하 여객운송사업자)에 대하여 영 제4조(고객만족도평가의 방법 및 절차)로 정하는 바에 따라 선박의 운항과 관련된 고객의 만족도를 평가(이하 고객만족도평가)할 수 있다.

* 영 제4조(고객만족도평가의 방법 및 절차)

1) 해양수산부장관은 여객운송사업자(법 제4조(사업면허)와 제6조(외국의 해상여객운송사업자에 대한 특례)에 따라 해상여객운송사업의 승인을 받은 자)에 대한 고객만족도평가를 공정하고 효율적으로 수행하기 위하여 민간조사기관으로 하여금 그 업무를 대행하게 할 수 있다. 이 경우 예산의 범위에서 해당조사기관이 대행하는 업무에 드는 비용의 전부 또는 일부를 지원할 수 있다.
2) 고객만족도평가는 여객운송사업의 이용자에 대한 설문조사와 현장모니터링을 통하여 실시하되, 정시 운항실적 등 객관적 통계지표를 일부 반영할 수 있다.
3) 해양수산부장관은 고객만족도평가를 실시하기 전에 평가기간, 평가대상 및 평가기준 등을 공고하여야 한다.

2) 고객만족도평가에 의한 조치

해양수산부장관은 고객만족도평가결과에 따라 다음의 조치를 할 수 있다

① 고객만족도평가 결과가 우수한 여객운송사업자에 대한 포상 또는 우대

② 고객만족도평가 결과가 부진한 여객운송사업자에 대한 사업자 공모 또는 재정지원 등에서의 불이익

* 영 제5조(고객만족도 평가에 따른 조치)

1) 해양수산부장관은 고객만족도평가의 결과가 우수한 여객운송사업자에 대하여 포상하거나 다음의 하나에 해당하는 우대조치를 할 수 있다
   ① 법 제4조(사업면허)제2항에 따른 사업자공모를 하는 경우 우선권 또는 가산점의 부여
   ② 법 제15조(보조항로의 지정과 운영)제1항에 따른 보조항로사업자를 선정하는 경우 가산점의 부여
2) 해양수산부장관은 고객만족도평가의 결과가 부진한 여객운송사업에 대하여 다음의 하나에 해당하는 불이익 조치를 할 수 있다
   ① 법 제4조(사업면허)제2항에 따른 사업자공모를 하는 경우 감점의 부여
   ② 법 제12조(사업계획의 변경)제4항제①호(선박의 증선·대체 및 감선) 및 제③호(선박의 운항횟수나 운항시각의 변경)와 관련된 사업계획변경인가의 거부
   ③ 법 제15조(보조항로의 지정과 운영)제1항에 따른 보조항로사업자를 선정하는 경우 감점의 부여
   ④ 법 제38조(선박확보 등을 위한 지원)에 따른 재정지원 대상을 선정하는 경우 감점의

부여

3) 여객선 고객만족도 평가위원회 설치

해양수산부장관은 고객만족도평가의 방법, 우수 또는 부진 여객운송사업자의 기준 등에 관한 사항을 심의하기 위하여 여객선고객만족도평가위원회를 설치·운영할 수 있다.

4) 고객만족도평가결과 공표

해양수산부장관은 영 제7조(고객만족도평가결과의 공표)로 정하는 바에 따라 고객만족도평가의 결과를 공표할 수 있다.

* 영 제7조(고객만족도평가결과의 공표)

1) 해양수산부장관은 고객만족도평가의 결과를 공표하는 경우에는 다음 각호의 사항을 포함하여야 한다.
   ① 평가항목별 평가방법 및 그 결과
   ② 여객운송사업자 및 여객선별 평가순위
   ③ 여객운송사업자 및 해당 여객선별 서비스품질의 향상정도
   ④ 그 밖에 해상교통서비스의 증진을 위하여 공표할 필요가 있다고 인정되는 것으로서 해양수산부령(미제정)으로 정하는 것
2) 해양수산부장관은 고객만족도평가의 결과를 관보·공보·일간신문 또는 컴퓨터통신망을 통하여 공표하여야 한다.

[문10.해상여객운송사업.11조]

운임과 요금

관련법조문 → 법 제44조(여객선이용자등에 대한 운임과 요금의 지원)

* 운임 : 거리와 무게에 따라 차등적용
* 요금 : 운임 + 서비스비용
* 쾌속선에서의 휴대품은 15kg, 가로와 세로와 높이의 합이 150cm를 넘지 않아야 한다.(일반적으로 약관에서 정한다)

1) 여객운송사업자는 규칙 제10조(여객운송사업자의 운임과 요금의 신고)로 정하는 바에 따라 운임과 요금을 정하여 해양수산부장관에게 미리 신고 또는 변경신고를 하여야 한다. 이 경우 여객운송사업자는 여객선 이용자가 관계 법률에 따라 운임 또는 요금을 지원받은 때에는 그 내용을 반영하여야 한다.(여객뿐 아니라 차량과 일반화물에 대해서도 세부적으로 신고사항이다)
2) 해양수산부장관은 신고 또는 변경신고를 받은 날부터 7일 이내에 신고수리여부를 신고인에게 통지하여야 한다.
3) 해양수산부장관이 정한 기간 내에 신고수리여부 또는 '민원처리관련법령'에 따른 처리기간의 연장여부를 신고인에게 통지하지 아니하면 그 기간이 끝난 날의 다음날에 신고를 수리한 것으로 본다.
4) 운임과 요금의 기준설정

해양수산부장관은 독과점항로에서 운항하는 내항여객운송사업의 운임과 요금이 적절하고 알맞

게 유지될 수 있도록 규칙 제10조(여객운송사업자의 운임과 요금의 신고)로 정하는 바에 따라 운임과 요금의 기준을 정할 수 있다.

* 규칙 제10조(여객운송사업자의 운임과 요금의 신고)
1) 내항여객운송사업자는 운임과 요금을 신고하거나 변경신고하려는 경우에는 내항여객운송사업 운임·요금(변경)신고서에 다음의 서류를 첨부하여 지방해양수산청장에게 제출하여야 한다.
   ① 원가계산서 등 운임과 요금의 산출근거를 기재한 서류
   ② 구간제 운임과 요금의 경우 그 구간을 표시한 서류
   ③ 운임과 요금의 신·구대조표(변경신고의 경우)
2) 내항여객운송사업자를 제외한 여객운송사업자(법 제4조(사업면허), 또는 제6조(외국의 해상여객운송사업자에 대한 특례)에 따라 해상여객운송사업의 면허 또는 승인을 받은자)는 제1항에 따라 운임과 요금을 신고하거나 변경신고하려는 경우에는 신고서에 제1항제①호 및 제③호의 서류를 첨부하여 해양수산부장관 또는 지방해양수산청장에게 제출하여야 한다.
3) 해양수산부장관은 다음의 사항을 정하여 고시할 수 있다.
   ① 운임과 요금의 산출기준 및 원가 계산방법
   ② 운항원가의 구성 및 부대비용

[문11.해상여객운송사업.11조의2]

운송약관

1. 여객운송사업자는 운송약관을 정하여 해양수산부장관에게 신고하여야 한다. 이를 변경하는 경우에도 또한 같다.
2. 해양수산부장관은 신고 또는 변경신고를 받은 날부터 5일 이내에 신고수리여부를 신고인에게 통지하여야 한다.
3. 해양수산부장관이 정한 기간 내에 신고수리여부 또는 '민원처리관련법령'에 따른 처리기간의 연장여부를 신고인에게 통지하지 아니하면 그 기간이 끝난 날의 다음날에 신고를 수리한 것으로 본다.

* 규칙 제10조의2(운송약관의 신고)
1) 운송약관을 신고하거나 변경신고하려는 여객운송사업자는 운송약관신고서에 다음의 서류를 첨부하여 해양수산부장관 또는 지방해양수산청장에게 제출하여야 한다
   ① 운송약관
   ② 운송약관 신·구대비표(변경신고시)
2) 운송약관에는 다음의 사항을 적어야 한다.
   ① 운송약관의 범위[적용범위]
   ② 운임·요금의 수수 또는 환급에 관한 사항
   ③ 부가운임에 관한 사항
   ④ 운송책임 및 배상에 관한 사항
   ⑤ 면책에 관한 사항
   ⑥ 여객의 금지행위에 관한 사항
   ⑦ 화물의 인도·인수·보관 및 취급에 관한 사항
   ⑧ 여객 및 차량승선권의 예매·발권 등에 관한 사항

⑨ 그밖에 이용자의 보호 등을 위하여 필요한 사항

3) 여객운송사업자는 제1항에 따라 운송약관을 신고하거나 변경신고를 한때에는 다음의 사항을 인터넷 홈페이지에 게시하고, 여객선터미널·영업소 또는 사업소등에서 이용자가 보기 쉬운 장소에 비치하여 이용자가 이를 열람할 수 있도록 하여야 한다.

① 항로별·기항지별 운임 및 요금

② 운임 및 요금의 할인 및 할증내용

③ 운송약관

[문12.해상여객운송사업.11조의3]

여객선이력관리 및 안전정보의 공개

1. 제11조의3에 따른 규칙 제10조의3(여객선 이력관리)

→ 해사안전법 제57조(선박안전도정보의 공표)

1) 내항여객운송사업자는 다음사항을 포함한 여객선이력관리장부를 작성·관리하여야 한다

① 선박의 도입 및 매매에 관한 사항

② 선박도입후 운항항로 이력

③ '선박안전법'에 따른 선박검사결과

④ '해양사고의 조사 및 심판에 관한 법률'에 따른 해양사고이력

⑤ '선박안전법'에 따른 선박개조이력

2) 내항여객운송사업자는 제1항에 따른 여객선 이력관리장부를 선박 및 사업소에 비치하여야 하며, 선박을 매매 또는 양도하는 경우에는 여객선 이력관리장부를 인계(선박을 매수 또는 양수한 자가 해당 선박을 내항 여객운송사업에 사용하지 아니하는 경우는 제외한다)하여야 한다.

3) 제1항 및 제2항에서 규정한 사항 외에 여객선 이력관리에 필요한 사항은 해양수산부장관이 고시한다.

2. 여객운송사업자는 여객선에 대하여 다음의 사항을 인터넷 홈페이지 등 규칙 제10조의4(안전정보의 공개)로 정하는 방법으로 공개하여야 한다.

① 선령

② 선박검사일자 및 선박검사결과

③ 규칙 제10조의4(안전정보의 공개)로 정하는 사고의 이력에 관한 사항

④ 그밖에 여객운송 안전과 관련된 정보로서 규칙 제10조의4(안전정보의 공개)로 정하는 사항

* 규칙 제10조의4(안전정보의 공개)

1) 법 제11조의3(여객선이력관리 및 안전정보의 공개)제2항제③호에서 정하는 사고이력에 관한 사항이란 '해사안전법' 제57조(선박안전도정보의 공표)에 따라 공표되는 해양사고를 말한다.

- 해사안전법 시행령 제19조의2(선박안전도정보의 공표)의 공표사항

① 사람이 사망하거나 실종된 사고

② 선박이 충돌·좌초·전복·침몰 등으로 멸실되거나 감항능력을 상실하여 선박에 대한 수난구호 또는 예인작업이 이루어진 사고

③ 다음 각목의 구분에 따라 유류 또는 기름이 유출된 사고
가. '유류오염손해배상보장법' 제2조제⑤호에 따른 유류[일반화물중유] : 30킬로리터 이상
나. '해사안전법법' 제14조제1항제①호에 따른 기름(가짜기름등 가목에 준하는 유류) : 100킬로리터 이상

2) 법 제11조의3제2항제④호에서 여객운송과 관련된 정보로서 정하는 사항은 다음 각 호의 사항을 말한다.
① 여객선의 선명, 선종, 여객선의 총톤수, 여객정원, 화물의 적재한도 및 운항속력
② 법 제21조(운항관리규정의 작성·심사 및 준수)에 따른 운항관리규정, 다만, 여객운송업자의 내부정보 또는 개인정보 등이 포함된 경우에는 지방해양수산청장과 협의하여 일부를 제외하고 공개할 수 있다.
③ 법 제19조(면허의 취소 등)제1항제⑪호부터 제⑱호까지의 위반행위[운항관리규정위반사항]에 따른 처분내용

3) 여객운송사업자는 여객선안전정보(제1항의 사고의 이력 및 제2항제③호의 처분내용은 최근 3년간의 정보로 한정한다)를 한국해양교통안전공단의 인터넷홈페이지에 게재하는 방법으로 공개하고, 반기마다 이를 갱신하여야 한다.

4) 여객운송사업자 또는 한국해양교통안전공단은 제3항에 따라 안전정보를 공개하는 경우 여객 등이 안전정보를 쉽게 확인할 수 있도록 필요한 조치를 하여야 한다.

[문13.해상여객운송사업.14조]

사업개선명령 → 제45조(국제협약 등의 이행을 위한 조치)

해양수산부장관은 여객운송서비스의 질을 높이고 공공복리를 증진하기 위하여 필요하다고 인정되면 여객운송사업자에게 다음의 사항을 명할 수 있다.

① 사업계획의 변경
② 독과점 항로에서의 운임이나 요금의 변경
③ 시설의 개선이나 변경
④ 보험가입
⑤ 선원을 보호하기 위하여 필요한 조치
⑥ 다른 여객운송사업자와 시설을 함께 사용하는 것을 내용으로 하는 조치 → 제45조(국제협약 등의 이행을 조치)
⑦ 선박의 개량, 대체 및 증감에 관한 사항
⑧ 선박의 안전운항을 위하여 필요한 사항
⑨ 해운에 관한 국제협약을 이행하기 위하여 필요한 사항
⑩ 제10조(선박의 최소운항기간)에 따른 선박의 최소운항기간의 준수
⑪ 제11조의2(운송약관신고)에 따른 운송약관 변경

[문14.해상여객운송사업.8조]

해상여객운송사업자의 면허결격사유

다음에 해당하는 자는 해상여객운송사업의 면허를 받을 수 없다.

① 미성년자·피성년 후견인 또는 피한정후견인

② 파산선고를 받은 자로서 복권되지 아니한 자

②의2 제19조(면허의 취소 등)제2항제①호의2(다중의 생명·신체에 위험을 야기한 해양사고가 여객운송사업자의 고의나 중대한 과실에 의하거나 선장의 선임·감독과 관련하여 주의의무를 게을리하여 일어난 경우)에 따라 해상여객운송사업면허가 취소 된 자

③ 이 법 또는 해사관련법(선박법, 선박안전법, 선박의 입항 및 출항 등에 관한 법률, 선박직원법, 선원법, 수상에서의 수색·구조등에 관한 법률, 유선 및 도선사업법, 해사안전법, 해양환경관리법)을 위반하여 금고이상의 실형을 선고받고 그 집행이 끝나거나 집행이 면제된 날부터 2년이 지나지 아니한 자

④ 관계법률을 위반하여 형의 집행유예를 선고받고 그 유예기간 중에 있는 자

⑤ 제19조(면허의 취소등, 제2항제①호의2는 제외)에 따라 해상여객운송사업면허가 취소된 후 2년이 지나지 아니한 자

⑥ 대표자가 상기 각호의 규정 중 어느 하나에 해당하게 된 법인

[문15.해상여객운송사업.17조]

여객운송사업의 승계 → 화물운송사업의 승계에 준용

1. 양도, 사망, 합병에 의한 권리·의무의 승계

여객운송사업자가 그 사업을 양도하거나 사망한 때 또는 법인이 합병될 때에는 그 양수인·상속인 또는 합병 후 존속하는 법인이나 합병으로 설립되는 법인은 해당면허에 따른 권리·의무를 승계한다.

2. 인수에 의한 승계

다음의 하나에 해당하는 절차에 따라 해상여객운송사업의 시설과 설비를 전부 인수한 자는 해당면허에 따른 권리와 의무를 함께 승계한다.

① '민사집행법'에 따른 경매

② '채무자회생 및 파산에 관한 법률'에 따른 환가

③ '국세징수법'·'관세법' 또는 '지방세징수법'에 따른 압류재산의 매각

④ 그밖에 제①호부터 제③호까지의 규정에 따른 절차에 준하는 절차

3. 결격사유의 준용

제1항에 따른 승계인에 관하여는 법 제8조(결격사유)를 준용한다. 이 경우 상속인 또는 합병 후 존속하는 법인이나 합병으로 설립되는 법인의 대표자가 결격사유에 해당하는 경우에는 90일 이

내에 여객운송사업자로서의 지위를 양도하거나 그 대표자를 변경하여야 한다.

4. 승계의 신고

제1항 또는 제2항에 따른 승계인은 규칙 제14조의2(사업의 승계신고)로 정하는 바에 따라 해양수산부장관에게 신고하여야 한다.

> * 규칙 제14조의2(사업의 승계신고)
> 승계인은 해상여객운송사업 승계신고서에 다음의 구분에 따른 서류를 첨부하여 해양수산부장관 또는 지방해양수산청장에게 제출하여야 한다
> ① 사업의 양도·양수 또는 합병의 경우
> 가. 양도·양수 계약서 또는 합병계약서 사본
> 나. 양도·양수, 합병에 관한 총회 또는 이사회의 의결서 사본(법인인 경우)
> ② 상속, 그 밖의 포괄승계의 경우 : 상속, 그 밖의 포괄승계를 증명하는 서류

5. 해양수산부장관은 제4항에 따른 신고를 받은 날부터 5일 이내에 신고수리여부를 신고인에게 통지하여야 한다.
6. 해양수산부장관이 제5항에서 정한 기간 내에 신고수리여부 또는 '민원처리관련법령'에 따른 처리기간의 연장여부를 신고인에게 통지하지 아니하면 그 기간이 끝난 날의 다음날에 신고를 수리한 것으로 본다.

> * 여객운송사업자의 사업승계 시 제8조(결격사유)에 해당하는 경우
> 1) 양도는 애초에 이루어지지 않는다.
> 2) 상속·합병시에는 승계가 되지만 90일의 유예기간 내에 결격사유의 치유가 되지 않으면 면허가 취소된다.
> 3) 민사집행법등에 의한 인계 시에는 결격사유치유기간이 엄격하게 적용되지 않는다.

[문16.해상여객운송사업.19조]

여객운송사업의 면허의 취소 등 → 화물운송사업에 준용

1. 면허·인가의 취소 또는 정지

해양수산부장관은 여객운송사업자가 다음의 하나에 해당하면 면허(승인을 포함한다) 또는 제12조(사업계획의 변경) 제4항에 따른 인가를 취소하거나 6개월 이내의 기간을 정하여 해당사업의 전부 또는 일부를 정지할 것을 명하거나 10억원 이하의 과징금을 부과할 수 있다. 다만, 제②호부터 제⑪호까지, 제⑮호 및 제⑰호에 대하여는 1억원 이하의 과징금을 부과할 수 있다.

① 해양사고가 여객운송사업자의 고의나 중대한 과실에 의하거나 선장의 선임·감독과 관련하여 주의의무를 게을리 하여 일어난 경우

② 여객운송사업자가 해양사고를 당한 여객이나 수하물 또는 소하물에 대하여 정당한 사유 없이 필요한 보호조치를 하지 아니하거나 피해자에 대하여 피해보상을 하지 아니한 경우

③ 제4조(사업면허)제1항에 따른 해상여객운송사업면허나 제6조(외국의 해상여객운송사업자에 대한 특례)제1항에 따라 면허 또는 승인받은 사업의 범위를 벗어나 해상여객운송사업을 경영한

경우

④ 제4조(사업면허)제4항에 따른 기간내에 제5조(면허기준)제1항제②호(해당사업에 사용되는 선박 계류시설과 그 밖의 수송시설이 해당항로에서의 수송수요의 성격과 해당항로에 알맞을 것) 및 제⑤호(여객선등의 보유량과 여객선등의 선령 및 운항능력, 자본금등이 규칙 제5조(여객선의 보유량)로 정하는 기준에 알맞을 것)에 따른 시설등을 갖추지 못하거나 그 밖에 면허에 붙인 조건을 위반한 경우

⑤ 제5조(면허기준)제1항제⑤호에 미달하게 된 경우(미달하게 된 날부터 2개월 이내에 그 기준을 충족한 경우는 제외한다)

* 천재지변에 의해 보유선박이 없게 된 경우의 행정처분절차

① 선박의 멸실이 최종 확인되면 '선박법'에 따른 말소등록을 하고, 해운법 제12조(사업계획의 변경) 제4항 제①호(선박의 증선·대체 및 감선)에 따른 인가조건이 되어 지방청은 직권감선조치한 후 관계기관(해운조합, 운항관리센터, 해경, 출항지·기항지·종착지 시·군)에 감선조치 통보한다.

② 감선조치가 된 후 영 제24조(과징금을 부과할 위반행위와 과징금의 금액)제1항 별표에 따라 과징금부과 항목 마)에 의한 면허기준미달이 2개월 내에 충족되지 못하면 매 2개월마다 3차에 걸쳐 과징금(200만원→500만원→1000만원)이 부과되면서 6개월이 경과되면 청문을 거쳐 면허를 취소할 수 있다.

③ 천재지변으로 선박이 멸실되면 해운법 제19조(면허의 취소 등)제1항제⑤호에 따른 해운법 제5조(면허기준)에 미달하게 되고 2개월 내에 그 기준을 충족하지 못한 경우라도 영 12조의2(면허취소의 예외사유)제①호에 해당된다.

⑥ 제11조의2(운송약관 신고)제1항을 위반하여 운송약관을 신고(변경신고를 포함한다)하지 아니하거나 신고한 운송약관을 준수하지 아니한 경우

⑦ 여객운송사업자가 제12조(사업계획의 변경)제4항에 따른 사업계획변경의 인가를 받은 후 인가실시일 부터 15일 이내에 인가사항을 이행하지 아니한 경우

⑧ 제13조(사업계획에 따른 운항)제1항각호 외의 부분 본문에 따른 사업계획상 운항개시일 부터 1개월 이내에 운항을 시작하지 아니한 경우

⑨ 제17조(사업의 승계)제4항을 위반하여 승계신고를 하지 아니한 경우

⑩ 제7조(국내지사의 설치)제1항, 제11조(운임과 요금)제1항, 제12조(사업계획의 변경)제1항, 제13조(사업계획에 따른 운항)제3항, 제14조(사업개선명령), 제16조(여객선의 운항명령 등)제1항, 제18조(사업의 휴업 또는 폐업)제1항, 제50조(보고 및 조사 등)제1항을 위반한자

⑪ 제21조(운항관리규정의 작성·심사 및 준수)제1항에 따른 운항관리규정을 작성·제출하지 아니하거나 거짓이나 그 밖의 부정한 방법으로 작성·제출한 경우

⑫ 제21조(운항관리규정의 작성·심사 및 준수)제2항에 따른 운항관리규정의 심사를 받지 아니하고 여객선등을 운항한 경우

⑬ 제21조(운항관리규정의 작성·심사 및 준수)제2항 후단에 따른 해양수산부장관의 운항관리규정 변경 요구에 정당한 사유 없이 응하지 아니한 경우

⑭ 제21조(운항관리규정의 작성·심사 및 준수)제3항에 따른 운항관리 준수의무를 위반한 경우

⑮ 제21조(운항관리규정의 작성·심사 및 준수)제4항에 따른 정기 또는 수시점검을 거부·방해 또

는 기피하거나 거짓으로 자료를 제출 또는 답변하는 경우

⑯ 제21조(운항관리규정의 작성·심사 및 준수)제5항에 따른 해양수산부장관의 출항정지, 시정명령 등을 정당한 사유 없이 따르지 아니한 경우

⑰ 제22조(여객선 안전운항관리)제2항에 따른 운항관리자의 지도·감독을 거부·방해·기피한 경우

⑱ 제22조(여객선 안전운항관리)제5항 단서에 따른 운항관리자의 출항정지 명령을 정당한 사유 없이 따르지 아니한 경우

2. 면허취소사유와 예외

해양수산부장관은 여객운송사업자가 다음의 하나에 해당하게 된 경우에는 그 면허(승인을 포함)를 취소하여야 한다. 다만, ④호에 대하여는 내항정기여객운송사업자에 한하여 적용한다.

① 거짓이나 그 밖의 부정한 방법으로 제4조(사업면허)제1항 또는 제6조(외국의 해상여객운송사업자에 대한 특례)에 따른 해상여객운송사업의 면허 또는 승인을 받은 경우

①의2 다중의 생명·신체에 위험을 야기한 해양사고가 여객운송사업자의 고의나 중대한 과실에 의하거나 선장의 선임·감독과 관련하여 주의의무를 게을리 하여 일어난 경우

② 여객운송사업자가 제8조(결격사유)에 해당하게 된 경우(법인이 제⑥호(법인의 대표자가 결격사유에 해당된 경우)에 해당하게 된 경우로서 그 사유가 발생한 날부터 90일 이내에 그 대표자를 변경한 경우는 제외한다)

③ 제17조(사업의 승계)에 따른 해상여객운송사업의 상속인이 제8조(결격사유)에 해당하는 경우(그 사유가 발생한 날부터 90일 이내에 그 결격사유를 해소하는 경우는 제외한다)

④ 여객운송사업자가 사업을 영위하는 기간 동안 고의 또는 중대한 과실로 연속한 60일을 초과하여 여객선 운항을 중단하는 상황이 2회 발생하거나 연속한 120일을 초과하여 여객선 운항을 중단하는 경우. 다만, 천재지변 등 영 제12조의2(면허취소의 예외사유)로 정하는 부득이한 경우에는 그러하지 아니하다.

* 영 제12조의2(면허취소의 예외사유)

① 천재지변 또는 기상악화로 인해 여객선의 파손·침몰 등이 발생하여 운항중단이 불가피한 경우

② 선박충돌, 화재 등 예견하지 못한 상황의 발생으로 여객선의 정비를 위해 운항중단이 불가피한 경우

③ 내항정기여객운송사업의 면허가 취소될 경우 해당 항로가 단절되어 도서민의 교통권이 침해될 우려가 있는 등 부득이한 사유가 있다고 해양수산부장관이 인정하는 경우

3. 과징금을 부과할 위반행위와 과징금의 금액

제1항에 따른 사업정지 처분 등의 세부기준 및 과징금을 부과하는 위반행위의 종류와 정도에 따른 과징금의 금액 등에 관하여 필요한 사항은 영 제24조(과징금을 부과할 위반행위와 과징금의 금액)로 정한다.

* 영 제24조(과징금을 부과할 위반행위와 과징금의 금액)

1) 과징금을 부과하는 위반행위의 종류와 과징금의 금액은 따로 정한다.

2) 해양수산부장관은 사업규모, 사업구역의 특수성 및 위반행위의 정도 등을 고려하여 제1항에 따른 과징금의 금액을 2분의 1의 범위에서 가중하거나 감경할 수 있다.

[문17.해상여객운송사업.21조]

여객선 운항관리규정

1. 운항관리규정의 작성·제출 : 제21조(운항관리규정의 작성·심사 및 준수)제1항

내항여객운송사업자는 여객선등의 안전을 확보하기 위하여 규칙 제15조의2(운항관리규정에 포함되어야 하는 사항 등) 및 규칙 제15조의3(운항관리규정의 제출)으로 정하는 바에 따라 운항관리규정을 작성하여 해양수산부장관에게 제출하여야 한다. 운항관리규정을 변경하고자 하거나 운항여건의 변경 등 규칙 제15조의4(운항관리규정 변경이 필요한 운항여건 등의 변경)로 정하는 사항이 변경된 경우에도 또한 같다.

* 규칙 제15조의2(운항관리규정에 포함되어야 하는 사항)

1) 내항여객운송사업자가 작성하여야 하는 운항관리규정에는 해상안전을 위하여 내항여객운송사업자와 내항여객운송사업의 종사자가 지켜야 하는 사항으로서 다음의 내용이 포함되어야 한다.
   ① 해상에서의 안전 및 환경보호에 관한 기본방침
   ② 안전관리조직에 관한 사항
   ③ 출항이나 운항을 정지하여야 하는 해상등의 조건에 관한 사항
   ④ 항해의 안전확보에 필요한 운항기준을 표시한 지도에 관한 사항
   ⑤ 선장이 운항관리실에 보고하는 여객선의 입항·출항 상황등에 관한 사항
   ⑥ 위험물 등 여객의 안전을 해칠 염려가 있는 물건의 취급에 관한 사항
   ⑦ 여객의 승선과 하선, 화물을 싣고 내리는 행위 및 선박의 계류등에 관한 사항
   ⑧ 선박과 그 밖의 수송시설의 점검과 정비에 관한 사항
   ⑨ 해양사고 등 비상사태 발생 시의 조치에 관한 사항→선원법 제65조(승무정원)의 특별법적 지위
   ⑩ 여객이 지켜야 하는 사항의 전달에 관한 사항
   ⑪ 여객운송사업에 종사하는 자에 대한 안전운항 및 해양사고방지 교육에 관한 사항
   ⑫ 문서 및 자료관리에 관한 사항
   ⑬ 운항관리규정에 대한 선박소유자의 확인·검토 및 평가에 관한 사항
2) 내항여객운송사업자는 운항관리규정에 포함된 내용대로 여객선정기점검표에 따라 월 1회 이상 정기적으로 선박시설 등을 점검하여야 한다.

* 규칙 제15조의3(운항관리규정의 제출)

1) 법 제21조제1항에 따라 내항여객운송사업자는 운항관리규정보고서에 운항관리규정과 다음의 서류를 첨부하여 운항개시일 14일 전까지 지방해양수산청장에게 제출하여야 한다. 다만, 운항시간, 운항횟수 및 비상연락망의 변경 등 운항관리규정의 경미한 사항을 변경하려는 경우에는 운항개시일 7일 전까지, 해양사고 등으로 내항여객운송사업에 선박을 긴급히 대체 투입하려는 경우에는 운항개시일 3일 이내에 제출하여야 한다.
   ① 선박검사증서
   ② 선박국적증서
   ③ 무선국허가증
   ④ 선박의 복원성을 확인할 수 있는 자료
   ⑤ 그밖에 지방해양수산청장이 운항관리규정심사에 필요하다고 인정하는 자료
2) 내항여객운송사업자는 심사를 받은 운항관리규정을 소속 임직원과 여객이 열람하기 쉽도록 선박, 주된 사업소 및 영업소에 비치하여야 한다.

* 규칙 제15조의4(운항관리규정 변경이 필요한 운항여건 등의 변경)

① 선박의 대체
② 선박의 개조
③ 항로의 변경
④ 항로상 위해요소(교량, 방파제 등)의 변경
⑤ 관련법령의 개정에 따른 운항관리규정의 변경
⑥ 그 밖의 운항시간, 운항횟수 및 비상연락망 등의 변경

2. 운항관리규정의 심사 및 변경요구 : 제21조(운항관리규정의 작성·심사 및 준수)제2항

1) 해양수산부장관은 운항관리규정을 제출받은 때에는 여객선운항관리규정심사위원회를 구성하여 그 운항관리규정에 대하여 심사를 하여야 하며, 여객선등의 안전을 확보하기 위하여 운항관리규정을 변경할 필요가 있다고 인정되면 그 이유와 변경요지를 명시하여 해당 내항여객운송사업자에게 운항관리규정을 변경할 것을 요구할 수 있다. 이 경우 내항여객운송사업자는 변경요구받은 사항을 운항관리규정에 반영하여야 한다.

* 영 제12조의3(여객선 운항관리규정 심사위원회의 구성 및 운영 등)
1) 법 제21조제2항에 따른 여객선운항관리규정심사위원회는 지방해양수산청별로 위원장 1명을 포함하여 4명이상 10명이하의 위원으로 구성한다.
2) 심사위원회의 위원은 다음의 하나에 해당하는 사람중에서 성별을 고려하여 해양수산부장관이 임명하거나 위촉한다
① '해사안전법' 제58조에 따른 해사안전감독관
② '해운법' 제22조에 따른 운항관리자
③ '선박안전법' 제60조에 따라 검사 등의 업무를 대행하는 한국해양교통안전공단 또는 선급법인의 선박검사원
④ 그밖에 여객선의 운항관리에 관한 지식과 경험이 풍부한 사람으로서 해양수산부장관이 운항관리규정 심사에 필요하다고 인정하는 사람
3) 심사위원회 위원장은 위원 중에서 호선한다.
4) 해양수산부장관은 법 제21조제1항에 따라 운항관리규정을 제출받은 경우 7일 이내에 심사위원회를 구성하고, 회의의 일시·장소 및 안건 등을 심사위원회 위원에게 알려야 한다.
5) 심사위원회의 회의는 재적위원 과반수의 출석으로 개의하고 출석위원 과반수의 찬성으로 의결한다.

* 규칙 제15조의5(여객선 운항관리규정심사위원회의 구성 및 운영 등)
1) 법 제21조제2항에 따른 운항관리규정의 심사는 다음의 구분에 따라 서류심사와 현장심사로 구분하여 실시한다. 다만, 서류심사만으로 운항관리규정의 적합여부를 판단할 수 있는 경우에는 현장심사를 생략할 수 있다.
① 서류심사 : 규칙 제15조의3(운항관리규정의 제출)제1항에 따라 내항여객운송사업자가 제출한 서류에 대한 심사.
* '여객선안전관리지침',상의 서면심사 : 심사위원 소집없이 원격의사결정과정을 거쳐 의결하는 심사
② 현장심사 : 운항관리규정의 이행 가능성 및 실효성을 현장에서 확인하기 위한 심사
2) 법 제21조제2항에 따른 여객선 운항관리규정심사위원회의 위원장은 운항관리규정의 심사를 완료하였을 때에는 지방해양수산청장에게 운항관리규정의 심사완료를 알리고, 지방해양수산청장은 특별한 사유가 없는 한 심사위원회의 심사결과에 따라 해당 내항여객선운송사업자에게 운항관리규정심사증명서를 발급하여야 한다.
3) 제1항 및 제2항에서 규정한 사항 외에 운항관리규정의 심사에 필요한 세부적인 기준, 절차 및 방법 등은 '여객선 안전관리지침'으로 정한다.

* 운항관리규정심사위원선정

통상 운항관리규정심사위원은 지방청 해사안전감독관 2명(필수, 여객선감독관이 실무를 진행한다.), 지방청 해무계장(필수), 운항관리센터 센터장(필수)과 부장, 해양경찰서의 해상안전과 담당계장, 관할의 정부대행검사기관인 선급지부장, 한국해양선박안전공단 지사장, 도선사협회장, VTS 실무책임자 중 9명을 홀수로 구성하여 지방청장의 결재를 득한다. 구체적 심사시 구성된 심사위원 중 과반수 심사위원을 위원으로 선정하며 이때 제척, 기피, 회피가 적용된다. 특별히 외부의 심사위원이 필요하다고 인정되면 새로이 심사위원을 구성하여 이중 과반수인원을 심사위원으로 선정한다.

3. 운항관리규정의 준수와 준수여부점검 : 제21조(운항관리규정의 작성·심사 및 준수)제3항

1) 운항관리규정의 준수

내항여객운송사업자는 제1항 및 제2항에 따라 정해진 운항관리규정을 준수하여야 한다.

2) 운항관리규정의 준수여부 점검

해양수산부장관은 내항여객운송사업자가 운항관리규정을 계속적으로 준수하고 있는지 여부를 정기 또는 수시로 점검하여야 한다.

* 규칙 제15조의6(내항여객운송사업자에 대한 점검등)

1) 지방해양수산청장이 수행하는 점검의 종류는 다음과 같다.

① 정기점검

② 수시점검

2) 지방해양수산청장은 '해사안전법'에 따른 해사안전감독관으로 하여금 제1항의 점검을 하도록 할 수 있다.

3) 제1항에 따른 점검에 필요한 기준, 절차 및 방법 등은 '여객선 안전관리지침'으로 고시한다.

4) 해양수산부장관은 내항여객선의 안전운항에 위험을 초래할 수 있는 사항이 있는 경우 출항정지, 시정명령 등을 할 수 있다.

* 내항여객선의 '운항관리규정'은 하위규범이지만'해운법' 제57조(벌칙)에 따라 법적 구속력을 갖는다.

[문18.해상여객운송사업.21조의2.21조의4]

여객선 등의 여객, 차량 및 화물의 선적

1. 여객선등의 승선권발급 및 승선확인등 : 법 제21조의2

1) 여객선등에 승선하려는 여객은 여객선등의 출항전에 규칙 제15조의7(여객선 등의 승선권·차량선적권·화물운송장의 발급등)로 정하는 바에 따라 여객운송사업자로부터 여객의 성명 등이 기재된 승선권을 발급받아야 한다.

2) 여객운송사업자는 승선하려는 여객에게 신분증제시를 요구하여 제1항에 따른 승선권의 기재내용을 확인하여야 한다.

3) 여객운송사업자는 여객이 정당한 사유 없이 제1항에 따른 승선권을 발급받지 아니하거나 거짓

으로 발급받은 경우 또는 제2항에 따른 신분증제시요구에 따르지 아니하는 경우에는 승선을 거부하여야 한다.

4) 여객운송사업자는 여객이 제1항에 따라 승선권을 발급받은 때에는 그 여객의 승선여부를 확인하고 규칙 제15조의7(여객선등의 승선권·차량선적권·화물운송장의 발급등)로 정하는 바에 따라 여객명부를 관리하여야 한다.

5) 여객운송사업자는 승선권발급내역과 여객명부를 3개월 동안 보관하여야 한다.

2. 차량선적권 또는 화물운송장발급등 : 법 제21조의4

1) 여객운송사업자는 여객선에 선적할 차량과 적재할 화물에 대하여 규칙 제15조의7(여객선등의 승선권·차량선적권·화물운송장의 발급 등)로 정하는 바에 따라 차량선적권 및 화물운송장을 발급하여야 한다.

2) 여객선등의 승선권발급 및 승선확인 등의 준용
차량선적과 화물적재의 확인 등에 관하여는 제21조의2(여객선등의 승선권발급 및 승선확인 등)제2항부터 제5항까지를 준용한다.

* 규칙 제15조의7(여객선등의 승선권·차량선적권·화물운송장의 발급등)
1) 법 제21조의2제1항에 따라 내항여객운송사업자는 여객의 승선권(승선개찰권을 포함)에 여객의 성명, 성별, 생년월일 및 연락처 등을 표기하여야 한다.
2) 내항여객운송사업자는 여객이 승선권을 발급할 때 및 승선할 때에는 여객의 신분증과 승선권 기재내용을 확인하여야 한다.
3) 내항여객운송사업자는 법 제21조의2제4항에 따라 작성한 여객명부를 출항전에 선장에게 송부하여야 한다.
4) 법 제21조의4제1항에 따라 제1조의2제②호에 따른 여객 및 화물겸용여객선으로 사업을 수행하는 내항여객운송사업자는 차량 또는 화물운송의뢰인의 성명, 차량번호 및 연락처 등이 기재된 차량선적권(차량운송전표를 포함)또는 화물운송장을 발급하여야 한다.
5) 운송의뢰인은 '계량에 관한 법률'에 따라 계량증명업을 등록한 자가 발급한 계량증명서를 내항여객운송사업자에게 제출하여야 하며, 내항여객운송사업자는 이를 확인하여야 한다. 다만, 쾌속카페리여객선 또는 차도선형 여객선을 이용하는 운송의뢰인은 계량증명서를 제출하지 아니할 수 있다.

[문19.해상여객운송사업.21조의5]

안전관리책임자

1. 안전관리책임자의 임명

내항여객운송사업자는 운항관리규정의 수립·이행 및 여객선의 안전운항업무를 수행한다. 이 경우 내항여객운송사업자는 해당업무를 수행하기 위하여 영 제12조의4(안전관리책임자의 자격기준 등)로 정하는 안전관리책임자를 두어야 한다.

2. 안전운항업무 위탁

내항여객운송사업자는 운항관리규정의 수립·이행 및 여객선의 안전운항업무를 안전관리 대행업자에게 위탁할 수 있다. 이 경우 내항여객운송사업자는 그 사실을 10일 이내에 해양수산부장관에게 알려야 한다.

3. 안전관리책임자의 교육

내항여객운송사업자 또는 안전관리대행업자는 안전관리책임자가 규칙 제15조의9(안전관리책임자의 교육)로 정하는 바에 따라 여객선안전관리에 관한 교육을 받도록 하여야 한다.

* 규칙 제15조의9(안전관리책임자의 교육)
1) 내항여객운송사업자(안전관리 대행업자 포함)는 안전관리책임자에게 여객선안전관리에 관한 다음의 교육을 받게 하여야 한다.
   ① 안전관리책임자로 선임된 날부터 3개월 이내에 실시하는 교육
   ② 제①호에 따른 교육을 이수한 날부터 1년마다 1회 이상 실시하는 교육
2) 제1항에 따른 교육에는 다음의 내용이 포함되어야 한다.
   ① 여객선 안전관리제도 및 법규
   ② 연안항해 및 선박운용 지식
   ③ 여객선의 소방·구명설비기준
3) 제1항 및 제2항에서 정한 사항 외에 안전관리책임자의 교육에 필요한 세부사항은 '여객선안전관리책임자 교육에 관한 규정'으로 정한다.

[문20.해상여객운송사업.21조의3]

여객의 금지행위

여객은 여객선등의 안에서 다음 각 호의 행위를 하여서는 아니 된다.

① 여객선등의 안전이나 운항을 저해하는 행위를 금지하는 안전관리종사자의 정당한 직무상 명령을 위반하는 행위
② 조타실, 기관실 등 선장이 지정하는 여객출입 금지장소에 선장 또는 해원의 허락 없이 출입하는 행위
③ 정당한 사유 없이 여객선등의 장치 또는 기구 등을 조작하는 행위
④ 그밖에 여객의 안전과 여객선등의 질서유지를 해하는 행위로서 규칙 제15조의8(여객의 금지행위)로 정하는 행위

* 규칙 제15조의8(여객의 금지행위)
① 정원·화물적재능력을 초과하여 승선·적재를 요구하는 행위
② 도박, 고성방가 및 음란행위 등 공공질서와 선량한 풍속을 해하는 행위
③ 법 제22조제2항에 따른 선박운항관리자의 운항관리업무를 방해하는 행위
④ 그밖에 선원 등 종사자의 구명조끼착용지시등 안전운항 및 위해방지를 위한 주의사항이나 지시에 반하는 행위

[문21.해상여객운송사업.22조]

여객선 안전운항관리와 운항관리자

1. 해양수산부장관의 의무

해양수산부장관은 내항여객선의 안전운항에 관한 시책을 수립하고 시행하여야 한다.

2. 내항여객운송사업자의 의무

내항여객운송사업자는 한국해양교통안전공단이 규칙 제15조의10(운항관리자의 자격)으로 정하는 자격을 갖춘 사람 중에서 선임한 선박운항관리자로부터 안전운항에 필요한 지도·감독을 받아야 한다.

3. 운항관리자의 직무

1) 운항관리자의 임면방법과 절차, 직무범위와 운항관리자에 대한 지도·감독 등에 필요한 사항은 규칙 제15조의11(운항관리자의 임면), 제15조의12(운항관리자의 직무), 제15조의13(운항관리자에 대한 지도·감독 등)으로 정한다.

* 규칙 제15조의12(운항관리자의 직무)

1) 운항관리자의 직무
   ① 내항여객운송사업자·안전관리책임자 및 선원에 대한 안전관리교육
   ② 운항관리규정의 작성에 필요한 자료의 제공과 의견의 제시
   ③ 선장등과 출항 전 합동점검의 수행 및 선장이 작성한 점검보고서의 확인
   ④ 위험물 등을 취급하는 선장의 업무지도
   ⑤ 여객선의 입항·출항보고의 수리
   ⑥ 여객선의 승선정원초과여부, 화물의 적재한도초과여부 및 복원성 등 감항성 유지여부에 대한 확인
   ⑦ 출항 전 기상상황을 선장에게 통보하는 것과 현지 기상상황의 확인
   ⑧ 승선하여야 할 승무원의 승선여부확인
   ⑨ 승선권발급내역과 여객명부의 보관여부확인
   ⑩ 선장의 선내비상훈련 실시여부확인
   ⑪ 구명기구·소화설비·해도와 그 밖의 항해용구 완비여부확인
   ⑫ 입항·출항보고를 받지 아니한 경우의 역호출에 의한 보고사항확인
   ⑬ 여객선안전운항에 관한 지도(승선지도포함) 및 내항여객운송사업자의 운항관리규정이행상태 확인
2) 운항관리자는 다음의 사항에 대한 정보를 입수하여 이를 선장이 언제든지 볼수 있도록 운항관리실에 비치하여야 한다.
   ① 항내사정
   ② 부두시설의 상황
   ③ 해역별 기상조건 및 해상조건
   ④ 항로상황
   ⑤ 그밖에 여객선의 동태 등 여객선 안전운항관리에 필요한 사항
3) 운항관리자는 여객선이 그 도착예정시간을 넘겨도 입항하지 아니하는 등 정상적으로 운항되지 아니한다고 인정되는 경우 지체 없이 사고유무를 확인·판단하여 지방해양수산청장 및 해양경찰서장에게 각각 보고하여야 한다.
4) 자료의 열람·복사·제출 요청 및 확인 등
   운항관리자는 여객선의 안전을 확보하기 위하여 필요한 경우 내항여객운송사업자에게 출

항 전 여객선 안전점검보고서등 직무와 관련된 자료의 열람·복사·제출 등을 요청하거나 그밖에 필요한 사항을 확인할 수 있다.

4. 운항관리자의 운항관리규정의 준수와 이행의 상태 확인

운항관리자는 규칙 제15조의14(운항관리규정의 준수·이행상태확인)로 정하는 바에 따라 제21조(운항관리규정의 작성·심사 및 준수)에 따른 운항관리규정의 준수와 이행상태를 확인하고 그밖에 제3항에 따른 직무를 다하여야 한다.

* 규칙 제15조의14(운항관리규정의 준수·이행상태 확인)

1) 운항관리자는 내항여객운송사업자가 제출한 운항관리규정의 이행상태를 정기적으로 연 1회 이상 확인하여야 한다. 다만, 해당여객선의 운항과 관련하여 사고가 발생한 경우에는 운항관리규정의 이행상태를 수시로 확인하여야 한다.
2) 운항관리자가 제1항에 따라 운항관리규정의 이행상태를 확인한 결과 내항여객운송사업자가 운항관리규정을 위반한 것으로 인정되는 경우나 운항관리규정을 변경할 필요가 있는 경우에는 관할 지방해양수산청장에게 보고하여야 한다.

5. 출항정지 등의 요청

운항관리자는 여객선등의 안전운항을 위하여 필요하면 규칙 제15조의15(운항관리자의 출항정지 등의 요청)로 정하는 바에 따라 해양수산부장관에게 다음 사항 등을 요청할 수 있다. 다만, 여객선등의 안전 확보를 위하여 긴급히 조치하여야 할 사유가 있는 경우에는 내항여객운송사업자 또는 선장에게 출항정지를 명할 수 있으며, 운항관리자는 그 사실을 지체 없이 해양수산부장관에게 보고하여야 한다.

① 여객선등의 운항횟수를 늘리는 것
② 출항의 정지
③ 사업계획에 따른 운항의 변경
④ 내항여객운송사업자의 운항관리규정 위반에 대한 조치요구

* 규칙 제15조의15(운항관리자의 출항정지등의 요청)

1) 운항관리자가 지방해양수산청장에게 여객선의 출항정지를 요청할 때에는 문서로 하거나 전화·팩스 등 통신시설을 이용할 수 있다.
2) 운항관리자는 여객선등의 안전 확보를 위하여 긴급히 조치하여야 할 사유가 있으면 내항여객운송사업자나 선장에게 출항정지를 명할 수 있으며, 그 사실을 지체없이 해양수산부장관에게 보고하여야 한다.

6. 운항관리자에 대한 지도·감독

해양수산부장관은 제4항에 따른 운항관리자의 직무 등을 감독하는데 필요한 경우 규칙 제15조의13(운항관리자에 대한 지도·감독 등)으로 정하는 바에 따라 관련 자료를 제출·보고하게 하거나 소속직원으로 하여금 사무실 등을 출입하게 하여 점검할 수 있다. 이 경우 해양수산부장관은 운항관리자에게 직무수행개선 등 필요한 조치를 명할 수 있다.

* 규칙 제15조의13(운항관리자에 대한 지도·감독 등)

1) 법 제22조제3항 및 제6항에 따라 지방해양수산청장은 여객선의 안전 확보를 위하여 운항관리자의 직무수행에 관하여 지도·감독하여야 하며, 운항관리자에 대한 지도·감독을 위하여 필요한 경우에는 운항관리자에게 그 직무수행에 관한 사항의 보고 또는 자료의 제

출을 요구하거나 해사안전감독관등 소속직원으로 하여금 운항관리자의 사무실 또는 업무 장소 등을 출입하여 점검하게 할 수 있다.

2) 해양수산부장관은 운항관리비용의 효율적 집행 등을 위하여 한국해양교통안전공단의 운항관리비용의 예산 및 결산에 대하여 감사를 할 수 있다.

[문22.해상화물운송사업.32조]

해상화물운송사업의 준용규정

1. 해상화물운송사업에 관하여는 제4조(사업면허)제4항(면허기준에 따른 조건부면허), 제7조(여객선의 외국인 국내지사설치신고), 제8조(결격사유), 제17조(여객운송사업의 승계), 제18조(사업의 휴업 또는 폐업), 제19조(면허의 취소 등)를 준용한다.
2. 외항정기화물운송사업에 관하여는 제13조(사업계획에 따른 운항)를 준용한다.

[문23.해상화물운송사업.23조]

해상화물운송사업의 종류

해상화물운송사업의 종류

① 내항화물운송사업 : 국내항과 국내항 사이에서 운항하는 해상화물운송사업

② 외항정기화물운송사업 : 국내항과 외국항 사이 또는 외국항과 외국항 사이에서 정하여진 항로에 선박을 취항하게 하여 일정한 일정표에 따라 운항하는 해상화물운송사업

③ 외항부정기화물운송사업 : 제①호와 제②호외의 해상화물운송사업

[문24.해상화물운송사업.24조]

해상화물운송사업의 등록

1. 해상화물운송사업의 등록

1) 내항화물운송사업의 등록 [지방해양수산청에 등록한다]

내항화물운송사업을 경영하려는 자는 규칙 제16조(해상화물운송사업 등록의 신청등)로 정하는 바에 따라 해양수산부장관에게 등록하여야 한다.

2) 외항화물운송사업의 등록 [본부에 등록한다]

외항정기화물운송사업이나 외항부정기화물운송사업(외항화물운송사업)을 경영하려는 자는 규칙 제16조(해상화물운송사업 등록의 신청 등)로 정하는 바에 따라 해양수산부장관에게 등록하여야 한다.

3) 신청서제출

화물운송사업의 등록을 하려는 자는 규칙 제16조(해상화물운송사업 등록의 신청 등)로 정하는 바에 따라 사업계획서를 붙인 신청서를 해양수산부장관에게 제출하여야 한다.

4) 변경신고

제1항 또는 제2항에 따라 등록한 사항을 변경하려는 경우에는 규칙 제16조의2(해상화물운송사업의 등록사항 변경신고)로 정하는 바에 따라 해양수산부장관에게 변경신고를 하여야 한다.

5) 해양수산부장관은 제4항에 따른 변경신고를 받은 날부터 2일 이내에 수리여부 또는 처리기간의 연장을 통지하여야 한다.

6) 해양수산부장관이 제5항에서 정한 기간 내에 수리여부 또는 처리기간의 연장을 통지하지 아니하면 그 기간이 끝난 날의 다음날에 변경신고를 수리한 것으로 본다.

7) 원유, 제철원료, 액화가스, 그밖에 영 제13조(대량화물의 기준 등)로 정하는 주요화물(이하 대량화물)의 화주나 대량화물의 화주가 사실상 소유하거나 지배하는 법인이 그 대량화물을 운송하기 위하여 해상화물운송사업의 등록을 신청한 경우 해양수산부장관은 제2항에도 불구하고 미리 국내 해운산업에 미치는 영향등에 대하여 관련업계, 학계, 해운전문가 등으로 구성된 정책자문위원회의 의견을 들어 등록여부를 결정하여야 한다.

8) 제7항에 따른 대량화물의 화주가 사실상 소유하거나 지배하는 법인에 대한 기준, 정책자문위원회의 구성·운영에 관한 사항과 그밖에 필요한 사항은 영 제13조(대량화물의 기준 등)로 정한다.

* 영 제13조(대량화물의 기준등) → 영 21조의4(대항조치에 대한 국내운항사업자의 기준)

1) 대량화물이란 발전용 석탄을 말한다.

2) 대량화물의 화주가 사실상 소유하거나 지배하는 법인이란 다음의 하나에 해당하는 법인을 말한다. 이 경우 대량화물의 화주는 수출입화물의 화주로 한정 한다.

① 대량화물의 화주 및 그와 특별한 관계에 있는 자가 단독으로 또는 합하여 발행주식(출자를 포함) 총수의 100분의 40이상을 소유하고 있는 법인

② 제①호의 법인 및 그와 특별한 관계에 있는 자가 단독으로 또는 합하여 발행주식 총수의 100분의 40이상을 소유하고 있는 법인

③ 제①호의 법인 및 그와 특별한 관계에 있는 자와 제②호의 법인이 단독으로 또는 합하여 발행주식 총수의 100분의 40이상을 소유하고 있는 법인

④ 대량화물의 화주가 임원의 임명과 해임 등으로 해당법인의 경영에 대하여 영향력을 행사하고 있다고 인정되는 법인

3) 제2항에서 '특별한 관계에 있는 자'란 다음의 하나에 해당하는 자를 말한다.

① 해당법인의 발행주식 총수의 100분의 30이상을 소유하고 있는 자

② 해당법인의 이사, 대표이사, 업무집행을 하는 무한책임사원 및 감사(이하 임원)

③ 제①호 및 제②호에서 규정한자의 민법상 친족

④ 제①호 및 제②호에서 규정한자의 사용인(법인인 경우에는 임원, 개인인 경우에는 상업사용인, 고용계약에 의한 피고용인 및 그 개인의 금전이나 재산에 의하여 생계를 유지하는 자를 말한다)

* 규칙 제16조(해상화물운송사업 등록의 신청 등) → 규칙 제2조(해상여객운송사업면허의 신청 등)

1) 해상화물운송사업을 등록하려는 자는 다음의 서류를 첨부하여 해양수산부장관 또는 지방해양수산청장에게 제출하여야 한다. 다만, '선박안전법'에 따른 건조검사 또는 별도건조검사가 진행중인 선박의 선박국적증서(임시국적증서포함) 및 선박검사증서 사본은 최초운

항 전까지 제출할 수 있다

① 선박국적증서 및 선박검사증서사본(사용할 선박을 확보한 경우로서 외국국적 선박인 경우만 해당하며, 선박안전법 시행령 제2조제1항제③호가목[2007년 이전에 건조된 선박으로 평수구역 안에서만 운항하는 부선은 검사대상선박이 아님]에 해당하는 선박은 제외)

② 사업계획서(총톤수 100톤 미만의 선박만으로 내항화물운송사업을 등록하려는 경우에는 제출하지 아니한다) * 평수구역은 (선박1척), 운항제한을 안 받는 내항화물운송사업(100톤 이상의 선박 총톤수500톤 이상, 유조선은 총톤수 100톤 이상 1척)

2) 신청서 제출시 해양수산부장관 또는 지방해양수산청장은 '전자정부법'에 따른 행정정보의 공동이용을 통하여 다음의 서류를 확인하여야 한다. 다만, 제①호의 서류에 대하여는 신청인으로부터 확인에 대한 동의를 받고, 신청인이 확인에 동의하지 아니하는 경우에는 해당서류의 사본을 첨부하도록 하여야 한다

① 선박국적증서 및 선박검사증서(사용할 선박을 확보한 경우로서 대한민국국적 선박인 경우만 해당) 1년 이상의 용선계약서 또는 국적취득조건부나용선계약서

② 법인등기사항 증명서(법인인 경우만 해당)

3) 사업계획서에는 다음의 사항을 기재하여야 한다.

① 항로의 출발지·기항지 및 종착지와 이들 사이의 거리를 표시한 항로도(외항정기화물운송사업만 해당)

② 사용할 선박의 명세

③ 항로별 운항횟수 및 출발·도착 시간(외항정기화물운송사업만 해당)

④ 사업에 필요한 시설

4) 해양수산부장관의 등록수리의무

해양수산부장관 또는 지방해양수산청장은 등록신청을 받은 경우에는 그 등록신청이 다음의 하나에 해당하는 경우를 제외하고는 등록을 해주어야 한다.

① 법 제8조(결격사유)에 해당하는 경우

② 별도로 정하는 '해상화물운송사업의 등록기준'을 갖추지 못한 경우

③ 그밖에 다른 법령에 따른 제한에 위반되는 경우

5) 해양수산부장관 또는 지방해양수산청장은 등록증을 발급할 때에는 해양수산부장관이 정하여 고시하는 바에 따라 운항선박명세서를 함께 발급하여야 한다.

* 규칙 제16조의2(해상화물운송사업의 등록사항 변경신고) → 법 제12조(사업계획의 변경)

1) 해상화물운송사업의 등록사항변경신고를 하려는 자는 해상화물운송사업 등록사항 변경신고서에 다음의 서류를 첨부하여 해양수산부장관 또는 지방해양수산청장에게 제출하여야 한다. 다만, 제①호의 서류는 외국국적 선박에 관한 변경신고의 경우에만 첨부한다

① 선박국적증서(임시선박국적증서를 포함) 및 선박검사증서 사본

② 변경사유 및 변경사실을 증명하는 서류

2) 해양수산부장관 또는 지방해양수산청장은 제1항에 따라 변경신고를 받은 경우 '전자정부법'에 따른 행정정보의 공동이용을 통하여 다음의 서류를 확인하여야 한다. 다만, 신청인이 제①호의 서류를 확인하는 것에 동의하지 아니하는 경우에는 해당서류의 사본을 첨부하도록 한다.

① 선박국적증서 및 선박검사증서(대한민국 국적의 선박에 관한 변경의 경우에만 해당한다)

② 법인 등기사항증명서(법인에 관한 변경의 경우에만 해당한다)

3) 제1항 및 제2항에서 규정한 사항 외에 해상화물운송사업의 등록사항 변경신고에 필요한 사항은 해양수산부장관이 정하여 고시한다.

2. 등록기준에 따른 조건부등록 : 제4조(사업면허)제4항준용

1) 등록조건 : 규칙 제16조의3(등록조건) → 규칙 제3조의2(면허조건)

지방해양수산청장은 법 제32조(준용규정)제1항에 따라 준용되는 법 제4조(사업면허)제4항에 따라 내항화물운송사업의 등록을 하는 경우에는 다음 각 호의 사항을 조건으로 붙일 수 있다.

① 여객, 선원 및 선박의 피해에 대비하여 규칙 제3조의4(보험 등에의 가입)제1항 각호에 따른 보험 또는 공제에 가입할 것. 다만, 석유제품 및 석유화학제품을 운송하지 않는 총톤수 100톤 미만의 선박과 부선은 제외하며, 최초운항 전까지 보험 또는 공제에 가입하도록 할 수 있다

② '유류오염손해배상보장법'에 따라 유류를 운송하는 선박의 경우에는 유류오염손해배상보장계약의 체결. 다만, 최초운항 전까지 유류오염손해배상보장계약을 체결하도록 할 수 있다

③ 예선 1척이 동시에 부선 2척 이상을 예인하지 아니할 것

④ 선박에 운송화물 또는 운송목적 등을 지정한 경우에는 지정된 화물 또는 지정된 운송목적의 범위에서 운송할 것

⑤ 그밖에 지방해양수산청장이 안전한 화물운송을 위하여 필요하다고 인정하는 사항

2) 등록기준 : 법 제27조(등록기준) → 법 제5조(면허기준)

가. 내항화물운송사업을 경영하려는 자는 선박의 보유량과 선령 등이 규칙 제19조(해상화물운송사업의 등록기준)에서 별도로 정하는 '등록기준'에 맞도록 하여야 한다.

나. 외항화물운송사업을 경영하려는 자는 선박의 보유량과 자본금등 사업의 재정적 기초와 경영형태가 규칙 제19조(해상화물운송사업의 등록기준)에서 별도로 정하는 '등록기준'에 맞도록 하여야 한다. * 외항화물운송사업은 총톤수합계가 1만톤 이상

* 규칙 제19조(해상화물운송사업의 등록기준) → 규칙 제5조(여객선보유량)

1) '해상화물운송사업의 등록기준'은 별도로 정한다

2) 내항화물운송사업을 경영하려는 자는 다음의 하나에 해당하는 경우를 제외하고는 선령 15년(폐기물운반선의 경우에는 17년으로 한다) 이상의 선박을 운항할 수 없다.

① 해당화물운송행위가 이 법의 적용을 받지 아니하는 경우

* [법 제2조(정의)제②호와 제③호 관련 이법의 적용을 받지 않는 경우]

ㄱ. 수산업자가 어장에서 자기의 어획물이나 그 제품을 운송하는 사업

ㄴ. 항만운송사업법에 따른 항만운송관련사업(선박에 화물적재, 급유, 급수 등)

② 해당선박이 제24조(사업의 등록)에 따라 내항화물운송사업에 등록되었던 선박인 경우 (해외에 매각된 선박을 수입하여 선령이 15년을 초과한 후 내항화물운송사업에 등록하려는 경우는 제외한다)

③ 선령이 15년을 경과한 시점에 내항화물운송사업에 등록되어있는 선박인 경우

④ 선령이 15년이 되기 전에 제4조(사업면허)에 따라 내항정기여객운송사업 또는 내항부정기 여객운송사업의 면허를 받았던 규칙 제1조의2(여객선)에 따른 차도선형 여객선인 경우

⑤ 외항부정기 화물운송사업자가 등록된 수산물운송을 위하여 제25조(사업등록의 특례)제2항에 따라 일시운송을 신고한 선박인 경우

⑥ 제①호부터 제⑤호까지의 하나에 준하는 사유로 지방해양수산청장의 허가를 받은 경우

* 규칙 제3조의4(보험 등에의 가입) → 비유류운송 100톤 미만 선박과 부선 면제
여객, 선원 및 선박의 피해에 대비한 보험에 가입하여야 한다.

* '유류오염손해배상보장법'상 보험강제

1) 제14조(보장계약의 체결) → 유류운송 모든 국적 선박
   ① 대한민국국적을 가진 유조선으로 200톤 이상의 산적유류를 화물로 싣고 운송하는 유조선의 선박소유자는 유류오염손해배상보장계약(이하 보장계약)을 체결하여야 한다.
   ② 대한민국국적을 가진 선박외의 유조선으로서 200톤 이상의 산적유류를 화물로 싣고 국내항에 입항·출항하거나 국내의 계류시설을 사용하려는 유조선의 선박소유자는 보장계약을 체결하여야 한다.
2) 제47조(보장계약의 체결) → 비유류운송 모든 국적 선박
   ① 총톤수 1000톤을 초과하는 대한민국국적의 일반선박(연료유를 싣지 아니한 선박 등은 제외)
   ② 국적불문의 200톤 이상의 유류저장부선
   ③ 총톤수 1000톤을 초과하는 외국국적의 일반선박으로서 국내항에 입항·출항하거나 국내의 계류시설을 사용하려는 일반선박의 선박소유자는 손해배상보장계약을 체결하여야 한다.

[문25.해상화물운송사업.25조]

해상화물운송사업의 사업등록의 특례

1. 사업등록의 특례

제24조(사업의 등록)제2항에 따른 외항정기화물운송사업의 등록을 한자(외항정기화물운송사업자)는 내항화물운송사업의 등록을 하지 아니하고 다음의 화물을 운송할 수 있다.

① 국내항과 국내항 사이에서 운송하는 빈 컨테이너나 수출입 컨테이너 화물(내국인 사이에 거래되는 컨테이너화물은 제외한다)

② 외국항 간에 운송되는 과정에서 '항만법' 제2조에 따른 항만구역 중 수상구역으로 동일수상구역내의 국내항과 국내항 사이에서 환적의 목적으로 운송되는 컨테이너화물(다른 국내항을 경유하는 경우는 제외)

2. 신고로 등록을 갈음하는 경우

제24조(사업의 등록)제1항에 따른 내항화물운송사업의 등록을 한자(내항화물운송사업자)가 일시적으로 국내항과 외국항 사이 또는 외국항과 외국항 사이에서 화물을 운송하려고 하거나, 외항부정기화물운송사업의 등록을 한 자가 일시적으로 국내항과 국내항 사이에서 화물을 운송하려는 경우에는 제24조제1항 및 제2항에도 불구하고 규칙 제17조(등록 외 사업구역에서의 일시적인 운송신고)로 정하는 바에 따라 해양수산부장관에게 미리 신고하는 것으로 등록을 갈음할 수 있다.

* 규칙 제17조(등록 외 사업구역에서의 일시적인 운송신고)
1) 내항화물운송사업 또는 외항부정기화물운송사업의 등록을 한 자는 등록된 사업구역외의 구역에서 일시적인 운송을 하려는 경우에는 등록외 사업구역에서의 일시적인 운송신고서에 사업계획서를 첨부하여 해양수산부장관 또는 지방해양수산청장에게 제출하여야 한다.
2) 사업계획서에는 사용할 선박, 운송하려는 화물의 종류 및 수량, 운송할 기간 및 구간을 기재하여야 한다.
3) 해양수산부장관 또는 지방해양수산청장은 신고를 수리한 경우에는 신고인에게 등록 외 사업구역에서의 일시적 운송신고 수리증명서를 발급하여야 한다.
4) 제1항에 따른 신고자가 등록한 사업구역외의 구역에서 운송할 수 있는 선박별 연간 운송

기간은 90일을 초과하지 못한다. 다만, 해양수산부장관이 화물의 원활한 운송 등을 위하여 필요하다고 인정하여 화물의 종류등을 고시한 경우에는 90일을 초과할 수 있다.

3. 해양수산부장관은 제2항에 따른 신고를 받은 날부터 2일 이내에 신고수리여부를 신고인에게 통지하여야 한다.

4. 해양수산부장관이 제3항에서 정한 기간 내에 신고수리여부 또는 '민원처리관련법령'에 따른 처리기간의 연장여부를 신고인에게 통지하지 아니하면 그 기간이 끝난 날의 다음날에 신고를 수리한 것으로 본다.

5. 해양수산부장관은 제2항에 따른 신고를 수리하는(제4항에 따라 신고를 수리하는 것으로 보는 경우를 포함한다)경우에는 선박별 연간운송기간 등 규칙 제17조(등록외 사업구역에서의 일시적인 운송신고)로 정하는 바에 따라 수리증명서를 발급하여야 한다.

6. 제2항의 외항부 정기화물운송사업 대상 선박은 '선박법'에 따른 한국선박 또는 '국제선박등록법'에 따른 선박을 말한다.

* '국제선박등록법'에 따라 대한민국선박을 등록할 수 있는 자
① 대한민국국민
② 대한민국법에 따라 설립된 법인
③ 외국법에 따라 설립된 법인으로 주사무소가 대한민국에 있으며 대표이사가 대한민국국민

[문26.해상화물운송사업.30조]

사업개선명령

해양수산부장관은 국제경쟁력을 강화하고 항로질서를 유지하며 화물을 원활하게 수송하기 위하여 필요하다고 인정하면 해상화물운송사업을 경영하는 자에게 다음 각 호의 사항을 명할 수 있다.

① 사업계획의 변경
② 선원 또는 항로에 위치한 어민 등 해당 선박의 운항에 관련되는 자를 보호하기 위한 조치
③ 선박의 안전항해를 위하여 필요한 사항
④ 해운에 관한 국제협약의 이행을 위하여 필요한 사항
⑤ 해상보험가입

[문27.해상화물운송사업.27조의2]

등록의 취소 등 → 제19조(면허의 취소)

1. [제19조(면허의 취소 등)의 준용]

1) 해양수산부장관은 화물운송사업자가 다음의 하나에 해당하면 면허(승인을 포함한다) 또는 제12

조(사업계획의 변경)제4항에 따른 인가를 취소하거나 6개월 이내의 기간을 정하여 해당사업의 전부 또는 일부를 정지할 것을 명하거나 10억원 이하의 과징금을 부과할 수 있다. 다만, 제② 호부터 제⑪호까지, 제⑮호 및 ⑰호에 대하여는 1억원 이하의 과징금을 부과할 수 있다.

① 해양사고가 화물운송사업자의 고의나 중대한 과실에 의하거나 선장의 선임·감독과 관련하여 주의의무를 게을리 하여 일어난 경우 → 화물운송사업자

② 화물운송사업자가 해양사고를 당한 여객이나 수하물 또는 소하물에 대하여 정당한 사유 없이 필요한 보호조치를 하지 아니하거나 피해자에 대하여 피해보상을 하지 아니한 경우

③ 삭제

④ 삭제

⑤ 삭제

⑥ 삭제

⑦ 삭제

⑧ 삭제

⑨ 제17조(사업의 승계)를 위반하여 승계신고를 하지 아니한 경우

⑩ 다음을 위반한자

가. 제26조(외국인의 국내지사설치신고)제1항으로

나. 제28조(운임 및 요금의 공표등), 제29조(운임등의 협약)제2항·제5항으로

다. 제24조(사업의 등록)제4항으로

라. 제13조제3항(외항정기화물운송사업자에 한정한다)으로

마. 제30조(사업개선명령)으로

바. 삭제

사. 제18조(사업의 휴업 또는 폐업)1항·제4항

아. 제50조(보고 및 조사 등)제1항→제50조(보고 및 조사 등)로

⑪ 제21조(운항관리규정의 작성·심사 및 준수)제1항→제29조의2(화물운송의 계약 등)제2항

⑫ 삭제

⑬ 삭제

⑭ 삭제

⑮ 삭제

⑯ 삭제

⑰ 제31조(외항화물운송사업자등의 금지행위)

⑱ 삭제

2. 해양수산부장관은 화물운송사업자가 다음의 하나에 해당하게 된 경우에는 그 면허(승인을 포함)를 취소하여야 한다. 다만, ④호에 대하여는 화물정기여객운송사업자에 한하여 적용한다.

① 거짓이나 그 밖의 부정한 방법으로 제4조(사업면허)제1항 또는 제6조(외국의 해상화물운송사업자에 대한 특례)에 따른 해상화물운송사업의 면허 또는 승인을 받은 경우

①의2 다중의 생명·신체에 위험을 야기한 해양사고가 화물운송사업자의 고의나 중대한 과실에 의

하거나 선장의 선임·감독과 관련하여 주의의무를 게을리 하여 일어난 경우

② 화물운송사업자가 제8조(결격사유)에 해당하게 된 경우(법인이 제⑥호(법인의 대표자가 결격사유에 해당된 경우)에 해당하게 된 경우로서 그 사유가 발생한 날부터 90일 이내에 그 대표자를 변경한 경우는 제외한다).

③ 제17조(사업의 승계)에 따른 해상여객운송사업의 상속인이 제8조(결격사유)에 해당하는 경우(그 사유가 발생한 날부터 90일 이내에 그 결격사유를 해소하는 경우는 제외한다)

법 제27조의2(등록의 취소 등)

④ 해양수산부장관은 내항화물운송사업을 경영하려는 자의 사업수행실적이 계속하여 2년 이상 없는 경우 그 등록을 취소하여야 한다.

⑤ 등록이 취소된 후 1년이 지나지 아니한 자는 제24조(사업의 등록)에 따른 내항화물운송사업 등록을 할 수 없다.

3. 과징금부과위반행위와 금액

제1항에 따른 사업정지 처분 등의 세부기준 및 과징금을 부과하는 위반행위의 종류와 정도에 따른 과징금의 금액 등에 관하여 필요한 사항은 영 제24조(과징금을 부과할 위반행위와 과징금의 금액)로 정한다.

* 영 제24조(과징금을 부과할 위반행위와 과징급의 금액)

1) 과징금을 부과하는 위반행위의 종류와 과징금의 금액은 따로 정한다.

2) 해양수산부장관은 사업규모, 사업구역의 특수성 및 위반행위의 정도 등을 고려하여 제1항에 따른 과징금의 금액을 2분의 1의 범위에서 가중하거나 감경할 수 있다.

4. 해양수산부장관은 과징금을 내야 할 자가 납부기한까지 내지 아니한 때에는 국세체납처분의 예에 따라 징수한다.

[문28.해상화물운송사업.28조]

<u>외항화물운송사업자의 운임 및 요금의 공표 등</u>

1. <u>운임 및 요금의 공표 → 제11조(운임과 요금)</u>

1) 외항정기화물운송시장의 공정한 경쟁과 거래를 위하여 다음에 해당하는 자는 규칙 제20조(운임 및 요금의 공표 등)로 정하는 바에 따라 운임 및 요금을 정하여 화주 등 이해관계인이 알 수 있도록 각각 공표하여야 한다. 공표한 운임 및 요금을 변경하려는 때에도 또한 같다.

① 외항정기화물운송사업자(국내항과 외국항, 외국항과 외국항)

② 국내항과 외국항 사이에서 외항정기화물운송사업을 경영하는 외국인

③ 외항정기여객운송사업을 경영하는 자(제6조의 외국의 해상여객운송사업자를 포함)로서 여객 및 화물겸용 여객선으로 컨테이너화물을 정기적으로 운송하는 사업자

④ 그밖에 운임 및 요금의 공표가 특별히 필요하다고 인정되는 자로서 법령(미제정)으로 정하는 자

2) 해양수산부장관은 제1항의 사업자가 다음에 해당하는 경우에는 운임 및 요금의 공표를 유예하거나 신고로 대체하도록 할 수 있다.
   ① 운임 및 요금의 공표가 외항정기화물운송시장의 공정한 경쟁이나 특정산업 또는 품목의 경쟁력을 저해할 우려가 크다고 해양수산부장관이 인정하는 경우
   ② 제29조의2(화물운송의 계약등)의 장기운송에 따른 계약을 체결하고 그 계약서를 해양수산부장관에게 신고한 경우
3) 해양수산부장관은 제1항 및 제2항에 따른 운임 및 요금의 공표에 관한 세부적인 사항을 정하여 고시하여야 한다.
4) 제1항의 제②호에 따른 외국인은 규칙 제20조(운임 및 요금의 공표등)로 정하는 바에 따라 운항계획을 정하여 해양수산부장관에게 신고하여야 한다. 신고한 운항계획을 변경하려는 때에도 같다.
5) 해양수산부장관은 제4항에 따른 신고 또는 변경신고를 받은 날부터 2일 이내에 신고수리여부를 신고인에게 통지하여야 한다.
6) 해양수산부장관이 제5항에서 정한 기간 내에 신고수리여부 또는 '민원처리관련법령'에 따른 처리기간의 연장여부를 신고인에게 통지하지 아니하면 그 기간이 끝난 날의 다음날에 신고를 수리한 것으로 본다.
7) 해양수산부장관은 제1항, 제2항 및 제4항에 따라 공표되거나 신고 된 내용이 외항정기화물운송시장에서 지나친 경쟁을 유발하는 등 사업의 건전한 발전을 해칠 우려가 있다고 인정되면 그 내용을 변경하거나 조정하는데 필요한 조치를 하게 할 수 있다.

* 영 제14조(공표운임 등에 관한 조치)
1) 이해관계인의 의견청취
   해양수산부장관은 법 제28조(운임 및 요금의 공표 등)제1항 및 제2항 따라 공표되거나 신고 된 운임 및 요금, 같은 조 제4항에 따라 신고 된 운항계획 또는 제29조(운임 등의 협약)제2항에 따라 신고 된 협약에 대하여 법 제28조제7항 또는 법 제29조(운임 등의 협약)제 5항에 따른 변경이나 조정 등에 필요한 조치를 하는 경우에는 미리 이해관계인의 의견을 들어야 한다.
2) 한국해양진흥공사의 의견청취
   해양수산부장관은 법 제28조(운임 및 요금의 공표 등)제2항에 따라 운임 및 요금의 공표를 유예하거나 신고로 대체하도록 하려는 경우 또는 같은 조 제7항에 따라 필요한 조치를 하게 하려는 경우에는 그 기술적 사항에 관한 검토를 위해 한국해양진흥공사의 의견을 들을 수 있다.

* 규칙 제20조(운임 및 요금의 공표 등)
1) 운임 및 요금의 공표는 운임 및 요금의 적용일 15일 전까지 화주등 이해관계인이 잘 볼 수 있는 곳과 인터넷 홈페이지에 게시하는 방법 등 해양수산부장관이 고시하는 방법으로 한다.
2) 운임 및 요금의 공표를 유예하거나 신고로 대체하려는 자는 해양수산부장관이 정하여 고시하는 바에 따라 그 신청서를 운임 및 요금의 적용일 20일 전까지 해양수산부장관에게 제출해야 한다.
3) 운임 및 요금의 공표를 유예하거나 신고로 대체하려는 자는 운임 및 요금의 적용일 15일 전까지 계약서(장기운송계약서)를 해양수산부장관에게 제출해야 한다.
4) 운항계획을 신고하려는 자(법 제28조제4항)는 운항개시 예정일 7일 전까지 운항계획(협

약)신고서(변경신고서)에 선박운항계획서를 첨부하여 해양수산부장관에게 제출해야 한다.

2. 운임 등의 협약 : 법 29조

1) 협약의 체결

외항화물운송사업의 등록을 한자(외항화물운송사업자)는 다른 외항화물운송사업자(외국인 화물운송사업자를 포함한다)와 운임, 선박배치, 화물의 적재, 그 밖의 운송조건에 관한 계약이나 공동행위(운임동맹, 운임동맹이 지나치면 담합, 외항부정기화물운송사업을 경영하는 자의 경우에는 운임에 관한 계약이나 공동행위는 제외하며, 이하 협약이라 한다)를 할 수 있다. 다만, 협약에 참가하거나 탈퇴하는 것을 부당하게 제한하는 것을 내용으로 하는 협약을 하여서는 아니 된다.

2) 신고

외항화물운송사업자(국내항과 외국항에서 해상화물운송사업을 경영하는 외국인 화물운송사업자를 포함한다)가 제1항의 협약을 한 때에는 규칙 제20조(운임 및 요금의 공표 등)제4항으로 정하는 바에 따라 그 내용(운항계획)을 해양수산부장관에게 신고하여야 한다. 협약의 내용을 변경한 때에도 같다.

3) 신고인에게 통지

해양수산부장관은 제2항에 따른 신고 또는 변경신고를 받은 날부터 2일 이내에 신고수리여부를 신고인에게 통지하여야 한다.

4) 신고수리간주

해양수산부장관이 제3항에서 정한 기간 내에 신고수리여부 또는 '민원처리관련법령'에 따른 처리기간의 연장여부를 신고인에게 통지하지 아니하면 그 기간이 끝난 날의 다음날에 신고를 수리한 것으로 본다.

5) 시행중지명령 등

해양수산부장관은 제2항에 따라 신고된 협약의 내용이 다음의 하나에 해당하면 그 협약의 시행중지, 내용의 변경이나 조정등 필요한 조치를 명할 수 있다. 다만, 제③호에 해당하는 경우에 대한 조치인 때에는 그 내용을 공정거래위원회에 통보하여야 한다.

① 제1항 단서 또는 국제협약을 위반하는 경우
② 선박의 배치, 화물적재, 그 밖의 운송조건 등을 부당하게 정하여 해상화물운송질서를 문란하게 하는 경우
③ 부당하게 운임이나 요금을 인상하거나 운항횟수를 줄여 경쟁을 실질적으로 제한하는 경우

6) 협의의무

제1항에 따라 협약을 체결한 외항화물운송사업자와 영 제15조(협의)로 정하는 화주단체는 규칙 제20조(운임 및 요금의 공표 등)로 정하는 바에 따라 운임과 부대비용등 운송조건에 관하여 서로 정보를 충분히 교환하여야 하며, 제2항에 따른 신고를 하기 전에 운임이나 부대비용 등 운송조건에 관하여 협의를 하여야 한다. 이 경우 당사자들은 정당한 사유 없이 이를 거부하여서는 아니 된다.

* 영 제15조(협의)

1) 법 제29조(운임 등의 협약)제6항의 화주단체란 다음의 요건을 모두 갖춘 단체로서 해양

수산부장관에게 신고한 단체를 말한다.
① 회원의 연간 수출액의 총계가 우리나라 총 수출액의 100분의 25이상일 것
② 단체의 구성목적이 우리나라 수출입 화주의 권익증진일 것
2) 다음의 하나에 해당하는 경우에는 법 제29조제6항 후단에 따른 정당한 사유가 없는 경우에 해당하는 것으로 본다.
① 합리적인 이유 없이 협의를 시작하지 아니하는 경우
② 협의를 할 때에 합리적인 이유 없이 다른 사업자와 차별하는 경우
③ 거짓자료 또는 부실한 자료를 제공하여 협의의 목적달성을 어렵게 하는 경우
④ 그밖에 합리적인 이유 없이 사실상 협의를 거부하거나 방해하는 경우

* 규칙 제20조(운임 및 요금의 공표 등)
1) 제5항 : 외항정기화물운송사업과 외항부정기화물운송사업의 등록을 한자(국내항과 외국항에서 해상화물운송사업을 경영하는 외국인 화물운송사업자를 포함)는 법 제29조(운임등의 협약)제2항에 따라 협약의 내용을 신고하려는 경우에는 협약체결일부터 30일 이내에 운항계획 및 협약개요서를 첨부하여 해양수산부장관에게 제출하여야 한다. 이 경우 그 협약서 및 협약개요서에 협약당사자 모두의 이름을 적어 공동으로 제출할 수 있다
2) 제6항 : 외국인 사업자는 국내계약대리점에게 제1항부터 제5항까지의 규정에 따른 운임 및 요금의 공표, 신청서 또는 신고서의 제출, 장기운송계약서의 신고를 대행하게 할 수 있다. 이 경우 신청서, 신고서 또는 장기운송계약서에는 대리점계약서의 사본을 첨부해야 한다.
3) 제7항 : 법 제29조제6항의 협의는 서면으로 하여야 한다.

3. 화물운송의 계약 등 : 법 29조의2

1) 제28조(운임 및 요금의 공표등)제1항 각호에 해당하는 자와 화주는 화물운송거래를 위한 입찰을 하거나 계약을 체결하는 경우에는 공정하고 투명하게 하여야 한다.
2) 제28조(운임 및 요금의 공표등)제1항 각호에 해당하는 자와 화주가 3개월 이상의 기간을 정한 화물운송계약(COA : contract of affreightment 이하 장기운송계약, spot contract : 단기운송계약)을 체결하는 경우에는 다음의 내용을 포함하여야 한다.
① 운임 및 요금의 우대조건
② 최소운송물량의 보장
③ 유류비등 원재료가격 상승에 따른 운임 및 요금의 협의
3) 제28조(운임 및 요금의 공표등)제1항 각호에 해당하는 자와 화주가 제2항에 따른 장기운송계약을 체결하는 경우에는 제31조(외항화물운송사업자등의 금지행위)제1항제①호(외항정기화물운송사업자의 금지행위) 및 같은 조 제2항제①호(외항정기화물운송계약상의 화주의 금지행위)를 적용하지 아니할 수 있다.
4) 해양수산부장관은 제2항에 따른 계약의 체결에 필요한 표준계약서를 작성하여 보급·활용하게 하거나 영 제14조의2(표준계약서의 작성 및 보급·활용단체)로 정하는 해운관련 단체인 '한국선주협회'로 하여금 표준계약서를 작성하여 보급·활용하게 할 수 있다

4. 외항화물운송사업자등의 금지행위 : 해운법 31조

1) 의의와 실효성
가. 의의

독과점시장구조하의 불공정거래를 방지하고 건전한 해운시장질서를 유지하는데 의의가 있다.

나. 실효성

국내해운산업발전에 따라 공정거래위원회의 거래질서 확립 사례가 다듬어 질 것이나 당분간은 초기단계로 사례가 부족하여 실효성이 적을 것임

① 제28조의 해양수산부장관의 필요한 조치

② 제29조의 공동행위허용범위관련 해양수산부장관의 시행중지명령 및 공정거래위원회통보

③ 제29조의 공동행위허용범위관련 먼저제정된 해운법과 나중에 제정된 공정거래위원회법의 충돌(신법과 구법, 일반법과 특별법논리)

2) 외항정기화물운송사업자등의 금지행위

제28조(운임 및 요금의 공표 등)제1항 각호에 해당하는 자(외항정기화물운송사업자(국내항과 외국항에서 정기화물운송사업을 하는 외국인 포함))는 다음 행위를 하면 안 된다.

① 제28조(운임 및 요금의 공표등)에 따라 공표하거나 신고한 운임 및 요금보다 더 많이 받거나 덜 받는 행위

② 제28조(운임 및 요금의 공표등)에 따라 공표하거나 신고한 운임 및 요금보다 덜 받으려고 이미 받은 운임 및 요금의 일부를 돌려주는 행위

③ 비상업적인 이유로 특정한 사람이나 지역 또는 운송방법에 관하여 부당하게 우선적 취급을 하거나 불리한 취급을하는 행위

④ 운송계약을 정당한 사유없이 이행하지 않거나 일방적으로 변경하는 행위

⑤ 비상업적인 이유로 외국수출업자에 비하여 한국수출업자에게 부당하게 차별적인 운임 또는 요금을 설정하는 행위

⑥ 비상업적인 이유로 화물운송과정상 발생한 분쟁, 그 밖의 손해배상청구의 조정·해결에 있어서 화주를 부당하게 차별하는 행위

5. 외항정기화물운송계약상의 화주의 금지행위

제28조(운임 및 요금의 공표등)제1항 각호에 해당하는 자(외항정기화물운송사업자등)와 운송거래를 위해 입찰을 하거나 계약을 체결한 화주는 다음 각호의 행위를 하여서는 아니된다.

① 제28조에 따라 공표되거나 신고된 운임 및 요금보다 비싸거나 싸게 화물을 운송하는 행위

② 운송화물의 품목이나 등급에 관하여 거짓의 운임청구서를 받아 지급한 운임 및 요금의 일부를 되돌려 받는 행위

③ 우월적 지위를 이용하여 부당하게 입찰에 참여하게 하거나 계약을 체결하도록 유인하거나 강제하는 행위

④ 운임 및 요금을 인하하기 위하여 고의적으로 재입찰하거나 입찰에 참가한 다른 사업자의 단가정보를 노출하는 행위

⑤ 운송계약을 정당한 사유없이 이행하지 않거나 일방적으로 변경하는 행위

6. 외항부정기화물운송사업자의 금지행위

외항부정기화물운송사업을 경영하는 자(외국인 부정기화물운송사업자를 포함한다)는 다음 각호에

해당하는 행위를 하여서는 아니 된다.

① 비상업적인 이유로 특정한 사람이나 지역 또는 운송방법에 관하여 부당하게 우선적 취급을 하거나 불리한 취급을 하는 행위

② 운송계약을 정당한 사유 없이 이행하지 않거나 일방적으로 변경하는 행위

③ 비상업적인 이유로 외국수출업자에 비하여 한국수출업자에게 부당하게 차별적인 운임 또는 요금을 설정하는 행위

④ 제①, 제②, 제③호에 따른 행위를 이용하여 다른 외항화물운송사업자와 부당하게 경쟁하는 행위

⑤ 그 밖에 법령(미제정)으로 정하는 비상업적인 이유로 화주를 부당하게 차별하는 행위

7. 외항정기화물운송사업자등의 금지행위위반에 대한 대책

1) 위반행위의 신고 등 : 법 제31조의2

가. 누구든지 법 제28조(운임 및 요금의 공표 등)제1항각호에 해당하는 자가 제28조제1항(공표), 제29조의2제1항·제2항(공정계약 및 계약사항) 및 제31조(금지행위)를 위반하거나 화주가 제29조의2제1항·제2항 및 제31조를 위반한 사실을 인지한 때에는 해양수산부장관 또는 해양수산부장관이 정하여 고시하는 법인이나 단체에 신고할 수 있다.

나. 제1항에 따른 신고가 있는 경우 해양수산부장관이 정하여 고시하는 법인이나 단체는 지체없이 해양수산부장관에게 보고하여야 한다.

다. 해양수산부장관은 제1항에 따라 신고된 내용이 제28조제1항, 제29조의2제1항·제2항 및 제31조에 해당하고 해상운송시장의 건전한 발전을 해칠 우려가 있다고 인정되면 규칙 제20조의2(변경이나 조정등의 명령)로 정하는 바에 따라 그 내용의 변경이나 조정등 필요한 조치를 명할 수 있다. 다만, 신고의 내용이 '독과점규제 및 공정거래에 관한 법률'등 다른 법률을 위반하였다고 판단되는 때에는 조정 등 필요한 조치를 명하는 대신 관계부처에 신고의 내용을 통보하여야 한다.

* 규칙 제20조의2(변경이나 조정 등의 명령)
해양수산부장관이 변경이나 조정 등 필요한 조치를 명하려는 경우에는 다음의 사항을 명시하여 서면으로 하여야 한다.
① 조치명령의 내용 및 그 이행방법
② 조치명령의 수용여부에 대한 통보기한
③ 조치명령에 대한 이행결과제출에 관한 사항
④ 그밖에 조치명령의 이행 등을 위해 필요한 사항

* <u>제29조(운임등의 협약)에 따른 해운선사의 공동행위가 불공정행위인지에 대한 법적성격</u>
1) 공정거래위원회의 입장
① 공정거래법이 해운법에 대한 상위법으로 공정거래에 대한 일반원칙을 적용해야 한다는 것
② 공정거래법에 대한 해운법에 대한 예외를 인정할 수 없다는 것
2) 한국해운협회의 입장
① 해운법은 공정거래법의 특별법으로서 공정거래법이 적용될 수 없다는 것
② 공정거래법에 타법에 의한 행위를 허용한다는 조항존재 및 국제적분규초래 가능성우려
3) 향후전망
공정거래법의 시행령 및 시행규칙을 정비하는 조정입법의 타협분위기가 있다.

[문29.해운산업의 건전한 육성과 이용자의 지원.47조의2]

우수선화주기업

1. 우수선화주기업 인증

1) 인증

해양수산부장관은 해상운송사업을 경영하는 기업과 그 기업에 화물의 운송을 위탁하는 화주기업(이하 선화주기업)의 해상운송분야의 상생협력을 촉진하기 위하여, 공정하고 안정적인 해상운송을 통해 상호 동반성장을 도모하는 기업에 우수선화주기업 인증을 부여할 수 있다.

* 규칙 제26조의6(인증신청 및 심사)

1) 우수선화주기업 인증을 받으려는 자는 우수 선화주기업 인증신청서에 다음의 서류를 첨부하여 해양수산부장관에게 제출하여야 한다.
   ① 최근 3년간의 재무제표
   ② 최근 3년간의 항로별 해상 수출입 컨테이너 물동량을 증명하는 서류
   ③ 그밖에 해양수산부장관이 정하여 고시하는 서류
2) 제1항에 따른 신청을 받은 해양수산부장관은 '전자정부법'에 따른 행정정보의 공동이용을 통해 법인 등기사항증명서 및 사업자 등록증을 확인해야 한다. 다만, 신청인이 사업자등록증의 확인에 동의하지 않는 경우에는 그 사본을 첨부하도록 해야 한다.
3) 해양수산부장관은 제1항에 따른 신청이 규칙 제26조의7(인증의 기준)에 따른 '인증의 기준'에 적합한 지에 대해 법 제47조의4(인증전담기관의 지정)제1항 및 제3항에서 별도로 정하는 인증전담기관의 심사를 거쳐 신청일 부터 90일 이내에 인증여부를 결정해야 한다
4) 인증전담기관은 인증심사의 공정성을 확보하기 위하여 해운·물류·무역 분야의 전문가로 구성된 인증심사위원회를 설치·운영하여야 한다.
5) 제1항부터 제4항까지에서 규정한 사항 외에 우수선화주기업 인증에 필요한 사항은 해양수산부장관이 정하여 고시한다.

2) 해양수산부장관은 제1항에 따라 우수선화주기업 인증을 하는 경우 장기운송계약을 체결한 선화주기업에 가점을 부여하거나 체결여부를 심사기준에 반영하여 우대할 수 있다.

3) 제1항에 따른 우수선화주기업 인증주체와 대상등에 필요한 사항은 영 제23조의2(우수선화주기업 인증의 주체 및 대상)로 정한다.

* 영 제23조의2(우수선화주기업 인증의 주체 및 대상)

우수선화주기업 인증은 해양수산부장관이 다음의 자를 대상으로 한다
① 화주
② 외항정기화물운송사업의 등록을 한 자

4) 우수선화주기업선정을 위한 인증의 기준 등 필요한 사항은 해양수산부령으로 별도로 정한다.

5) 해양수산부장관은 제1항에 따라 인증을 받은 자가 제3항 및 제4항의 요건을 유지하는지의 여부를 영 제23조의3(인증기업에 대한 점검)으로 정하는 바에 따라 점검할 수 있다.

* 영 제23조의3(인증기업에 대한 점검)

1) 해양수산부장관은 우수선화주기업 인증을 받은 자가 요건을 유지하는지를 그 인증한 날을 기준일로 하여 3년마다(매 3년이 되는해의 기준일과 같은 날의 전날까지를 말한다)점검한다.
2) 해양수산부장관은 인증기업이 인증요건을 유지하는지에 대해 점검이 필요한 경우 제1항

에 따른 점검 외에 연1회에 한정하여 수시점검을 할 수 있다.

6) 인증서와 인증마크 : 법 제47조의6

가. 해양수산부장관은 인증기업에 인증서를 교부하고, 인증마크를 제정하여 인증기업이 사용하게 할 수 있다

나. 인증기업이 아닌 자는 거짓의 인증마크을 제작·사용하거나 그 밖의 방법으로 인증기업임을 사칭하여서는 아니 된다.

7) 인증기업에 대한 지원 : 법 제47조의7

국가·지방자치단체 또는 공공기관은 인증기업에 대하여 영 제23조의5(인증기업에 대한 지원)로 정하는 바에 따라 행정적·재정적 지원을 할 수 있다

* 영 제23조의5(인증기업에 대한 지원)
해양수산부장관은 법 제47조의7에 따라 인증기업에 대해 '항만법' 제42조(항만시설의 사용료 등)제1항 단서에 따라 항만시설사용료를 감면하거나 그밖에 인증제도를 활성화하기 위해 필요하다고 인정하는 지원을 할 수 있다 .

2. 우수선화주기업의 인증취소, 인증전담기관의 지정과 인증전담기관의 지정취소

1) 우수선화주기업등의 취소 : 제47조의3

가. 해양수산부장관은 인증기업이 다음의 하나에 해당하는 경우에는 그 인증을 취소할 수 있다. 다만, 제①호에 해당하는 때에는 인증을 취소하여야 한다.

① 거짓이나 그 밖의 부정한 방법으로 인증을 받은 경우(취소)

② 금지행위 위반으로 이 법에 따른 과태료 3회 이상 또는 과징금 부과처분을 받거나 공정거래위원회의 시정조치 또는 과징금 부과처분을 받은 경우

③ '인증기준'에 맞지 아니하게 된 경우

④ 점검을 정당한 사유없이 3회 이상 거부한 경우

⑤ 다른 사람에게 자기의 성명 또는 상호를 사용하여 영업을 하게 하거나 인증서를 대여한 경우

나. 인증기업은 인증이 취소된 경우에는 법 제47조의6(인증서와 인증마크)제1항에 따른 인증서를 반납하고, 인증을 나타내는 표시(인증마크)의 사용을 중지하여야 한다.

2) 인증전담기관지정 : 법 제47조의4→한국해양진흥공사

가. 제47조의2제1항 : 해양수산부장관은 우수선화주기업의 인증과 관련하여 다음의 업무를 수행할 전담기관을 지정할 수 있다.

① 인증신청의 접수

② 제47조의2(우수 선화주기업의 인증)제4항의 인증요건에 맞는지에 대한 심사

③ 제47조의2(우수 선화주기업의 인증)제5항에 따른 인증요건을 유지하는지의 점검의 대행

④ 제47조의7(인증기업에 대한 지원)에 따른 인증기업에 대한 지원업무

⑤ 그밖에 인증업무를 원활히 수행하기 위하여 영 제23조의4(인증전담기관의 지정 등)로 정하는 업무

나. 정부는 예산의 범위에서 인증전담기관의 운영에 필요한 경비의 일부를 보소할 수 있다.

다. 인증전담기관은 영 제23조의4(인증전담기관의 지정등)로 정하는 바에 따라 다음 각호의 하나에 해당하는 기관 중에서 지정한다.

① '공공기관의 운영에 관한 법률'에 따라 지정된 공공기관

② '정부출연기관 등의 설립운영 및 육성에 관한 법률'에 따른 정부출연연구기관

* 영 제23조의4(인증전담기관의 지정 등)

1) 해양수산부장관은 법 제47조의4제1항 및 제3항에 따라 다음의 요건을 모두 갖춘 기관을 인증전담기관으로 지정할 수 있다.

① 법령 또는 정관에 따른 해당기관의 업무내용에 해운산업지원에 관한 업무가 포함되어 있을 것

② 법 제47조의4(인증전담기관의 지정)제1항 각호에 따른 업무 수행에 필요한 전담인력 및 시설을 갖추고 있을 것

2) 해양수산부장관은 제1항에 따라 인증전담기관을 지정한 때에는 기관의 명칭, 연락처, 대표자 및 소재지를 관보에 게재하여야 한다

3) 법 제47조의4(인증전담기관의 지정)제1항제⑤호에서 대통령령으로 정하는 업무란 다음의 업무를 말한다.

① 법 제47조의2(우수 선화주기업의 인증)제1항에 따른 인증제도 및 인증기업에 대한 홍보

② 인증제도에 관한 연구

③ 그밖에 인증제도와 관련된 사항으로서 해양수산부장관이 정하여 고시(미제정)하는 업무

3. 인증전담기관의 지정취소 : 법 제47조의5

해양수산부장관은 인증전담기관이 다음 각 호의 어느 하나에 해당하는 경우에는 그 지정을 취소할 수 있다. 다만, 제①호에 해당하는 경우에는 지정을 취소하여야 한다.

① 거짓 또는 부정한 방법으로 지정을 받은 경우(취소)

② 고의 또는 중대한 과실로 인증기준 및 절차를 위반한 경우

③ 정당한 사유 없이 인증업무를 거부한 경우

[문30.해상화물운송사업.준용규정.36조]

해운중개업등에 관한 준용규정

해운중개업 등에 관하여는 제4조(사업면허)제3항(면허신청), 제8조(결격사유), 제14조(사업개선의 명령, 제①호와 제⑧호의 경우에 한정한다), 제17조(사업의 승계) 및 제19조(면허의 취소 등)를 준용한다.

[문31.해상화물운송사업.해운중개업·해운대리점업·선박대여업 및 선박관리업.33조]

해운중개업, 해운대리점업, 선박대여업 및 선박관리업

1. 해운중개업등의 등록

1) 해운중개업, 해운대리점업, 선박대여업 또는 선박관리업(이하 해운중개업 등)을 경영하려는 자

는 규칙 제22조(해운중개업 등의 등록)로 정하는 바에 따라 해양수산부장관에게 등록하여야 한다. 등록한 사항을 변경하려는 때에도 또한 같다.

2) 제1항에 따른 해운중개업 등을 경영하려는 자는 규칙 제22조(해운중개업 등의 등록신청)로 정하는 시설과 경영형태를 갖추어야 하며 '해운중개업 등의 등록기준'등은 규칙 제23조(해운중개업 등의 등록기준)에 따라 별도로 정한다.

3) 해운중개업 등(선박대여업은 제외) 등록의 유효기간은 등록일부터 3년으로 하고, 계속하여 해운중개업 등을 경영하려면 등록의 유효기간이 끝나기 전에 규칙 제22조의2(해운중개업 등의 등록 갱신 신청)로 정하는 바에 따라 그 등록을 갱신하여야 한다.

4) 해양수산부장관은 제1항에 따른 선박관리업의 효율적인 등록·관리 및 선원의 권익보호 등을 위하여 필요한 사항을 정하여 고시하여야 한다.

* 규칙 제22조(해운중개업등의 등록신청)

1) 해운중개업, 해운대리점업, 선박대여업 또는 선박관리업(이하 해운중개 업등)을 경영하려는 자는 신청서에 다음의 사항을 첨부하여 지방해양수산청장에게 제출하여야 한다.
   ① 신청인이 외국인인 경우에는 법 제36조(해운중개업 등에 관한 준용규정)에서 준용하는 법 제8조(결격사유)에 해당하지 아니함을 확인할 수 있는 다음의 하나에 해당하는 서류
      가. 해당국가의 정부, 그 밖의 권한 있는 기관이 발행한 서류
      나. 공증된 신청인의 진술서로서 '재외공관법'에 따라 그 국가에 주재하는 대한민국공관의 영사관이 확인한 서류
   ② 사업계획서
   ③ 정관(법인인 경우에만 제출한다)
   ④ 계약상대방과 체결한 계약서(공증인의 공증을 받은 후 5개월이 지나지 아니한 것이어야 한다)사본과 그 번역문(외국해상여객운송사업자 또는 외국해상화물운송사업자와 대리점계약을 체결한 경우에만 제출한다). 다만, 해운중개업 및 선박대여업의 경우에는 제출하지 아니한다. 선박관리업의 경우 계약상대방해운업등록증을 추가한다.
   ⑤ '외국인투자촉진법'에 따른 외국인투자를 증명할 수 있는 서류(외국인투자기업의 경우에만 제출한다)
   ⑥ 선박국적증서 또는 임시선박국적증서(선박관리업 및 선박대여업의 경우에만 제출하고, 대한민국국적 선박인 경우에는 제출하지 아니한다)

2) 신청서를 제출받은 지방해양수산청장은 '전자정부법'에 따른 행정정보의 공동이용을 통하여 다음의 서류를 확인하여야 한다. 다만, 신청인이 제①호의 서류에 대한 확인에 동의하지 아니하는 경우에는 해당서류의 사본을 첨부하도록 하여야 한다.
   ① 선박국적증서(대한민국국적 선박인 경우에만 해당한다)
   ② 법인등기사항증명서(법인인 경우에만 해당한다)

3) 사업계획서에는 다음사항을 기재하여야 한다
   ① 사업의 개요
   ② 사업개시 후 3년간의 사업추진계획 및 예상수지
   ③ 보유시설현황
   ④ 계약상대방의 영업현황(해운중개업 및 선박대여업은 제외한다)

4) 지방해양수산청장은 등록신청을 받은 경우에는 그 등록신청이 다음의 하나에 해당하는 경우를 제외하고는 등록을 해주어야 한다. 이 경우 해양수산부장관 또는 지방해양수산청장은 '해운중개업 등의 등록기준'과 관련된 계약상대방의 공신력에 관하여 관계법인 또는 단체의 의견을 들을 수 있다.
   ① 법 제8조(결격사유)에 해당하는 경우
   ② 규칙 제23조(해운중개업등의 등록기준)의 별표4에서 정하는 '해운중개업등의 등록기준'

을 갖추지 못한 경우
③ 그밖에 법 또는 다른 법령에 따른 제한에 위반되는 경우
5) 지방해양수산청장은 해운중개업등의 등록을 한 경우에는 신청인에게 해운등록증을 발급하여야 한다.
6) 지방해양수산청장은 등록증을 발급하는 경우에는 등록대장에 다음의 사항을 기록·관리하여야 한다.
① 사업의 종류
② 상호 및 주소
③ 대표자의 성명
④ 계약상대방의 명칭 및 주소(해운중개업 및 선박대여업의 경우는 제외한다)
⑤ 주된 사무소외의 국내외 지사 또는 영업소의 숫자·명칭 및 소재지
⑥ 외국인투자자 및 투자비율(외국인투자기업의 경우만 해당된다)
⑦ 등록유효기간
7) 해운중개업의 등록을 한자는 제6항의 하나(제⑦호는 제외한다)에 해당하는 사항을 변경하려는 경우에는 그 변경사유가 발생한 날부터 30일 이내에 등록사항변경신청서에 그 사실을 증명하는 서류를 첨부하여 지방해양수산청장에게 제출하여야 한다.

2. 해운중개업 등의 등록취소 등 : 법 제35조→제19조(면허의 취소)준용

1) 해양수산부장관은 해운중개업 등의 사업을 경영하는 자가 제36조(해운중개업 등에 관한 준용규정)에서 준용되는 제14조(사업개선의 명령, 제①호(사업계획의 변경)와 제⑧호(선박의 안전운항을 위하여 필요한 사항)의 경우에 한정), 제34조(영업보증금의 예치명령 등) 및 제50조(보고 및 조사 등)제1항을 위반한 때에는 등록을 취소하거나 6개월 이내의 기간을 정하여 해당사업의 정지를 명하거나 1천만원 이하의 과징금을 부과할 수 있다.
2) 등록취소, 사업정지처분의 세부기준 및 과징금을 부과하는 위반행위의 종류와 정도에 따른 과징금의 금액 등에 관하여 필요한 사항은 영 제24조(과징금을 부과할 위반행위와 과징금의 금액)로 정한다.

* 영 제24조(과징금을 부과할 위반행위와 과징금의 금액)

[문32.해상화물운송사업.34조]

선박관리업의 영업보증금예치명령 등

해양수산부장관은 선박관리업의 안정적인 선원관리 등을 위하여 필요하다고 인정하면 선박관리업을 경영하는 자에게 영업보증금을 예치하거나 보증보험에 가입하도록 명할 수 있다.

* 규칙 제24조(영업보증금의 예치 등)
1) 선원을 관리하는 선박관리업을 경영하는 자는 지방해양수산청장으로부터 영업보증금예치 또는 보증보험가입명령을 받으면 30일 이내에 규칙 제25조(영업보증금등의 금액)에 따른 기준에 적합하게 '은행법'에 따른 은행에 영업보증금을 예치하거나 '보험업법'에 따른 보험회사의 보증보험에 가입하여야 한다.
2) 지방해양수산청장은 선원을 관리하는 선박관리업을 경영하는 자가 다음의 하나에 해당하는 경우에는 영업보증금 예치 또는 보증보험가입명령을 하지 아니할 수 있다.

① 자본금이 10억원 이상인 다른 법인이 규칙 제25조(영업보증금등의 금액)에 따른 기준에 적합하게 영업상의 채무를 보증하고 있는 경우(공증인의 공증이 있는 경우만 해당)
② 해당사업자 또는 관리선박의 소유자가 '선원법'에 따른 임금채권보장보험 및 재해보상보험에 가입하는 등 영업보증금 예치 또는 보증보험 가입이 아닌 다른 방법으로 공신력을 확보할 수 있다고 인정되는 경우

3) 제1항에 따라 영업보증금을 예치하거나 보증보험에 가입한 자와 제2항의 제①호에 해당하는 자는 그 사실을 증명하는 보험증권, 예치증서 등 증명서류를 지체 없이 지방해양수산청장이 지정하는 관계법인 또는 단체에 제출하여 보관하게 하여야 하며, 등록이 취소되거나 사업을 폐지하기 전까지는 그 보증상태가 유지되어야 한다. 다만, 해당사업의 수행과 관련한 피해를 보상하기 위하여 부득이하게 영업보증금을 인출한 경우에는 1개월 이내에 다시 예치하여야 한다.

* 규칙 제25조(영업보증금등의 금액)
① 관리하는 선원의 수가 20명 미만인 경우 : 1억원 이상
② 관리 선원이 20명 이상 50명 미만인 경우 : 2억원 이상
③ 관리 선원이 50명 이상인 경우 : 3억원 이상

[문33.해운산업의 건전한 육성과 이용자의 지원.37조]

해운산업장기발전계획과 내항여객선 현대화계획 및 해운산업발전위원회

1. 해운산업장기발전계획 : 법 제37조

1) 정부는 5년마다 해운산업장기발전계획을 수립하여 공고하여야 한다.
2) 제1항에 따른 해운산업장기발전계획에는 다음 각 호의 사항이 포함되어야 한다.
① 선박의 수요·공급에 관한 사항
② 선원의 수요·공급과 복지에 관한 사항
③ 해운과 관련된 국제협력에 관한 사항
④ 그밖에 해운산업의 건전한 발전을 위하여 필요한 사항

2. 내항여객선 현대화계획 : 제37조의2

1) 해양수산부장관은 내항여객선현대화를 위한 계획을 5년 단위로 수립·시행하여야 한다.
2) 해양수산부장관은 내항여객선현대화계획을 수립하려면 관계중앙행정기관의 장과 미리 협의하여야 한다.

* 영 제16조의2(내항여객선 현대화계획)
1) 내항여객선현대화계획에는 다음의 사항이 포함되어야 한다.
① 내항여객선 현대화계획의 추진목표 및 기본방향
② 내항여객선 현황 및 전망에 관한 사항
③ 내항여객선 현대화 추진전략 및 기반조성에 관한 사항
④ 부문별·연차별 사업계획의 추진 및 시행에 관한 사항
⑤ 그밖에 내항여객선 해사안전에 관한 사항으로서 해양수산부장관이 필요하다고 인정하는 사항

2) 해양수산부장관은 내항여객선 현대화계획을 수립·시행하거나 변경하기 위하여 필요하다고 인정하는 경우에는 관계 중앙행정기관의 장, 특별시장·광역시장·도지사, 시장·군수·구청장(자치구의 구청장을 말한다), '공공기관의 운영에 관한 법률'에 따른 공공기관의 장, 해사안전과 관련된 기관·단체 또는 개인에 대하여 관련 자료의 제출, 의견의 진술 또는 그밖에 필요한 협력을 요청할 수 있다.
3) 해양수산부장관은 내항여객선 현대화계획을 수립하거나 변경한 경우 그 내용을 관보에 고시하여야 한다.

3. 해운산업발전위원회 → 법 제37조의3

1) 해운산업의 건전한 발전과 경쟁력강화에 관하여 필요한 사항을 관계중앙행정기관등과 협의·심의하기 위하여 해양수산부에 해운산업발전위원회를 둔다.
2) 해운산업발전위원회의 위원장은 해양수산부장관이 되고, 위원은 관계중앙행정기관의 차관급 공무원으로서 영 제16조의3(해운산업발전위원회의 구성)으로 정하는 사람으로 한다.
3) 위원회는 다음의 사항을 협의·심의 한다.
   ① 해운산업발전을 위한 제도개선 및 지원 등에 관한 사항
   ② 안정적 화물확보지원에 관한 사항
   ③ 해운전문인력의 육성 및 지원에 관한 사항
   ④ 그밖에 해운산업의 건전한 발전과 경쟁력강화를 위하여 위원장이 필요하다고 인정하는 사항

* 영 제16조의3(해운산업발전위원회의 구성)
1) 법 제37조의3제2항에서 '대통령령으로 정하는 사람'이란 기획재정부 제2차관, 과학기술정보통신부 제1차관, 행정안전부차관, 산업통상자원부차관, 고용노동부차관, 국토교통부 제2차관, 해양수산부차관 및 금융위원회 부위원장을 말한다.
2) 해운산업발전위원회에 간사 1명을 두되, 간사는 해양수산부 소속 공무원 중에서 해양수산부장관이 지명한다.

[문34.해운산업의 건전한 육성과 이용자의 지원.40조의2]

전문기관의 지정 등

1. 전문기관의 지정 → 법 제 47조의4(인증전담기관의 지정), 한국해양진흥공사

해양수산부장관은 안정적인 해운거래기반을 조성하기 위하여 해운시장관련 정보제공 등을 담당하는 해운산업지원전문기관(이하 지원기관)을 지정할 수 있다.

2. 지원기관의 업무는 다음과 같다.

① 해운시황분석 및 정보제공
② 해상운임지수개발 및 운영
③ 선박의 경제성 분석등 선박거래에 관한 컨설팅
④ 그밖에 해양수산부장관이 위탁하는 사업

3. 해양수산부장관은 지정된 지원기관이 다음의 하나에 해당하면 그 지정을 취소하거나 6개월 이내의 기간을 정하여 업무의 전부 또는 일부를 정지할 수 있다. 다만, 제①호에 해당하는 경우에는

지정을 취소하여야 한다.

① 거짓이나 그 밖의 부정한 방법으로 지정을 받은 경우

② 지정받은 사항을 위반하여 업무를 행한 경우

③ 지원기관의 지정요건을 갖추지 못한 경우

* 영 제19조의2(전문기관 지정 등)

1) 해양수산부장관은 다음의 하나에 해당하는 기관 또는 단체 중에서 해운산업 지원 전문기관을 지정할 수 있다.

① '공공기관의 운영에 관한 법률'에 따라 지정된 공공기관

② '정부출연연구기관등의 설립·운영 및 육성에 관한 법률'에 따라 설립된 연구기관

③ '민법'에 따라 설립된 법인으로서 해운산업의 지원과 관련되는 업무를 수행하는 비영리법인

④ 그밖에 해운산업지원업무의 수행에 필요한 전문인력과 조직을 갖추었다고 해양수산부장관이 인정하는 기관 또는 단체

2) 제1항의 각호의 하나에 해당하는 기관 또는 단체가 지원기관으로 지정받으려면 다음 각호의 지정요건을 모두 갖추어 해양수산부장관에게 지정을 신청하여야 한다.

① 해운산업 지원에 필요한 해운거래 등에 관한 전문성을 보유할 것

② 법 제40조의2제2항각호의 업무에 3년 이상 종사한 경력이 있는 전담인력 2명 이상을 확보할 것

③ 법 제40조의2제2항각호의 업무수행에 필요한 시설 및 장비를 갖출 것

3) 제1항 및 제2항에서 규정한 사항 외에 지원기관의 지정 및 운영에 필요한 사항은 '해운산업지원전문기관지정 및 운영에 관한 규정'으로 정한다.

[문35.해운산업의 건전한 육성과 이용자의 지원.38조]

해운업자에 대한 정부의 재정적지원의 종류와 감독

1. 정부의 재정지원 종류

1) 선박확보를 위한 재정지원

가. 선박건조의 지원 → 제15조의2

나. 선박확보 등을 위한 지원 → 제38조

* 해운후진국시절 계획조선 등 선가의 70%이상을 국가가 지원했는데 여전히 어떤 경우 건조선가의 100%를 타인자본으로 건조하는 관행이 남아 있으며 2000년대초 해운호황기에 잉여이익금을 무분별하게 사용하여 리먼브러더스사태 당시 속절없이 국적선 해운대파산을 겪은 경험상 향후 호황기의 잉여이익금은 선가의 70%정도는 자기부담으로 하면서 불황기 대비 이익금의 효율적사용에 대한 방향이 요구된다.

2) 공제사업과 공동시설의 설치·운영지원 및 유류세지원 → 제41조(재정지원)

공제사업과 공동시설의 설치·운영지원 및 유류세등의 지원

3) 운임지원 → 제44조(운임과 요금의 지원), 규칙 제26조의5(해상운송비지원)

: 운임과 요금 및 해상운송비 지원

4) 기타지원

가. 고객만족도평가에 따른 우수사업자지원 → 제9조(우수사업자선정)
나. 제38조에 따른 수입이나 건조선박의 등기 전 융자 → 제42조(선박담보특례)
다. 내항여객운송사업자의 연륙교·연도교 건설에 따른 손실보상 → 제43조(손실보상을 위한 조치)
라. 제47조의7(우수선화주기업 인증기업에 대한 지원)

2. 감독 및 보조금의 목적 외 사용금지

1) 감독 : 제47조

해양수산부장관은 이 법에 따라 보조나 융자를 받은 자에 대하여 그 자금을 알맞게 사용하도록 감독하여야 한다.

2) 보조금등의 사용 등 : 법 제41조의2 : 보조금의 목적외 사용금지, 유류세지원환수

가. 목적 외 사용금지

법 제38조(선박확보 등을 위한 지원)제1항 및 법 제41조(재정지원)제1항에 따라 보조 또는 융자를 받은 자는 그 자금을 보조받거나 융자받은 목적이 아닌 용도로 사용하지 못한다.

나. 환수조치

해양수산부장관은 거짓이나 부정한 방법으로 제38조제1항 및 제41조제1항에 따라 보조금 또는 융자금을 받은 해운업자 및 해운단체와 유류세 보조금을 받은 내항화물운송사업자에 대하여는 보조금, 융자금 및 유류세 보조금을 반환할 것을 명하여야 하며, 이에 따르지 아니하면 국세체납처분의 예에 따라 보조금, 융자금 및 유류세 보조금을 환수하여야 한다.

[문36.해운산업의 건전한 육성과 이용자의 지원.38조]

선박확보 등 지원 및 선박현대화지원사업

1. 재정적 지원

1) 선박확보 등을 위한 지원 : 법 제38조

가. 정부는 해운업의 면허를 받거나 등록을 한자(이하 해운업자)가 다음의 하나에 해당하는 사업을 하는 경우 재정적 지원이 필요하다고 인정되면 영 제17조(보조 또는 융자)로 정하는 바에 따라 자금의 일부를 보조 또는 융자하게 하거나 알선할 수 있다.

① 국내의 항구 사이를 운항하는 선박의 수입(輸入)
② 선박시설의 개량이나 대체
③ 선박의 보수
④ 선박현대화지원사업에 따른 선박의 건조

* 선박현대화지원사업 : 정부가 선정한 해운업자가 정부의 재정지원 또는 금융지원을 받아 낡은 선박을 대체하거나 새로이 건조하는 것을 말한다.

2) 낡은 선박대체 : 현대화지원사업

정부는 제1항제①호 또는 제④호에 따른 사업이 낡은 선박을 바꾸기 위한 것인 경우에는 다른

사업에 우선하여 자금의 일부를 보조 또는 융자하게 하거나 알선할 수 있다.

2. 선박현대화지원사업 : 법 제39조(선박현대화지원사업을 위한 자금조성 등)

1) 정부는 선박 현대화 지원사업에 따른 선박의 건조사업을 효율적으로 지원하기 위하여 매년 필요한 자금을 영 제19조(선박현대화지원사업을 위한 자금조성 등)로 정하는 바에 따라 조성할 수 있다.
2) 해양수산부장관은 선박 현대화 지원사업을 위하여 해운업자를 선정하려면 그 '선정기준'을 마련하여야 한다. 이 경우 다음의 하나에 해당하는 자가 우선적으로 선정될 수 있도록 하여야 한다.
   ① 정기화물운송계약을 체결한 자
   ② 경제선형선박을 건조하려는 자

* 영 제17조(보조 또는 융자)
자금의 보조 또는 융자는 다음 각 호에 따른다.
① 국내의 항구 사이를 운항하는 선박을 수입하는 경우 선박가격 총액의 100분의 80이내의 융자
② 선박시설의 개량 또는 대체 및 선박을 보수하는 경우에는 소요자금의 100분의 20 이내의 보조 및 100분의 80이내의 융자
③ 선박 현대화 지원 사업에 따라 새로운 선박을 건조하는 경우에는 건조자금 중 국내에서 마련한 자금의 100분의 80이내의 융자
④ 선박 현대화 지원 사업에 따라 새로운 선박을 건조하기 위하여 국내 금융기관에서 자금을 마련한 경우 그 자금과 본 법의 선박현대화지원사업자금과의 금리차이에 따른 차액의 일부 또는 전부의 보전
⑤ 내항여객운송사업 및 내항 화물운송 사업에 필요한 중고 선박을 수입하거나 친환경 선박으로 개량하기 위하여 국내 금융기관에서 자금을 마련한 경우 그 자금의 대출금리와 해양수산부장관이 관계부처와 협의하여 정하는 금리와의 차이에 따른 차액의 일부 또는 전부의 보전

* 영 제18조(보조 또는 융자의 신청)
1) 자금의 보조 또는 융자를 받으려는 자는 다음의 사항을 기재한 신청서를 해양수산부장관에게 제출하여야 한다.
   ① 신청인의 성명(법인인 경우에는 법인의 명칭 및 대표자의 성명) 및 주소
   ② 보조 또는 융자를 받으려는 이유
   ③ 보조 또는 융자를 받으려는 금액
2) 신청서의 첨부 서류
   ① 시행하려는 사업의 내용을 명시한 사업계획서
   ② 보조금 또는 융자금의 사용계획서
3) 보조 또는 융자를 받은 자는 자금의 사용내역서를 작성하여 분기별로 해양수산부장관에게 제출하여야 한다.

* 영 제19조(선박 현대화 지원 사업을 위한 자금조성 등)
해양수산부장관은 매년 선박현대화지원사업의 물량을 관계 중앙행정기관의 장과 협의하여 결정하고, 이에 드는 자금을 조성할 수 있다.

[문37.해운산업의 건전한 육성과 이용자의 지원.41조]

해운업자에 대한 정부의 재정적지원 등

1. 공제사업과 공동시설의 설치·운영지원

정부는 해운단체가 행하는 해운에 관한 공제사업과 공동시설의 설치·운영에 관하여 영 제20조(해운 공제사업 등을 위한 보조 또는 융자의 범위)로 정하는 바에 따라 보조 또는 융자하게 하거나 융자를 알선할 수 있다.

* 영 제20조(해운공제사업 등을 위한 보조 또는 융자의 범위)
법 제41조에 따른 공제사업 및 공동시설의 설치·운영에 대한 보조 및 융자는 다음 각 호에 따른다.
① 공제사업에 필요한 책임준비금중 해양수산부장관이 필요하다고 인정하는 범위의 보조 및 융자
② 공동시설의 설치·운영에 필요한 소요액의 100분의 50이내의 보조 및 100분의 80이내의 융자. 다만, 보조금과 융자금의 총액은 공동시설의 설치·운영에 필요한 소요액의 100분의 80을 넘지 못한다.

* 영 제21조(해운공제사업 등을 위한 보조 또는 융자의 신청)
① 법 제41조에 따른 보조 또는 융자를 받으려는 자는 다음의 사항을 쓴 신청서를 해양수산부장관에게 제출하여야 한다.
가. 해운단체의 명칭·주소 및 대표자의 성명
나. 보조 또는 융자를 받으려는 이유
다. 보조 또는 융자를 받으려는 금액
② 제1항의 신청서에는 다음의 서류를 첨부하여야 한다.
가. 사업계획서
나. 전년도의 손익계산서 및 해당연도의 추정손익계산서
③ 법 제41조에 따른 보조 또는 융자를 받은 자에 관하여는 영 제18조(보조 또는 융자의 신청)제3항이 준용되어 자금의 사용내역서를 작성하여 분기별로 해양수산부장관에게 제출하여야 한다.

2. 유류세 등의 지원 : 법 제41조

1) 제1항 : 정부는 '에너지 및 자원사업 특별회계법'에 따른 에너지 및 자원 관련 사업(석유가격 구조개편에 따른 지원사업에 한정한다)을 추진하기 위하여 내항화물운송사업자의 선박에 사용하는 유류에 부과되는 세액의 인상액에 상당하는 금액의 전부 또는 일부(유류세 보조금)를 보조할 수 있다. [내항화물운송사업자는 전체유류비의 약 30%의 지원을 받는다. 내항여객운송사업자는 '조세특례제한법'에 의해 면세유를 구입하여 전체유류비의 약 50%의 지원을 받는다]
2) 제3항 : 해양수산부장관은 유류세보조금의 지급이 필요한 경우 국가기관의 장 및 '공공기관의 운영에 관한 법률' 제4조에 따른 공공기관의 장에게 관련자료의 제공을 요청할 수 있다.
3) 제4항 : 제3항에 따라 자료의 제공을 요청받은 기관의 장은 정당한 사유가 없으면 이에 따라야 한다.

* 규칙 제26조의2(유류세보조금의 지급절차 등) : 지급절차 및 증빙자료
1) 유류세보조금 지급신청

유류세보조금을 지급받으려는 자는 유류세보조금지급청구서에 다음의 서류를 첨부하여 지방해양수산청장에게 제출하여야 한다.

① 유류판매(공급)사업자별 거래내역서
② 석유제품판매(공급) 및 인수확인서
③ 세금계산서
④ 운항실적을 증명하는 자료('항만법'에 따른 항만물류통합정보체계로 확인되지 아니하는 운항실적이 있는 경우에만 해당한다)
⑤ 유류세를 환급받았거나 유류세를 납부하였음을 증명하는 서류(법 제25조(사업등록의 특례)제2항에 따라 국내항과 외국항 사이 또는 외국항 사이에서 화물을 운송한 경우에만 해당한다)

2) 지급제한

내항화물운송사업자가 법 제25조(사업등록의 특례)제2항에 따라 일시적으로 국내항과 외국항 사이 또는 외국항 사이에서 화물을 운송한 경우 해당 외항구간에서 사용한 유류에 대하여 유류세를 환급받은 부분에 대해서는 유류세 보조금을 지급하지 아니한다.

3) 유류세 심사 시 소명자료요청 또는 현장 확인사항

① 평소에 비하여 유류사용량이 갑자기 급증한 경우
② 급유한 시간·횟수·지역·금액 등 급유행태가 특이한 경우
③ 등록된 선박의 척수에 비하여 유류사용량이 많다고 여겨지는 경우
④ 급유 받은 유류의 양만큼 실제 운항기록이 없다고 의심되는 경우
⑤ 선박을 휴항 없이 연속하여 운항하는 등 운항실적이 비정상적인 경우
⑥ 그 밖의 이상거래 징후 등 부정수급이 의심되는 경우

3. <u>유류세보조금에 대한 해운업자의 금지행위</u> : 법 제41조의3(유류세 보조금의 지급정지 등)

1) 유류세 보조금을 지급받는 내항화물운송사업자는 다음에 해당하는 행위를 하여서는 아니 된다.

① 석유판매업자 또는 선박연료공급업의 등록을 한자(이하 석유판매업자등)로부터 세금계산서를 거짓으로 발급받아 유류세 보조금을 지급받은 경우
② 석유판매업자등으로부터 석유의 구매를 가장하거나 실제 구매금액을 초과하여 신용카드, 직불카드, 선불카드 등 유류세 보조금의 신청에 사용되는 카드(유류구매카드)에 의한 거래를 하거나 이를 대행하게 하여 유류세 보조금을 지급받은 경우
③ 실제로 운항한 거리 또는 연료사용량보다 부풀려서 유류세 보조금을 청구하여 지급받는 행위
④ 내항화물운송 사업이 아닌 다른 목적에 사용한 유류분에 대하여 유류세 보조금을 지급받는 행위
⑤ 다른 사람 또는 업체가 구입한 연료 사용량을 자기가 사용한 것으로 위장하여 유류세 보조금을 지급받는 행위
⑥ 실제 주유 받은 유종과는 다른 유종의 단가를 적용하여 유류세 보조금을 지급받는 행위
⑦ 유류세 보조금의 청구와 관련된 관계서류에 대한 보완 또는 현장확인을 요구받았으나 이에 응하지 아니하는 행위
⑧ 제①호부터 제⑦호까지에서 규정한 사항 외에 거짓의 증빙자료를 제출하는 등 규칙 제26조의4(금지행위)로 정하는 행위

2) 내항화물운송사업자의 금지행위 위반 시 조치사항

해양수산부장관은 내항화물운송사업자가 제1항 각호에 따른 금지행위를 한 경우 등록취소, 해당선박의 감선조치 또는 6개월 이내의 기간을 정하여 해당선박의 운항정지를 명하거나 1년

이내의 기간을 정하여 유류세 보조금을 지급하지 아니할 수 있다.

3) 운항 정지처분 등의 세부기준은 영 제21조의2(유류세 보조금 지급 정지 처분 등의 세부기준)로 정한다.

4) 석유판매업자 금지행위 위반 조치사항

해양수산부장관은 석유판매업자등이 제1항의 하나에 해당하는 행위를 한 경우 영 제21조의3(유류구매카드 거래기능 정지등)으로 정하는 바에 따라 해당 사업소에 대한 유류구매카드의 거래기능을 정지하거나 해당사업소에서 발급한 거래내역에 관한 자료를 제41조(재정지원)제3항에 따른 증빙자료로 인정하지 아니할 수 있다.

* 영 21조의3(유류구매카드 거래기능 정지등)

해양수산부장관은 유류세보조금의 신청에 사용되는 카드의 거래기능을 정지하거나 거래내역에 관한자료를 증빙자료로 인정하지 아니하려는 경우에는 다음의 기준에 따른다.

① 석유판매업자등이 법 제41조의3(유류세보조금의 지급정지등)제1항 각호의 하나에 해당하는 행위를 1회 한 경우 : 유류구매카드 거래기능정지 3년 또는 증빙자료 불인정 3년

② 석유판매업자등이 법 제41조의3(유류세보조금의 지급정지등)제1항 각호의 하나에 해당하는 행위를 2회 이상 한 경우 : 유류구매카드 거래기능정지 5년 또는 증빙자료 불인정 5년. 다만, 본문에 따른 거래기능 정지 또는 증빙자료 불인정 기간이 경과한 후에 다시 법 제41조의3(유류세보조금의 지급정지등)제1항 각호의 하나에 해당하는 행위를 한 경우에는 거래기능을 영구적으로 정지하거나 증빙자료를 영구적으로 인정하지 아니한다.

* 규칙 제26조의4(금지행위)

내항화물운송사업자가 외항구간에서 사용한 유류에 대하여 유류세를 환급받았음에도 불구하고 규칙 제26조의2 제1항제⑤호의 서류(국내항과 외국항 사이 또는 외국항 사이에서 화물을 운송한 경우에만 해당한다)를 제출하지 아니하고 유류세 환급분을 포함하여 유류세 보조금을 청구하는 행위를 말한다.

4. <u>유류세보조금의 신고자에 대한 포상금</u> : 법 제49조의2(포상금의 지급)

해양수산부장관은 제41조의3(유류세 보조금의 지급정지 등)제1항에 따른 금지행위를 한 자를 관계행정기관이나 수사기관에 신고 또는 고발한 자에 대하여는 1천만원의 범위에서 포상금을 지급할 수 있다

* 영 23조의7(포상금의 지급)

1) 법 제41조의3(유류세보조금의 지급정지등)제1항의 금지행위에 대한 신고 고발을 받은 관계행정기관의 장이나 수사기관의 장은 그 사실을 해양수산부장관에게 알려야 한다.

2) 통보를 받은 해양수산부장관은 그 신고 또는 고발 내용을 확인한 후 신고인 또는 고발인에 대하여 포상금지급여부를 결정하고, 이를 신고인 또는 고발인에게 알려야 한다. 다만, 다음의 하나에 해당하는 경우에는 포상금을 지급하지 아니한다.

① 신고 또는 고발이 있은 후 같은 위반행위에 대하여 같은 내용의 신고 또는 고발을 한 경우

② 이미 재판절차가 진행 중인 사항에 대하여 신고 또는 고발을 한 경우

③ 관계법령을 위반하여 신고 또는 고발을 한 경우

3) 포상금 지급결정을 통보받은 신고인 또는 고발인은 해양수산부장관이 정하여 고시하는 바에 따라 해양수산부장관에게 포상금 지급을 신청하여야 한다.

4) 포상금의 지급기준과 지급방법·절차 등에 관하여 필요한 사항은 해양수산부장관이 정하여 고시한다.

[문38.해운산업의 건전한 육성과 이용자의 지원.42조]

선박담보특례와 압류선박의 운항 등에 대한 특례 등

1. 선박담보의 특례 : 법 제42조

해운업을 경영하기 위하여 제38조(선박확보 등을 위한 지원)제1항제①호(국내의 항구사이를 운항하는 선박) 또는 제④호(선박 현대화 지원 사업에 따른 선박의 건조)에 따라 선박을 수입(용선을 포함한다)하거나 건조하는 자에게는 해당선박의 소유권 취득에 관한 등기를 하기 전이라도 해당선박의 소유권을 취득한 후 지체 없이 해당선박을 담보로 제공할 것을 조건으로 융자할 수 있다.

2. 손실보상을 위한 조치등 : 법 제43조

1) 해양수산부장관은 '공익사업을 위한 토지 등의 취득 및 보상에 관한 법률'에 해당하는 공익사업의 일환으로 시행되는 육지와 도서간의 연륙교·연도교 건설에 따라 내항여객운송사업자가 손실을 입은 때에는 해당 내항여객운송사업자가 제4조(사업면허)에 따른 면허에 대하여 사업시행자로부터 적절한 보상을 받을 수 있도록 자료의 제공 등 필요한 조치를 하여야 한다.
2) 제1항에 따른 내항여객운송사업자에 대한 손실보상에 관한 사항은 '공익사업을 위한 토지 등의 취득 및 보상에 관한 법률'의 관련 규정이 정하는 바에 따른다.

[문39.해운산업의 건전한 육성과 이용자의 지원.44조]

도서민에 대한 운임지원

1. 여객선이용자등에 대한 운임과 요금의 지원

국가 또는 지방자치단체는 도서지역의 교통편의를 증진하기 위하여 예산의 범위안에서 여객선이용자에 대한 운임과 요금의 일부를 지원할 수 있다

2. 도서민을 위한 내항화물운송사업자에 대한 지원

국가 또는 지방자치단체는 예산의 범위 안에서 '도서개발촉진법' 제2조에 따른 도서의 도서민이 사용할 목적의 유류, 가스, 연탄, 목재펠릿의 해상운송비중 일부를 규칙으로 정하는 바에 따라 내항화물운송사업자등에게 지원할 수 있다.

* '농어업인 삶의 질 향상 및 농어촌지역 개발촉진에 관한 특별법' 제35조의2(농어촌지역 교통편의 증진지원)와 '도서민 여객선운임지원 집행지침'에 따라 도서민은 여객선운임을 7000원까지만 지불한다.

* 규칙 제26조의5(해상운송비의 지원)

1) 국가 또는 지방자치단체가 법 제44조제2항에 따라 해상운송비중 일부를 지원할 수 있는 자는 다음 각 호의 하나에 해당하는 자로 한다.
   1. 법 제24조제1항에 따른 내항화물운송사업의 등록을 한 자
   2. '유선 및 도선사업법' 제2조제2호에 따른 도선사업에 대하여 같은 법 제3조제1항에 따라 관할관청의 면허를 받거나 관할관청에 신고한 자

3. 그밖에 해당도서지역 해상운송의 현실과 여건을 고려하여 지원할 필요가 있다고 인정한 자

2) 제1항에서 정한 사항 외에 해상운송비의 지원기준, 지원방법 및 절차 등에 관하여 필요한 사항은 해양수산부장관이 정하여 고시하되, 지방자치단체가 지원하는 부분에 대해서는 해당지방자치단체의 조례로 정한다.

[문40.해운산업의 건전한 육성과 이용자의 지원.44조의2]

여객선 등의 접안시설 축조등과 국제협약 등의 이행을 위한 조치

1. 여객선등의 접안시설 축조등 : 법 제44조의2

해양수산부장관은 여객선등의 이용객의 안전과 편의증진을 위하여 여객선등의 기항지의 접안시설을 축조하거나 여객선항로에 대한 준설사업 등을 할 수 있다.

2. 국제협약 등의 이행을 위한 조치 : 법 제45조

해양수산부장관은 국가사이의 운송비율을 정하는 국제협약이나 운송에 관한 협약을 이행하기 위하여 필요하다고 인정되면 국제항로별로 선박의 취항을 조정하거나, 해운업자 사이의 운송비율을 결정하거나 그밖에 이에 관한 협의기구를 설치하는 등 필요한 조치를 할 수 있다.

[문41.해운산업의 건전한 육성과 이용자의 지원.46조]

대항조치 등

1. 호혜평등관련 대항조치

정부는 해운업자가 해상운송과 관련한 외국의 정부기관이나 법인 또는 단체로부터 호혜평등의 원칙에 반하는 다음의 하나에 해당하는 불이익을 받은 경우에는 그 국가의 선박운항사업자나 그 선박운항사업자의 선박 또는 그 선박운항사업자가 사실상 지배하는 국내 선박운항사업자나 그 국내 선박운항사업자의 선박에 대하여 그에 상응하는 대항조치를 할 수 있다.

① 부담금등 금전부과
② 선박의 입항금지 또는 입항제한
③ 선박의 화물적재나 짐나르기[양하]의 금지 또는 제한
④ 그밖에 영 제22조(대항조치)로 정하는 사항

* 영 제22조(대항조치)

1) 법 제46조(대항조치 등)제1항제④호의 그밖에 대통령령으로 정하는 사항
① 해운업자의 지사설치나 화물수집 등 영업과 관련된 차별대우
② 항만시설 및 그 부대시설의 이용과 해당시설에서의 용역이용과 관련된 차별대우

2) 해양수산부장관은 대항조치를 하려는 경우에는 대항조치의 원인이 되는 행위 및 그 행위의 시정기한을 해당국가·법인 또는 단체에 통지하여야 하며, 필요한 경우에는 그 국가·법인 또는 단체의 선박운항사업자 및 그의 선박을 이용하는 화주에게 이를 통지할 수 있다.

3) 제2항에 따른 통지내용에는 시정기한내에 대항조치의 원인이 되는 행위가 시정되지 아니하면 이에 대한 대항조치를 할 것임을 밝혀야 한다.
4) 해양수산부장관은 시정기한내에 대항조치의 원인이 되는 행위가 시정되지 아니하면 대항조치를 하여야 한다. 이 경우 해당 대항조치가 당사국간의 통상 및 외교상 중대한 영향이 초래될 것으로 예상되는 경우에는 관계중앙행정기관의 장과 협의하여야 한다.

2. 해운발전위해관련 대항조치

정부는 외국의 선박운항사업자가 대한민국의 해운발전을 해치는 행위를 하거나 교역항로의 질서를 어지럽게 한다고 인정되면 그 선박운항사업자 또는 그 선박운항사업자가 소유하거나 운항하는 선박에 대하여 입항규제 등의 조치를 할 수 있다.

* 영 제23조(입항규제내용)
1) 입항규제등의 조치내용
   ① 선박의 입항금지 또는 입항제한
   ② 선박의 화물적재나 짐 나르기[양하]의 금지 또는 제한
   ③ 지사 설치나 화물수집 등 영업에 관한 제한 또는 금지
   ④ 항만시설 및 그 부대시설의 이용과 해당시설에서의 용역이용에 관한 제한 또는 금지
2) 입항규제 시 청문
   해양수산부장관은 입항규제 등의 조치를 하는 때에는 청문을 실시하여야 하며, 입항규제 등의 조치내용을 해당사업자의 선박운항과 관련된 국내해운업자와 그의 선박을 이용하는 화주에게 미리 알려야 한다.
3) 입항규제 시 기간유예
   해양수산부장관은 제1항에 따른 입항규제 등의 조치를 하는 경우 필요하다고 인정하면 일정한 시정기간을 주고 그 기간 내에 시정되지 아니하면 해당조치를 할 수 있다.

3. 국내선박운항사업자의 기준 → 법 제24조(사업의 등록), 영 제13조(대량화물의 기준 등)

제1항에 따른 선박운항사업자가 사실상 지배하는 국내 선박운항사업자의 기준 등에 필요한 사항은 영 제21조의4(외국의 선박운항사업자가 사실상 지배하는 국내 선박운항사업자의 기준)로 정한다.

* 영 제21조의4(외국의 선박운항사업자가 사실상 지배하는 국내선박운항사업자의 기준)
1) 외국의 선박운항사업자가 사실상 지배하는 국내선박운항사업자는 다음의 하나에 해당하는 선박운항사업자로 한다.
   ① 외국의 선박운항사업자 및 그와 특별한 관계에 있는 자가 단독으로 또는 합하여 발행주식 총수의 100분의 30이상을 소유하고 최대주주(최대출자자 포함)로 있는 국내선박운항사업자
   ② 외국의 여러 선박운항사업자(각 선박운항사업자와 특별한 관계에 있는 자를 포함)가 합하여 발행주식 총수의 100분의 30이상을 소유하고 최대주주로 있는 국내 선박운항사업자
   ③ ①호의 국내 선박운항사업자 및 그와 특별한 관계에 있는 자가 단독으로 또는 합하여 발행주식 총수의 100분의 30이상을 소유하고 최대주주로 있는 국내 선박운항사업자
   ④ ②호의 국내 선박운항사업자 및 그와 특별한 관계에 있는 자가 단독으로 또는 합하여 발행주식 총수의 100분의 30이상을 소유하고 최대주주로 있는 국내 선박운항사업자
2) 제1항 각호에서 '특별한 관계에 있는 자'는 영 제13조제3항 각호의 하나에 해당하는 자로 한다.

* 영 제13조(대량화물의 기준 등)제3항 : 영 제21조의4제2항에서 '특별한 관계에 있는 자'란 다음의 하나에 해당하는 자를 말한다.

① 해당법인의 발행주식 총수의 100분의 30이상을 소유하고 있는 자
② 해당법인의 이사, 대표이사, 업무집행을 하는 무한책임사원 및 감사(이하 임원)
③ 제①호 및 제②호에서 규정한자의 '민법'상 친족
④ 제①호 및 제②호에서 규정한자의 사용인(법인인 경우에는 임원, 개인인 경우에는 상업사용인, 고용계약에 의한 피고용인 및 그 개인의 금전이나 재산에 의하여 생계를 유지하는 자를 말한다)

[문42.해운산업의 건전한 육성과 이용자의 지원.48조2]

응급환자 등의 이송에 대한 특례

해상여객운송사업의 면허를 받은 자 또는 내항화물운송사업의 등록을 한 자는 해양사고, 재해 및 응급환자 이송 등 긴급한 상황이 발생한 경우에는 규칙 제23조의6(응급환자 등의 이송에 대한 특례)으로 정하는 바에 따라 최대승선인원의 범위를 초과하여 여객을 운송할 수 있다.

* 영 제23조의6(응급환자 등의 이송에 대한 특례)

1) 해상여객운송사업의 면허를 받은 자 또는 내항 화물운송사업의 등록을 한 자는 다음의 하나에 해당하는 여객을 운송하는 경우에는 '선박안전법' 제8조(정기검사)에 따른 최대승선인원의 범위를 초과하여 여객을 운송할 수 있다.
   ① '응급의료에 관한 법률'에 따른 응급환자
   ② 제①호에 해당하는 여객의 보호자 및 그 이송에 필요한 '응급의료에 관한 법률'에 따른 응급의료종사자. 다만, 제①호에 해당하는 여객 1명당 4명 이내로 한정한다.
2) 제1항에 따라 최대승선인원을 초과하여 운송할 수 있는 여객의 한도는 다음의 구분에 따른다.
   ① 법 제4조(사업면허)제1항에 따라 해상여객운송사업의 면허를 받은 자 : '선박안전법' 제8조(정기검사)제3항에 따른 최대승선인원의 산정기준에 따라 법 제10조(선박의 최소운항기간)제①호에 따른 특별수송기간에 임시로 증원할 수 있는 여객정원 이내. 다만, 임시로 증원할 수 있는 여객정원이 산정되어 있지 않은 선박의 경우에는 최대승선인원 산정기준에 따른 여객정원의 100분의 10 이내로 한다.
   ② 법 제24조(사업의 등록)제1항에 따라 내항화물운송사업의 등록을 한자 : 최대승선인원 산정기준에 따른 여객정원의 100분의 100 이내

[문43.보칙.49조]

선박매매와 용대선의 제한

1. 용대선의 의의 → 법 제2조(정의)제⑦호

1) 선주가 선박을 이용하는 자를 위하여 선박의 전부 또는 일부를 빌려주는 행위를 말한다. 일반적으로 줄여서 용선이라고 하나, 선주가 선장등을 고용하며 선용품을 부담하는 용선(charter)과 단순히 선박만을 임대하여 주는 대선(demise)으로 구분하기도 한다.
2) 해운법의 정의

용대선이란 해상여객 운송사업이나 해상화물 운송사업을 경영하는 자 사이 또는 해상여객 운송사업이나 해상화물 운송사업을 경영하는 자와 외국인 사이에 사람 또는 물건을 운송하기 위하여 선박의 일부 또는 전부를 용선하거나 대선하는 것을 말한다.

3) 용선의 종류

가. 항해용선(voyage charter)

① 선박을 한 번의 항해를 위해 대절하는 것으로 일정한 항로에 한해 계약함

② 원칙적으로 1회의 항해를 단위로 함

③ 용선료는 대개 부정기선 운임수준임

* 계약에 따라 다르나 적·양하비용은 용선자가, 화물의 안전운송은 선주의 책임과 비용

나. 정기용선(time charter)

① 선주로부터 일정기간 선박을 용선하는 것

② 선주는 모든 장비를 갖추고 선원이 승선해 있는 선박을 지정된 위치에서 용선주에게 인도함

③ 용선주는 연료비, 하역비, 항비, 도선료, 예선료 및 대리점비를 지불하고 선박의 항해는 선주의 책임임

④ 선주는 자신의 선원을 통하여 선박을 지배, 관리할 수 있는 장점이 있음

⑤ 용선주는 선박을 소유하기 위해 대규모의 자본을 투자할 필요가 없음

다. 나용선(bareboat charter)

① 선박만을 대차하는 것

② 용선자가 선박이외에 선원, 장비 및 소모품 일체에 대한 책임을 지게 됨

라. 국적취득조건부 나용선(bareboat charter hire purchase)

① 선박을 구입할 것을 조건으로 용선료에 선박대금을 포함시켜 일정기간 빌려서 사용 후 용선기간 만료시에 소유권을 이전하는 연불(延拂)구매 조건부 용선

② 국적선박에 준하는 대우를 함

구분	운송 주체	선원 고용	용선료 산정기준	비용부담	
				선주	용선자
항해용선 (단기용선계약)	선주	선주	화물의 수량 및 선복량	선원급료, 식료, 윤활유, 유지비, 수리비, 보험료, 감가상각, 연료, 항비, 제반 수수료(하역·대리점비, 예선 및 도선비등)	
정기용선 (장기용선계약)	선주	선주	기간기준	선원급료, 식료, 윤활유, 유지비, 수리비, 보험료, 감가상각	연료, 항비, 제반 수수료 (예선 및 도선비등)
나용선	용선자	용선자	기간기준	감가상각	상각이외 모든 비용

2. 용대선제한의 의의와 실효성

1) 입법이유 : 과도한 용대선 체인이나 불법용대선 문제는 재용선과정에서 발생하는 용선료차액을 노린 행위로 해운 호황기에는 수익창출에 도움이 되지만 불황기에 접어들면 관련된 해운선사

들의 연쇄부실과 도산으로 이어져 이에 대한 대응에 입법목적이 있다.

2) 선박의 매매와 용대선제한의 개념 등 : 법 제49조

가. 해양수산부장관은 선복량을 알맞게 유지하고 해상안전과 항로질서를 유지하기 위하여 필요하다고 인정되면 대한민국 선박을 소유할 수 없는 자와의 선박의 매매(국적취득을 조건으로 선체만을 빌려 선박을 매수하는 경우를 포함)또는 용대선을 제한하거나 특정항로나 특정구역에 선박을 투입하는 것을 제한하는 조치를 할 수 있다.

나. 선박의 매매와 용대선 제한내용의 고시

해양수산부장관은 제1항에 따른 제한조치를 하려면 대상선박의 크기, 종류, 선박의 나이, 항로 또는 구역 등 제한의 내용을 미리 고시('내항화물선의 선령제한에 관한 고시')하여야 한다. 이 경우 제한내용의 예외를 인정하려는 때에는 그 요건과 절차 등을 포함하여 고시('내항화물선의 선령제한에 관한 고시')하여야 한다.

다. 예외인정허가

제한조치의 예외를 인정받으려는 자는 해양수산부장관의 허가를 받아야 한다.

라. 신청인에게 통지의무

해양수산부장관은 제3항에 따른 허가의 신청을 받은 날부터 규칙 제26조의11(선박의 매매와 용대선의 제한 등 조치의 예외인정허가)로 정하는 기간 내에 허가 여부를 신청인에게 통지하여야 한다.

마. 허가의제

해양수산부장관이 제4항에서 정한 기간 내에 허가여부 또는 '민원처리관련법령'에 따른 처리기간의 연장을 신청인에게 통지하지 아니하면 그 기간(민원처리 관련 법령에 따라 처리기간이 연장 또는 재연장된 경우에는 해당 처리기간을 말한다)이 끝난 날의 다음날에 허가를 한 것으로 본다.

* 규칙 제26조의11(선박의 매매와 용대선의 제한 등 조치의 예외인정허가)

1) 법 제49조(선박의 매매와 용대선의 제한 등)제3항에 따라 선박의 매매와 용대선의 제한 등 조치에 대한 예외인정허가를 신청하려는 자는 그 신청 사유 등을 기재한 서면을 해양수산부장관 또는 지방해양수산청장에게 제출해야 한다.

2) 법 제49조(선박의 매매와 용대선의 제한 등)제4항에서 '해양수산부령으로 정하는 기간'이란 다음의 기간을 말한다.

① 선박의 매매 또는 용대선을 제한하는 조치에 대한 예외인정허가의 경우 : 20일

② 특정항로나 특정구역에 선박을 투입하는 것을 제한하는 조치에 대한 예외인정허가의 경우 : 7일

[문44.보칙.50조]

보고 및 조사 등

1. 해양수산부장관은 다음의 하나에 해당하는 경우에는 해운업자(제28조(운임 및 요금의 공표 등)제1항각호에 해당하는 자를 포함한다)나 제31조(외항화물 운송사업 등의 금지행위)제2항에 따른 화

주에게 규칙 제27조(보고사항)에서 별도로 정하는 자료를 제출하게 하거나 보고하게 할 수 있다.
① 제2항 제①호부터 제⑤호까지의 하나, 제⑥호추가
② 제4조(사업면허)제4항에 따른 면허조건 등 이행여부를 확인하기 위하여 필요한 경우
③ 제9조(여객운송사업자에 대한 고객만족도평가)에 따라 여객운송사업자에 대한 고객만족도평가를 하기 위하여 필요한 경우
④ 제11조(운임과 요금)에 따라 여객운송사업자가 신고한 운임과 요금의 확인이 필요한 경우
⑤ 제13조(사업계획에 따른 운항)에 따른 여객운송사업자의 사업계획에 따른 운항여부의 확인이 필요한 경우
⑥ 제29조(운임 등의 협약)에 따른 운임 등의 협약에 관하여 확인이 필요한 경우
⑦ 제31조의2(위반행위의 신고 등)에 따른 위반행위 신고사항에 관하여 확인이 필요한 경우
⑧ 제34조(영업보증금의 예치명령 등)에 따른 영업보증금의 예치나 보증보험 가입에 관하여 확인이 필요한 경우
⑨ 제35조(등록의 취소 등)에 따른 등록의 취소 등의 사유가 발생한 경우
⑩ 해운정책의 수립과 해운관련 통계작성등을 위하여 해운업자의 사업실적 등의 조사가 필요한 경우

2. 해양수산부장관은 다음의 하나에 해당하는 경우에는 관계공무원으로 하여금 해운업자와 화주의 선박, 사업장, 그 밖의 장소에 출입하여 장부나 서류 그 밖의 물건을 조사하게 할 수 있다.
① 제14조(사업개선의 명령)와 제30조(사업개선명령)에 따른 사업개선의 명령을 하거나 그 이행여부의 확인을 위하여 필요한 경우
② 제15조(보조항로의 지정과 운영)에 따른 보조항로의 지정·운영과 제16조(여객선의 운항명령 등)에 따른 보조항로 운항명령 등을 위하여 필요한 경우
③ 제19조(면허의 취소 등), 제32조(준용규정) 및 제36조(해운중개업 등에 관한 준용규정)에서 준용하는 경우 포함)에 따른 면허(승인포함) 및 등록의 취소 등의 사유가 발생한 경우
④ 제28조(운임 및 요금의 공표 등)에 따른 운임의 공표 등에 관한 사항의 확인을 위하여 필요한 경우
⑤ 제31조(외항화물운송사업자등의 금지행위)에 따른 금지행위를 외항화물운송사업자등이 위반하였는지 여부를 확인하기 위하여 필요한 경우. 다만, 계약당사자중 일방의 조사로 확인이 안 될 경우에 한하여 계약당사자 모두를 조사할 수 있다.
⑥ 제31조의2(위반행위의 신고 등)에 따른 위반행위 신고사항에 관하여 확인이 필요한 경우
⑦ 제1항에 따른 자료의 제출 또는 보고를 하지 아니하거나 거짓의 자료를 제출하거나 거짓으로 보고한 경우
⑧ 제1항에 따라 제출한 자료와 보고한 내용을 검토한 결과 조사목적의 달성이 어려운 것으로 인정된 경우

3. 제2항에 따라 조사를 하려는 때에는 조사하기 7일 전까지 조사일시, 조사이유, 조사내용 등을 포함한 조사계획을 피조사자에게 알려야 한다. 다만, 긴급하거나 사전통지를 할 경우 증거인멸등으로 인하여 조사목적을 달성하기 어렵다고 판단되는 때에는 그러하지 아니하다.

* 규칙 제27조(보고사항) : 제출하게 하거나 보고하게 할 수 있는 자료

1) 법 제14(사업개선의 명령)와 법 제30조(사업개선명령)에 따른 사업개선의 명령을 하거나 그 이행여부의 확인을 위해 필요한 경우
   ① 사업계획서
   ② 운임 또는 요금의 산출명세서
   ③ 보험가입을 증명하는 서류
   ④ 그밖에 사업개선의 명령이행여부의 확인 등에 필요한 서류
2) 법 제15조(보조항로의 지정과 운영)에 따른 보조항로의 지정·운영과 법 제16조(여객선의 운항명령등)에 따른 보조항로 운항명령 등을 위하여 필요한 경우
   ① 운항수입 명세서
   ② 운항경비지출 명세서
3) 법 제19조(면허의 취소 등), (법 세32조(~~준용규정~~)제1항 및 제36조(해운중개업 등에 관한 ~~준용규정~~) 포함)에 따른 면허취소 등의 사유가 발생한 경우<u>[과적·과승, 면허조건]</u>
   ① 선하증권 및 승선권
   ② 운송약관
   ③ 운항관리규정
   ④ 보험증권 및 보험약관
   ④ 용선계약서
   ⑤ 사업승계계약서
   ⑥ 그밖에 법 제19조(법 제32제1항 및 제36조에 따라 준용되는 경우 포함)에 따른 면허 취소 등의 사유를 조사·확인하기 위해 필요한 자료
4) 법 제28조(운임 및 요금의 공표 등)에 따른 운임 및 요금의 공표, 운항계획의 신고 등에 관한 사항의 확인을 위해 필요한 경우
   ① 운임 및 요금표(운임공표를 하지 않은 경우로 한정)
   ② 운임, 요금 및 비용의 산출명세서
   ③ 입출항 기록 등 운항계획에 따른 운항사실을 증명할 수 있는 자료
5) 법 제31조(외항화물운송사업자등의 금지행위)에 따른 금지행위를 외항화물운송사업자 등 또는 화주가 위반했는지를 확인하기 위해 필요한 경우
   ① 송장, 선하증권, 거래내역서 및 다른 국가에서 운임에 관해 공표하거나 제출한 자료등 금지행위에 관한 사실을 확인하기 위해 필요한 자료
6) 법 제9조(여객운송사업자에 대한 고객만족도평가)에 따라 여객운송사업자에 대한 고객만족도평가를 하기 위해 필요한 경우[설문조사, 정시운항실적]
   ① 승선권
   ② 사업계획서 및 운항관리서류
7) 법 제11조(운임과 요금)에 따라 여객운송사업자가 신고한 운임과 요금의 확인이 필요한 경우
   ① 운임과 요금의 산출명세서
   ② 실제 운임과 요금을 수취한 자료등 신고내용의 이행확인을 위해 필요한 자료
8) 법 제13조(사업계획에 따른 운항)에 따른 여객운송사업자의 사업계획에 따른 운항여부의 확인이 필요한 경우
   ① 사업계획서 및 운항관련 서류
9) 법 제29조(운임 등의 협약)에 따른 운임등의 협약에 관해 확인이 필요한 경우
   ① 협약서
   ② 운임표 및 운임산출명세서, 선박배치, 화물의 적재, 그 밖의 운송조건에 관한 계약이나 공동행위와 관련된 증빙자료
   ③ 화주단체와 협의한 내역
10) 법 제31조의2(위반행위의 신고 등)제1항에 따른 위반행위 신고사항에 관해 확인이 필요한

경우[제28조(운임 및 요금의 공표 등), 제29조의2(화물운송의 계약 등), 제31조(금지행위)]
① 운송계약서
② 장기운송계약서
③ 그밖에 신고내용의 사실관계 등을 확인하기 위해 필요한 자료

11) 법 제34조(영업보증금의 예치명령 등)에 따른 영업보증금의 예치나 보증보험가입에 관해 확인이 필요한 경우
① 영업보증금 예치 또는 보증보험가입을 증명하는 서류
② 자본금이 10억원 이상인 다른 법인이 영업상의 채무를 보증하고 있음을 증명하는 서류(공증포함)

12) 해운정책의 수립과 해운관련 통계작성등을 위하여 해운업자의 사업실적등 의 조사가 필요한 경우
① 해상여객 및 화물의 수송실적과 운임수입 현황
② 해상여객(화물)운송사업 경영에 따른 반기별 재무제표(재무상태표, 손익계산서, 그 밖의 부속서류)
③ 등록업체의 사업실적
④ 분기별 일반현황(연혁, 대표자 이력 등) 및 주요주주현황
⑤ 분기별 소유선박 및 운항선박현황과 운항노선 현황
⑥ 분기별 용대선현황, 용선료, 용대선의 운항선박명세서
⑦ 분기별 장기운송계약현황
⑧ 분기별 선박(신조선, 중고선등)도입 및 매각현황

[문45.보칙.51조]

청문

해양수산부장관은 다음의 하나에 해당하는 처분을 하려면 청문을 하여야 한다.
① 제19조(면허의 취소 등)나 제32조(준용규정)에 따른 면허의 취소
② 제27조의2(등록의 취소 등)나 제35조(등록의 취소 등)에 따른 등록의 취소
③ 제47조의3(우수선화주기업의 인증의 취소)제1항에 따른 우수 선화주 기업에 대한 인증의 취소
④ 제47조의5(인증전담기관의 취소)제1항에 따른 인증전담기관 지정의 취소

[문제1] 해운법상 선박의 매매와 용대선의 제한규정과 그 이유를 설명하시오.

→ [문43.제49조(선박의 매매와 용대선의 제한 등)] ☞ p216

입법이유 : 과도한 용대선 체인이나 불법용대선 문제는 재용선과정에서 발생하는 용선료차액을 노린 행위로 해운 호황기에는 수익창출에 도움이 되지만 불황기에 접어들면 관련된 해운선사들의 연쇄부실과 도산으로 이어져 이에 대한 대응에 입법목적이 있다.

[문제2] 해운법상 해양수산부장관이 보조항로를 지정하는 이유를 기술하고, 보조항로 지정을 취소할 수 있는 경우를 약술하시오.

→ [문8.제15조(보조항로의 지정과 운영)] ☞ p167

[문제3] 해운법상 해양수산부장관, 내항여객운송업자, 선박운항관리자의 여객선 안전운항관리에 대한 각각의 권한과 의무에 관하여 설명하시오.

→ 제21조, 제21조의2, 제21조의4, 제21조의5, 제22조

1. 해양수산부장관의 권한과 의무
   1) 의무 : ①안전운항시책 수립·시행 : 제22조(여객선안전운항관리)제1항
   2) 권한 : ①운항관리규정심사·변경요구 : 제21조(운항관리규정의 작성·심사 및 준수)제2항, ②운항관리규정변경요구 ③내항여객운송사업자에 대한 운항관리규정준수 정기·수시점검 : 제4항, ④내항여객선에 대한 출항정지, 시정명령 : 제5항, ⑤운항관리자에 대한 지도·감독 : 제22조(여객선안전운항관리)제3항
2. 내항여객운송사업자의 권한과 의무
   1) 의무 : ①운항관리규정작성·제출 : 제21조(운항관리규정의 작성·심사 및 준수)제1항, ②해양수산부장관의 운항관리규정변경요구 반영, ③운항관리규정준수 : 제3항, ④해사안전감독관으로부터 운항관리규정준수 지도·감독 : 제4항, ⑤해사안전감독관으로부터 출항정지, 시정명령 : 제5항, ⑥운항관리자로부터 안전운항 지도·감독 : 제22조(여객선안전운항관리)제2항, ⑦여객, 차량, 화물의 승선권·선적권 발급 및 관리 : 제21조의2(여객선등의 승선권발급 및 승선확인), 제21조의4(차량선적권 또는 화물운송장 발급 등) 제2항(발급시신분증제시), 제3항(부정한 승선권 발급자의 승선거부), 제4항(여객명부의 선장송부), 제5항(여객명부관리)
   2) 권한 : ①안전관리책임자임명 : 제21조의5(안전관리책임자)제1항, ②안전관리 대행업

자 위탁 : 제2항

3. 운항관리자의 권한과 의무
   1) 의무 : ①해사안전감독관으로부터 직무준수 지도·감독을 받음 : 제22조(여객선안전운항관리)제3항
   2) 권한 : ①내항여객운송사업자에 대한 운항관리규정의 준수와 이행상태 확인 : 제22조(여객선안전운항관리)제4항

[문제4] 해운법상 해운업자에 대한 정부의 재정적 지원의 내용을 유형별로 구분하여 설명하시오.

1. 선박확보를 위한 재정지원
   1) 제15조의2(선박건조의 지원)
   2) 제38조(선박확보 등을 위한 지원)
2. 공제사업과 공동시설의 설치·운영지원 및 유류세 지원
   1) 제41조(재정지원) : 공제사업과 공동시설의 설치·운영지원 및 유류세 등의 지원
3. 운임지원
   1) 제44조(운임과 요금의 지원) : 운임과 요금 및 해상운송비 지원
4. 기타지원
   1) 제9조(우수사업자선정) : 고객만족도평가에 따른 우수사업자지원
   2) 제42조(선박담보특례)
   3) 제43조(손실보상을 위한 조치)
   4) 제47조의7(우수선화주기업 인증기업에 대한 지원)

[문제5] 해운법상 외항화물운송사업자 등의 금지행위를 외항정기화물운송사업자, 외항정기화물운송계약상의 화주, 외항부정기화물운송사업자로 구분하여 설명하고, 그 의의와 실효성을 논하시오.

→ [문28.31조(해운법상 외항화물운송사업자등의 금지행위)] ☞ p197

[문제6] 해운법상 여객운송사업자 갑이 사망하여 을이 유일한 상속인이 되었고, 여객운송사업자 병의 사업 시설과 설비가 민사집행법에 따른 경매로 정에게 인수되었다. 이들 각 경우 여객운송사업자 지위의 승계 여부와 그에 필요한 절차를 설명하시오.

→ [문15.17조(해운법상 여객운송사업의 승계)] ☞ p176

[문제7] 해운법상 여객운송사업과 관련하여 긴급한 상황에 대처하거나 여객운송에 지장을 주지 않기 위한 제도로서 해양수산부장관의 명령에 의한 운항과 기타 특례제도에 관하여 약술하시오.

→ [문8.16조(여객선의 운항명령 등), 42조의2(압류선박의 운항 등에 대한 특례)] ☞ p167

[문제8] 해운법상 해상여객운송사업 면허와 관련하여 '관광진흥법'에 따른 관광객 이용시설업 등록의제에 관하여 약술하시오.

→ [문5.제4조의2(관광진흥법에 따른 관광객 이용시설업 등록의제)] ☞ p164

[문제9] 해운법령상 사업개선명령에 관하여 약술하시오.

→ [문13.14조(사업개선명령), 문26.30조(사업개선명령)] ☞ p175, p192

Ⅳ. 해양사고의 조사 및 심판에 관한 법률

[문1.총칙.1조] 목적
[문2.총칙.2조] 정의
[문3.총칙.4조.5조] 해양사고의 원인규명과 조치
[문4.총칙.6조] 징계의 종류와 감면 등
[문5.조직.3조.8조.21조] 심판원의 조직 등
[문6.조직.9조.10조] 중앙심판원장과 지방심판원장 및 심판관의 임명 및 자격
[문7.조직.13조] 심판관의 신분 및 임기, 전보
[문8.조직.11조.12조.19조] 중앙심판원장과 지방심판원장의 직무
[문9.조직.14조] 비상임심판관
[문10.조직.15조] 심판관·비상임심판관의 제척·기피·회피
[문11.조직.22조.23조] 심급과 특별심판부 등 심판부의 구성 및 의결
[문12.조직.16조] 조사관의 임명과 자격
[문13.조직.18조의3] 특별조사부의 구성
[문14.조직.17조.18조] 조사관의 직무
[문15.심판전절차.33조~39조] 조사관의 임무와 권한
[문16.심판전절차.31조.32조] 해양수산관서 등의 의무
[문17.심판전절차.24조~26조] 관할, 사건이송 및 관할이전의 신청
[문18.심판변론인.27조~30조] 심판변론인
[문19.지방심판원의 심판.40조~42조] 심판의 시작, 원격영상 심판, 약식심판 및 심판관의 권한
[문20.지방심판원의 심판.43조의2~51조] 심리 등
[문21.지방심판원의 심판.44조의2.39조의2] 이해관계인의 심판청구와 참여
[문22.지방심판원의 심판.44조의3.44조의4] 속기·녹음·영상녹화등과 증거물의 열람·복사
[문23.지방심판원의 심판.48조] 증거조사
[문24.지방심판원의 심판.49조의2.49조의3] 심판청구서의 변경등과 취하
[문25.] 주요 결정 등
[문26.지방심판원의 심판.52조~84조] 본안이 아닌 재결과 집행
[문27.중앙심판원의 심판.58조~66조] 제2심의 청구 등
[문28.이의심청.67조~72조] 결정에 대한 이의신청
[문29.중앙심판원의 재결에 대한 소송.74조~77조] 중앙심판원의 재결에 대한 소송

[문1.총칙.1조]

해양사고의 조사 및 심판에 관한 법률의 목적

*** 목적(원인규명 및 재발방지)**

이 법은 해양사고에 대한 조사 및 심판을 통하여 해양사고의 원인을 밝힘으로써 해양안전의 확보에 이바지함을 목적으로 한다.

따라서 해양사고의 원인을 제거하는 조치, 예컨대 부표등의 위치가 잘못 이동되어 해양사고가 발생하거나 발생우려가 있는 때에는 관계부처에 이를 시정요청하고, 해양사고를 발생시킨 선원 등의 고의 또는 과실에 대해서는 징계처분을 하는 등, 해양사고의 원인을 전문적이고 과학적인 방법으로 철저하게 규명함으로써 그 책임관계를 분명하게 하여 향후 유사한 해양사고의 재발을 방지하기 위한 역할을 하고 있다.

[문2.총칙.2조]

해양사고의 조사 및 심판에 관한 법률에서 사용하는 정의

1. 해양사고 : 해양사고란 해양 및 내수면에서 발생한 다음의 하나에 해당하는 사고를 말한다.

1) 선박의 구조·설비 또는 운용과 관련하여 사람이 사망 또는 실종되거나 부상을 입은 사고
2) 선박의 운용과 관련하여 선박이나 육상시설·해상시설이 손상된 사고
3) 선박이 멸실·유기되거나 행방불명된 사고
4) 선박이 충돌, 좌초, 전복, 침몰되거나 선박을 조종할 수 없게 된 사고
5) 선박의 운용과 관련하여 해양오염 피해가 발생한 사고 → 해사안전법 시행령 제19조의2

1의2 준해양사고 : 선박의 구조·설비 또는 운용과 관련하여 시정 또는 개선되지 아니하면 선박과 사람의 안전 및 해양환경 등에 위해를 끼칠 수 있는 사태로서 규칙 제2조(준해양사고)로 정하는 사고를 말한다.

* 규칙 제2조(준해양사고)

① 항해중 운항부주의로 다른 선박에 근접하여 충돌할 상황이 발생하였으나 가까스로 피한 사태
② 항로내에서의 정박중 다른 선박에 근접하여 충돌할 상황이 발생하였으나 가까스로 피한 사태
③ 입·출항중 항로를 이탈하거나 예정된 항로를 이탈하여 좌초될 상황이 발생하였으나 가까스로 안전한 수역으로 피한 사태
④ 화물을 싣거나 묶고 고정시킨 상태가 불량한 사유 등으로 선체가 기울어져 뒤집히거나 침몰할 상황이 발생하였으나 가까스로 피한 사태
⑤ 전기설비의 상태불량등으로 화재가 발생할 상황이었으나 가까스로 화재가 나지 아니하도록 조치한 사태
⑥ 해양오염설비의 조작부주의 등으로 오염물질이 해양에 배출될 상황이 발생하였으나 가까스로 배출되지 아니하도록 조치한 사태

⑦ 그밖에 제①호부터 제⑥호까지의 사태와 유사한 사태로서 해양수산부장관이 고시한 사태

2. 선박 : 선박이란 수상 또는 수중을 항행하거나 항행할 수 있는 구조물로서 영 제1조의2(선박의 범위)로 정하는 것을 말한다.

* 영 제1조.의2(선박의 범위)
법 제2조제②호에서 정하는 것이란 다음 각 호의 것을 말한다. 다만, 다른 선박과 관련 없이 단독으로 해양사고를 일으킨 군용선박 및 국가경찰용 선박, 그 상호간에 해양사고를 일으킨 군용선박 및 경찰용 선박, 그밖에 해양수산부장관이 고시하는 수상레저기구는 제외한다.
① 동력선(기관을 사용하여 추진하는 선박을 말하며, 선체의 외부에 추진기관을 붙이거나 분리할 수 있는 선박을 포함한다)
② 무동력선(범선과 부선을 포함한다)
③ 수면비행선박(표면효과작용을 이용하여 수면에 근접하여 비행하는 선박을 말한다)
④ 수상에서 이동할 수 있는 항공기

3. 해양사고 관련자 : 해양사고관련자란 해양사고의 원인과 관련된 자로서 법 제39조(해양사고의 지정과 통지)에 따라 지정된 자를 말한다.

3의2 이해관계인 : 이해관계인이란 해양사고의 원인과 직접 관계없는 자로서 해양사고의 심판 또는 재결로 인하여 경제적으로 직접적인 영향을 받는 자를 말한다.

4 원격영상심판 : 원격영상심판이란 해양사고관련자가 규칙 제2조의2(원격영상심판장치)로 정하는 동영상 및 음성을 동시에 송수신하는 장치가 갖추어진 관할 해양안전심판원 외의 원격지 심판정 또는 이와 같은 장치가 갖추어진 시설로서 관할 해양안전심판원이 지정하는 시설에 출석하여 진행하는 심판을 말한다.

[문3.총칙.4조]

해양사고의 원인규명과 조치

1. 해양사고의 원인규명 등

1) 유형별원인규명

심판원이 심판을 할때에는 다음 사항에 관하여 해양사고의 원인을 밝혀야 한다

① 사람의 고의 또는 과실로 인하여 발생한 것이지 여부
② 선박승무원의 인원, 자격, 기능, 근로조건 또는 복무에 관한 사유로 발생한 것인지 여부
③ 선박의 선체 또는 기관의 구조·재질·공작이나 선박의 의장 또는 성능에 관한 사유로 발생한 것인지 여부
④ 수로도지(해도, 항해서지)·항로표지·선박통신·기상통보 또는 구난시설등의 항해보조시설에 관한 사유로 발생한 것인지 여부[선내 및 항로상의 항해보조시설]
⑤ 항만이나 수로의 상황에 관한 사유로 발생한 것인지 여부[항만해역의 항해보조시설]
⑥ 화물이 특성이나 적재에 관한 사유로 발생한 것인지 여부

2) 관련자 각각의 원인규명

심판원은 해양사고의 원인을 밝힐 때 해양사고의 발생에 2명 이상이 관련되어 있는 경우에는 각 관련자에 대하여 원인의 제공 정도를 밝힐 수 있다.

3) 전문연구기관에 자문

심판원은 해양사고의 원인규명을 위하여 필요하다고 인정하면 해양수산부령으로 정하는 전문연구기관에 자문할 수 있다.

2. 재발방지대책

1) 재결

가. 원인규명과 재결

심판원은 해양사고의 원인을 밝히고 재결로써 그 결과를 명백하게 하여야 한다.

나. 징계

심판원은 해양사고가 해기사나 도선사의 직무상 고의 또는 과실로 발생한 것으로 인정할 때에는 재결로써 해당자를 징계하여야 한다.

다. 시정·개선의 권고·명령

심판원은 필요하면 징계대상 사람 외에 해양사고관련자에게 시정 또는 개선을 권고하거나 명하는 재결을 할 수 있다. 다만, 행정기관에 대하여는 시정 또는 개선을 명하는 재결을 할 수 없다.

2) 시정 등의 요청

심판원은 심판의 결과 해양사고를 방지하기 위하여 시정하거나 개선할 사항이 있다고 인정할 때에는 해양사고관련자가 아닌 행정기관이나 단체에 대하여 해양사고를 방지하기 위한 시정 또는 개선조치를 요청할 수 있다.

[문4.총칙.6조]

징계의 종류와 감면 등

1. 징계의 종류와 감면

1) 징계는 다음 3가지로 하고 행위의 경중에 따라서 심판원이 징계의 종류를 '해양사고관련자 징계량 결정지침'에 따라 정한다.

① 면허의 취소

② 업무정지

③ 견책(譴責)

2) 제1항 제②호의 업무정지 기간은 1개월 이상 1년 이하로 한다.

3) 심판원은 징계를 할 때 해양사고의 성질이나 상황 또는 그 사람의 경력과 그 밖의 정상(情狀)을 고려하여 이를 감면할 수 있다.

2. 징계의 집행유예

1) 직무교육 필요시 집행유예

심판원은 업무 정지 중 그 기간이 1개월 이상 3개월 이하의 징계를 재결하는 경우에 선박운항에 관한 직무교육이 필요하다고 인정할 때에는 그 징계재결과 함께 3개월 이상 9개월 이하의 기간 동안 징계의 집행유예를 재결할 수 있다. 이 경우 해당 징계재결을 받은 사람의 명시한 의사에 반하여서는 아니된다.

2) 집행유예의 기준 등에 필요한 사항은 심판원의 '해양사고관련자 징계량 결정지침'으로 정한다.

3) 직무교육의 이수명령

가. 심판원은 징계의 집행을 유예하는 때에는 그 유예기간 내에 직무교육을 이수하도록 명하여야 한다.

나. 직무교육을 이수하도록 명령을 받은 사람은 심판원 또는 한국해양수산연수원에서 직무교육을 받아야 한다.

4) 집행유예의 실효

징계의 집행유예재결을 받은 사람이 다음의 하나에 해당하는 경우에는 그 집행유예의 재결은 효력을 잃는다.

① 집행유예기간 내에 직무교육을 이수하지 아니한 경우

② 집행유예기간 중에 업무정지 이상의 징계재결을 받아 그 재결이 확정된 경우

5) 집행유예의 효과

집행유예의 재결을 받은 후 그 집행유예의 재결이 실효됨이 없이 집행유예기간이 지난 때에는 징계를 집행한 것으로 본다.

[문5.심판원의 조직.3조.8조.21조]

심판원의 조직 등

1. 심판원의 설치

해양사고사건을 심판하기 위하여 해양수산부장관소속으로 해양안전심판원(이하 심판원)을 둔다.

2. 심판원의 조직

1) 심판원은 중앙해양안전심판원과 지방해양안전심판원의 2종으로 한다.

2) 각급 심판원에 원장 1명과 법령(미제정)으로 정하는 수의 심판관을 둔다.

3) 중앙심판원의 조직과 지방심판원의 명칭·조직 및 관할구역은 대통령령으로 정한다.

3. 심급

지방심판원은 제1심 심판을 하고, 중앙심판원은 제2심 심판을 한다.

[문6.심판원의 조직.9조.10조]

중앙심판원장과 지방심판원장 및 심판관의 임명 및 자격

1. 심판관 및 심판원장임명

1) 중앙심판원장 및 지방심판원장 임명

가. 중앙심판원에 중앙해양안전심판원장을, 지방심판원에 지방해양안전심판원장을 둔다.

나. 중앙심판원장은 해당하는 자격이 있는 사람 중에서 해양수산부장관의 제청에 따라 대통령이 임명한다.

다. 지방심판원장은 해당하는 자격이 있는 사람 또는 지방심판원의 심판관 중에서 해양수산부장관의 제청으로 대통령이 임명한다.

2) 심판관의 임명 및 자격

중앙심판원의 심판관은 해양수산부장관의 제청에 따라 대통령이 임명하고, 지방심판원의 심판관은 중앙심판원장의 추천을 받아 해양수산부장관이 임명한다.

2. 심판관의 자격

1) 중앙심판원의 심판관의 자격

가. 지방심판원의 심판관으로 4년 이상 근무한 사람

나. 2급 이상의 항해사·기관사 또는 운항사의 해기사면허를 받은 사람으로서 4급 이상의 일반직 국가공무원으로 4년 이상 근무한 사람

다. 3급 이상의 일반직 국가공무원으로서 해양수산행정에 3년 이상 근무한 사람

라. 제1호부터 제3호까지의 경력연수를 합산하여 4년 이상인 사람

2) 지방심판원의 심판관의 자격

가. 1급항해사, 1급기관사 또는 1급운항사의 해기사면허를 받은 사람으로서 원양구역을 항행구역으로 하는 선박의 선장 또는 기관장으로 3년 이상 근무한 사람

나. 2급 이상의 해기사면허를 받은 사람으로서 5급 이상의 일반직 국가공무원으로 2년 이상 근무한 사람

다. 2급 이상의 해기사면허를 받은 사람으로서 대통령령으로 정하는 교육기관에서 선박의 운항 또는 선박용 기관의 운전에 관한 과목을 3년 이상 가르친 사람

라. 제1호부터 제3호까지의 경력연수를 합산하여 3년 이상인 사람

마. 변호사자격이 있는 사람으로서 3년 이상의 실무경력이 있는 사람

3. 결격사유 : 법 제10조, 국가공무원법 제33조

① 피성년후견인

② 파산선고를 받고 복권되지 아니한자

③ 금고이상의 실형을 선고받고 그 집행이 종료되거나 집행을 받지 아니하기로 확정된후 5년이 지나지 아니한 자

④ 금고이상의 형을 선고받고 그 집행유예기간이 끝난날부터 2년이 지나지 아니한자

⑤ 금고이상의 형의 선고유예를 받은 경우에 그 선고유예기간중에 있는자

⑥ 법원의 판결 또는 다른 법률에 따라 자격이 상실되거나 정지된자

⑥의2 공무원으로 재직기간중 직무와 관련하여 횡령·배임 및 업무상의 횡령·배임죄를 범한자로서 300만원 이상의 벌금형을 선고받고 그 형이 확정된후 2년이 지나지 아니한 자

⑥의3 성폭력관련법의 죄를 범한사람으로서 100만원 이상의 벌금형을 선고받고 그 형이 확정된후 3년이 지나지 아니한 사람

⑥의4 미성년자에 대한 성폭력관려법의 죄를 저질러 파면·해임되거나 형 또는 치료감호를 선고받아 그 형 또는 치료감호가 확정된 사람(집행유예를 선고받은 후 그 집행유예기간이 경과한 사람을 포함한다)

⑦ 징계로 파면처분을 받은 때부터 5년이 지나지 아니한 자

⑧ 징계로 해임처분을 받은 때부터 3년이 지나지 아니한 자

[문7.심판원의 조직.13조]

심판관의 신분, 임기 및 전보

심판관의 전보

해양수산부장관은 심판업무 수행 상 부득이하다고 인정되는 경우에만 임기중인 지방심판원장 또는 각급 심판원의 심판관을 다른 심판원의 해당 직급에 전보(轉補)할 수 있다.

[문8.심판원의 조직.11조.12조.19조]

중앙심판원장과 지방심판원장의 직무

1. 심판원장 및 심판관의 직무

1) 중앙심판원장의 직무는 다음과 같다

① 중앙심판원의 일반사무를 관장하며, 소속직원을 지휘·감독한다.

② 중앙심판원의 심판부를 구성하고 심판관 중에서 심판장을 지명한다. 다만, 특히 중요한 사건에 대하여는 스스로 심판장이 될 수 있다.

③ 지방심판원의 일반사무를 지휘·감독한다.

④ 각급 심판원의 심판관에 결원이 생기거나 그 밖의 부득이한 사유가 있을 때에는 중앙심판원의 심판관은 지방심판원장으로, 지방심판원의 심판관은 다른 지방심판원의 심판관으로 하여금 심판관의 직무를 하게 할 수 있다.

2) 지방심판원장의 직무는 다음과 같다

① 해당 지방심판원의 일반사무를 관장하며, 소속직원을 지휘·감독한다.

② 해당지방심판원의 심판부를 구성하고 심판장이 된다.

3) 직무대행

심판원장이 부득이한 사유로 직무를 수행할 수 없을 때에는 그 심판원의 심판관중 선임자가 그 직무를 대행한다. 다만, 심판업무외의 업무는 수석조사관이 그 직무를 대행한다.

2. 심판직무의 독립

심판장과 심판관은 독립하여 심판직무를 수행한다.

3. 조사관 일반사무의 지휘·감독

심판원장은 조사관의 일반사무를 지휘·감독한다. 이 경우 조사관의 고유사무에 관여하거나 영향을 주어서는 아니 된다.

[문9.심판원의 조직.14조]

비상임심판관

1. 비상임심판관 위촉

각급심판원에 비상임심판관을 두되, 비상임심판관은 그 직무에 필요한 학식과 경험이 있는 사람중에서 각급 심판원장이 위촉한다. 이 경우 지방심판원장은 중앙심판원장의 승인을 받아야 한다.

2. 비상임심판관의 심판참여

비상임심판관은 해양사고의 원인규명이 특히 곤란한 사건의 심판에 참여한다.

3. 비상임심판관의 직무와 권한

심판에 참여하는 비상임심판관의 직무와 권한은 심판관과 같다.

4. 비상임심판관의 해촉 사유

각급 심판원장은 비상임심판관이 다음의 하나에 해당하는 경우에는 비상임심판관을 해촉할 수 있다. 이 경우 지방심판원장은 중앙심판원장의 승인을 받아야 한다.

① 심신장애로 직무를 수행할 수 없게 된 경우

② 비상임심판관 스스로 직무를 수행하는 것이 곤란하다고 의사를 밝히는 경우

③ 심판과 관련된 비위사실이 있는 경우

④ 직무태만, 품위손상이나 그 밖의 사유로 인하여 비상임심판관으로 적합하지 아니하다고 인정되는 경우

⑤ 결격사유규정의 어느 하나에 해당하는 경우

⑥ 심판관·비상임심판관의 제척·기피·회피에 따른 사항임에도 불구하고 회피하지 아니하는 경우

[문10.심판원의 조직.15조]

심판관·비상임심판관의 제척·기피·회피

* 친족 : 8촌 내의 혈족, 4촌 이내의 친척, 배우자
① 제척 : 제도상 배제
② 기피 : 상대방이 배제신청
③ 회피 : 본인이 스스로 배제

1. 제척·기피·회피제도의 이유

사건에 대한 심판의 공정을 기하기 위하여 사건에 대하여 인적·물적으로 특수한 관계에 있는 사람을 심판의 절차에서 배제하는 제도

2. 제척·기피·회피제도의 내용

1) 심판관(심판장과 비상임심판관 포함)의 제척

심판관은 다음의 하나에 해당하는 경우에는 직무집행에서 제척. 다.

① 심판관이 해양사고관련자의 친족이거나 친족이었던 경우
② 심판관이 해당사건에 대하여 증언이나 감정을 한 경우
③ 심판관이 해당사건에 대하여 해양사고관련자의 심판변론인이나 대리인으로서 심판에 관여한 경우
④ 심판관이 해당사건에 대하여 조사관의 직무를 수행한 경우
⑤ 심판관이 전심의 심판에 관여한 경우
⑥ 심판관이 심판대상이 된 선박의 소유자·관리인 또는 임차인인 경우

2) 심판관(심판장과 비상임심판관 포함)의 기피

조사관, 해양사고관련자 및 심판변론인은 다음의 하나에 해당하는 경우 심판관의 기피를 신청할 수 있다.

① 심판관이 제척의 각 사유에 해당하는 경우
② 심판관이 불공평한 심판을 할 우려가 있는 경우

3) 심판관(심판장과 비상임심판관 포함)의 기피예외

심판정에서 해당사건에 대하여 이미 진술을 한 사람은 심판관이 불공평한 심판을 할 우려가 있음의 사유만을 이유로 하여 기피의 신청을 하지 못한다. 다만, 기피사유가 있음을 알지 못하였을 때 또는 기피사유가 그 후 발생하였을 때에는 그러하지 아니하다.

4) 심판관(심판장과 비상임심판관 포함)의 회피

심판관은 해당하는 사유가 있다고 인정할 때에는 직무집행에서 회피하여야 한다.

5) 심판관(심판장과 비상임심판관 포함)의 제척·기피·회피 결정

심판관의 제척·기피·회피에 대한 결정은 그 심판관의 소속 심판원 합의체심판부에서 한다. 다만, 특별심판부를 구성하는 경우에는 그 특별심판부가 구성된 지방심판원 합의체심판부에서 결정한다.

[문11.심판원의 조직.22조.23조]

심급과 특별심판부 심판부의 구성 및 의결

1. 심판부의 구성과 의결

1) 원칙

지방심판원은 심판관 3명으로 구성하는 합의체에서 심판을 한다.

2) 예외(단독심판)

경미한 사건이나 약식심판의 경우 1명의 심판관이 심판을 한다.

가. 경미한 사건이란 다음 각호의 사건을 말한다. 다만, 여객선에 관한 사건은 제외한다.

① 해양사고의 원인이 단순하고 분명한 사건

② 선박이나 그 밖의 시설의 손상이 중대하지 아니한 사건3) 심판부 구성의 변경

나. 약식심판 → [문15.33조~39조] 조사관의 임무와 권한.

다. 1명의 심판관이 심판하는 경우라도 심판관은 해당사건이 1명의 심판관으로 심판하기에 부적당하다고 인정할 때에는 이를 합의체에서 심판할 것을 결정할 수 있다.

3) 해양사고의 원인규명이 특히 곤란한 사건의 심판원구성

각급심판원은 해양사고의 원인규명이 특히 곤란한 사건에는 원장이 지명하는 비상임심판관 2명을 참여시켜야 한다.

4) 합의체심판부의 의결정족수

합의체심판부는 합의체를 구성하는 심판관(심판장과 비상임심판관을 포함)의 과반수의 찬성으로 의결한다.

2. 특별심판부구성

1) 특별심판부의 의의

중앙심판원장은 다음의 하나에 해당하는 해양사고 중 그 원인규명에 고도의 전문성이 필요하다고 인정할 때에는 그 사건을 관할하는 지방심판원에 특별심판부를 구성할 수 있다.

① 10명이상이 사망하거나 부상당한 해양사고

② 선박이나 그 밖의 시설의 피해가 현저히 큰 해양사고

③ 기름 등의 유출로 심각한 해양오염을 일으킨 해양사고

2) 특별심판부의 구성

특별심판부는 해당 해양사고의 원인규명에 전문지식을 가진 심판관 2명과 그 사건을 관할하는 지방심판원장으로 구성하되, 지방심판원장이 심판장이 된다.

3. 중앙심판원구성

중앙심판원은 심판관 5명 이상으로 구성하는 합의체에서 심판을 한다.

[문12.심판원의 조직.16조]

조사관의 임명과 자격

조사관등

1) 각급심판원에 수석조사관, 조사관 및 조사사무를 보조하는 직원을 둔다.
2) 제1항의 수석조사관, 조사관 및 조사사무를 보조하는 직원은 일반직 국가공무원으로 임명하되, 그 정원은 법령(미제정)으로 정한다.

[문13.17조.18조]

조사관의 직무

1. 조사관의 직무

1) 수석조사관과 조사관은 해양사고의 조사, 심판의 청구 및 재결을 집행한다.
2) 조사관의 사무
   ① 해양사고 통계의 종합·분석
   ② 해양사고사건의 현장검증
   ③ 해양사고에 대한 국제공조
   ④ 해양사고법규자료의 수집에 관한 사항

2. 조사사무에 관한 지휘·감독

1) 조사관의 상급자지휘·감독에 대한 준수의무
   조사관은 조사사무에 관하여 소속 상급자의 지휘·감독에 따른다.
2) 조사관의 이의제기권
   조사관은 구체적 사건과 관련된 지휘·감독의 적법성 또는 정당성 여부에 대하여 이견이 있는 경우에는 이의를 제기할 수 있다.
3) 중앙수석조사관의 총괄지휘·감독권
   중앙수석조사관은 조사사무의 최고감독자로서 일반적으로 모든 조사관을 지휘·감독하고 구체적인 사건에 대하여는 중앙심판원의 조사관과 지방수석조사관을 지휘·감독한다.

3. 조사관 직무의 위임·이전 및 승계

1) 중앙수석조사관 또는 지방수석조사관은 소속 조사관으로 하여금 그 권한에 속하는 직무의

일부를 처리하게 할 수 있다.

2) 중앙수석조사관 또는 지방수석조사관은 소속 조사관의 직무를 자신이 처리하거나 다른 조사관으로 하여금 처리하게 할 수 있다.

[문14.18조의3]

특별조사부의 구성

1. 특별조사부의 구성(심급과 무관)

중앙수석조사관은 다음의 하나에 해당하는 해양사고로서 심판청구를 위한 조사와는 별도로 해양사고를 방지하기 위하여 특별한 조사가 필요하다고 인정하는 경우에는 특별조사부를 구성할 수 있다.

① 사람이 사망한 해양사고
② 선박 또는 그 밖의 시설이 본래의 기능을 상실하는 등 피해가 매우 큰 해양사고
③ 기름등의 유출로 심각한 해양오염을 일으킨 해양사고
④ 제①호부터 제③호까지에서 규정한 해양사고 외에 해양사고조사에 국제협력이 필요한 해양사고 및 준해양사고

2. 특별조사부의 구성

특별조사부는 다음의 하나에 해당하는 사람 10명 이내로 구성하되, 특별조사부의 장은 조사관 중에서 중앙수석조사관이 지명하는 사람으로 한다. 다만, 특히 중요한 사건에 대하여는 중앙수석조사관이 스스로 특별조사부의 장이 될 수 있다.

① 조사관(수석조사관을 포함)
② 해양사고와 관련된 관계기관의 공무원
③ 해양사고관련 전문가

3. 특별조사부의 조사절차

특별조사부의 장은 조사가 끝난 후 10일 이내에 조사보고서를 작성하여 해양수산부장관 및 중앙수석조사관에게 제출하고, 이를 제출받은 중앙수석조사관은 그 보고서를 관계행정기관의 장 및 국제해사기구에 송부(해양사고의 조사 및 심판과 관련하여 국제적으로 발효된 국제협약에 따른 보고대상 해양사고만 해당)하여야 한다.

4. 조사보고서공표의무

중앙수석조사관은 조사보고서를 공표하여야 한다. 다만, 국가의 안전보장이 침해될 우려가 있는 경우에는 그러하지 아니하다.

5. 재조사

중앙수석조사관은 특별조사부의 해양사고 조사가 종료된 후에 그 해양사고 조사결과를 변경시킬 수 있을 정도의 중요한 증거가 발견된 경우에는 해당 해양사고를 다시 조사할 수 있다.

6. 특별조사부의 독립성

특별조사부의 해양사고 조사는 민형사상 책임과 관련된 사법절차, 심판청구를 위한 조사절차 및 행정처분절차 또는 행정쟁송절차와 분리하여 독립적으로 수행되어야 하며, 특별조사부의 조사관에 대하여는 조사사무에 관한 지휘·감독 및 조사관 직무의 위임·이전 및 승계를 적용하지 아니한다.

7. 정보의 공개(원칙과 예외)

특별조사부의 해양사고 조사과정에서 얻은 정보는 공개한다. 다만, 해당 해양사고 조사나 장래의 해양사고 조사에 부정적 영향을 줄 수 있거나 국가의 안전보장 또는 개인의 사생활이 침해될 우려가 있는 정보로서 대통령령으로 정하는 정보는 공개하지 아니할 수 있다.

8. 겸임금지

중앙해양안전심판원의 수석조사관은 특별조사부를 구성할 경우에는 그 구성원이 해당 해양사고의 심판청구를 위한 조사업무 및 심판업무 또는 이와 관련된 업무를 겸임하지 아니하도록 하여야 한다.

9. 특별조사부의 장이 조사보고서를 작성하는 경우에는 다음의 사항이 포함되어야 한다

① 해양사고와 관련된 사실정보
② 해양사고의 개요 및 경위
③ 해양사고의 원인에 대한 분석
④ 해양사고에 대한 조사결과
⑤ 해양사고방지를 위한 권고 및 건의사항

[문15.33조~39조]

조사관의 임무와 권한

1. 신고사건조사

1) 이해관계인의 사실조사 요구권 : 법 제33조

해양사고에 대하여 이해관계가 있는 사람은 그 사실을 자세히 기록하여 관할 조사관에게 사실조사를 요구할 수 있다.

2) 심판청구여부결정 및 통지의무

제1항의 조사요구를 받은 조사관은 사실조사를 하여 심판청구여부를 결정하고 이를 요구자에

게 알려야 한다.

3) 조사관이 심판청구를 거부할 때에는 미리 중앙수석조사관의 승인을 받아야 한다

4) 조사관의 증거수집의무

조사관은 해양사고가 발생한 사실을 알게 되면 즉시 그 사실을 조사하고 증거를 수집하여야 한다.

5) 조사관의 심판불필요처분권

조사관은 조사결과 사건을 심판에 부칠 필요가 없다고 인정하는 경우에는 그 사건에 대하여 심판불필요처분을 하여야 한다. 이 경우 이해관계인은 지방심판원에 불필요처분의 당부에 관해 심판을 청구할 수 있으며 지방심판원의 결정에 이의가 있으면 중앙심판원에 이의신청을 할 수 있다.

2. 증거보전 : 법 제35조

1) 사전증거보전

조사관, 해양사고관련자 또는 심판변론인이 미리 증거를 보전하지 아니하면 그 증거를 채택하기 곤란하다고 인정하여 증거보전을 신청할 때에는 심판원은 심판청구 전이라도 검증 또는 감정을 할 수 있다.

2) 사전증거보전사유명시

제1항의 신청에는 서면으로 증거를 표시하고 그 증거보전의 사유를 밝혀야 한다.

3) 해양사고 시 금지행위 및 예외

해양사고가 발생한 경우 누구든지 다음의 하나에 해당하는 행위를 하여서는 아니 된다.

다만, 선원이나 선박의 안전확보, 해양환경의 보호등 공공의 중대한 이익보호 또는 인명구조 등을 위하여 제⑤호에 따른 행위를 하여야 할 필요가 있는 경우에는 그러하지 아니하다.

① 해당 해양사고와 관련된 선박에 비치하거나 기록·보관하는 다음의 간행물 또는 서류 등(전자적 간행물 또는 서류 등을 포함하며, 이하 기록물이라 한다)의 파기 또는 변경

ㄱ. 선박소유자가 선박에 비치하여야 하는 항해용 간행물인 수로서지 및 항해서지(조석표, 등대표 등)

ㄴ. 선장이 선내에 비치하여야 하는 서류 및 선장이 기록·보관하여야 하는 서류

㉠선박국적증서, ㉡선원명부, ㉢항해일지, ㉣화물에 관한 서류, ㉤선박검사증서, ㉥해도, ㉦기관일지, ㉧속구목록, ㉨승무원증서, ㉩해사노동협약서

② 해당 해양사고와 관련된 선박으로서 안전관리체제를 수립·시행하여야 하는 선박의 소유자 또는 같은 안전관리대행업자가 해당 선박의 안전관리체제 수립·시행과 관련하여 작성·보관하거나 선박에 비치하는 기록물의 파기 또는 변경

③ 해당 해양사고와 관련된 선박으로서 제②호에 따른 선박외의 선박의 소유자 또는 선박관리사업자가 해당선박의 운용, 선원의 관리 또는 선박의 정비와 관련하여 작성·보관하는 기록물의 파기 또는 변경

④ 해당 해양사고와 관련된 선박과 선박교통관제를 시행하는 기관사이의 선박교통관제와 관련하여 작성·보관되는 기록물의 파기 또는 변경.

⑤ 해당 해양사고와 관련된 선박의 손상된 선체·기관 및 각종계기와 그 밖의 부분에 대한 수리

4) 항해자료 기록장치 정보보존

항해자료 기록장치를 설치한 선박의 선장은 해당 선박과 관련하여 해양사고가 발생한 경우 지체 없이 항해자료 기록장치의 정보를 보존하기 위한 조치를 하여야 한다.

3. 비밀준수의무

조사관이나 그의 보조자는 사실조사와 증거수집을 할 때 비밀을 준수하고 관계인의 명예를 훼손하지 아니하도록 주의하여야 한다

[조사관의 권한]

1) 조사관의 처분권

조사관은 그 직무를 수행하기 위하여 필요할 때에는 다음의 처분을 할 수 있다

① 해양사고와 관계있는 사람을 출석하게 하거나 그 사람에게 질문하는 일

② 선박이나 그 밖의 장소를 검사하는 일

③ 해양사고와 관계있는 사람에게 보고하게 하거나 장부·서류 또는 그 밖의 물건을 제출하도록 명하는 일

④ 관공서에 대하여 보고 또는 자료의 제출 및 협조를 요구하는 일

⑤ 증인·감정인·통역인 또는 번역인을 출석하게 하거나 증언·감정·통역·번역을 하게 하는 일

2) 제1항제①호의 처분을 받은 사람으로서 조사관이 특히 필요하다고 인정하면 해양수산관서에 대하여 72시간 이내의 기간 동안 해당자의 하선조치를 요구할 수 있다.

3) 조사관이 제1항제②호의 처분을 할 때에는 그 권한을 표시하는 증표를 지니고 이를 관계인에게 내보여야 한다.

[조사관의 심판의 청구]

1. 심판의 청구

1) 조사관의 심판청구

조사관은 사건을 심판에 부쳐야 할 것으로 인정할 때에는 지방심판원에 심판을 청구하여야 한다. 다만, 사건이 발생한 후 3년이 지난 해양사고에 대하여는 심판청구를 하지 못한다.

2) 서면청구

청구는 해양사고사실을 표시한 서면으로 하여야 한다.

3) 기간의 계산

① 월 또는 연을 단위로 기간을 계산할 때에는 첫날을 산입하지 아니한다. 다만, 3년이 지난 사건의 경우와 업무정지기간을 계산하는 경우에는 첫날을 산입한다

② 기간의 말일이 공휴일일 때에는 기간은 그 다음날로 끝난다. 다만, 3년이 지난 사건의 경우

와 업무정지기간을 계산하는 경우에는 해당 공휴일에 끝난다

③ 업무정지기간은 해당 면허증을 직접 제출하였을 때에는 제출한 날부터 기산하고 우편 등으로 제출하였을 때에는 발송일 부터 기산한다. 다만, 발송일을 확인할 수 없을 때에는 도달일 부터 기산하며, 재결확정이전에 제출하였을 때에는 그 재결 확정일 부터 기산한다.

2. 약식심판의 청구

1) 약식심판청구

조사관은 다음의 하나에 해당하는 경미한 해양사고로서 해양사고관련자의 소환이 필요하지 아니하다고 인정할 때에는 약식심판을 청구할 수 있다. 다만, 해양사고관련자의 명시한 의사에 반하여서는 아니 된다.

① 사람이 사망하지 아니한 사고

② 선박 또는 그 밖의 시설의 본래의 기능이 상실되지 아니한 사고

③ 기준 이하의 오염물질이 해양에 배출된 사고로 오염물질로서 별도로 정하는 최저기준이하로 배출되는 오염물질을 말한다

2) 약식심판의 청구는 심판청구와 동시에 서면으로 하여야 한다.

3. 해양사고관련자의 지정과 통지 : 법 제39조

1) 해양사고관련자 지정

조사관은 심판을 청구하는 경우에는 그 해양사고 발생의 원인과 관계가 있다고 인정되는 자를 해양사고관련자로 지정하여야 한다

2) 조사관은 해양사고관련자를 지정하면 그 내용을 대통령령으로 정하는 다음의 사항을 그 해양사고관련자에게 알려야 한다

① 심판청구를 한 심판원의 명칭

② 사건명 및 사실의 개요

③ 해양사고관련자의 성명·생년월일·주소 및 당시의 직명·직업과 가지고 있는 면허의 종류

④ 심판청구를 한 날짜

⑤ 조사관의 성명

[문16.31조.32조]

해양수산관서등 및 영사의 의무

1. 해양수산관서등의 의무

1) 해양수산관서 등의 의무

해양수산관서, 국가경찰공무원, 특별시장·광역시장·특별자치시장·도지사·특별자치도지사 및 시장·군수·구청장은 해양사고가 발생한 사실을 알았을 때에는 지체 없이 그 사실을 자세히 기록하여 관할 지방심판원의 조사관에게 통보하여야 한다.

2) 기관의 협조의무

조사관이 해양사고에 관한 증거수집이나 조사를 하기 위하여 관계기관에 협조를 요청하면 그 기관은 이에 따라야 한다.

2. 준해양사고의 통보

1) 준해양사고통보 의무

선박소유자 또는 선박운항자는 해양사고를 방지하기 위하여 선박(어선법에 따른 어선은 제외한다)의 운용과 관련하여 발생한 준해양사고를 해양수산부령으로 정하는 바에 따라 중앙수석조사관에게 통보하여야 한다.

2) 중앙수석조사관의 관계인에 대한 통지의무

중앙수석조사관은 제1항에 따라 통보받은 내용을 분석하여 선박과 사람의 안전 및 해양환경등에 위해를 끼칠 수 있는 사항이 포함되어 있는 경우에는 선박소유자등 관계인에게 그 내용을 알려야 한다.

3) 중앙수석조사관은 준해양사고를 통보한 자의 의사에 반하여 통보자의 신분을 공개하여서는 아니 된다.

3. 영사의 임무

1) 영사의 통보의무

영사는 국외에서 해양사고가 발생한 사실을 알았을 때에는 지체없이 그 사실과 증거를 수집하여 중앙수석조사관에게 통보하여야 한다.

2) 중앙수석조사관의 통지의무

중앙수석조사관은 통보를 받으면 지체 없이 관할 지방수석조사관에게 보내야 한다.

[문17.심판원의 관할.24조.25조.26조]

관할, 사건이송 및 관할이전의 신청

1) 관할의 의의

재판관할이란 각 법원에 대한 재판권의 배분 즉 특정법원이 특정사건을 재판할 수 있는 권한을 말한다. 관할권은 소송요건이므로 법원의 직권조사사항이다.

2) 관할의 종류

가. 배타성여부에 의한 전속관할과 임의관할

나. 지역적 차이에 의한 토지관할

다. 사건의 경중에 의한 사물관할(단독판사와 합의부간의 사건분배)

라. 제1심, 항소심, 상고심등 심급관할

마. 추상적관할권 : 한나라의 법원이 소송사건을 처리하기 위하여 사람(속인적) 또는 사건(속물적)에 대하여 행사할 수 있는 권한. 각 법원을 일체로 하여 본 권한이기 때문에 추상적 관

할권이라고도 한다. 이것은 민사소송재판권, 비송사건 재판권, 행정소송재판권, 형사소송재판권, 군사재판권 등으로 나눌 수 있다.

3) 전속관할과 임의관할

가. 전속관할과 임의관할의 의의

전속관할이란 어느 사건에 관하여 특정 법원만이 배타적으로 갖는 법정관할로서, 재판의 적정·공평 등 고도의 공익적 요구로 인하여 인정되는 것이다. 이에 반해 임의관할이란 전속관할이 아닌 법정관할을 말하고, 이 경우 당사자의 편의라는 사익보호의 관점에서 당사자 간의 합의나 상대방과의 변론에 의하여 다른 관할이 생기는 것을 허용한다. 전속관할이 정해진 경우에는 임의관할이 발생할 여지가 없으나, 임의관할의 경우에는 여러 법원에서 관할이 경합적으로 생길 수 있기 때문에 수소법원이 관할을 결정한다.(행정소송법 제12조)

나. 행정소송의 전속관할 위반문제

행정소송의 경우에는 명문으로 행정법원의 전속관할을 규정하고 있지 않아 논란의 여지가 있으나, 성질상 행정사건은 그 공익상의 견지와 국민의 권리구제라는 고도의 공익적 요청에 따라 행정법원의 전속관할에 속한다고 보는 것이 타당하다. 따라서 원칙적으로 행정사건은 행정법원에 제소해야 하나, 현재는 서울에만 행정법원이 있기때문에 우선은 지방법원의 본원에 제기하는 것으로 하고 있다. 한편 판례는 민사소송의 경우에도 관련청구소송의 병합으로 행정법원에서 새로이 관할권을 창설할 수 있고 지방법원 본원처럼 행정사건의 관할권이 있는 경우에는 행정사건과 민사사건을 동시에 본안심사 할 수 있다고 본다.

다. 해양안전심판원의 심급제도와 중앙심판원의 재결에 대한 소송의 전속관할 및 타당성

행정행위에 대한 소송은 행정심판전치주의가 적용되지 않아 지방법원급인 행정법원을 시발로 하여 전체적으로 3심제가 된다. 그러나 해양사고의 경우 지방해양안전심판원의 재결(행정행위)에 대해 중앙해양안전심판원의 심판(행정심판)을 거쳐야 하는 심판전치주의가 적용되어 지방법원을 제1법률심으로 한다면 대법원에 이르는 4심제가 되기 때문에 다른 행정사건 소송과의 균형상 고등법원을 제1심법률심으로 하는 것이 타당하여 지방심판원은 제1심 심판을 하고, 중앙심판원은 제2심 심판을 하며 중앙심판원의 재결에 대해서는 중앙심판원소재지의 고등법원을 1심법률심의 전속관할로 한다. 그러나 해양사고소송의 특수성 및 이에 따른 법원직권심리의 필요성이 높아 향후 전문해사법원을 설립하여 이곳을 1심법률심으로 하는 논의과정에 있다.

1. 관할

1) 전속관할

심판에 부칠 사건의 관할권은 해양사고가 발생한 지점을 관할하는 지방심판원에 속한다. 다만, 해양사고 발생지점이 분명하지 아니하면 그 해양사고와 관련된 선박의 선적항을 관할하는 심판원에 속한다.

2) 하나의 사건이 2개 이상의 심판원에 계속(繫屬)된 경우

하나의 사건이 2곳 이상의 지방심판원에 계속되었을 때에는 최초의 심판청구를 받은 지방심판원에서 심판한다.

3) 하나의 선박에 관한 2개이상의 사건이 2개이상의 심판원에 계속된 경우

하나의 선박에 관한 2개 이상의 사건이 2곳 이상의 지방심판원에 계속되었을 때에는 최초의 심판청구를 받은 지방심판원에서 심판한다.

4) 사건의 병합

하나의 선박에 관한 2개 이상의 사건을 심판하는 지방심판원은 필요하다고 인정하는 때에는 직권으로 또는 조사관, 해양사고관련자나 심판변론인의 신청에 따라 결정으로 그 심판을 분리하거나 병합할 수 있다.

5) 국외발생사건 관할

국외에서 발생한 사건의 관할에 대하여는 대통령령(미제정)으로 정한다.

6) 심판청구 기각의 재결

심판원은 해당 심판원이 심판해서는 아니 될 사건에 대해서는 재결로써 심판청구를 기각하여야 한다.

2. 사건이송

1) 사건의 이송

지방심판원은 사건이 그 관할이 아니라고 인정할 때에는 결정으로써 이를 관할 지방심판원에 이송하여야 한다.

2) 재이송의 금지

이송을 받은 지방심판원은 다시 사건을 다른 지방심판원에 이송할 수 없다.

3) 관할의 소급

이송된 사건은 처음부터 이송을 받은 지방심판원에 계속된 것으로 본다.

3. 관할이전의 신청

1) 관할이전신청(지방심판원이나 중앙심판원 두 곳에 신청이 가능하다)

조사관이나 해양사고관련자는 해당 해양사고의 해양사고관련자가 관할 지방심판원에 출석하는 것이 불편하다고 인정되는 경우에는 대통령령으로 정하는 바에 따라 중앙심판원에 관할의 이전을 신청할 수 있다. 이 경우 신청인은 관할 지방심판원에 신청서를 제출할 수 있으며, 이를 제출받은 관할 지방심판원은 지체 없이 중앙심판원에 보내야 한다.

2) 관할이전결정

중앙심판원은 심판상 편의가 있다고 인정할 때에는 결정으로 관할을 이전할 수 있다

3) 관할 이전의 신청

가. 관할이전을 신청하려는 조사관 또는 해양사고관련자는 중앙해양안전심판원 또는 관할 지방심판원에 관할 이전신청서를 제출하여야 한다.

나. 관할 이전신청은 다음의 하나의 경우에는 하지 못한다

① 심판정에서 해당사건에 대하여 이미 진술한 경우

② 이해관계인의 심판신청에 따라 심판불필요처분이 올바른지에 대한 심판이 신청된 경우

4. 각 지방심판원의 관할 : 영 제2조(지방해양안전심판원의 명칭·위치 및 관할구역 등) 별표1

1) 동해지방해양안전심판원
   경상북도와 경상남도의 해안경계, 함경북도, 함경남도, 강원도
2) 부산지방해양안전심판원
   경상남도와 부산의 해안경계, 부산광역시, 울산광역시
3) 목포지방해양안전심판원
   경상남도와 전라남도의 해안경계선, 전라남도, 제주특별자치도
4) 인천지방해양안전심판원
   이북의 영해, 서울특별시, 인천광역시, 세종특별시, 경기도, 충청북도, 충청남도, 전라북도, 황해도, 평안남도, 평안북도

[문18.27조~30조]

심판변론인

1. 심판변론인의 선임

1) 심판변론인의 선임
   해양사고관련자나 이해관계인은 심판변론인을 선임할 수 있다.
2) 독립된 심판변론인 선임
   해양사고관련자의 법정대리인, 배우자·직계친족과 형제자매는 독립하여 심판변론인을 선임할 수 있다.
3) 중앙심판원에 등록된 심판변론인
   심판변론인은 중앙심판원에 심판변론인으로 등록한 사람 중에서 선임하여야 한다. 다만, 각급 심판원장의 허가를 받은 경우에는 그러하지 아니하다.
4) 대표심판변론인
   심판의 결과에 대하여 같은 이해관계를 가지는 해양사고관련자 또는 이해관계인이 선임한 심판변론인이 2명 이상이면 대표심판변론인 1명을 선임하여야 한다.
5) 특별심판변론인의 신청
   특별심판변론인으로 허가를 받으려는 사람은 심판원에 서면으로 신청하여야 한다. 이 경우 그 심판원은 이에 대한 허가여부를 결정하여야 한다.
6) 심급과 심판변론인의 선임
   해양사고관련자나 이해관계인은 심판변론인을 선임하려면 심급마다 선임하여야 하며, 심판변론인과 연명으로 날인한 서면을 심판원에 제출하여야 한다.

2. 심판변론인의 결격사유

① 결격사유규정에 해당하는 사람
② 등록이 취소된 날부터 3년이 지나지 아니한 사람

3. 심판변론인의 업무 등

1) 심판변론인은 다음의 업무를 수행한다.
① 해양사고관련자나 이해관계인이 이 법에 따라 심판원에 대하여 하는 신청·청구·진술 등의 대리 또는 대행
② 해양사고관련자등에 대하여 하는 해양사고와 관련된 기술적 자문

2) 심판변론인은 수임한 직무를 성실하게 수행하여야 한다.

3) 직무상취득비밀 엄수
심판변론인 또는 심판변론인이었던 사람은 직무상 알게 된 비밀을 누설하여서는 아니 된다.

4. 심판변론인의 등록의 취소

1) 변론인의 등록취소
중앙심판원장은 심판변론인이 다음에 해당하는 경우에는 대통령령으로 정하는 바에 따라 심판변론인의 등록을 취소하여야 한다.
① 자격이 없거나 자격을 상실하게 된 경우
② 심판변론인의 결격사유에 해당하게 된 경우
③ 심판변론인의 업무등 성실의무와 비밀엄수의무사항을 위반한 경우
④ 사망한 경우

5. 국선심판변론인의 선정

1) 유사제한능력자의 보호에 의한 선정
다음에 해당하는 경우로서 심판변론인이 없는 때에는 심판원은 예산의 범위에서 직권으로 심판변론인으로 등록한 사람 중에서 심판변론인을 선정하여야 한다.
① 해양사고관련자가 미성년자인 경우
② 해양사고관련자가 70세이상인 경우
③ 해양사고관련자가 청각 또는 언어 장애인인 경우
④ 해양사고관련자가 심신장애의 의심이 있는 경우

2) 청구에 의한 선정
심판원은 해양사고관련자가 빈곤 또는 그 밖의 사유로 심판변론인을 선임할 수 없는 경우로서 해양사고관련자의 청구가 있는 경우에는 예산의 범위에서 심판변론인을 선정할 수 있다.

3) 권리보호상 선정
심판원은 해양사고관련자의 연령·지능 및 교육정도 등을 고려하여 권리보호를 위하여 필요하다고 인정하는 경우에는 예산의 범위에서 심판변론인을 선정할 수 있다. 이 경우 해양사고관련자의 명시한 의사에 반하여서는 아니 된다.

4) 국선 심판변론인의 선정통보
관할 해양안전심판원장은 국선심판변론인을 선정한 경우에는 지체 없이 해당 국선심판변론인 및 해양사고관련자에게 그 선정사실을 알려야 한다.

[문19.40조]

<u>심판의 시작, 원격영상 심판, 약식심판 및 심판관의 권한</u>

1. 심판의 시작

지방심판원은 조사관의 심판청구에 따라 심판을 시작한다.

2. 심판의 공개

심판의 대심[양당사자의 공격과 방어구조]과 재결은 공개된 심판정에서 한다.

3. 원격영상심판

1) 심판원장은 해양사고관련자가 교통의 불편 등으로 심판정에 직접 출석하기 어려운 경우에는 원격영상심판을 할 수 있다.
2) 원격영상심판은 해양사고관련자가 심판정에 출석하여 진행하는 심판으로 본다.

4. 심판장의 권한

1) 심판지휘

심판장은 개정 중 심판을 지휘하고 심판정의 질서를 유지한다.

2) 심판정질서유지

심판장은 심판을 방해하는 사람에게는 퇴정을 명하거나 그밖에 심판정의 질서를 유지하기 위하여 필요한 조치를 취할 수 있다.

5. 심판기일의 지정 및 변경

1) 심판기일 지정

심판장은 심판기일을 정하여야 한다.

2) 해양사고관련자 소환

심판기일에는 해양사고관련자를 소환하여야 한다. 다만, 심판장은 1회 이상 출석한 해양사고관련자에 대하여는 소환하지 않을 수 있다.

3) 심판기일 통보

심판장은 조사관, 심판변론인, 이해관계인의 심판참여규정에 따라 심판참여의 허가를 받은 이해관계인 및 소환하지 아니하는 해양사고관련자에게 심판기일을 알려야 한다.

4) 심판기일 변경

심판장은 직권으로 또는 해양사고관련자, 조사관 및 심판변론인의 신청을 받아 제1회 심판기일을 변경할 수 있다.

5) 우편에 의한 서류의 송달

① 서기는 해양사고관련자, 심판변론인 또는 대리인에 대한 통고·통지 또는 서류의 송달을 등기우편으로 할 수 있다.

② 등기우편으로 송달하였을 때에는 발송한 날부터 <u>5일이 지난날에</u> 송달된 것으로 본다. 다만,

심판기일의 지정 및 변경해양사고관련자의 소환과 신문 및 재결서의 송달의 경우에는 그러하지 아니하다.

6) 공시송달

① 주소를 모르거나 심판기일의 지정 및 변경해양사고관련자의 소환과 신문 및 재결서의 송달에 따른 통지 등의 대상자로서 등기우편에 의한 통고·통지 또는 서류의 송달을 받지 아니하는 자에게 통고·통지 또는 서류의 송달을 하여야 할 경우에는 그 내용을 관보에 싣는 것으로 통고·통지 또는 서류의 송달을 갈음할 수 있다.

② 관보에 싣는 경우 관보에 실린 날부터 14일이 지난 날에 통고·통지 또는 서류의 송달이 된 것으로 본다.

[문20.43조의2~51조]

심리 등

1. 검사의 공소제기 전 심판원의 의견청취

검사는 해양사고가 발생하여 해양사고관련자에 대하여 공소제기 하는 경우에는 관할 지방해양심판원의 의견을 들을 수 있다.

2. 약식심판절차

1) 심판개정절차생략

약식심판이 청구된 사건에 대하여는 심판의 개정절차를 거치지 아니하고 서면으로 심판한다. 다만, 재결을 고지하는 경우에는 심판정에서 재결원본에 따라 심판장이 고지 한다.

2) 서면에 의한 변론기회통보

심판장은 약식심판을 할 경우에는 해양사고관련자에게 기한을 정하여 서면으로 변론의 기회를 주어야 한다.

3) 약식심판의 대심심판으로의 결정

심판원은 약식심판으로 심판을 하기에 부적당하다고 인정할 때에는 심판의 개정절차에 따라 심판할 것을 결정할 수 있다.

3. 집중심리

1) 집중심리

심판원은 심리에 2일 이상이 걸릴 때에는 가능하면 매일 계속 개정하여 집중심리를 하여야 한다.

2) 차기심판기일 지정

심판장은 특별한 사정이 없으면 직전 심판기일부터 10일 이내에 다음 심판기일을 지정하여야 한다.

4. 소환과 신문

지방심판원은 심판기일에 해양사고관련자, 증인, 그 밖의 이해관계인을 소환하고 신문할 수 있다.

5. 필요적 구술변론

1) 원칙과 예외

가. 원칙 : 심판의 재결은 구술변론을 거쳐야 한다.

나. 예외 : 다음의 하나에 해당하는 경우에는 구술변론을 거치지 아니하고 재결을 할 수 있다.

① 해양사고관련자가 정당한 사유없이 심판기일에 출석하지 아니한 경우

② 해양사고관련자가 심판장의 허가를 받고 서면으로 진술한 경우

③ 조사관이 사고조사를 충분히 실시하여 해양사고관련자의 구술변론이 불필요한 경우 등 심판장이 원인규명을 위한 해양사고관련자의 소환이 불필요하다고 인정하는 경우

④ 약식심판을 행하는 경우

2) 해양사고관련자의 구술변론요구권

구술변론의 예외의 경우에도 제③호에 해당하는 경우에는 해양사고관련자의 명시한 의사에 반하여서는 아니 된다.

6. 인정신문

심판장은 해양사고관련자의 성명·주민등록번호 및 주소를 신문하고 해양사고관련자가 해기사 및 도선사인 경우에는 면허의 종류 등을 신문하여 해양사고관련자임이 틀림없다는 것을 확인하여야 한다.

7. 조사관의 최초진술

조사관은 심판청구서에 따라 심판청구의 요지를 진술하여야 한다.

8. 증거심판주의

사실의 인정은 심판기일에 조사한 증거에 의하여야 한다.

9. 자유심증주의

증거의 증명력은 심판관의 자유로운 판단에 따른다.

① 증거능력 : 형식적으로 증거로 사용할 수 있는 자격

② 증명력 : 증거의 실질적 가치. 증거능력이 있음을 전제로 하며 그것이 실질적으로 신빙할 수 있고 범죄사실과 직접 관련성이 있는지 여부에 관한 문제로 법관의 자유심증에 맡겨져 있다. 판사는 여러 정황에 비추어 증명력을 배척할 수 있다.

[문21.39조의2.44조의2]

이해관계인의 심판청구와 심판참여 → 제33조(사실조사요구)

1. 이해관계인의 심판신청

1) 이해관계인의 심판신청권

해양사고에 대하여 이해관계가 있는 자는 심판불필요처분을 받은 해양사고에 대하여 원인규명이 필요하다고 인정하면 관할 지방심판원에 그 처분이 올바른지에 대하여 심판을 신청할 수 있다.

2) 심판불필요처분의 조사와 당부여부에 따른 처리의무

관할지방심판원은 심판이 신청된 경우 그 신청이 이유 있는 것으로 인정되는 경우에는 결정으로써 조사관으로 하여금 조사를 시작하여 심판을 청구하도록 하고, 그 신청이 이유 없는 것으로 인정되는 경우에는 결정으로써 이를 기각하여야 한다. 만일, 이해관계인이 결정에 이의가 있는 경우 중앙심판원에 이의신청을 할 수 있다.

3) 이해관계인의 심판신청절차

가. 이해관계인이 심판을 신청하는 경우에는 심판불필요처분사건 심판신청서를 관할 지방심판원에 제출하여야 한다.

나. 지방심판원은 신청이 있는 경우에는 해당 지방심판원의 수석조사관에게 그 신청서를 보내야 한다.

다. 신청서를 받은 지방심판원의 수석조사관은 5일 이내에 그 신청서에 의견서를 첨부하여 지방심판원에 제출하여야 한다.

2. 이해관계인의 심판참여

1) 이해관계인은 심판장의 허가를 받고 심판에 참여하여 진술할 수 있다.

2) 이해관계인의 심판참여불허

심판참여의 허가를 받은 이해관계인이 심판원의 소환과 신문에 연속하여 2회 이상 불응하거나 심판의 진행을 방해하는 것으로 인정되는 경우 심판장은 직권으로 해당 이해관계인에 대한 심판참여의 허가를 취소할 수 있다.

3) 이해관계인의 심판참여여부통지

심판장은 심판참여를 허가하거나 심판참여의 허가를 취소한 경우에는 해당 조사관과 해양사고관련자 및 심판변론인에게 그 사실을 알려야 한다.

[문22.44조의3.44조의4]

속기·녹음·영상녹화등과 증거물의 열람·복사

1. 심판정에서의 속기·녹음·영상녹화

1) 심판장은 조사관, 해양사고관련자 또는 심판변론인의 신청이 있는 경우에는 특별한 사유가 없으면 심판정에서의 심리의 전부 또는 일부를 속기사로 하여금 속기하게 하거나 녹음 또는 영상녹화(녹음 포함)장치를 사용하여 녹음 또는 영상녹화를 하도록 하여야 한다.
2) 심판장은 필요하다고 인정하는 경우에는 직권으로 심판정에서의 심리의 전부 또는 일부를 속기사로 하여금 속기하게 하거나 녹음 또는 영상녹화를 하도록 할 수 있다.
3) 속기·녹음·영상녹화는 심판조서의 일부로 삼는다.

2. 관계서류 및 증거물의 열람·복사

1) 해양사고관련자, 이해관계인 또는 심판변론인은 지방심판원에 심판조서, 그 밖의 관계서류 또는 증거물의 열람 또는 복사를 신청할 수 있다. 이 경우 지방심판원은 증거를 보전하기 위하여 열람 또는 복사를 제한할 필요가 있는 경우등 특별한 사유가 없으면 그 신청에 따라야 한다.
2) 열람 또는 복사를 신청한 사람이 심판조서, 그 밖의 관계서류 또는 증거물을 읽지 못하는 경우에는 이를 읽어줄 것을 지방심판원에 요청할 수 있다.
3) 지방심판원은 해양사고관련자, 증인 등의 생명 또는 신체의 안전을 현저히 해칠 우려가 있는 경우에는 열람 또는 복사 등에 앞서 이름, 주소 등 개인정보가 공개되지 아니하도록 보호조치를 하여야 한다.

[문23.48조]

심판원의 증거조사

1. 직권조사

지방심판원은 조사관, 해양사고관련자 또는 심판변론인의 신청에 의하거나 직권으로 필요한 증거조사를 할 수 있다.

2. 심판원의 조사시기

지방심판원은 제1회 심판기일 전에는 다음의 방법에 따른 조사만을 할 수 있다.

① 선박이나 그 밖의 장소를 검사하는 일
심판원은 검사를 하려면 미리 그 뜻을 조사관·해양사고관련자 및 심판변론인에게 알려 입회할 기회를 주어야 한다
② 장부·서류 또는 그 밖의 물건을 제출하도록 하는 일
③ 관공서에 대하여 보고 또는 자료제출을 요구하는 일

3. 지방심판원은 구속·압수·수색이나 그밖에 신체·물건 또는 장소에 대한 강제처분을 하지 못한다.

4. 제1회 심판기일 전 검사에의 참관

심판원은 검사를 하려면 미리 그 뜻을 조사관·해양사고관련자 및 심판변론인에게 알려 참관할 기회를 주어야 한다.

[문24.49조의2.49조의3]

심판청구서의 변경등과 취하

1. 심판청구서의 변경

1) 조사관의 심판청구서의 변경

조사관은 심판청구서에 기재된 사건명을 변경하거나 해양사고사실 또는 해양사고관련자를 추가·철회 또는 변경할 수 있다.

2) 심판장의 심판청구서 변경요구

심판장은 심리의 경과에 비추어 필요하다고 인정하면 조사관에게 해양사고관련자를 추가·철회 또는 변경할 것을 서면으로 요구할 수 있다.

3) 심판장은 해양사고사실 또는 해양사고관련자가 추가·철회 또는 변경되었을 때에는 지체 이 해양사고관련자, 심판변론인 및 심판참여의 허가를 받은 이해관계인에게 그 사실을 알려야 한다.

2. 심판청구의 취하

1) 조사관은 심판청구 된 사건에 대한 심판이 불필요하게 된 경우로서 다음의 하나에 해당하는 경우에는 제1심의 재결이 있을 때까지 심판청구를 취하할 수 있다. 다만, 이해관계인의 심판신청에 따라 심판원의 결정으로 조사관이 청구한 사건에 대하여는 그러하지 아니하며, 이 경우 지방심판원은 심판청구기각의 재결을 한다.

2) 심판청구의 취하절차

가. 심판청구의 경우

① 심판청구 후 사건에 대하여 심판권이 없다는 사실을 알게 된 경우

② 심판청구 후 사건에 대하여 심판청구가 법령을 위반하여 제기되었음을 알게 된 경우

③ 심판청구 후 사건에 대하여 일사부재리에 따라 심판할 수 없다는 사실을 알게 된 경우

나. 심판청구의 취하는 서면으로 하여야 한다. 다만, 심판정에서는 말로 취하할 수 있다.

다. 지방심판원은 조사관이 심판청구를 취하한 경우에는 결정으로 심판청구를 각하하여야 한다.

[문25]

주요 재량, 허가, 직권, 결정 등

1) [문10] 제15조(제척·기피·회피) : 합의체심판부 결정
2) [문11] 제22조(심판부의 구성 및 의결) 영 제36조(심판부의 구성)단독심판에서 합의체심판으로 변경과 약식심판의 청구(조사관재량)를 합의체심판으로 변경(심판관결정)
3) [문11] 제22조의2(특별심판부의 구성) : 중앙심판원재량
4) [문13] 제18조의3(특별조사부의 구성)과 정보공개여부(정보공개여부) : 중앙수석조사관재량
5) [문17] 제24조(관할)제4항(심판의 분리·병합) : 지방심판원지권 또는 신청에 따른 결정

6) [문17] 제25조(사건이송) : 지방심판원의 관할이 아닐 때(지방심판원결정)
7) [문17] 제26조(관할이전의 신청) : 조사관 또는 해양사고관련자의 신청시(중앙심판원결정)
8) [문18] 제27조(심판변론인의 선임)제3항(특별심판변론인 허가) : 지방심판원결정
9) [문18] 제29조의2(심판변론인의 등록의 취소) : 중앙심판원결정
10) [문18] 제30조(국선심판변론인선임), 유사제한능력자시 심판원직권, 해양사고관련자의 청구 또는 심판원이 인정하는 경우시 재량
11) [문15] 제33조(사실조사의 요구) : 이해관계인의 조사 및 심판청구(조사관의 심판청구여부결정, 심판청구거부시 중앙수석조사관의 승인을 거침)
12) [문15] 제34조의2(해양사고의 조사 및 처리), 인지사건의 심판불필요처분→조사관재량
13) [문15] 제35조(증거보전) : 조사관, 해양사고관련자, 심판변론인의 신청시(지방심판원재량)
14) [문19] 제41조의2(원격영상심판) : 해양사고관련자의 신청시(지방심판원장재량)
15) [문19] 제41조의3(약식심판절차) : 약식심판의 대심변경(지방심판원결정)
16) [문19] 제43조(심판기일의 지정 및 변경) : 불출석해양사고관련자불소환(심판장재량), 기일변경(해양사고관련자, 조사관, 심판변론인의 심판기일변경신청)시 지방심판원의 직권결정
17) [문20] 제7조의2(공소제기전 심판원의 의견청취) : 검사재량
18) [문20] 제44조(소환과 신문) : 심판기일에 해양사고관련자, 증인, 그 밖의 이해관계인소환여부(지방심판원재량)
19) [문20] 제45조(필요적구술변론) : 일정한 요건하에 구술변론생략(지방심판원재량)
20) [문21] 제39조의2(이해관계인의 심판신청) : 심판불필요처분에 대한 심판신청(지방심판원결정)
21) [문21] 제44조의2(이해관계인의 심판참여) : 심판장허가·직권취소
22) [문22] 제44조의3(심판정에서의 속기, 녹음·영상녹화) : 심판장직권인정
23) [문23] 제48조(증거조사) : 조사관, 해양사고관련자, 심판변론인의 증거조사신청 또는 심판장직권에 의해 증거조사를 할 수 있다
24) [문24] 제49조의2(심판청구서의 변경 등) : 변경(조사관의 재량 또는 심판장이 조사관에게 요청)
25) [문24] 제49조의3(심판청구의 취하) : 불필요 시(조사관재량), 제39조의2(이해관계인의 심판신청)에 따른 심판청구의 경우 취하할 수 없다
26) [문24] 제49조의3(심판청구의 취하) : 조사관이 심판청구를 취하한 경우(심판원각하결정)
27) [문27] 제58조(2심의 청구), 영 제68조(제2심 청구의 취하방식) : 제2심청구전원취하시(중앙심판원각하결정)
28) [문28] 제68조(이의신청의 절차) : 원심결정의 경정(지방심판원결정), 집행여부(상당한 이유가 있는 경우 조사관의 의견을 들어 지방심판원의 재량에 의한 정지)
29) [문28] 제70조(원심결정의 집행정지) : 집행여부(조사관의 의견을 들어 중앙심판원결정)
30) [문28] 제71조(이의신청에 대한 결정) : 절차위반시(조사관의 의견을 들어 중앙심판원의 기각결정)

[문26.52조~84조]

재결과 집행

[본안이 아닌 재결]

1) 심판청구기각의 재결

가. 지방심판원의 기각재결 : 제52조

지방심판원은 다음 각 호의 경우에는 재결로써 심판청구를 기각하여야 한다.

① 사건에 대하여 심판권이 없는 경우(추상적관할권)

② 심판의 청구가 법령을 위반하여 제기된 경우

③ 일사부재리에 따라 심판할 수 없는 경우

나. 중앙심판원의 기각재결 : 제64조

중앙심판원은 지방심판원이 심판청구기각의 재결에 해당하는 사유가 있음에도 불구하고 심판의 청구를 기각하지 아니한 경우에는 재결로써 기각하여야 한다.

2) 법령위반으로 인한 청구의 기각 : 제62조

중앙심판원은 제2심의 심판청구의 절차가 법령을 위반한 경우에는 재결로써 그 청구를 기각한다.

3) 사건의 환송

중앙심판원은 지방심판원이 법령을 위반하여 심판청구를 기각한 경우에는 재결로써 사건을 지방심판원에 환송하여야 한다.

[본안재결]

1) 심판의 공개

심판의 대심[양당사자의 공격과 방어구조]과 재결은 공개된 심판정에서 한다.

2) 재결이유의 표시

재결에는 주문을 표시하고 이유를 붙여야 한다.

4) 본안의 재결

본안의 재결에는 해양사고의 구체적 사실과 원인을 명백히 하고 증거를 들어 그 사실을 인정한 이유를 밝혀야 한다. 다만, 그 사실이 없다고 인정한 경우에는 그 뜻을 명백히 하여야 한다.

5) 재결의 고지

재결은 심판정에서 재결원본에 따라 심판장이 고지한다.

6) 재결서의 송달

심판원장은 재결을 고지한 날부터 10일 이내에 재결서의 정본을 조사관과 해양사고관련자 또는 심판변론인에게 송달하여야 한다.

7) 송달의 방식

가. 해양사고관련자, 심판변론인 또는 대리인에 대한 통지 또는 서류의 송달에 필요한 사항은

① 법 제56조의2(송달의 방식)에 따라 서기는 해양사고관련자, 심판변론인 또는 대리인에 대

한 통고·통지 또는 서류의 송달을 등기우편으로 할 수 있다.

② 제1항에 따라 등기우편으로 송달하였을 때에는 발송한 날부터 5일이 지난날에 송달된 것으로 본다. 다만, 법 제43조(심판기일의 지정 및 변경)제2항·제3항, 제44조(소환과 신문) 및 제56조(재결서의 송달)의 경우에는 그러하지 아니하다.

나. 공시송달

① 주소를 모르거나 통지 등의 대상자로서 등기우편에 의한 통고·통지 또는 서류의 송달을 받지 아니하는 자에게 통고·통지 또는 서류의 송달을 하여야 할 경우에는 그 내용을 관보에 싣는 것으로 통고·통지 또는 서류의 송달을 갈음할 수 있다.

② 관보에 실린 날 부터 14일이 지난날에 통고·통지 또는 서류의 송달이 된 것으로 본다.

[재결의 집행]

1. 재결의 집행시기

재결은 확정된 후에 집행한다.

1) 지방심판원의 재결의 경우

제2심의 청구기간이 지났거나 법령위반으로 인한 청구의 기각재결서 또는 제2심청구의 취하방식에 따른 각하결정서의 정본을 송달받은 때

2) 중앙심판원의 재결의 경우

재결을 고지한 때

2. 재결의 집행자

중앙심판원의 재결은 중앙수석조사관이 지방심판원의 재결은 해당 지방수석조사관이 각각 집행한다.

3. 재결의 집행

1) 면허취소 재결의 집행

면허취소재결이 확정되면 조사관은 해기사면허증 또는 도선사면허증을 회수하여 관계 해양수산관서에 보내야 한다.

2) 업무정지 재결의 집행

조사관은 업무정지 재결이 확정된 때에는 해기사면허증 또는 도선사면허증을 회수하여 보관하였다가 업무정지기간이 끝난 후에 돌려주어야 한다. 다만, 집행유예재결을 받은 경우에는 회수하지 아니한다.

4. 징계의 실효

재결에 따라 업무정지 또는 견책의 징계를 받은 해기사나 도선사가 그 징계재결의 집행이 끝난 날부터 5년 이상 무사고 운항을 하였을 경우에는 그 징계는 실효된다. 이 경우 그 징계기록의 말소절차에 관하여 필요한 사항은 법령으로 정한다.

5. 면허증의 무효선언과 고시

면허취소 또는 업무정지재결을 받은 사람이 조사관에게 그 해기사면허증 또는 도선사면허증을 제출하지 아니할 때에는 중앙수석조사관은 그 면허증의 무효를 선언하고 그 사실을 관보에 고시한 후 해양수산부장관에게 보고하여야 한다.

6. 면허취소 및 업무정지 재결의 집행

1) 중앙심판원과 지방심판원의 수석조사관은 해양안전심판의 결과 해기사 또는 도선사에 대한 면허취소 또는 업무정지의 재결이 확정되었을 때에는 지체없이 그 해기사 또는 도선사에게 해기사면허증 또는 도선사면허증을 재결이 확정된 날부터 30일 이내에(해기사가 승선 등의 이유로 기한 내에 제출할 수 없는 경우에는 그 사유가 해소된 날부터 14일 이내를 말한다)에 제출할 것을 문서로 알려야 하며, 재결집행을 시작하였을 때에는 그 사실을 해당 면허증을 발급한 지방해양수산청장에게 통보하여야 한다.
2) 면허관청은 통보를 받았을 때에는 해기사면허원부 또는 도선사면허원부에 그 내용을 적어야 한다.
3) 수석조사관은 면허증 제출 통지를 받고 이행하지 아니하는 사람에 대해서는 면허증무효선언에 관한 절차를 밟고 그 사실을 면허관청에 알려야 한다.
4) 수석조사관은 업무정지 기간 만료일의 다음날(그 날이 일요일 또는 공휴일일 때에는 그 다음 날)에 해당 면허증을 반환하여야 한다.

6. 재결의 공고

중앙수석조사관은 재결에 따른 시정·개선을 권고하거나 명하는 재결을 하였을 때에는 그 내용을 관보에 공고하고 해양수산부장관에게 보고하여야 한다. 다만, 필요하다고 인정하는 경우에는 관보를 대신하여 신문에 공고할 수 있다.

7. 재결 등의 이행

1) 다음에 해당하는 자는 그 취지에 따라 필요한 조치를 하고 수석조사관이 요구하면 그 조치내용을 지체 없이 통보하여야 한다.
   ① 시정 또는 개선을 명하는 재결을 받은 자
   ② 시정 또는 개선조치의 요청을 받은 자
2) 수석조사관은 통보내용을 검토하여 그 조치가 부족하다고 인정할 때에는 그 이행을 요구할 수 있다.

[문27.58조~66조]

제2심의 청구 등

1. 제2심의 청구

1) 제1심재결의 불복 시 제2심 청구권자

제1심 청구권자는 조사관이며 이해관계자는 조사관에게 청구를 신청할수 있을 뿐이지만, 조사관 또는 해양사고관련자는 지방심판원의 재결(특별심판부의 재결포함)에 불복하는 경우에는 중앙심판원에 제2심을 청구할 수 있다

2) 반의사 진행 불가(해양사고관련자의 1심 승복권)

심판변론인은 해양사고관련자를 위하여 제2심의 청구를 할 수 있다. 다만, 해양사고관련자의 명시한 의사에 반하여서는 아니 된다.

3) 제2심 청구는 이유를 붙인 서면으로 원심심판원에 제출하여야 한다.

2. 제2심의 청구절차

1) 제2심청구기간

제2심의 청구는 재결서 정본을 송달받은 날부터 14일 이내에 하여야 한다.

2) 비귀책사유 기한연장

제2심 청구를 할 수 있는 자가 본인이 책임질 수 없는 사유로 인하여 기간 내에 심판청구를 하지 못한 경우에는 그 사유가 끝난 날부터 14일 이내에 서면으로 원심심판원에 제출할 수 있다.

3) 비귀책사유로 기한연장을 신청하는 경우에는 그 사유를 소명하여야 한다.

4) 제2심 청구서의 우편발송

가. 제2심청구서의 우편발송기간

조사관과 해양사고관련자 또는 심판변론인이 재결서 정본을 송달받은 날부터 14일 이내에 제2심청구서를 등기우편으로 발송하였을 때에는 제2심의 청구기간에서 정한 기간 내에 이를 제출한 것으로 본다.

나. 서류 및 증거물의 송부 등 기간

① 제2심의 청구가 있을 때에는 원심지방심판원은 지체 없이 일건서류 및 증거물을 그 심판원의 조사관에게 보내고 조사관은 그 일건서류 및 증거물을 받은 날부터 7일 내에 중앙심판원의 조사관에게 보내야 한다.

② 중앙심판원의 조사관은 받은 일건서류 및 증거물을 받은 날부터 5일 내에 중앙심판원에 제출하여야 한다.

③ 제2심의 청구가 있을 때에는 원심지방심판원은 지체 없이 청구인 외의 해양사고관련자에게 그 사실을 알려야 한다.

5) 제2심 청구의 취하방식

① 제2심 청구는 지방심판원에 하지만 그 취하는 서면을 중앙심판원에 제출하는 것으로 한다.

② 취하는 제2심 청구를 한자 전원이 하지 아니하면 효력이 없다.

③ 제2심 청구를 한 자 전원이 그 청구를 취하하였을 때에는 중앙심판원은 결정으로 제2심의 청구를 기각하여야 한다.

6) 원심재결의 인용

제2심의 재결에는 원심재결에 적은 사실과 증거를 인용할 수 있다.

3. 제2심청구의 효력

제2심청구의 효력은 그 사건과 당사자 모두에게 미친다.

4. 제2심청구의 취하

제2심 청구를 한 자는 재결이 있을 때까지 그 청구를 취하할 수 있다.

5. 본안의 재결

중앙심판원은 법령위반으로 인한 청구의 기각, 사건의 환송, 지방심판원의 청구기각사유로 인한 청구에 대한 기각의 경우 외에는 본안에 관하여 재결하여야 한다.

6. 불이익변경의 금지

해양사고관련자인 해기사나 도선사가 제2심을 청구한 사건과 해양사고관련자인 해기사나 도선사를 위하여 제2심을 청구한 사건에 대하여는 제1심에서 재결한 징계보다 무거운 징계를 할 수 없다.

7. 준용규정

중앙심판원의 심판에 관하여는 지방심판원의 심판에 대한 규정을 준용한다. 다만, 약식심판절차와 심판청구서의 변경 등(해양사고관련자의 추가·철회 또는 변경부분만 해당)은 준용하지 아니한다.

[문28.67조~72조]

지방심판원의 결정에 대한 이의신청

1. 결정에 대한 이의신청

1) 이의신청 기관

지방심판원에서 결정을 받은 자는 중앙심판원에 이의를 신청할 수 있다.

2) 이의신청 기한

이의신청은 제2심 재결이 있을 때까지 할 수 있다.

2. 이의신청절차

1) 이의신청서 제출

이의신청을 하려면 신청서를 지방심판원에 제출하여야 한다.

2) 원심결정의 경정

지방심판원은 이의신청이 이유 있다고 인정하면 원심결정을 경정할 수 있다.

3) 지방심판원은 이의신청이 전부 또는 일부가 이유 없다고 인정하면 그 신청서를 수리한 날부터 3일 이내에 중앙심판원에 보내야 한다.

4) 집행부정지원칙

이의신청은 원심결정의 집행을 정지하지 아니한다. 다만, 지방심판원은 상당한 이유가 있다고 인정할 때에는 조사관의 의견을 들어 집행을 정지할 수 있다.

3. 이의신청과 관계서류 및 증거물

1) 중앙심판원에 심판서류송부

이의신청이 있을 때에는 지방심판원은 필요하면 원심조서, 그 밖의 관계서류 및 증거물을 중앙심판원에 보내야 한다.

2) 중앙심판원의 심판서류송부요청

중앙심판원은 지방심판원에 대하여 원심조서, 그 밖의 관계서류 및 증거물을 보내도록 요구할 수 있다.

4. 원심결정의 집행정지

1) 중앙심판원의 집행정지권

이의신청이 있는 경우중앙심판원은 상당한 이유가 있다고 인정하면 조사관의 의견을 들어 결정으로써 원심결정의 집행을 정지할 수 있다.

2) 집행정지결정시에는 중앙심판원은 그 결정서의 정본을 지방심판원에 보내야 한다.

5. 이의신청에 대한 결정

1) 조사관의견청취 의무

중앙심판원은 조사관의 의견을 들어 이의신청에 대한 결정을 하여야 한다.

2) 이의신청이 절차를 위반하였을 때 또는 그 이유가 없을 때에는 이의신청의 기각결정을 하여야 한다.

3) 결정에는 반드시 그 이유를 붙일 필요는 없다.

6. 지방심판원에 대한 결정의 통지

이의신청에 대한 중앙심판원의 결정은 이의신청인과 지방심판원에 알려야 한다.

[문29.74조~77조]

중앙심판원의 재결에 대한 소송

1. 관할과 제소기간 및 그 제한

1) 소송전속관할

중앙심판원의 재결에 대한 소송은 중앙심판원의 소재지를 관할하는 고등법원에 전속 한다.

2) 소송제기기한

소송은 재결서 정본을 송달받은 날부터 30일 이내에 제기하여야 한다.

3) 소송제소기간은 불변기간으로 한다.
4) 중앙심판원의 재결전치주의
   지방심판원의 재결에 대하여는 소송을 제기할 수 없다.

2. 피고

중앙심판원의 재결에 관한 소송에서는 중앙심판원장을 피고로 한다.

3. 재판

1) 법원은 관할과 제소기간 및 그 제한에 따라 소송이 제기된 경우 그 청구가 이유 있다고 인정하면 판결로써 재결을 취소하여야 한다.
2) 중앙심판원은 재결의 취소판결이 확정되면 다시 심리를 하여 재결하여야 한다.
3) 법원의 판결에서 재결취소의 이유가 되는 판단은 그 사건에 대하여 중앙심판원을 기속 한다.
4) 이 법에 따른 중앙심판원의 재결에 관한 소송에 관하여는 이 법에서 규정하는 사항 외에 행정소송법을 준용한다.

Ⅳ. 해양사고의 조사 및 심판에 관한 법률 : 정리문제

[문제1] 해양안전심판원의 심급제도와 재결에 대한 소송의 전속관할을 설명하고 재결의 불복에 대한 소송의 전속관할제도의 타당성을 논하시오.

[문제1-1] 심급제도와 재결에 대한 소송의 전속관할

→ [문5.심판원의 조직.3조], [문29.중앙심판원의 재결에 대한 소송.74조] ☞ p229, p258

1) 해양안전심판원의 심급제도와 중앙심판원의 재결에 대한 소송의 전속관할

[문제1-2] 재결의 불복에 대한 소송의 전속관할제도의 타당성

→ [문17.관할, 사건이송 및 관할이전의 신청] ☞ p241

[문제2] 해양사고의 조사 및 심판에 관한 법률상 심판관·비상임심판관의 제척·기피·회피 제도를 주는 이유를 설명하고, 각각의 의미를 약술하시오.

→ [문10.심판원의 조직.15조] 해양사고의 조사 및 심판에 관한 법률상 심판관·비상임심판관의 제척·기피·회피 ☞ p233

[문제3] 해양사고의 조사 및 심판에 관한 법률상 지방심판원의 결정에 대한 이의신청에 관하여 설명하시오.

→ [문28.이의신청.67조] 해양사고의 조사 및 심판에 관한 법률상 결정에 대한 이의신청 ☞ p257

[문제4] Y회사가 소유·운항하는 선박이 짙은 안개 속을 항해하다가 해상시설과 충돌하고 그 결과 선박에서 1천 리터의 기름이 바다로 유출되었다. 당시의 선장은 갑(3급 항해사 면허보유)이고 당직사관은 1등항해사 을(4급항해사 면허보유)이었다. 이 사고에 대한 심판청구가 있는 경우 나올 수 있는 지방해양안전심판원의 재결의 내용을 유형별로 구분하여 설명하시오.

→ [문3.총칙.4조] 해양사고의 원인규명조치 ☞ p227

I. [원인규명과 조치]

1. 원인규명
   1) 유형별 원인규명
   2) 관련자각각의 원인규명

3) 전문연구기관에 자문

2. 재결
   1) 원인규명을 하여 재결로 결과를 명확히
   2) 해양사고가 해기사 또는 도선사의 직무상 고의나 과실인 경우 징계재결
   3) 해기사나 도선사외의 해양사고관련자에게 시정 또는 개선을 권고하거나 명하는 재결
3. 해양사고를 방지하기 위하여 해양사고관련자가 아닌 행정기관이나 단체에 시정 또는 개선조치를 요청
4. 징계
   1) 면허취소
   2) 업무정지
   3) 견책

Ⅱ. [유형별 재결]

1) 사람의 고의 또는 과실로 인하여 발생한 것으로 규명된 경우

① 짙은 안개 속에서의 연안항해는 선장이 직접조선을 해야 함에도 일등항해사에게 조선을 맡긴 점에서 선장의 과실이 있어 선장에게는 10개월의 업무정지 재결처분을 내릴 수 있다.(선원법 제9조(선장의 직접지휘)위반)

② 짙은 안개 속에서의 연안항해시 안전속도를 유지해야하며 당직사관인 1항사는 선장을 불러야 함에도 이를 이행하지 않은 1등항해사에게는 6개월의 업무정지 재결처분을 내릴 수 있다.

2) 선박승무원의 인원, 자격, 기능, 근로조건 또는 복무에 관한 사유로 발생한 것으로 규명된 경우

① 선장에게는 6개월의 업무정지 재결을 할 수 있다.

② 선사에 선박승무원의 인원 등 관련 시정 또는 개선권고나 명령의 재결을 할 수 있다.

③ 해양수산부에 선박승무원의 인원 등 관련 지도·감독의 시정 또는 개선조치요청을 할 수 있다.

3) 선박의 선체 또는 기관의 구조·재질·공작이나 선박의 의장 또는 성능에 관한 사유로 발생한 것으로 규명된 경우

① 선장에게는 6개월의 업무정지 재결을 할 수 있다.

② 검사대행기관에 선박검사관련 시정 또는 개선권고나 명령의 재결을 할 수 있다.

③ 해양수산부에 검사대행기관검사규정중 선박의 선체 또는 기관의 구조·재질·공작이나 선박의 의장 또는 성능관련 시정 또는 개선조치 요청을 할 수 있다.

4) 수로도지(해도, 항해서지)·항로표지·선박통신·기상통보 또는 구난시설등의 항해보조시설에 관한 사유로 발생한 것으로 규명된 경우

① 선장에게는 6개월의 업무정지 재결을 할 수 있다.

② 항해보조시설의 보완이 필요한 경우 해양수산부에 항해보조시설관련 시정 또는 개선조치 요청을 할 수 있다.

5) 항만이나 수로의 상황에 관한 사유로 발생한 것으로 규명된 경우

① 선장에게는 6개월의 업무정지 재결을 할 수 있다.

② 항만이나 수로의 보완이 필요한 경우 해양수산부에 항만시설관련 시정 또는 개선 조치 요청을 할 수 있다.

6) 화물의 특성이나 적재에 관한 사유로 발생한 것인지 여부

① 선장에게는 6개월의 업무정지 재결을 할 수 있다.

② 선사에 화물의 특성이나 적재관련 시정 또는 개선권고나 명령의 재결을 할 수 있다.

③ 검사대행기관에 화물의 특성이나 적재관련 지도·감독의 시정 또는 개선권고나 명령의 재결을 할 수 있다.

[문제5] 해양사고관련자 갑은 이 사건 선박에 대하여 보험계약을 체결한 보험자(회사)인 을에 대한 심판절차 참여배제 주장을 하였다가, 부산지방 해양안전심판원으로부터 이를 기각하는 결정을 받고, 이에 불복하여 이의신청을 하였으나 중앙해양안전심판원으로부터도 이의신청을 기각 당하였다. 갑은 이에 불복하여 을의 심판절차 참여자격에 대한 이의를 제기하여 중앙해양안전심판원의 위 결정에 대한 취소를 구하는 소를 제기하였으나 받아들여지지 않았다. 이 때 중앙해양안전심판원이 을의 심판절차 참여를 허용한 것은 해양사고의 조사 및 심판에 관한 법률상 어떤 자격(예컨대, 조사관, 해양사고관련자, 이해관계인 등)에 근거한 것인지와 그 이유를 설명하시오.

→ [문21.지방심판원의 심판.44조의2] 이해관계인의 심판참여 ☞ p249

[문제6] 해양사고의 조사 및 심판에 관한 법률상 징계의 집행유예에 관하여 약술하시오.

→ [문4.총칙.6조] 징계의 종류와 감면 등 ☞ p228

[문제7] 해양사고의 조사 및 심판에 관한 법률상 해양안전심판원이 규명하여야 할 사고원인의 6가지 유형과 원인규명 후 해양안전심판원이 취해야 할 조치에 관하여 약술하시오. (단, 조치는 해당자와 해양사고 관련자에 대한 것에 한정하고 징계의 종류나 내용은 제외함)

→ [문3.총칙.4조] ☞ p227

[문제8] 해양사고의 조사 및 심판에 관한 법률상 중앙해양안전심판원의 재결에 대한 소송에 관하여 약술하시오.

→ [문29.중앙심판원의 재결에 대한 소송.74조] 중앙심판원의 재결에 대한 소송 ☞ p258

[문제9] 여객선 A호(총톤수 4166톤)는 부산항에서 제주항으로 향하고 있었다. 여수 부근 해역을 지날 무렵, 주갑판(main deck)에 적재된 활어운반차량에서 화재가 발생하였다. 이 해양사고로 선박 및 적재된 차량과 화물이 거의 전소되고 여객 21명이 부상을 입었다. 해양사고의 조사 및 심판에 관한 법률에 근거하여 이 해양사고에 대해 심판청구가 있을 경우, 다음 물음에 답하시오.

[문제9-1] 이 해양사고를 심판할 관할 지방해양안전심판원은 어디인지 쓰시오.

[문제9-2] 관할 지방해양안전심판원에서의 심판절차에 관하여 논하시오.

〈해양안전심판원 관할구역〉

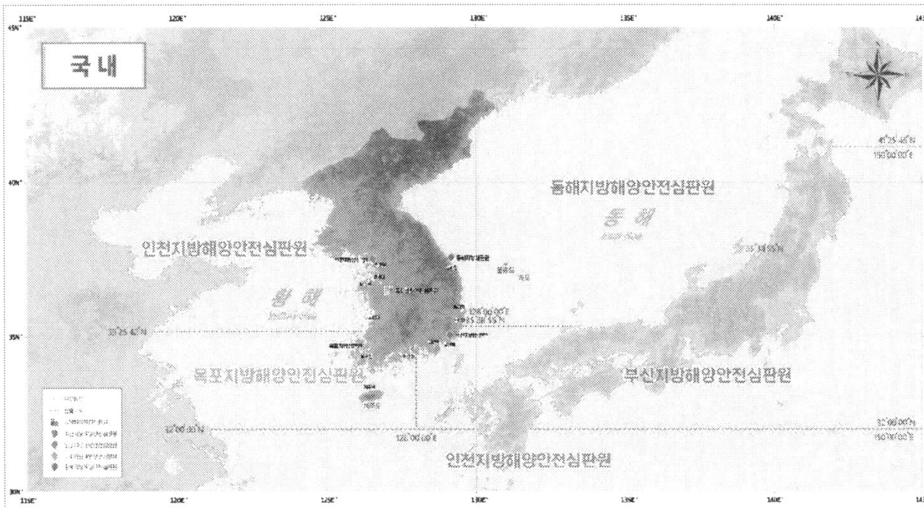

국외

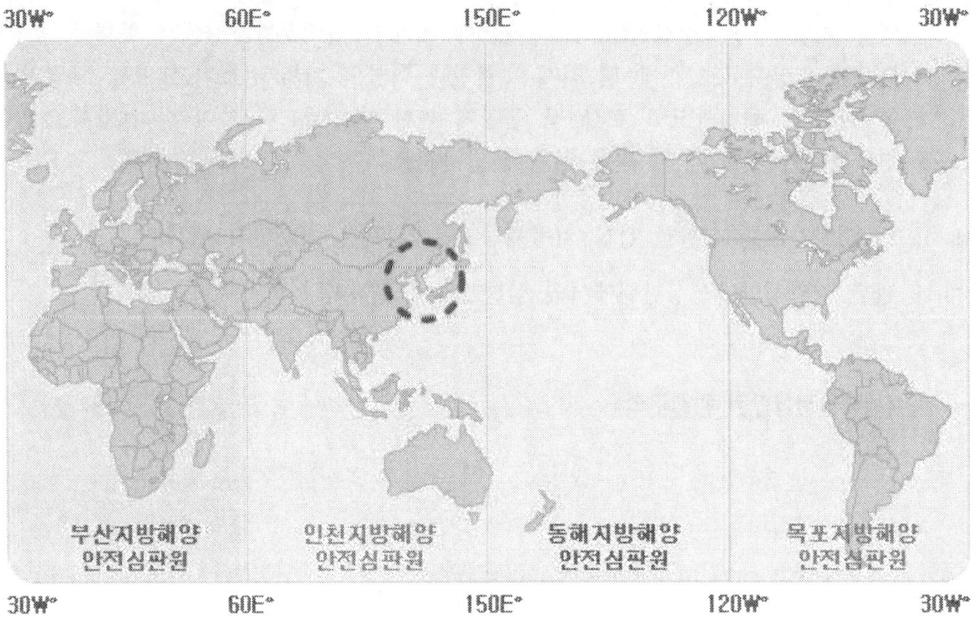
30W°
60E°
150E°
120W°
30W°
부산지방해양
안전심판원
인천지방해양
안전심판원
동해지방해양
안전심판원
목포지방해양
안전심판원
30W°
60E°
150E°
120W°
30W°

2부
해사용어 등 기초이론 해설

Ⅰ. 해사용어

Ⅱ. 천문항해 원리

Ⅲ. 선박의 종류

I. 해사용어

1) structure

① base line : keel의 상부, 선저용골대

② moulded depth : 형 깊이, 선박의 중앙부 현측의 상부갑판에서 keel상부까지

③ free board : 건현, 선박의 중앙부 흘수선에서 현측의 상부갑판까지

④ 수선간장 : LBP, 계획만재흘수선상의 선수수선(船首垂線)과 선미수선(船尾垂線)의 수평거리, LOA(전장(全長))보다 짧다

⑤ midship : LBP 건현길이의 중앙

⑥ gunwale : 뱃전(현단)

⑦ bulkhead : 수밀격벽

⑧ 선저기울기 : rise of floor, 선저중앙부위외판과 선저측면부위외판의 기울기

⑨ camber : 상갑판이 종방향축을 중심으로 굽은 것

⑩ sheer : 상갑판이 선수쪽으로 가면서 올라가는 것

⑪ tumble home :상갑판부근의 선체상부가 안으로 굽은 정도

⑫ flare : 상갑판부근의 선체상부가 바깥으로 굽은 정도

⑬ stool space : 벌크선의 화물창과 화물창사이에 만든 공간

⑭ duct keel : 용골상부에 선수와 선저가 연결되도록 만든 통로

⑮ bulbous bow : 선수부 수면하부 최전단부

⑯ nose : bulbous bow 상단부의 날카로운 각부분

2) 복원성(선박 건조 시 경사시험을 거친다)

① scantling draft : 구조, 강도에 따른 draft

② designed draft : scantling draft에 복원성을 추가로 고려한 최종 draft로 적하량이 더 적어진다.

③ 경하중량 : light ship, 모든 의장품과 선체가 완성되고 보일러의 청수, 기관의 냉각수, 기기의 윤활유, Ballast, 법정비품을 적재한 배수톤수

④ 재화중량 : dead weight, 선박이 실을 수 있는 중량으로, 적화톤수에 연료유, 청수, 식량을 부가한다.

⑤ 배수톤수 : displacement, 선박이 임의수선상에서 밀어내는 총중량, 경하중량과 재화중량의 합

⑥ 만재흘수선 : plimsoll mark(captain Plimsoll의 공헌), 실제 대양에서는 염분농도와 해수온도가 다양한 가변성이 있다(같은 적재톤수에서 해수온도가 높아 부력이 작은 적도지방에서는 선박이 더 많이 침하하고, 해수온도가 낮아 부력이 큰 극지방에서는 선박이 더 적게 침하한다). 목재는 화물자체의 부력을 감안하여 적재톤수를 증가하도록 별도의 만재흘수선을 지정한다. 또한 적재톤수는 적하항과 양하항뿐 아니라 항로상에서의 염분농도와 해수온도도 고려하여 어디서든 만재흘수선을 넘지 않도록 결정해야 한다. 주어진 운임에서 dead ballast량, 선속, 연료소모율과 함께 적하량은 용선료를 결정하는 중요한 요소가 된다.

⑦ 만재흘수선계산 : 복원성계산, 예비부력계산, scantling(구조·강도)계산

⑧ 정적복원성 : intact stability(비손상복원성), damage stability(손상복원성, 비손상의 특수한 경우)

⑨ 동적복원성 : 선박의 복원성을 운동량축적의 관점에서 보는 실제항해에서의 복원성으로, 풍속과 파도 등 외력의 세기가 같을 때 결과도 같을 것이라는 가정에서의 심프슨공식의 결과만으로 판정할 수 없고, 풍향, 파도의 종류와 방향, 본선침로 및 항해속력에 따라 선박에 미치는 실질결과는 다양하게 나타나기 때문에 새로운 선형의 선박건조 또는 신항로를 개설하는 경우 이러한 다양성에 대하여 수조시험을 거쳐 복원성을 판정 하는게 필요하다.

⑩ G : 무게중심(Go : 유동성효과에 의해 변경된 무게중심)

⑪ M : 2차모멘트의 회전반경중심

⑫ B : 부력중심

⑬ GZ : 복원정

⑭ BM : 메터센터반경

⑮ 복원력 : 배수량 x GZ

⑯ 초기복원력(정적복원력기울기가 1 radian인 57.3°에서 만나는 복원정)[배수량 x GZ(GM x sinΘ)]

⑰ 위험횡요각(건현margin line이 3인치 될 때의 경사각, GZ최대값 각도(경사각이 25°에서 40°까지 또는 해수유입각까지)

⑱ 복원력 소실각(복원정이 0이 되는 각) : 60.49°

⑲ 여객선의 GM은 일반적으로 6미터정도이고 쌍동선은 16미터정도로 상당히 높다

3) 선박구획기준에서의 여객선에 적용되는 주요내용

① 수밀격벽설치(bulkhead)

② 충돌격벽후방에 수밀구획설치

③ 구획만재흘수선의 표시

④ 수밀구획 침수 시 계속 작동되어야 하는 시스템

4) 추진기와 원리

① FPP : fixed pitch propeller, 고정피치프로펠러

② CPP : controllable pitch propeller, 가변피치프로펠러)

③ rake : 프로펠러 전체날개가 축방향 후부로 굽은 것, 선체에 대한 기진력 줄임

④ skew : 프로펠러전연(회전방향쪽 edge)이 후연쪽으로 굽은 현상, 선체에 대한 기진력 줄임

⑤ pitch : propeller를 나사로 보고 1회전 시 나아가는 길이

⑥ jetpeller(azimuth thruster) : 타의 역할을 하는 duct와 그 안의 propeller가 set로 2 set가 수직축으로 조종되어 360°이상 무한 회전할 수 있으며 전·후진은 프로펠러의 역회전없이 duct가 180° 회전하면 되므로 프로펠러의 역회전은 필요 없고 제자리에서 선회가 가능하다. FPSO(Floating Production Storage and Off-Loading, 부유식원유생산저장하역설비), 예인선등에 사용된다.

⑦ hover craft(물의 마찰을 줄이기 위하여 air의 압력으로 선박을 띄운 상태에서 추진)

⑧ hydrofoil(선박이 추진 시 선수·선미에 설치된 수중익에 의해 선박을 띄워 물의 마찰을 줄인다)
⑨ water jet(선박의 추진에 의해 선저로부터 suction 압력이 형성된 물을 pumping하여 추진)
⑩ wig(wing in ground effect 수면에 떠서 비행하는 선박
⑪ 추진장치는 전통적인 main engine 개념이 아니고 발전기에서 대형 motor를 구동하여 그 motor에서 직접 프로펠러를 회전시키는 개념으로 나가고 있다
⑫ 선박추진이론(비행기 양력이론) : 에너지 동일의 법칙에 의해 프로펠러 날개의 선체의 뒷면(압력면)이 선체의 앞면(속도면)보다 유체의 속력이 낮고(속도에너지가 낮고) 압력이 높아(압력에너지가 높아) 압력이 낮은 앞면으로 동체가 밀려 비행기는 뜨고 선박은 전진한다. 요트에서는 바람을 거스른 범주(풍상범주)시에 이 이론이 적용된다. sail의 바깥쪽이 압력이 낮아 바깥쪽직각으로 양력이 발생하고 이 힘은 평행사변형 방향으로 분력이 되며 요트의 측면으로 걸리는 분력은 center board(keel)에 걸려 무효화되고 남은 다른 하나의 분력방향으로 요트는 범주하게 되는 것이며 정면풍상으로의 범주시 약 90°(no go zone)방향 외에는 어떤 방향으로도 범주할 수 있다.
  ㉠ luffing up, bearing away : beam reach에서 바람역방향 또는 순방향으로 선회
  ㉡ tacking : 요트가 바람을 거슬러서 no go zone 좌우로 범주하는 것
  ㉢ jibing : 요트가 바람을 따라서 running 방향의 좌우로 범주하는 것
⑬ 선박의 움직임 : rolling(x(幅)을 중심으로 반복회전), pitching(y(長)을 중심으로 반복회전), yawing(z(深)을 중심으로 반복회전), swaying(x방향으로 왕복), surging(y방향으로 왕복), heaving(z방향으로 왕복)
⑭ 인명구조를 위한 선회 조선법 : 윌리암슨 회두법, 반원2회선회법, 지연선회법

5) 천문지리학

① 항해를 위해서는 선위측정이 필수적인데 연안항해에서는 눈에 보이는 물표를 기준으로 또는 전파의 반사파의 방향과 반사까지의 시간을 기준으로 본선의 위치를 확인할 수 있으며 시간상 위치변화에 따른 선속과 COURSE가 정확한지의 판단도 할수 있으나, 대양항해에서는 기준이 될 육지의 물표도 없고 전파의 반사도 안 된다. 그러나 선원들은 옛날부터 지구 각 지역에서 별자리위치가 달라지며 또한 계절별로 달라진다는 것을 경험적으로 알고 있었다. 이렇게 각 지역별로 별자리가 시간의 변화와 함께 어떻게 변하는지를 체계적으로 규명하는 것이 천문학인데 필연적으로 지구의 자전과 태양에 대한 공전 그리고 시간의 정확한 정의가 수반되어 있다. 또한 지구의 각 지역이라는 개념은 지구의 크기와 모양의 개념정의를 요구하게 되었는데 연중 지구 각 지역에서 별자리의 움직임을 정리한 것이 천측력(almanac)이다.

② 현재 지구의 측지와 시간의 기준, 방위, 거리, 다른 천체와의 상대운동에 대한 측정은 WSG-84를 사용하고 있다
  ㄱ. 지구는 정확히는 동일하지 않은 공전궤도, 더구나 타원궤도 공전을 하므로 매순간 시간의 길이가 달라져 평균시를 사용한다.
  ㄴ. 지구 남북극의 둘레길이와 적도의 둘레길이는 지구자전영향으로 적도둘레길이가 더 길어 전체적으로 균일하지 않아 위도 45°에서 1'의 거리를 1 mile, 즉, 1해리는 1852m로 정했다.
  ㄷ. 지구자전축의 정점을 북극과 남극으로 정하였고 우연히도 나침반의 북극과 남극이 근처에 있

어서 옛날에 항해에 도움이 됐지만 나침반의 북극과 남극은 실제 북극 남극과 관련이 없다.

③ 천문항해는 천문지리학에 의한 선위측정 항해방식으로, 천체관측시 almonac으로 천체의 불빛이 지구중심을 지날 때의 지표면과의 교차점을 확인하고 선박에서 sextant로 천체의 고도를 계측하여 지표면과의 그 교차점에서 계측한 고도의 90°여각정거를 mile로 환산한 반지름의 위치권작도를 한다. 이렇게 2번 위치권 작도를 하여 그 위치권의 교차점을 선위로 하여 항해를 하는 항법이다. 현재는 위성전파통신기술의 발달로 지문항해와 천문항해를 통합한 전파항해가 주축이 되었다.

6) 조석 : 달이 지구를 공전하는 시간은 약27일(실제 달은 지구를 공전하는 것이 아니라 지구와 같이 태양을 공전하되 지구의 태양쪽과 태양바깥쪽을 蛇行하며 태양을 公轉한다)이며 지구가 자전하여 달과 상대적 같은 위치에서 만나는 시간은 24시간 50분으로 매일 밀물·썰물시간주기는 50분씩 더 길어진다. 그러나 지구자전축의 23.5°기울기와 달이 30년 주기로 지구와 가까워오는 세차운동(super moon백중사리)등으로 지구의 주어진 지역에 대한 인력의 세기가 동일하지 않아 조석간만의 시간과 조석의 크기·형태는 매번 다르게 변한다.

7) 천문조 : 조석이 지진이나 화산폭발이 아닌 순수한 해와 달의 영향에 의해 발생하는 조석

8) 지문항해의 선위측정 : 교차방위법, 2개이상 물표의 수평거리에 의한 방법, 1개의 물표의 방위와 거리에 의한 방법, 중시선에 의한 방법, 전위선에 의한 방법 등

9) 선박의 항해방향

① heading : 선수방향

② course : 선박이 나아가야 할 기준방향

③ 침로 : 실제선박이 나아가는 방향

10) 피험선(被險線, 항로부근에 있는 모든 위험물로부터 위험을 피하기 위하여 준비된 위험예방선)

① 두 목표의 중시선을 이용할 것

② 선수방향에 있는 목표의 방위를 이용할 것

③ 침로전방에 있는 목표의 방위를 이용할 것

④ 거리를 이용할 것

⑤ 높이를 알고 있는 목표의 앙각을 이용할 것

⑥ 두 목표의 수평협각을 이용할 것

⑦ 수심을 이용할 것

11) 선교내의 주요항해장비

① GPS compass

② radar

③ GPS plotter

④ ecdis(electronic chart display and information system, 전자해도)

⑤ auto pilot

⑥ ais(automatic identification system, 자동선박식별장치)

⑦ navtex(navigation telex, 네비게이션 수신기)
⑧ doppler log(선속계)
⑨ VHF(with DSC)
⑩ 기관 및 조타조종간

12) radar

가. radar 원리(전파의 직진성과 반사성을 이용하여 물체의 방향과 거리를 탐지, echo sounder 원리와 같다)

① 송신기(전파발생)
② 스캐너(전파방사기)
③ 수신기(전파수신)
④ 지시기(영상을 브라운관에 표출)

나. 레이더의 주요기능

① ARPA(automatic radar plotting aids, 레이더 플로팅장치(본선과 타선의 상대운동감지)
② CPA(closest point of approach, 본선과 타선의 위험 최근접점감지)
③ STC(anti-clutter sea, 해면반사억제기)
④ FTC(anti-clutter rain, 우설반사억제기)
⑤ EBL(electronic bearing line) : 전자식 방위선
⑥ X-band radar(주파수가 크고 파장이 작다, 근거리탐지, 작은 물체탐지, 방위분해능유리)
⑦ S-band radar(주파수가 작고 파장이 크다, 원거리탐지, 눈비유리)

13) GPS(global positioning system, 위성측위시스템) 원리 : 4개의 위성을 상요한다. 3개의 위성으로 위치원을 그려 위치를 잡고 1개의 위성으로 위치교정을 한다.

14) SART : search and rescue radar transfonder. 조난자의 위치를 radar 화면에 표시

15) EPIRB : emergency position indication radar beacon. 위성을 이용한 조난자의 위치

16) auto pilot(항해시대 이후의 대양항해는 별자리와 compass에 의해 선위와 항정 및 선속을 측정하고 다시 코스를 수정하는 방법으로 항해하였는데 이러한 방법은 engine rpm 계산으로 항정과 선속측정이 가능해진 추진기관장착 후인 20세기 중반이후까지 계속되었다. 현재는 위성과 전파통신의 발달로 선박이 항구를 벗어나 목적지를 설정하면 자동으로 매순간 선위를 측정(당연히 선속과 항정도 측정)하여 목적지까지 최단거리로 항해하는 auto pilot system이 사용된다)

17) 선수방위전달장치 : GPS plotter와 GPS compass를 합성 후 CPU(central processing unit)처리를 거쳐 침로를 나타내는 장치

18) doppler log 작동원리 : 목표물에 전파발사 후 돌아오는 전파는 목표물이 가까워오면 주파수가 커지고 멀어지면 작아진다. 별에서의 광선이 적색편이를 일으키는 것은 주파수가 작아져 별이 멀어진다는 것으로 우주팽창설의 근거가 된다. 자동차과속측정에도 응용된다.

19) 선박계류 : 선박의 6곳에서 계류색이 나간다면 선수부터 1bow line(선수부의 후진을 막음. 선수를 향하여 계류), 2spring linc(선수부의 전진을 막음. 선미를 향하여 계류), 3breast line(선

수부의 이안을 막음. 선박과 직각으로 계류), 4breast line(선미부의 이안을 막음. 선박과 직각으로 계류), 5spring line(선미부의 후진을 막음. 선수를 향하여 계류), 6stern line(선미부의 전진을 막음. 선미를 향하여 계류). 계류색은 마닐라로프, 합성섬유인 폴리프로필렌로프 및 대형선이나 계류의 안정을 위한 wire rope가 있으며 악천후시 이중계류를 하기도 한다.

20) 수로도지(해도, 항해서지)

21) notice to mariners(해양조사와 해양정보활용에 관한 법률, 항행통보, 국립해양조사원에서 매월 3회 발행고시하는 것으로 해상에서 항해자의 인명과 재산을 보호하기 위한 MSI(maritime safety information)항해안전정보사항인 항행통보는 항로표지·암초·사주·침선·수중장해물·항만공사·군사작전 및 해상사격훈련·항로변경·해저케이블등 선박의 해상교통 안전에 관한 정보를 수록하여 인쇄물 또는 유무선 통신을 통하여 신속하게 항해자에게 전달하는 것을 말한다. IHO(국제수로기구)는 인접국 및 회원국 간에도 관련정보를 가장 신속한 방법으로 상호 교환하는 기관이다. 또한 항행통보사항 중 긴급을 요하는 항행경보사항 즉, 등대소등·항로변경·해상사격훈련·새로운 암초 발견·해적행위 기타 항로상 장해물 등을 해양경찰과 수협 등 해사관계기관, KBS, MBC등 공영방송국, NAVAREA XI조정국(일본), NAVTEX(해상교통문자방송) 운영실에 통보하여 항해자들에게 보다 신속한 관련정보를 전파하고 있고, NAVTEX운영실은 VTS가 아닌 해경본청으로 '국제조난 및 안전통신 운영규칙'(해양경찰청훈령)에 따라 수집된 정보의 방송우선순위를 조정하여 선박 NAVTEX에 항행경보를 문자방송 송출하는 것으로 NBDP(narrow band direct printing telegraph)를 이용한다.

22) NAVAREA(navigational area, GMDSS(세계해상조난 및 안전제도)의 일환으로 전 세계를 16개 구역으로 구분하여 각 구역마다 조정국을 두어 회원국으로부터 등대소등·항로변경·해상사격훈련·새로운 암초 발견·해적행위 기타 항로상 장해물 등 정보를 수집하여 기상정보, SAR(수색 및 구조)관련사항과 함께 INMARSAT(국제해사위성)를 통하여 자동직접인쇄방식으로 정보를 제공하는 제도를 말한다. NAVAREA XI조정국은 일본이며, 구역 내 회원국과의 정보교환을 통하여 북태평양서부와 동중국해, 남중국해 및 말라카·싱가폴해협을 통항하는 원양선박을 대상으로 통보하고 있다. 회원국은 한국을 포함하여 일본·중국·말레이시아·인도네시아·싱가폴·태국·필리핀·미국(괌)·베트남등 10개국이다)

23) squat현상(UKC under keel clearance가 천수구역에서 수심이 작아짐에 따라 유량이 제한되어 흐름이 선체좌우로 분산되고 선체측면의 유속이 수면에 가까울수록 가속되어 수압이 저하되며 선체주위의 수위가 낮아지기 때문에 트림이 심수구역보다 커져 선박이 더 가라앉는 현상. 소형고속선에서 선미트림이 커져 bottom touch될 수 있다)

24) brtm : bridge team management

25) 기타장비

① anchor(선박을 바다에 고정시키기 위해 바다에 투묘하는 장치)
② windlass(anchor를 조작하는 기계)
③ mooring winch(계류색을 조작하는 기계)

④ rudder(선박의 전진방향을 선회하는 장치)
⑤ tank cleaning(탱커선에서 화물 운송 후 다른 화물적재를 위하여 탱크클리닝을 하는 장치)
⑥ IGS : inert gas system(탱커선에서 폭발성가스의 폭발을 방지하기 위하여 넣는 불활성가스)

26) anchor
① stockless anchor : 대형선에 사용, bill, fluke, crown이 부착된 arm이 shank와 회전하며 stock가 없다.
② stock anchor : 소형선에 사용, bill, fluke, crown이 부착된 arm이 shank와 일체이고 shank와 chain연결부에 닻이 거꾸로 되는 것을 막고 파주효율을 높이기 위해 stock가 있다.

27) 컨테이너고정식고박설비(socket, D-ring, lashing plate, clover socket, deck eye), 이동식 고박설비(twist lock(4귀퉁이 cone에 원추형twist lock을 끼워 고박), stacker(vertical stacker로 그 안에 컨테이너를 차곡차곡 잰다), lashing rod, turn buckle) 세계최대의 컨테이너선 : 24,000TEU(twenty feet equivalent unit), HMM의 알헤지라스호

28) 철강코일선적(철강코일을 카셋(cassette)에 적재하여 함께 선적한다. 팔레트(palette)는 후판을 적재하여 함께 적재한다)

29) dunnage : 화물적재 시 화물간의 접촉 및 이동을 방지하기위하여 화물 틈에 끼워 사용하는 작은 목재

30) stowage factor : 화물 적재 시 broken space정도를 나타내는 계수로 용적화물은 1보다 크고 중량화물은 1보다 작다. 자동차는 4정도, 철강은 0.4정도이다.

31) 선박의 전후진 : 전통적으로 선박의 후진은 주기를 역전하여 이루어졌으나 최근에는 주기를 한 방향으로만 회전시키고 클러치장치에서 프로펠러축을 역회전하거나 프로펠러의 피치를 전진 또는 후진으로 변화시키는 방법이 채택되어 복잡한 역전장치의 사용이 불필요하게 되었다.

32) 기관실주요장치
① main switch board(본선의 전기주배전반)
② main engine control & monitoring system(주기의 조종 및 감시시스템)
③ diesel generator
④ aux. boiler
⑤ air compressor
⑥ purifing system
⑦ fuel oil system
⑧ lubricating oil system
⑨ fire fighting system
⑨ bilge treatment system(선박 내 발생한 기름오염액의 처리장치)
⑩ cathodic system(선체부식을 방지하기 위한 전기적 장치)

33) 내연기관의 주요장치
① air starting valve

② cylinderhead safety valve
③ fuel injection valve
④ piston, piston ring & ring groove
④ liner
⑤ engine head
⑥ suction, discharge valve & scavenging
⑦ turbocharger
⑧ trunkpin, crosshead(1단연접봉의 피스톤 및 2단연접봉의 피스톤, 대형기관은 crosshead형)
⑨ crankarm
⑩ 2 cycle & 4 cycle
⑪ flywheel(주기의 주축에 연결된 큰 활차로 주기회전의 균일성을 유지하기 위한 장치)
⑫ injection pump, plunger & barrel
⑬ cylinder oil lubricator
⑭ governor

34) 전자식연료제어 : 디젤기관은 고속으로 될수록 연료분사타이밍이 빨라야 연소효율이 좋다, 따라서 rpm에 따른 연료분사각과 실린더오일주유량의 변경을 전자식으로 자동조절 하는 방식이다.

35) PID control(자동제어의 비례제어인 proportional, 적분제어인 integral, 미분제어인 differential)

36) 토크리치(torque rich, 엔진이 이상적인 상황과 틀린 여러 가지 환경변화에 의하여 제 출력을 낼 수 없을 때의 과부하현상. 토크리치를 피하기 위하여 마진을 둔다)

① MCR(maximum continuous rate, 해상상태, 선저오손, 엔진정비가 이상적인 상황에서의 이상마력)
② NCR(normal continuous rate)
③ CSR(continuous service rate), 실제의 항해마력
④ sea margin(선저부착물 등이 없는 이상마력-실제항해마력, 이상마력보다 15~20%높은 엔진탑재)
⑤ 프로펠러마진(MCR rpm의 104% 엔진탑재, 그이상은 crank shaft와 cam shaft의 torsional vibration에 문제가 발생할 수 있음),
⑥ 엔진마진(엔진의 노후화에 따른 효율저하를 보상하기위하여 높은 출력의 엔진탑재)

37) 해운회사 : 선박을 이용한 사업은 해운법등 관련법에 정리되어 있다. 대개는 해상여객운송사업, 해상화물운송사업, 항만운송사업이 주종을 이루며 최초사업의 시작은 주로 용선하여 사업을 시작하면서 물류영업의 기반이 다져지면 선단의 추가용선이나 신조건조를 하게된다.

38) 선박건조

① 건조계약 : 건조가격 1%정도에서 건조계약체결
② 건조가격의 분할대금 납부 : 3~4회에 걸쳐 분할대금을 납부하는데 최초분할대금은 금융기관에 대해 RG(refund guarantee) 신청이 가능하게 될 때 납부하게 된다.
③ 검사기관의 각종검사는 건조검사를 시작으로 keel laid단계부터 진행된다.

④ 기관실 블록이 완성되면 계약된 주기를 장착한다.
⑤ 갑판형태가 완성되면 경사시험 등을 거쳐 복원성에 대한 확인을 한다.
⑥ 선박건조가 완성되면 해상시운전을 하여 장착된 기계의 성능을 확인한다.

39) 선박 건조 시 장착될 주기와 프로펠러의 선택

주기의 출력 = 만재흘수배수톤수 x 프로펠러피치.

만재흘수배수톤수는 상수로 정해져 있어 주기의 출력이 커지면 피치가 작아도 되고 출력이 작으면 피치가 커도 되는데 특히 다음의 기준에 의하여 주기와 프로펠러를 선택하며 연료소모율은 속도의 3제곱에 비례(거리가 고정되어있으면 2제곱에 비례)함에 유의한다.

① 주기출력이 크고 피치가 너무 작으면 선체진동이 유발된다.
② 주기출력이 작고 피치가 너무 크면 주기에 과부하가 걸린다.

40) 선박 건조 후 선박관리행정

① 선박톤수측정(선박법에 따라 소유자는 선적항을 관할하는 해운관청에 총톤수측정을 신청해야 한다. 세금기준이 되는 내항선에 적용되는 선박법톤수는 국제항해선박 국제톤수의 약 1/2에서 2/3정도로 해운후진국시절 선주를 보호하기 위한 정책적 입법이었으나 현재도 유지되고 있다.)
② 선박등기(총톤수 20톤 이상의 기선과 범선 및 총톤수 100톤 이상의 부선은 선적항을 관할하는 지방법원에 등기한다. 부선 중 선박계류용·저장용등으로 사용하기 위하여 수상에 고정하여 설치하는 부선에는 적용하지 않는다)
③ 선박등록(선박등기 후 선적항을 관할하는 해운관청에 비치된 선박원부에 일정한 사항을 기재하는 것으로 행정적 감독을 목적으로 한다. 등록이 되면 선박국적증서가 교부된다.
④ 국제선박등록(국제선박이란 국내항과 국제항사이 또는 국제항과 국제항사이를 운항하는 상선으로 국제선박등록부에 등록된 선박을 말한다.
⑤ port mis(port management information system, 항만운영정보시스템) : 해양수상부에서 운영하는 선박입출항등 항만운영정보에 관한 종합적인 정보화체계. 전국의 28개 무역항에 대하여 선박의 입항신고, 항만 내 시설사용, 관제사항, 화물반출입, 세입징수, 출항신고 등 모든 항만운영업무 및 민원업무를 처리하는 시스템

41) 선박의 운항

① 선박회사는 선원을 고용하여 선박을 운항하는 물류회사이며 우리나라의 경우 대량화물회사가 물류운송을 겸할 수 없도록 독점규제를 하고 있다.
② 화물회사와 선박회사의 사이에서 적하 전 단계부터 양하 단계까지 화물의 합리적이고 효율적인 적재와 업무의 연속처리를 위하여 forwarding 회사 및 관세사가 각 화물당 운송비용, 보험 및 세관업무 등을 처리하며 선하증권(BL, bill of lading)을 발행토록 하여 수출 또는 수입이 일어난다.
③ 해운동맹 : 독점규제대상에서 제외되는 것으로, 특정의 정기항로에서 선박회사 간에 서로의 과당경쟁을 피할 목적으로 운임과 영업조건 등을 협정하는 운임동맹이며, 대형해운동맹으로 P3, the alliance등이 있다. 운임동맹에 참여하지 못할 경우 해상영업에서 심대한 타격을 입어 회사가 도산될 수 있으며 국가적으로 기간산업의 한 축이 무너질 수 있다.

42) 선박구명설비(LSA, life saving appliance)

가. 구명탑승장비

① life boat(free fall type 포함), life boat launching device, 강하식탑승장치(MES, marine evacuation system)

② life raft, life raft launching device

③ life buoyant apparatus

나. 선박통신기구

① VHF, MF/ HF(초단파, 단파, 중파 통신망) : 선박의 일반 통신수단

② DSC(digital selective calling) : 선박식별번호를 포함하여 조난위치발신

③ SART(search and rescue transponder)
조난 시 SART를 발신하면 인근의 구조선 X-band radar화면에 구조선 radar의 center로부터 멀어지는 12개의 점 중 하나에 조난위치를 표시한다.

④ EPIRB(emergency position indication radio beacon)
EPIRB 발신 시 조난위치를 이동탐색위성에서 수신하고 정지중계위성을 거쳐 지상구난지휘소에 전송한다.

⑤ 2way VHF : 조난 시 휴대하여 탈출한다.

다. 기타 탈출 보조장비

① 자기점화등

② 자기발연신호(주간신호, 15분 발연)

③ 발연부 신호(주간신호, 3분 발연)

④ 신호홍염(야간신호, 1분 화염)

⑤ 로켓낙하산신호(야간신호, 40초 화염)

⑥ 구명줄발사기

⑦ 선내비상등

⑧ 선내 안내등

⑨ 선내사다리

⑩ 유리창파괴망치

⑪ 기관실탈출로

⑫ 구명조끼(소아용, 유아용 포함, whistle, life light포함)

⑬ 제세동기(AED, automated external defibrillator)

⑭ 저체온방지의복(immersion suit)

⑮ 선박 black box(VDR, voyage datar recorder)

43) 선박 소방설비(FFE, fire fighting equipment)

가. 화재탐지장치

열, 연기, 화염의 수신기, 감지기, 발신기로 구성, 가연성가스 탐지장치

나. 소화설비

소화전(소화hose, 만능노즐, international connector), 휴대식소화기, 이동식소화기, 고정식 소화기(CO2, HALON, 분말소화기, water spray, spring cooler, dry chemical, 팽창식 포말 소화징치

다. 소방원장구

방화복, 장화, 장갑, 안전모, 안전등, 방화도끼, 구명줄, 자장식호흡구

라. EEBD(emergency escape breathing device)

화재 시 선원의 탈출에 사용하기 위한 비상호흡구

44) 예인선의 종류 : 선박의 입항 및 출항에 관한 법률의 예선등록에 관한 예인선, 항만운송사업법 제2조에 의한 예인선, 해운법에 의한 예인선이 있다.

45) bollard pull test(예인선의 예항력중 끌어내는 힘을 시험하는 test)

46) 선석(선박의 입항 시 부두에 접안할 장소인 선석이 미리 확보되지 않으면 anchorage에서 대기하여야 한다)

47) 계선주(선박이 접안 시 계류색으로 부두에 붙잡아 매어두는 고리, 계류색의 장력은 5000톤 선박 접안 시 약 40톤, 20000톤 접안 시 약 70톤정도로 하고있다)

48) 방충재(fender, 강선인 선박이 부두나 다른 선박과 나란히 계류시 마찰에 의한 손상을 방지하기 위한 물건. 선박이 가지고 다니거나 부두에 설치되기도 하고 크기도 다양하다)

49) 주요국제해사안전법 : solas, marpol, stcw, load lines, tonnage measurement, colleg

50) 상사과실과 항해과실(항해과실은 면책되지만 상사과실은 면책이 안 된다. 운송물(운송물에는 적하화물, 선박, 여객이 포함된다)의 선적, 취급, 보관, 적부, 관리, 선적 시 크레인의 조종실수 및 인도 시 운송인이 주의의무를 위반한 경우가 상사 과실이며 면책특약도 무효이다. 그러나 운송물의 피해가 항해과실에 의한 경우는 면책된다), 이 문제는 상법상 상사과실과 상법의 특별법인 해상법에서의 항해과실의 경계에 관한 문제이다. 상사과실은 손해에 대하여 과실책임이라는 일반대원칙이 그대로 적용되나 항해과실은 항해시대의 개막시 극한의 위험을 고려하여 책임을 면제해 온 것이 역사적인 관례가 됐다. 오늘날 선박건조기술과 항해기술상향, 엄격한 검사기준 및 기상예보의 정확성으로 본래의 항해과실영역이 축소되면서 상사과실과 항해과실의 경계선이 이동하고 있다. 실제 해사소송에서는 형사적 책임문제 뿐 아니라 거액의 보험배상과 관련하여 상사과실과 항해과실의 경계가 주요쟁점이 되곤 한다.

51) *항운노조(항만하역을 하는 업체(노동자)로 선주와의 배타적 단체협약에 의하여 선박의 적·양하작업을 독점한다. ITF(국제운수노련)의 항만노동자를 보호하기 위한 오랜 노력이 국제관례가 됐다. 노조구성은 closed shop으로 노조가 회사의 역할을 하며 항만작업의 배타적 권리에 대한 국내 근거법은 없다)

*선원노조(선원의 적합성을 확인하는 BC(blue cert), GC(green cert)발급권한이 있으며 이 cert가 없으면 전 세계적으로 입출항이 거부된다. 역시 ITF의 선박노동자를 보호하기 위한 노력의 결실이며 cert발급권한에 대한 국내근거법은 없다)

두 노조는 해운물류의 흐름에 있어 범세계적으로 실질적인 역할을 하는 단체이다.

52) 선박의 페인트 : sand blasting후 2회부터 4회까지 도장

top side : 만재흘수선에서 갑판까지의 선체외판

bottom : 경하흘수선 아래쪽의 선체외판

boottop : 만재재흘수선과 경하흘수선 사이의 선체외판

① 1호 선저도료(anticorrosive paint AC, 선저강판은 해수에 젖으므로 잘 부식된다)

② 2호 선저도료(antifouling paint AF, 경하흘수선 아래쪽 선저부에 도장하여 해중생물(해류, 해조류)의 부착을 방지하는 선저방어용 도료, tin(주석)이 방오에 효과가 좋으나 환경호르몬 문제로 현재는 국제적으로 tin free paint를 사용하도록 하고 있다)

③ 3호 선저도료(boot topping, tie coat) : 특히 수선부 즉 만재흘수선과 경하흘수선 사이에서 AC위에 도장하는 도료. AC와 AF를 부착시키는 도료

53) 부두와 선착장(강이나 바닷물 목에서 배가 닿고 떠나는 곳으로 규모의 차이가 있다)

54) 안벽(岸壁)(선박을 대기 위하여 설치하는 계선안으로 그 앞면이 거의 연직인 벽을 가지는 구조물중 수심이 4.5미터 이상, 본선을 계류(繫留)해서 육상과의 사이에 직접 여객이 승강하고 화물을 싣거나 풀기위한 설비)

55) 수제선(水除線)(water front, 수면과 지대가 겹치는 곳)

56) 물량장(物量場)(수제선에 선박을 계선(繫船)시키는 구조로 수심이 4.5미터 미만이고 500GT급 소형선박이 접안·하역하는 계선안(繫船岸)이나 주로 소형여객선, 어선, 부선 등의 접안에 사용)

57) 잔교(棧橋)(강재나 콘크리트로 된 말뚝위에 상판(데크)를 올려놓은 구조물, 해안가에 설치한 일종의 접안시설로 육지와는 직각 또는 일정한 각도로 돌출한 접안시설이다)

58) 부잔교(艀棧橋)(육안(陸岸)으로부터 일정한 거리를 두고 pontoon식의 상자형 배를 띄워 이것과 육지 사이를 도교(渡橋)로 연결한 접안시설. 조석차이가 심한 우리나라의 남서해에서 볼 수 있다)

59) 돌핀(dolphin)(육지와 상당히 거리가 떨어진 수심이 확보된 위치에 선박이 계류하여 하역할 수 있도록 한 말뚝형 구조물, 육지와는 도교로 연결. 안벽을 별도로 건설하지 않고 2~4개의 돌핀으로 선석을 구성하여 경제적이다. 해안에서 떨어진 바다가운데에 배 길이의 1/2~1/3 간격으로 축조되어 돌핀이라 한다. 접안수심이 문제되는 대형유조선등에 사용된다)

60) 램프(RAMP, 컨테이너의 수평적재를 위한 육상시설)

61) 선류장(船留場)(수역시설의 하나인 정박지로서 소형선박 및 부선이 정박하는 수역. 폭풍에도 안전한 정박이 가능하도록 일반적으로 내항부근에 설치)

62) 선회장(船廻場)(수역시설의 하나로 선박이 부두에 접이안시 항행을 위하여 방향을 바꾸거나 회전할 때 필요한 수역. 예인선의 유무 등을 고려하여 안전한 조선이 되도록 충분한 넓이로 계획되어야 하며 일반적으로 자력선회의 경우 선박길이의 3배, 예인선에 의한 선회인 경우 선박길이의 2배를 직경으로 하는 원형 면적이 필요)

63) 돌제(突堤)(해안의 표사이동을 막을 목적으로 해안에서 직각방향으로 시설되는 구조물. 조석류나 하구류 등 주로 유수를 규제하여 수심을 유지하도록 설치되는 구조물)

64) 도제(島提)(이안 방파제, 육지에 접속되지 않은 방파제)

65) 잠제(潛提)(상부가 평균수면보다 낮은 수중에 있는 방파제)

66) 호안(護岸)(일반적으로 하안, 해안둑을 보호해서 유수에 의한 물가선의 침식을 방지하기 위하여 그 비탈면에 시설하는 구조물)

67) 갑문(운하 등을 가로질러 보를 쌓은 경우 수위가 다른 2개의 수면이 발생하는데 이를 선박이 안전하게 통행하도록 만든 시설)

68) 방사제(防砂堤)(물속에 있는 모래의 이동을 방지하기 위하여 만든 둑. 모래가 항구 안으로 들어가는 것을 막아 해안의 침식이나 항만이 표사에 의해 얕아지는 것을 방지)

69) 방파제(防波堤)(바깥쪽 바다로부터 오는 파도를 막아주는 시설)

70) 파제제(波除提)(항구내의 안쪽 바다로부터 오는 파도를 막아주는 방파제)

71) 방조제(防潮堤)(간척지에 밀려드는 조수의 해를 막기 위한 제방)

72) 도류제(導流堤)(하천이나 해안에서 연안의 침식이나 퇴적을 방지하기 위하여 하천수 또는 해수의 흐름방향을 유도하는 시설로 제방의 일종)

73) spar buoy(등부표의 일종, 침추와 표체가 체인으로 연결되지 않고 직접연결, 좁은 항로와 유지관리비에 유리). lanby(항해안전시설이 병설된 표체 직경 10미터 이상 대형등부표, 레이콘이 설치된 경우 X, S밴드 모두에 전송해야한다. 음향신호 설치 시 모스"D"를 표시하고 레이콘 설치 시 "O"를 표시한다)

74) 등부표, 부표(해상에 띄우는 구조물, 가항수역과 암초 등 장애물표시, 등화 없이 주간 사용물은 부표). 도표(좁은 수로의 항로표시, 앞뒤로 2개 이상의 육표설치). 육표(입표의 설치가 곤란한 곳에 육상설치. 등광을 달면 등주가 된다). 등주(쇠, 나무, 콘크리트 기둥꼭대기에 등을 설치). 도등(도표에 등광을 설치). 지향등(도등설치가 어려운 위치에 설치). 등선(선박이 등대역할). 레이더비콘(선박의 레이더에 레이더비콘설치). 다이아폰(압축공기로 발음체인 피스톤 왕복). 교량표(교량의 상단 및 교각에 설치, 교량표(주간)와 교량등(야간)용이 있다.

75) 장기화물운송계약, 단기화물운송계약(COA contract of affreightment, spot contract)

76) P&I 보험 : 화물의 보호와(protection)와 화물 외 제3자에 대한 배상책임(indemnity)등 해난사고로 인하여 기름오염, 사망 등의 피해에 대하여 피보험자가 되는 선주상호간의 연합으로 위험에 대비하여 오히려 보험자의 위치가 되어 피해를 보상하면서 스스로를 보호하는 제도

77) 선하증권(B/L(bill of lading, 선하증권은 유가증권이나, 화물운송장은 유가증권이 아님 SWB sea way bill surrender)

78) 선원의 근로관계마찰(원칙적으로 노동3법(근로기준법, 노동조합법, 노동쟁의조정법)이 적용되나 특별법으로 선원법적용, 근로감독관이 사법경찰관으로 선원근로문제의 1차 해결을 한다. 현재는 임금보다 재해관계와 휴가일수 등이 많은 부분을 차지한다. '선원행정사례집'참조

79) 기상청예보
① 기상청은 홈페이지에 0400, 1600에 기상예보를 한다.
② 운항관리센터는 아침 6시까지 0400의 예보를 기준으로 그날의 출항을 결정한다.
③ 기상청은 기상buoy에서 10분마다 풍향풍속을 분석하여 평균풍속을 산출해서 기상예보의 기준으로 한다.

80) 유의파고 : 특정주기에 발생한 파고중에서 높은 파고부터 1/3을 취하여 평균을 낸 값으로 기상청에서 사용

81) 태풍 : 열대지방의 넘치는 에너지를 극지방으로 이동시키는 에너지평형의 원리이며 이동은 지구자전에 의해 일어나는 코레올리 효과인 전향력과 태풍자체의 소용돌이로 북서방향으로 이동하다 중위도지방에서 편서풍과 시베리아 고기압에 의해 북동쪽으로 방향을 꺾는다. 북반구의 태풍은 반시계방향 회전하므로 진행방향의 우반원에서 편서풍과 태풍의 회전방향이 통합되어 위험지역이 된다.

82) 선장적성심사
선원법 제66조의2(여객선선장에 대한 적성심사의 기준)에 따라 여객선이 있는 지방청에서는 여객선선장으로 승선하고자하는 선장에 대하여 연 6회 이상 선장적성심사위원회를 개최하는 것을 원칙으로 한다. 심사평가 항목은 다음과 같으며 5인 위원들로부터 각 항목당 40점 이상 평균 60점 이상을 득하여야 하며 고속여객선의 경우 70점 이상을 득하여야 한다.
① 취항항로의 항로표지 숙지여부
② 특정항로(조류, 협수로, 암초 등) 특성 숙지여부
③ 출항 전 감항성 검사능력
④ 비상상황대응능력
⑤ 비상시 여객대피 및 의사결정능력
⑥ 조난통신능력

83) 선원재해관련 선원법 : 제78조(선내안전·보건 등을 위한 국가의 책임과 의무)
제79조(선내안전보건 및 사고예방기준)

84) 운항관리규정과 안전관리체제의 성격
① 내항여객선사 또는 그 외선사 모두 작성·제출의 법적의무가 있다
② 운항관리규정은 위반 시 형사처벌 되는 법률규범이며, 안전관리체제는 위반 시 수시심사대상 또는 해사안전감독관의 지도감독 대상이 된다.

85) 여객선종선 : 여객선이 접안할 수 없는 기항지에서 여객선과 기항지간 여객을 중개수송하는 선박으로 종선만의 운항관리규정을 갖는 등 여객선으로서의 제반규정이 적용된다. 지금은 목포지방해양수산청 관할의 먼 바다 오지 섬에만 있다.

86) CIQ : 공항이나 항만으로 출입국할 때 거쳐야 하는 3대 수속.
custom(세관), immigration(출입국관리), quarantine(검역)

87) CSM code : coastal ship safety management, 연안선안전관리

88) LRIT : long range identification and targeting

89) SSAS : ship security alert system

90) COFR : certificate of financial responsibility

91) BBCHP : bare boat charter hire purchase

92) ITC : international tonnage certificate

93) ITF : international transport workers federation,국제운수노련

94) GMP : garbage management plan, 폐기물관리계획서

95) ETB : emergency tug booklet, 2010년1월부터 solas 규정, 비상예인절차

96) LSA : life saving appliance

97) FFE : fire fighting equipment

98) SEEMP : ship energy efficiency management plan, 선박에너지효율관리계획서

99) PPRPW : plans and procedures for recovery of persons from in water, solas reg. III/17-1, 해상으로부터의 인명구조 계획서

100) SOPEP : ship oil pollution emergency plan,선상유류오염비상계획서

101) SEEMP : ship energy efficiency management plan,선박에너지효율관리계획서
CoC : confimation of compliance/ SoC : state of compliance, 2024년 시행

102) DMLC : declaration of maritime labor compliance, 해상노동적합선언서

103) CSR : continuous synopsis record,선박이력기록부

104) SMC : safety management certificate, ISM code

105) BWMP : ballast water management plan, 선박평형수관리계획서

106) GICOMS : general information center on maritime safety & security, 해양안전종합정보시스템

107) VMS : vessel monitoring system, VTS : vessel traffic service

108) GMDSS : global maritime distress and safety
SBM : Shore Based Maintenance, 육상정비 계약서

109) ITU : international telecommunication union, 국제전기통신연합

110) Citadel : 선원긴급피난처

111) MVSAT : maritime very small aperture teminal,해상전용 무제한 위성통신서비스

112) AAIC : authorized accounting identification code, 인마셋 비용정산코드

113) INMARSAT : international maritime satellite organization, 정지위성을 통한 위성통신

114) MLC : maritime labor compliance

115) ISPS : international code for the security of ship's and of port facilities, 국제선박 보안증서

Ⅱ. 천문항해 원리

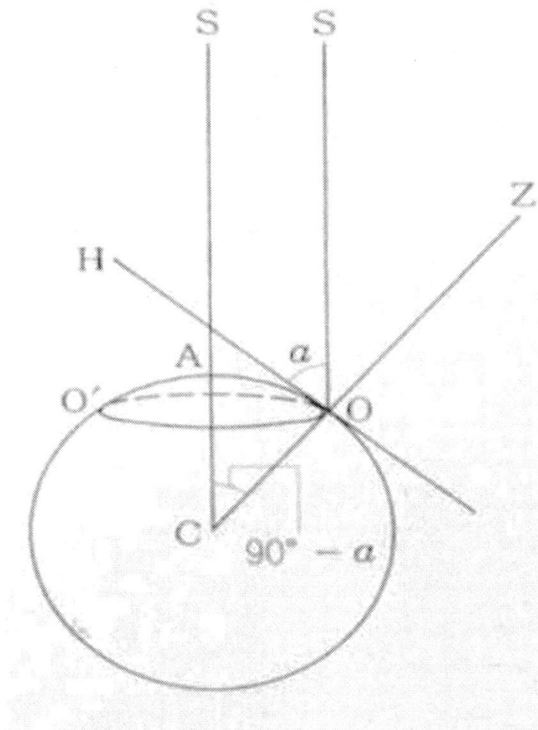

항해시대에는 대양항해를 빨리 그리고 제대로 하는 국가가 세계 최강대국이 되는 선결조건이었다.

항해를 하기 위해서는 해도상 현재의 선위를 표시한 후 이전 주어진 시각의 선위에서 어떤 변위가 있었는지를 계산하여 선속을 구하고 코스이탈시 필요하면 목표점까지의 항로수정을 해야 한다.

대양항해에서는 선위를 가늠할 비교목적물을 주변에서 찾을 수 없다. 따라서 연안항해에서의 지문항법과 달리 비교목적물을 지구 밖에서 찾는 천문항법이 필요하다. 그러나 지구 밖의 목적물인 천체는 지구의 공전과 자전으로 인하여 본선이 정지중일지라도 계속 위치가 변화하기 때문에 그 천체의 변화하는 일반원리를 파악할 필요가 있다. 이 원리에 의하여 특정의 시각에 천체와 지구중심을 지나는 일직선이 지구표면과 교차하는 점인 지표면좌표를 시간대별로 일괄하여 정리한 것을 천측력(천체 almonac)이라 한다. 또한 지구의 좌표는 위도와 경도로 나누고 위도는 1'을 1 mile(1°는 60 mile)이 되도록 구성해 놓았다. 천체는 너무 멀리 떨어져 지구중심과 본선에 오는 천체의 빛의 각도는 동일한 각으로 본다. 선위측정시 chronometer 시각에서의 지표면좌표A를 almonac으로 확인한 다음, 본선 O에서 sextant로 수평선H에서의 천체고도α를 측정하여 90°-α의 각거리 정거를 반지름으로 지표면좌표A를 중심으로 위치원작도를 하면 선박의 위치는 그 위치원O-O'상에 있게 된다. 이렇게 2번 위치원 작도를 하면 2개의 위치원은 2개의 교차점을 가지며 2개의 교차점 중에서 한 점은 터무니없는 점이 되어 남은 타당한 점을 선위로 한다.

천문학 기본원리는 지구좌표, 공전궤도, 자전과 공전주기 및 평균시의 개념에서 출발한 것으로 천문학과 지리학은 19세기말까지 해양대국의 1급 국가기밀이면서 학문의 절대적 왕이었다. 현대는 위성전파통신시대이며 현재의 각종 로켓기술과 GPS등은 여전히 이러한 천문학의 기본개념을 바탕으로 위성전파통신기술을 이용한 것으로 급기야 무인 항해시대가 다가오고 있다.

지구의 공전 주기와, 달의(지구의 둘레를 도는) 공전 주기를 합쳐서 생각하면, 달은 아래의 그림 1처럼 지구의 공전 궤도를 구불구불 사행하면서 태양 둘레를 돌게 된다.

그림 1

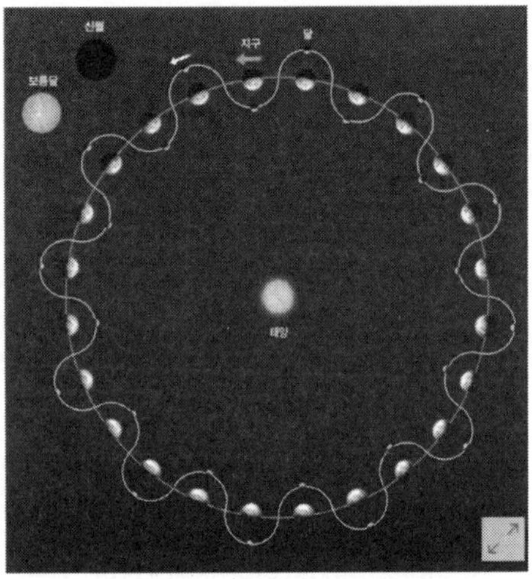

파란색 화살표 부분이 지구의 궤도이고, 하얀색 화살표 부분이 달의 궤도이다. 보름달에서 다음 보름달까지의, 지구와 달의 매일의 위치 관계를 추적하면 달은 이와 같은 궤적을 그린다.

그림 3

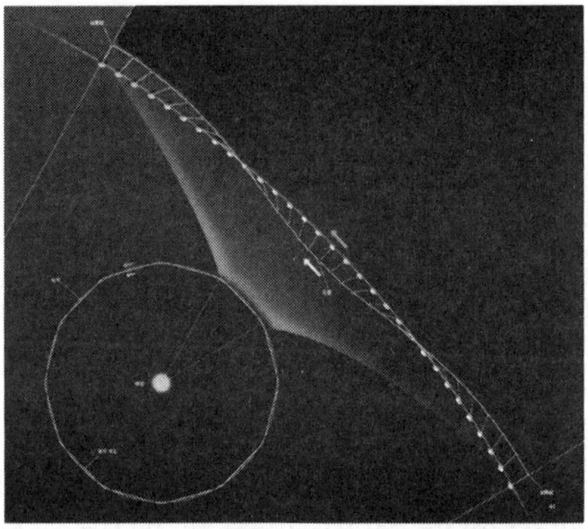

III. 선박의 종류

(여객선10종, 화물선17종, 유조선10종, 부선40종, 기타선37종)

1. 여객선

1) 여객선(일반여객선) - passenger ship
2) 여객선(카페리여객선) - passenger ship(car ferry)
3) 여객선(고속여객선) - high speed passenger ship
4) 여객선(화객선) - passenger ship(cargo)
5) 여객선(도선) - passenger ship(ferry)
6) 여객선(유선) - passenger ship(leisure)
7) 여객선(잠수정) - passenger ship(submersible)
8) 여객선(수면비행선박) - passenger ship(WIG craft)
9) 여객선(수록양용선박) -passenger ship(amphibian vehicle)
10) 여객선(기타여객선) - passenger sip(other)

2. 화물선

1) 화물선(일반화물선) - cargo ship(general)
2) 화물선(카페리선) - roro ship(car ferry)
3) 화물선(자동차운반선) - roro ship
4) 화물선(화물 및 카페리선) - roro ship(cargo & car ferry)
5) 화물선(냉동운반선) - refrigerated cargo carrier
6) 화물선(고속화물선) - high speed cargo ship
7) 화물선(모래운반선) - cargo ship(sand)
8) 화물선(모래채취운반선) - cargo ship(sand collecting)
9) 화물선(컨테이너운반선) - container ship
10) 화물선(폐기물운반선) - cargo ship(waste)
11) 화물선(임산물전용운반선) - cargo ship(forest product)
12) 화물선(시멘트운반선) - cargo ship(cement)
13) 화물선(가축운반선) - cargo ship(livestock)
14) 화물선(산적화물선) - bulk carrier
15) 화물선(광석운반선) - ore carrier
16) 화물선(광석/액체화확품산적운반선) - ore & chemical carrier
17) 화물선(광석/유류운반선) - ore & oil carrier

3. 유조선

1) 유조선(액화천연가스운반선) - liquefied natural gas carrier, LNG)
2) 유조선(액화석유가스운반선) - liquefied petroleum gas carrier, LPG)

3) 유조선(원유운반선) - tanker(crude oil)
4) 유조선(액체화학품 산적 운반선) - tanker(chemical)
5) 유조선(유류 및 액체화학품 산적 운반선) - tanker(oil & chemical)
6) 유조선(아스팔트운반선) - tanker(asphalt)
7) 유조선(석유제품운반선) - tanker(product carrier)
8) 유조선(원유 및 석유제품운반선) - tanker(crude & tanker)
9) 유조선(급유선) - tanker(supply)
10) 유조선(기타유조선) - tanker(other)

4. 부선

1) 부선(일반부선) - barge(general)
2) 부선(유류운반선) - barge(oil)
3) 부선(액화천연가스운반부선) - barge(LNG)
4) 부선(액화석유가스운반부선) - barge(LPG)
5) 부선(케미컬운반부선) - barge(chemical)
6) 부선(폐기물운반부선) - barge(waste)
7) 부선(크레인부선) - barge(crane)
8) 부선(방제부선) - barge(oil recovery)
9) 부선(유출유회수부선) - barge(spilled oil recovery)
10) 부선(준선 및 운반부선) - barge(dredger & carrying)
11) 부선(모래운반부선) - barge(sand)
12) 부선(모래채취운반부선) - barge(sand collecting)
13) 부선(해저조망부선) - barge(sea sighting)
14) 부선(압항부선) - barge(integrated, general)
15) 부선(압항유류운반부선) - barge(integrated, oil)
16) 부선(압항액화천연가스운반부선) - barge(integrated, LNG)
17) 부선(압항액화석유가스운반부선) - barge(integrated, LPG)
18) 부선(압항케미칼운반부선) - barge(integrated, chemical)
19) 부선(압항폐기물운반부선) - barge(integrated, waste)
20) 부선(압항크레인부선) - barge(integrated, crane)
21) 부선(압항방제부선) - barge(integrated, oil recovery)
22) 부선(압항유출유회수부선) - barge(integrated, spilled oil recovery)
23) 부선(압항준설 및 운반부선) - barge(integrated, dredger, carrying)
24) 부선(압항모래운반부선) - barge(integrated, sand)
25) 부선(압항모래채취운반부선) - barge(integrated, sand collecting)
26) 부선(압항해저조망부선) - barge(integrated, sea sighting)
27) 부선(이동식시추선) - barge(mobile off shore unit)

28) 부선(수상호텔) - barge(floating hotel)
29) 부선(수상식당) - barge(floating restaurant)
30) 부선(수상공연장) - barge(floating hall)
31) 부선(기름저장해상구조물) - barge(floating oil storage structure)
32) 부선(폐기물저장해상구조물) - barge(floating waste storage structure)
33) 부선(기타해상구조물) - barge(other floating structure)
34) 부선(카페리화물부선) - barge(car ferry, cargo)
35) 부선(여객운송부선) - barge(passenger carrying)
36) 부선(공사작업용부선) - barge(other construction)
37) 부선(항만건설작업용준설부선) - barge(dredger for harbour construction)
38) 부선(항만건설작업용기중기부선) - barge(crane equipped for harbour construction)
39) 항만건설작업용지반개량부선 - barge(ground amelioration for harbour construction)
40) 부선(항만건설작업용항타기선) - barge(pile driver equipped for harbour construction)

5. 기타선

1) 기타선(예인선 및 작업선) - other ship(tug and work)
2) 기타선(예인선) - other ship(tug)
3) 기타선(압항예선) - other ship(integrated pusher tug)
4) 기타선(예인선 겸 방제선) - other ship(tug and oil recovery)
5) 기타선(도선) - other ship(ferry)
6) 기타선(유선) - other ship(leisure)
7) 기타선(잠수정) - other ship(submersible)
8) 기타선(수면비행선박) - other ship(WIG craft)
9) 기타선(수륙양용선박) - other ship(amphibian vehicle)
10) 기타선(기타선) - other ship(general)
11) 기타선(플레저보트) - other ship(pleasure boat)
12) 기타선(요트) - other ship(yacht)
13) 기타선(작업선) - other ship(work)
14) 기타선(지도선) - other ship (guide)
15) 기타선(실습선) - other ship(training)
16) 기타선(소방선) - other ship(fire fighting)
17) 기타선(순찰선) - other ship(patrol)
18) 기타선(폐기물수거선) - other ship(waste)
19) 기타선(어장정화선) - other ship(fishing ground cleaning)
20) 기타선(탐사선) - other ship(seismic)
21) 기타선(토사운반선) - other ship(soil)
22) 기타선(시험조사선) - other ship(research)

23) 기타선(수로측량선) - other ship(hydro survey)
24) 기타선(방제선) - other ship(oil recovery)
25) 기타선(청항선) - other ship(water surface cleaner for harbour)
26) 기타선(청방선) - other ship(water surface cleaner and oil recovery for harbour)
27) 기타선(급수선) - other ship(water supply)
28) 기타선(항로표지선) - other ship(buoy laying)
29) 기타선(준설선) - other ship(dredger)
30) 기타선(준설 및 운반선) - other ship(dredger & carrying)
31) 기타선(항만견학선) - other ship(harbour tour)
32) 기타선(앵커작업선) - other ship(anchor)
33) 기타선(병원선) - other ship(hospital)
34) 기타선(통선) - other ship(commute)
35) 기타선(쇄빙선) - other ship(ice breaker)
36) 기타선(해저케이블가설선) - other ship(cable layer)
37) 기타선(항만건설작업선) - other ship(harbour construction)

3부
선박인수실무

I. 신조선박인수

1. 기국 등록 및 금융/보험 관련

- 운항관련 준비 및 주요 증서 발급
  - 임시국적증서 / 임시무선국증서 / Annual Tax Receipt
  - PERMANENT 국적증서 / 무선국증서
  - 운항선박명세서 등록 - 인천해양수산청
  - 국제선박등록증 발급 - 인천해양수산청
  - 보험증서(P&I, 선체보험, Korea P&I, MLC, BCC (bunker convention certificate,) & WRC Blue card (wreck removal certificate), COFR 등
  - 국제톤수증서, 선박검사 증서
  - 수입통관
- 금융 및 매매 관련 업무
  - BBCHP 계약서
  - BRIDGE LETTER (다수의 투자자들에게서 자금승인절차, bridge loan) 발급
  - D-3 최종 선가 예치
  - 최종선가 정산
  - 인수도 서명
  - 소유권 / 모기지 등록
- 유류 보급
  - 윤활유 보급 (해상시운전유, 운항용 윤활유)
  - 연료유 보급 (BUNKER)
- 현장 지원 및 출항 지원
  - Weather Routing 업체 선정 및 선박 등록
  - 대리점 지명
  - 항로운영 계획 확립
  - Operation Guide Line 작성/송부
  - PILOT & TUG BOAT 수배
  - 출항 수속 (대리점)

2. 중경사 시험 및 Sea-Trial

- 담당 감독 및 시운전 선원 파견
- 중경사 시험 (Deadweight 측정 포함)
- 시운전 일정 확인
- 시운전 전 주요 확인 사항
- 시운전 중 주요 확인 사항 (LRIT, SSAS)

- 시운전 후 주요 확인 사항 (Dimension, Tonnage)

3. 인수선원 파견

- 선원대리점 선정 및 계약 체결
  - 외국인Manning사 선정
- 신조 인수선원 선발
  - 한국 선원 선발 (제증서 및 승선요건 확인)
  - 외국 선원 선발 (제증서 및 승선요건 확인)
- 신조 인수선원 교육 및 파견
  - 1차 인수선원 회사교육 (선장, 기관장, 일항사, 일기사, 이기사)
  - 1차 인수선원 파견 (선장, 기관장, 일항사, 일기사, 이기사)
  - 2차 인수선원 파견 (삼항사, 삼기사, 갑판장, 조기장, 조리장, 조타수1)
  - 3차 인수선원 파견 (외국부원)
- 국제선박 단체 협약 적용 확인서 및 T.O 제도 운영 승인 신청 (선주협회)
- 취업규칙 개정
- 노조동의서
- 선박관리신고(증선신고)
- 기국(PANAMA or MARSHALL) CREW ROLL BOOK (초도 선용품 보급편)
- 한국 선원명부 구입
- 기국 최소승무정원증서 취득 (ITC G/T 확정 시 진행)
- ITF 증서 발급
  * Pre-Confirmation으로 선박 운항 가능하며 추후 원본 본선 전달
- 임금채권보장기금 발급 (ITC G/T 확정 시 진행)
  * P&I, MLC Certificate로 대체
- 대한민국정부 최소승무정원증서 (인천해양수산청 우편송부)
- 외국인 T.O 운영 승인서 신청 및 발급 (ITC G/T 확정 시 진행)
- 파견자 제복 선적 (초도물품편)
  - 본선 관리용 작업복, 안전화 선적
  - 인수선원 제복, 작업복, 안전화, 필요시 근무복, 동점퍼 선적
- 선용금 송금(Via local agent)
- 외국인 선원 고용 신고 및 승무자격증 발급
- 한국/외국 선원 승선 공인
- 주부식 선적 확인
- 월말 비용 정리(일비, 식비, 숙박비, 법인카드 등 선원관련 인수비용)

4. 인수선원 교육 및 담당감독 파견

- 담당감독 파견

- 주기관, 발전기 교육 (C/E,1/E전자엔진교육 등 - Maker)
- AMS & BMS (alarm monitoring & bridge monitoring system)교육 (본선 현장 교육 - Maker)
- 신조장비 친숙화 교육 (BWMS, SCRUBBER 등)

5. 선주공급 초도보급품

- 기부속 발주
- 선용품 발주
- 1, 2차 인수선원 교육 및 물품 전달 (안전모, 작업복, 안전화 외)
- 국내 기부속/선용품 공급
  - 검수
  - 본선 선적
- 해외 선용품 공급
  - 운송
  - 본선 선적
- 외국 인수선원(3차 인수선원) 작업복&안전화
  - SIZE 확인
  - 발주
  - 본선 선적
- 인수선원 추가요구 물품 발주
- 인수선원 추가요구 물품 선적
- ITU (국제전기통신연합) RULE BOOKS (해양개발) (초도 선용품 보급편)
- 운항용 Paint 선적
- GAS CHEMICAL 선적

6. 제증서 / 문서 / 절차서

- 안전관리대행업등록증 재발행
- 안전품질 문서, 절차서, 기록서 준비
  - 증서철 준비
  - Rightship 등록 및 확인
- 법정 기록서 및 외부 문서 준비
  - OIL RECORD BOOK PART I, LOG BOOK(갑/기), BELL BOOK, RADIO LOG
  - MARSHALL OFFICIAL LOG BOOK, GARBAGE RECORD BOOK,
  - RADER LOG BOOK (기존품 사용), 표준 book 제작
  - GMP (폐기물관리계획서)
  - ETB (emergency tug booklet, 2010년1월부터 solas 규정, 비상예인절차)
  - LSA, FFE 점검 기록부 (파일제작) - 해양개발

- SEEMP Part I, II (선박에너지효율관리계획서)
- PPRPW (선급의 solas booklet,해상으로부터의 인명구조 계획서)
- 외부문서 준비 (KR-CON, 기국 CIRCULAR CD 등)

• 안전품질 관련 보급품 준비
  - STANDING ORDER (갑판, 기관) 인쇄물
  - 안전표시 제작 및 보급 (제한구역 / 화상주의 등)
  - 선박 MASTER FILE 기록서 준비
  - 선박 증서 표준 LIST 준비
  - 선박 게시물 표준 준비
• 선박 참조문서 (책자) 준비
• 선급 승인 절차서 준비
  - SOPEP (선상유류오염비상계획서) 승인
  - SEEMP Part II (선박에너지효율관리계획서) 승인 및 CoC(confimation of compliance)발급
    * SoC(state of compliance, 2024년 시행)
  - DMLC(declaration of maritime labor compliance, 해상노동적합선언서) PART II 접수
  - SSP (선박보안계획서), SSA 사본
• 마샬 기국 승인 증서 준비
  - CSO(company security officer) DECLARATION 발급
  - DP & COMPANY DECLARATION
  - DMLC PART I 발급
  - CSR (선박이력기록부) 발급, SMC 심사 후 재발행
  - BWMP (선박평형수관리계획서) 승인 - MARSHALL IS.
  - IBWMC (선박평형수관리설비검사증서) 발급 - MARSHALL IS.
  - BCC, WRC 발급 - MARSHALL IS.
• 대한민국 정부 승인 사항 (BBCHP)
  - 해양수산부 GICOMS(해양안전종합정보시스템) / VMS 및 SSAS 등록 (실제 선박 위치 발신 확인 필요)
  - GICOMS SSAS TEST (ISPS 심사)
• 통신설비 개통 및 Maker Cert 준비
  - Citadel(선원긴급피난처) 위성 전화 Test 및 인증
  - GMDSS(육상정비 계약서 (Shore Based Maintenance, SBM)
  - INMARSAT FBB 번호 발급 및 SIM CARD 수령
  - MVSAT(해상전용 무제한 위성통신서비스) Commissioning test 및 개통
  - AAIC CONFIRMATION LETTER 발급
  - INMARSAT C ID NO. 교부 (JRC) 및 조선소 통보
  - LRIT Conformance Test 시행 및 증서발급 (시운전 중 Test 시행)

- 선급 심사 및 승인 증서 준비
  - 선박검사진행확인서(Statement of Fact) : 선급 발행
  - 승무정원산정을 위한 선박기본정보확인서 : 선급 발행
  - 선박 환경 정리 및 심사 준비 출장
  - ISM 임시심사 수검 및 INTERIM SMC 발급 (안전관리증서)
  - MLC 임시심사 수검 및 INTERIM MLC 증서 발급
  - ISPS 임시심사 수검 및 INTERIM ISSC 발급 (국제선박보안증서)
- 조선소 제증서 확인 및 수령

7. 출항 업무 지원

- 시운전 선박 사진 촬영
- 명명식
- 출항 지원 업무
  - 본선 잔유량 확인
  - EXTRA / CREDIT(신조발주량에 따라 선주에게 신조금액의 추가 또는 감액) 확인
  - 성능보증 및 선가 정산 자료 통보
  - OUTSTANDING ITEM 확인
  - 선실 KEY 인수 / 인계
  - M/E 준비, 항해/통신장비 작동

선박인수전 준비사항

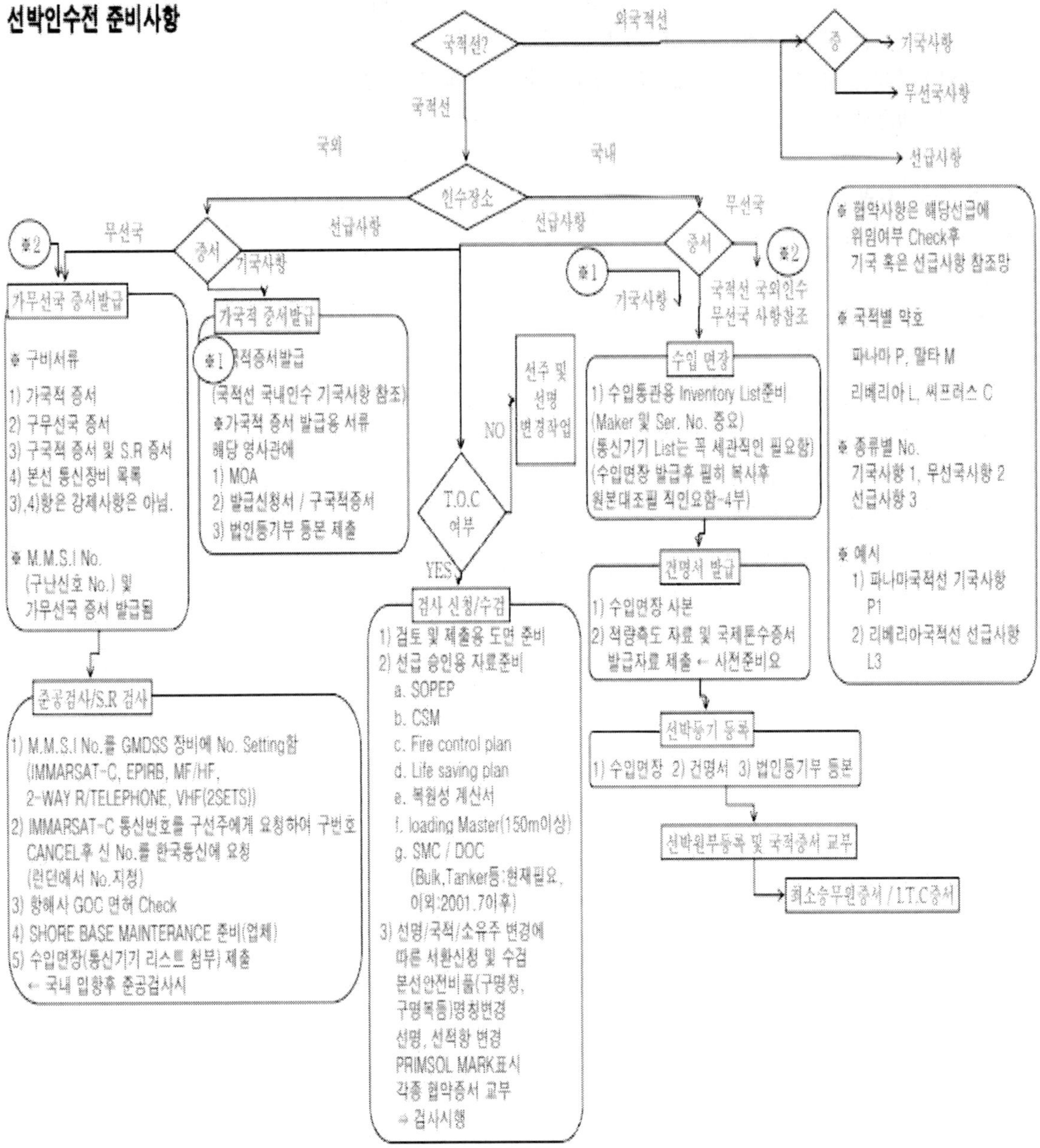
국적선?
외국적선
중
기국사항
무선국사항
선급사항
국적선
국외
국내
인수장소
무선국
증서
선급사항
선급사항
무선국
증서
※2
기국사항
※1
※2
기국사항
국적선 국외인수
무선국 사항참조
가무선국 증서발급
※ 구비서류
1) 가국적 증서
2) 구무선국 증서
3) 구국적 증서 및 S.R 증서
4) 본선 통신장비 목록
3),4)항은 강제사항은 아님.
※ M.M.S.I No.
(구난신호 No.) 및
가무선국 증서 발급됨
가국적 증서발급
※1 국적증서발급
(국적선 국내인수 기국사항 참조)
※가국적 증서 발급용 서류
해당 영사관에
1) MOA
2) 발급신청서 / 구국적증서
3) 법인등기부 등본 제출
선주 및 선명 변경작업
NO
T.O.C 여부
YES
수입 면장
1) 수입통관용 Inventory List준비
(Maker 및 Ser. No. 중요)
(통신기기 List는 꼭 세관직인 필요함)
(수입면장 발급후 필히 복사후
원본대조필 직인요함-4부)
※ 협약사항은 해당선급에
위임여부 Check후
기국 혹은 선급사항 참조망
※ 국적별 약호
파나마 P, 말타 M
리베리아 L, 싸이프러스 C
※ 종류별 No.
기국사항 1, 무선국사항 2
선급사항 3
※ 예시
1) 파나마국적선 기국사항
P1
2) 리베리아국적선 선급사항
L3
건명서 발급
1) 수입면장 사본
2) 적량측도 자료 및 국제톤수증서
발급자료 제출 ← 사전준비요
준공검사/S.R 검사
1) M.M.S.I No.를 GMDSS 장비에 No. Setting함
(IMMARSAT-C, EPIRB, MF/HF,
2-WAY R/TELEPHONE, VHF(2SETS))
2) IMMARSAT-C 통신번호를 구선주에게 요청하여 구번호
CANCEL후 신 No.를 한국통신에 요청
(런던에서 No.지정)
3) 항해사 GOC 면허 Check
4) SHORE BASE MAINTERANCE 준비(업체)
5) 수입면장(통신기기 리스트 첨부) 제출
← 국내 입항후 준공검사시
검사 신청/수검
1) 검토 및 제출용 도면 준비
2) 선급 승인용 자료준비
a. SOPEP
b. CSM
c. Fire control plan
d. Life saving plan
e. 복원성 계산서
f. loading Master(150m이상)
g. SMC / DOC
(Bulk,Tanker등:현재필요,
이외:2001.7이후)
3) 선명/국적/소유주 변경에
따른 서환신청 및 수검
본선안전비품(구명정,
구명복등)명칭변경
선명, 선적항 변경
PRIMSOL MARK표시
각종 협약증서 교부
⇒ 검사시행
선박등기 등록
1) 수입면장 2) 건명서 3) 법인등기부 등본
선박원부등록 및 국적증서 교부
최소승무원증서 / I.T.C증서

• 중고선박인수선원 점검사항

1	선명 DIMENSION (선수, 선미, BRIDGE의 MARKING된 선명 SIZE)
2	HOLD / HATCH COVER CONDITION 보고서
3	ENGINE / DECK MACHINERY 상태 보고서
4	ENGINE / DECK MACHINERY 상태
5	DRAWING LIST 대비 도면 누락분 확인
6	PAINT / 윤활유 MAKER
7	항해 계기 MAKER/ MODEL/SERIAL NO./ 수량등 및 MMSI(maritime mobile service identification, 해상이동업무식별번호) NO
8	증서 리스트 및 EXPIRE DATE
9	PMS LIST
10	M/E CONDITION REPORT
11	G/E CONDITION REPORT
12	M/E & G/E RUNNING HOUR
13	CLASS SURVEY STATUS REPORT
14	LRIT CER'T
15	HOLD CLEANING 자재 현황
16	법정비품 보유현황
17	선용품 / 기부 속 청구서

• 중고선인수시 선박감정평가 필요서류

선박국적증명서
선박원부등본
선박검사증서
선박도면
등기부등본
의장품명세서 (명칭, 규격, 제작자, 제작일, 수량)
보험가입증서
대 수선현황 (수선내역 - 수선회사, 일자, 수선내역, 수선금액, 수선증빙서류)
선박 매입관련 서류 (매입처 매입원, 매입금액 및 증빙서류, 수입면장)
선박운항현황 (최근3년 간, 주 운반 품목, 주 운항항로, 용선료 등 수입현황)

해운경기 변동 현황
기타 본건 선박의 우수성 관련자료
가격자료

4부
WATER JET
(instruction)해설

KAMEWA

Water Jet

Description

and

service manual

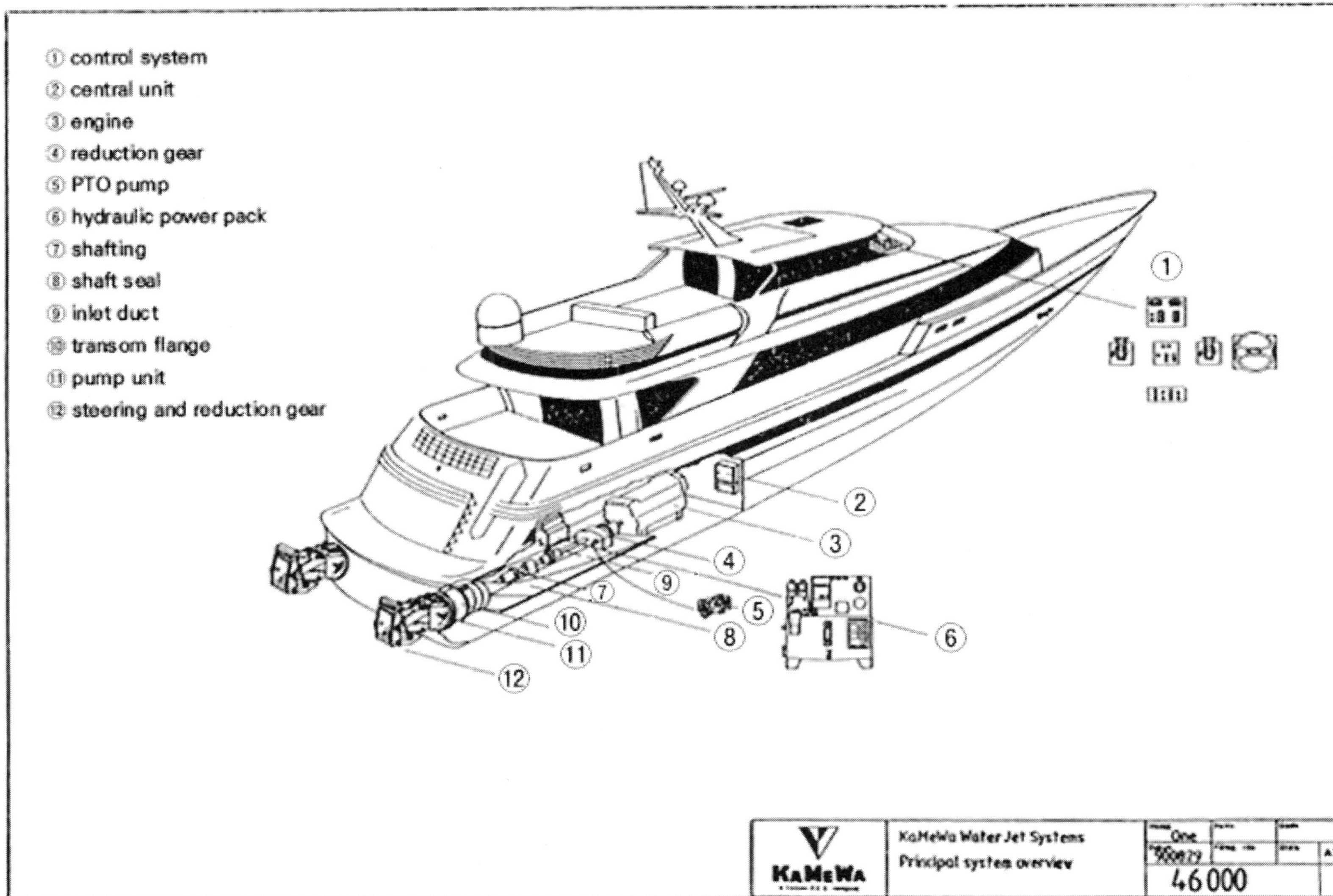

① control system
② central unit
③ engine
④ reduction gear
⑤ PTO pump
⑥ hydraulic power pack
⑦ shafting
⑧ shaft seal
⑨ inlet duct
⑩ transom flange
⑪ pump unit
⑫ steering and reduction gear
1
2
3
4
5
6
7
8
9
10
11
12
KaMeWa
KaMeWa Water Jet Systems
Principal system overview
One
46000
A3

KAMEWA

Water jet unit dismantling

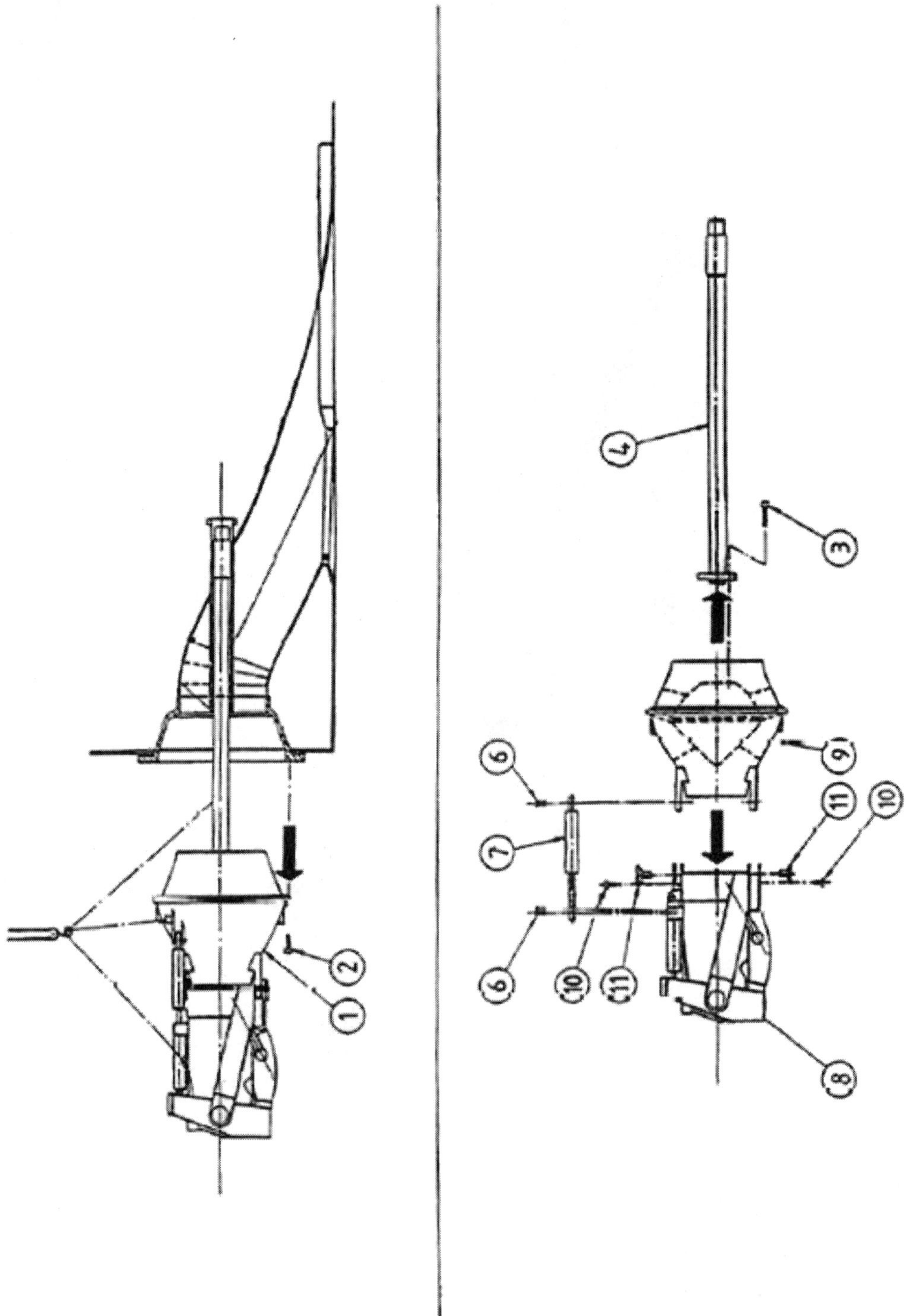

KaMeWa

Water jet unit dismantling

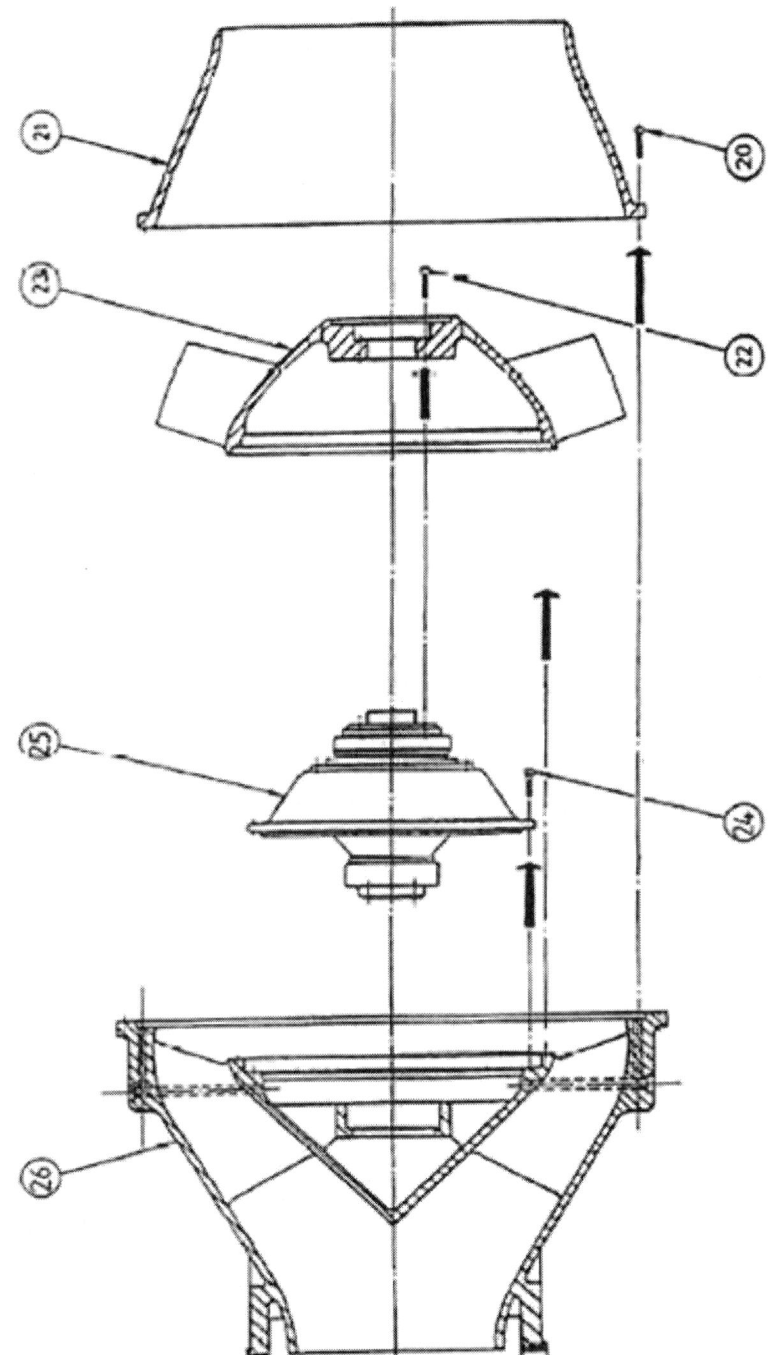

KAMEWA

Water jet unit dismantling

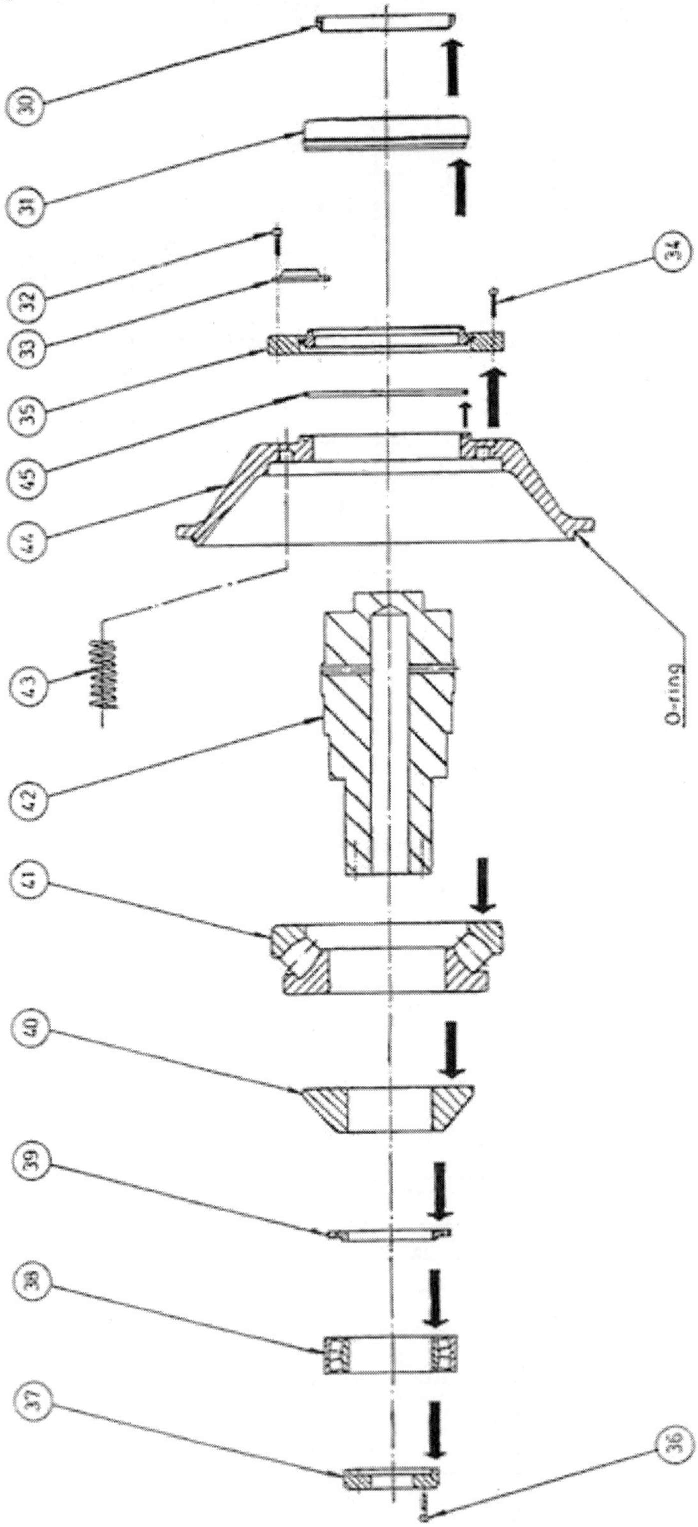

Water jet unit dismantling

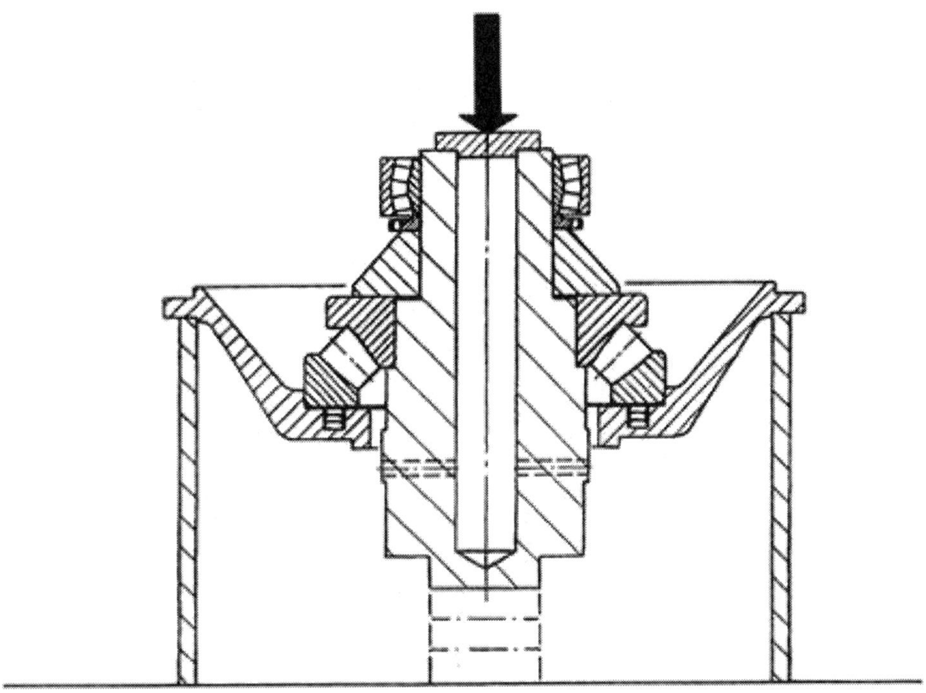

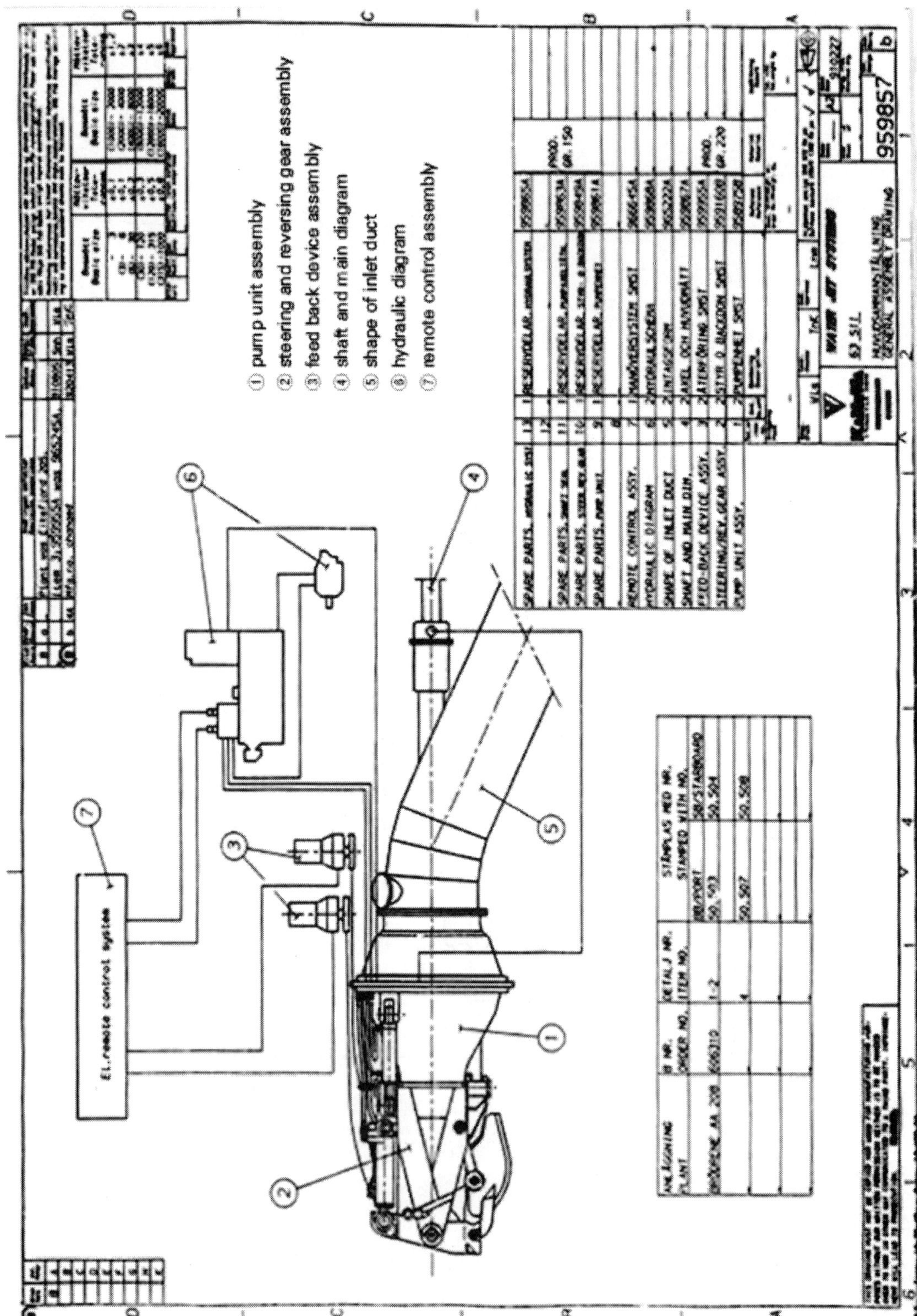
① pump unit assembly
② steering and reversing gear assembly
③ feed back device assembly
④ shaft and main diagram
⑤ shape of inlet duct
⑥ hydraulic diagram
⑦ remote control assembly
El.remote control system
959857

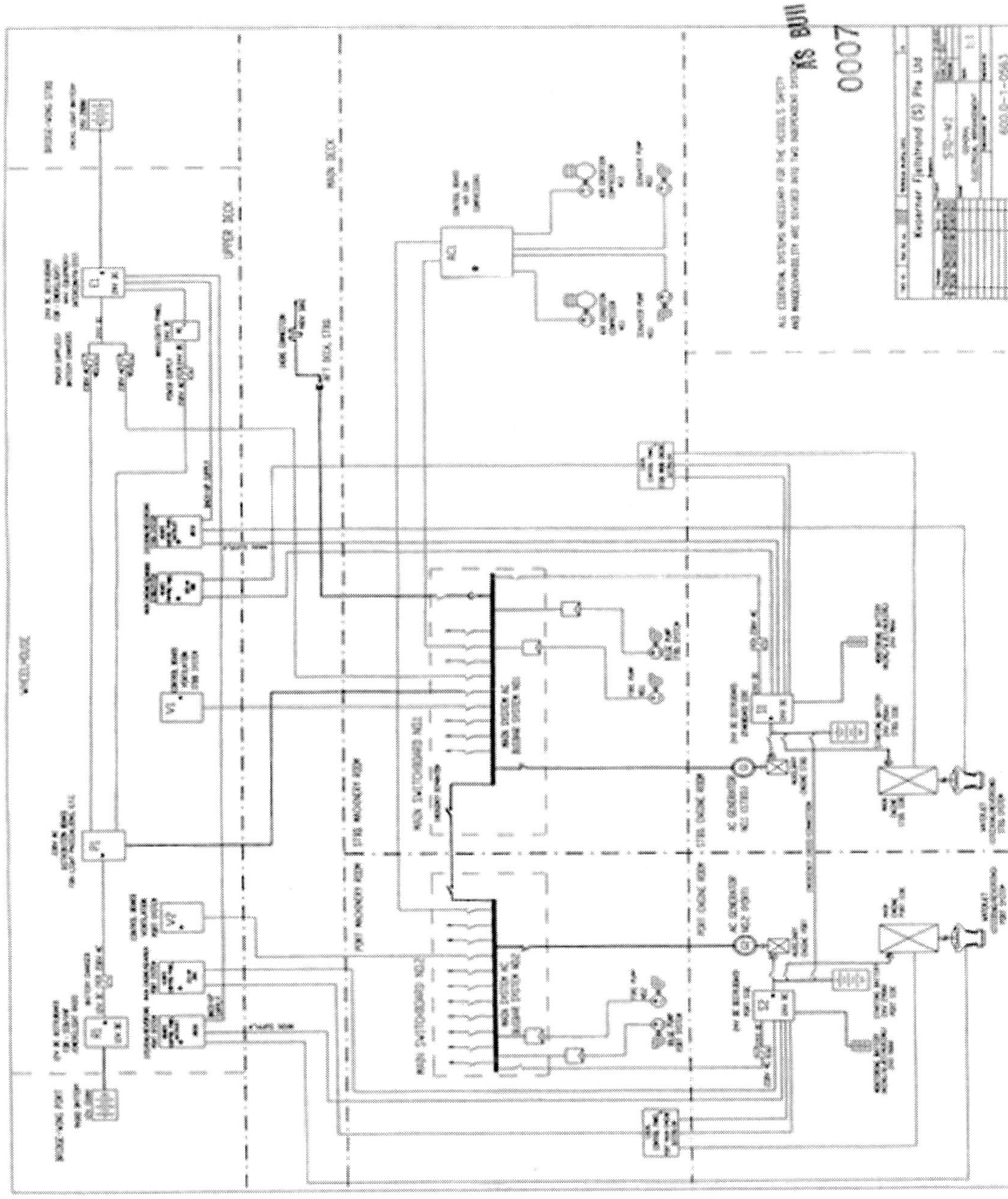

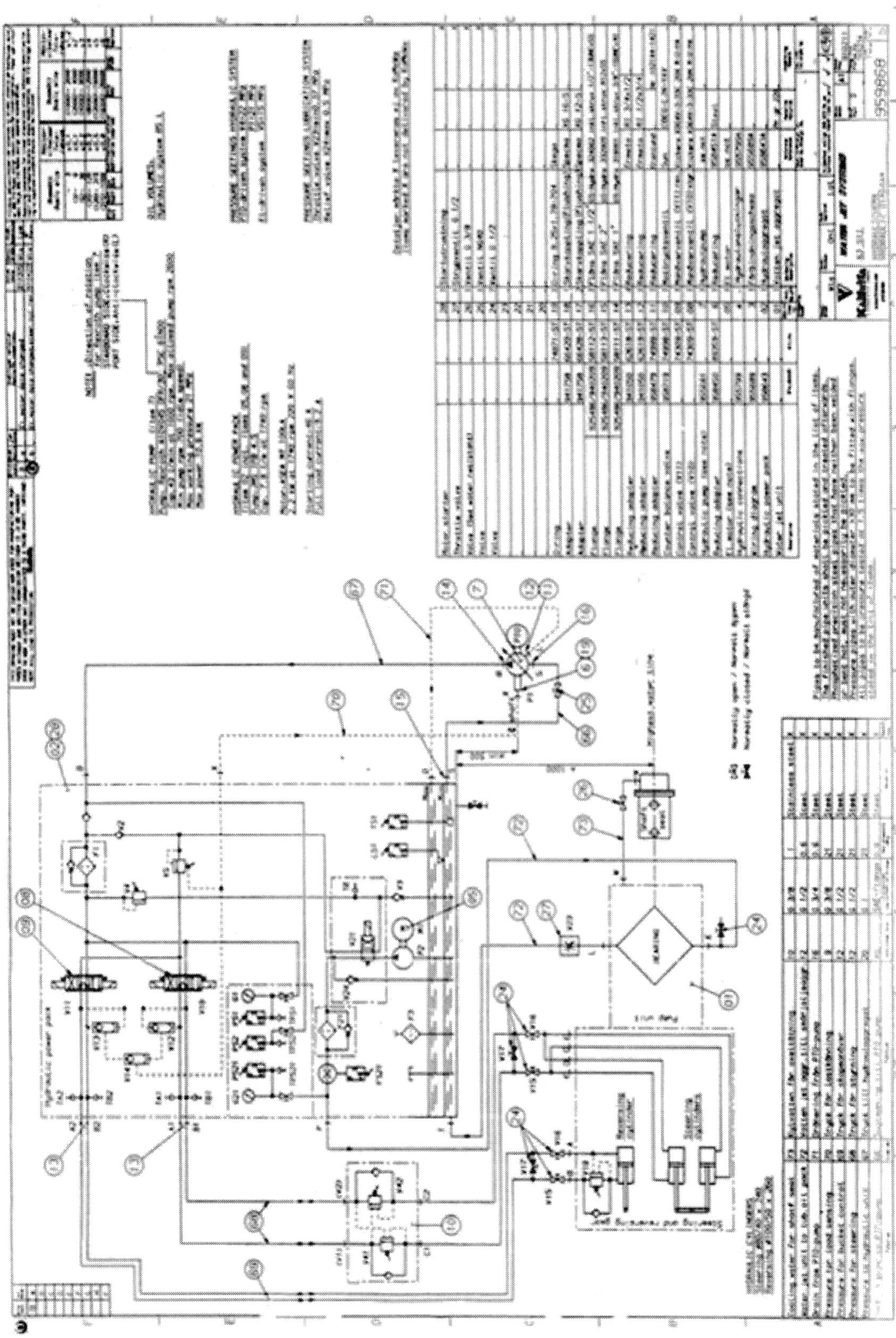

I. 일반해설

1. 전반적 개요

본 해설은 water jet 쾌속선의 maker중 가장 먼저 이를 상업화하였고 우리나라에 제일 많은 제품을 출시한 kamewa 지침서를 인용하여 설명하는 바이며 이미 누차 up-date된 제품이 시장에 나와 있어 본 해설과는 약간 다른 부분이 있으나 그 기본원리에 있어서는 다름이 없다.

2. 전통적인 일반선박 추진과의 비교

1) 일반선박은 주기, 주기의 crank shaft에 연결된 축계, 축계가 선외로 빠져나오는 부분의 stern tube system 및 축계의 끝부분에 자리 잡고 있는 propeller(FPP 및 CPP)가 선박의 추력을 만들어내는 한 구성부분이며, rudder장치 등으로 구성되는 steering장치가 또 한 부분으로 되어있다.
2) 반면에 water jet type은 주기 축계가 선외로 빠져나온 부분의 끝단에 자리 잡고 있는 원심 pump에서 nozzle을 통하여 분출되는 물이 추력을 담당하고 nozzle과 함께 구성되어있는 reversing gear가 전·후진 및 steering장치이다.
3) water jet 쾌속선은 쌍동선(catamaran type)으로 한쪽 현에 주기가 1 unit 혹은 2 unit(양현 전체적으로 2 unit 혹은 4 unit) 장착되어 운행되며 주기 1 unit만 운전되어도 조선은 가능하다.
4) 통상 항해 중 trim을 유지해주는 trim flap 장치가 있으며 rolling을 방지하는 stabilizer 장치도 장착된다.

3. 주요계통 (46000)

1) control unit
2) central unit
3) engine
4) reduction gear
5) PTOpump와 hydraulic power pack
6) shafting & shaft seal
7) inlet duct & transom flange
8) pump unit
9) steering and reversing gear

4. steering and reversing gear 관련도면

1) principal system overview(46000)
2) water jet dismantling(18797E-encl 1)
3) water jet dismantling(18797E-encl 2)
4) water jet dismantling(18797E-encl 3)
5) water jet dismantling(18797E-encl 4)

6) hydraulic system windlass(460030179)
7) general electric arrangement(600010563)
8) water jet general assembly drawing(973270)
9) hydraulic diagram(973273)

5. 설계일반

1) 기본적으로 water jet system은 water inlet duct, pump와 jet형상 outlet nozzle이 부착된 steering 및 bucket이 있는 reversing gear로 구성되어 있다. steering은 nozzle jet를 좌우로 움직여 이루어지고 reversing thrust(선체추력변화)는 bucket을 상하로 움직여 nozzle출구의 해수흐름을 선수, 선미로 바꿈으로서 전·후진이 이루어진다.
2) 가장 효율적인 추력은 동적상태(운항중의 trim이 변화된 상태)에서, 해수면 바로위로 nozzle분사가 될때 이루어진다. 그러나 처음 pump 시동 시(zero speed) priming을 할 때 impeller shaft(bucket nozzle부위)가 해수면 위에 있는 상황에서 impeller 실내가 공기로 채워지면 cavitation(공동현상)이 발생하므로 nozzle 분사의 jet outlet는 수면하부에 있어야 한다. 이에 대한 해결책으로 trim flap을 설치하고 있다.

6. inlet duct

1) pump효율을 높이고 공동현상(impeller blade면상 압력차에 따른 진동현상)을 피하면서도 inlet flow의 속도수두를 최대로 이용하기 위하여 inlet duct는 해수를 펌프까지 최소손실로 인도해야 한다. 부적절한 inlet duct형상은 흐름의 폐색을 초래할 수 있고 또한 공동현상을 일으켜 이에 따른 파손, 효율저감, 소음 및 진동으로 나타날 수 있다.
2) inlet duct는 별도로 제작하여 선체 안에 짜 넣고 수력동력의 입력형태가 선체와의 교차부분에서 유선형이 되도록 하여 펌프 내에서의 휘몰이 흐름이 일어나지 않도록 한다.
3) inlet duct 상부에 inspection hole(로프 등이 impeller 추력베어링부에 걸릴 때 제거용)이 있어 로프등이 감기는 경우 제거할 수 있다. 그러나 부유물이 많은 해역 운항시에는 inlet duct유입구에 격자판(grid)을 설치할 것을 권고한다.
4) 주기에서 연결되는 pump shaft처짐을 방지하기 위해, shaft는 duct내관에 자리잡고 있는 별도의 protection tube안에 위치시킨다. protection tube가 선외에서 선내로 들어오는 선수측에 stern tube seal을 설치한다.

7. pump unit

1) water jet 펌프 사이즈는, 필요한 선박의 추력과 속력에 따라 결정된다.
2) impeller는 안내날개실 hub안에 연결된 shaft 끝단에, radial bearing과 axial roller bearing으로 지지되며 볼트로 취부되어 있다.
3) hub는 engine 정지 시 윤활유탱크의 중력으로 윤활유가 채워지며, engine운전 중은 윤활유 펌프압력으로 filling이 유지되는데 oil펌프 타입은 system 설계 시 water jet 사이즈에 따라 결정된다. bearing부는 mecanical seal에 의해 해수의 침입으로부터 보호된다.

8. steering and reversing gear

1) steering은 nozzle을 좌현30도에서 우현 30도까지 움직여 이루어진다.
   nozzle은 자체 윤활되는 bush bearing으로 지지되어 움직이고 pump unit guide vane chamber 상부에 자리 잡은 2개의 유압실린더에 의해 유압으로 작동된다.
2) reversing은 nozzle과 함께 구성되어있는 bucket을 상하로 이동하여 nozzle의 분사흐름을 선미쪽으로 뿜어내어 전진을 하거나 분사를 bucket에 되튀겨 역전을 행하는 구조이다.
3) reversing bucket이 분사관 안으로 들어가고 나옴에 따라 reversing이 일어나며 astern시에 분사량 일부가 유효하지 않게 되면서 이 와중에 작은 진동이 발생할 수 있다.
4) reversing bucket부 bearing은 steering nozzle bearing과 같이 자체윤활 베어링(bush bearing)에 의해 지지되며 steering nozzle 상부에 자리 잡은 1개의 유압실린더에 의해 유압으로 작동된다. 만일 water jet unit가 booster로서만의 역할이라면 steering과 reversing은 생략된다(별개형태의 steering 및 reversing gear가 장착됨).

9. 조종계통

1) steering과 reversing조종은 유압서보system에 연결된 전자자동system에서 PID control 조종된다.
2) 각현 separate 조종(lever조종) : stand-by시의 선박조종으로 각현에 1 unit 또는 2 unit장착과 관계없이 한쪽 현의 모든 unit를 하나의 lever로 steering, reversing 및 엔진 출력까지 조종한다. 엔진출력상승은 lever를 올리면서 이루어지는 reversing 단계가 끝난 후에 출력상승이 시작된다. 본 조종설비는 양 wing bridge에 설치되기도 한다.
3) 양현 common 조종(joystick 조종) : run up시의 선박조종으로 본선 양현전부의 주기 unit를 하나의 joystick으로 common조종할 수 있는데, common조종 시에는 steering만 가능하다.
4) back up조종(damping stick 조종) : control system이 고장 난 emergency시의 비상선박조종으로 모든 water jet unit는 하나하나가 별개로 조종되며 전원은 battery에서 공급된다. 이것은 조종밸브 solenoid에 직접 작동되는 개회로 시스템(feed back control 안됨)이며 steering과 reversing은 damping stick으로, engine 출력은 button으로 상승 또는 저하된다. feed back cable이 끊어진 경우(steering nozzle과 reversing bucket위치는 지시계에 나타나지 않으며 feed back이 안됨)에도 이 조종이 필요하며 당연히 PID control은 안 된다.
5) trim flap은 운항중 nozzle 토출관을 해수면 바로 위로 유지하는 역할(효율최대)을 한다.
   (실제는 flap조종시 진동발생우려가 있어 정상 운항중 nozzle토출관이 해수면위로 나타나는 위치로 flap을 유지 시킨채 사용하는 경우도 많다)

10. water jet pump 정비

원심펌프 unit정비가 필요한 경우 전체적인 inlet duct는 그대로 둔 상태에서 water jet unit overhaul을 용이하게 하고 재 취부 시 alignment의 필요성을 줄이도록 water jet unit만 취외할 수 있게 설계되어 있다.

11. transom flange(선미관)가 있는 inlet duct 개요

1) inlet구조는 inlet duct, flairing flange(나팔관 flange)로 접합된 shaft protection tube 및 transom flange(선미관)로 구성되어 있다.

2) inlet duct재질은 hull 내부에 주입된 GRP(glass fiber reinforced plastic, 탄소섬유판넬) 혹은 금형판이다. 자재의 두께는 통상 선박하부에 사용되는 재질의 두께와 동일하다. 선저평탄부는 적절한 stiffner로 보강한다.

3) inlet duct 상부에는 2개의 inspection hole이 있는데 이를 통해 impeller를 점검하며 이물질도 제거한다. 분해가 용이하도록 커버는 접이식 bolt등으로 취부된다.
inlet duct 하부에는 이물질이 들어오는 것을 막아주는 격자판이 설치된다.(실제는 별로 효과가 없으며 저항만 증가하여 설치된 선박도 제거하여 사용하고 경우가 많다)
impeller shaft는 inlet duct안에 거치된, flaring flange로 접합된 protection tube안에서 회전한다. protection tube는 inlet duct안쪽에서 engine room으로 duct를 뚫고 들어가는데 해수가 선내로 들어오는 것을 방지하는 stern tube seal이 설치된다. transom flange(선미관)는 hull과 water jet unit사이의 구성부분이며 형상은 hull자재에 따라 결정된다.

4) water jet unit로부터의 축방향 힘과 회전력은 선미관과 선미beam을 거쳐 전달되므로 선미관과 선미beam의 재질은 이러한 힘을 받을 수 있는 정도의 강도가 있어야 한다

5) 소모성아연판은 impeller 공간과 선미관 사이에 부착된다. 아연판은 hull자재에 따라 inlet duct안에 설치될 수도 있다. inlet duct 부식방지법으로 내부 water way에 적절한 고품질 epoxy paint를 도장하기도 한다.

12. shaft seal이 있는 impeller shaft 개요

1) impeller는 안내날개실안에서 나선식 axial 베어링과 radial 베어링으로 하중이 받쳐지는 축에 설치되어있다. 이러한 bearing지지구조는 impeller shaft의 회전 시 작은 각도편향을 견뎌낼 수 있게 한다. shaft는 통상 flexible coupling으로 엔진, 감속기어, 중간 shaft(필요시)로 연결되는 구조이다. pump unit의 축 구조는 분사추력이 안내날개실을 거쳐 선미로 전달되도록 설계되며 impeller shaft는 단지 회전력을 전달할 뿐이다.

2) ahead impeller 회전방향은 선미관찰 시계방향이다. idling speed(저속운전)에서는 impeller shaft를 반대방향으로 회전하는 주기운전을 할 수 있다(주기역전). 선교에는 engine 조종용 push button이 3개 있는데 첫번째는 reduction gear의 clutch 정회전engage, 두 번째는 reduction gear clutch disengage, 세 번째는 역회전engage용이며, 나무 등 고형물이 inlet duct내부로 들어왔을 시 이들의 역류배제용으로 역회전을 하는 경우를 제외하고는 항시 정회전 engage를 한다.

3) shaft protection tube의 선수측 stern tube seal은 mechanical seal로 되어있다. seal은 water jet system의 열악한 상황에 맞도록 seal 표면의 carbon 접촉부는 실리콘 카바이드로, 하우싱은 스테인레스 스틸로 설계되어 있다. 냉각수는 water jet pump 출구로부터 취해지며 seal 하우싱은 항상 해수로 채워지고 seal 하우싱의 해수접속부 후단에 lip seal이 있다.

13. pump unit 개요

1) pump unit는 impeller, impeller실, 출구 nozzle이 부착된 안내날개실, shaft journal, 베어링 및 mechacal seal로 구성된다. impeller는 screw joint로 shaft에 취부되며, impeller는 나선형 axial 및 radial 베어링에 의해 지지되고 흐름을 안내날개실로 전달하는 구조로 되어있다.
2) impeller 회전방향은 선미부관찰 시계방향이다. clutch 조작에 의해 impeller를 역회전 저속운전 할 수 있다(나무토막 등 쓰레기를 역류흐름으로 제거 시 사용).
   impeller hub에는 pump 흡입부와 hub 내부를 연결시키는 많은 구멍(balancing hole)이 있으며 impeller hub 맞은편에는 labyrinth seal이 설치된다. 이러한 배열구성은 hub 내부에서의 해수압력을 줄여 thrust bearing에 가해지는 부하를 감소시킨다.
3) impeller 회전balancing을 유지하기 위해 hub내부에 counter weight가 용접 취부되어 있다.
4) 안내날개실과 볼트로 취부 된 impeller실은 선수쪽의 inlet duct와 동일한 내경을 가지고 있다. 신제품으로 출시 때의 impeller끝단 간극은 허용최대치이다.
5) 선미관과 볼트로 취부된 안내날개실은 impeller로부터의 해수를 출구nozzle로 보내고, hub안의 shaft bearing지지 및 impeller로부터의 해수가 회전식 흐름이 안 되도록 하여 해수의 속도에너지를 압력에너지로 그리고 운동에너지로 변환시키는 역할을 한다.
6) shaft journal은 radial 그리고 axial roller bearing으로 지지된다. 이들 bearing들은 같은 alignment를 가진다. 이러한 베어링배열은 shaft alignment의 작은 편향에 영향을 받지 않도록 하며 impeller추력은 axial 베어링과 guide vane실을 거쳐 선미관에 전달된다.
7) 베어링 하우싱은 윤활유 unit에서 공급되는 윤활유로 채워져 있다. 엔진이 운전되지 않을 때 오일은 oil unit에서의 정압하에 있으며, 엔진운전중은 윤활유펌프 압력으로 순환이 유지되어 shaft상에 있는 mechanical face seal의 윤활유계통에 해수가 침입되지 않도록 한다.

14. steering and reversing gear 개요

1) steering과 reversing gear는 steering nozzle, reversing bucket 및 유압실린더로 구성된다. steering은 2개의 유압실린더로 steering nozzle을 좌우현 각 30도까지 회전하여 이루어진다. reversing은 1개의 유압실린더로 bucket을 upward 혹은 downward(45도)로 회전하여 water jet 분출방향을 변화시켜 추력을 ahead 혹은 astern으로 변화시킨다.
2) 내산성 철강인 박스형 steering nozzle은 water jet흐름의 효율방지를 위하여 선수부쪽에서 약간 넓다, 회전 pivot축은 분사를 효율적으로 변경할 수 있도록 안내날개실 바로 뒤쪽에 설치된다.
3) 2개의 steering용 실린더의 ram측은 steering nozzle양측 bracket의 self윤활 bush bearing으로 지지되며 cylinder측은 안내날개실 외부 양측 bracket의 self윤활 bush bearing으로 지지된다.
4) 내산성 철강인 reversing bucket는 통상 접이식이며 steering nozzle 하부공간에 위치한다. gear는 link system으로 상부판과 하부판으로 구성되어 턱과 같이 열리고 닫히는 구조로 되어있다. nozzle 수직면에서 pivot하는 2개의 lever(bucket upper part)에 연결된 수평beam 중앙에 부착된 self윤활 bush bearing에 유압실린더 ram이 지지되어 있다. 3개의 유압실린

더는 flexible hose로 유압system에 연결되어있다.

5) full ahead는 reversing 실린더ram을 안으로 당겨서 reversing bucket 상부part가 nozzle 통로 밑부분에 위치하도록 하여 해수흐름을 선미로 그대로 분출시킨다. astern은 reversing 실린더ram을 밀어 nozzle 통로 밑 부분에 있었던 reversing bucket 상부part를 올려 선미쪽으로 나가는 분사흐름를 차단하여 선수쪽 하방방향으로 변경함으로 후진추력으로 나타난다. bucket에서의 분출이 전진과 후진추력이 상쇄되는 중간 위치에 있으면 추력은 없다.

6) 선박조종시 nozzle(steering)과 bucket(전후진방향)의 위치 feed back(자동조종)은 feed back cable에 의해 steering과 reversing system에 있는 potentiometer를 거쳐 지시된다.

15. 유압과 윤활system 개요(관련도면 참조)

1) 유압system은 2개 part로 구성된다. 하나(A)는 nozzle(steering용)과 bucket(reversing용) 용으로 주기와 연결된 PTO pump(18kw)이고 다른 하나(B)는 pump unit의 베어링 윤활용인 전동윤활pump(2.2kw)이다.

2) steering과 reversing 및 lubrication을 위한 통합된 형태의 유압power pack이 장착된다,

A. 정상적인 운항과정

1) MSB상 power pack용 NFB “on”, 전동윤활pump의 local change over switch가 "auto" 상태(항상 “auto”유지)에서 발전기 시동

2) 주기 시동이 안 된 상태에서 hydraulic oil pressure low, lubricating oil pressure low 및 lubricating oil flow low alarm 발생(alarm lamp 미점등 및 alarm미발생 type도 있다), hydraulic oil pressure low로 ps2작동하여 V21 solenoid valve 여자되고 vavle는 도면상 왼쪽으로 밀린상태로 유지된다.

3) 전동윤활유 pump는 주기운전과 동시에 기동되나, 주기미시동상태에서도 local switch를 “manual"로 하면 전동윤활유pump가 기동되며 V21이 열려있어 oil은 hydraulic mode system으로 흘러가 nozzle과 bucket를 구동할 수 있다.

4) 전동윤활유 pump "auto"에서 주기시동하면 윤활용 전동펌프가 기동(G21에서 확인)되며 동시에 주기 gear box에 attach된 PTOpump도 기동(G1에서 확인)되고 hydraulic oil pressure 정상압력 형성되어 ps2작동되지 않고 연이어 V21이소자되어 valve는 도면상 오른쪽으로 밀린 상태로 유지되어, 정상적인 운전에서 이들 PTOpump와 전동윤활pump는 각자의 역할을 한다.

5) power pack은 그룹밸브, 오일탱크 및 전동 pump로 구성된다. 이 전동펌프는 베어링 lubrication만을 위해 사용되지만 위의 설명과 같이 유압계통의 back up용으로도 사용될 수 있다. 주목할 점은 이 pump는 주 pump(약 100 bar)보다 적은 용량(약 5 bar)이며, 주 pump 정지시 사용할 수 있기 때문에, 상황에 따라(주기 정지등) seal bearing 윤활보다 steering과 reversing기능을 우선해야 할 경우에 이를 가능하게 한다.(이때 윤활작용은 중단된다)

실제적인 용도는 선박입거중 nozzle과 bucket수리완료 시 air vent와 작동상태 점검 시 사용된다. hydraulic용 pump는 power pack unit에 포함되어 있지 않고 main engine에 직결

된 PTO(power take off)로부터 직접 구동된다. 비교적 작은 water jet size에서 seal윤활용 전동펌프는 PTO pump 축상에 추가로 연결된 별도의 펌프로 대체되기도 한다.

B. steering nozzle과 reversing bucket위치 feedback system

1) main pump P1(PTOpump)으로부터의 압력과 흐름은 자동으로 system상황에 맞춰진다. pump압력은 필요한 부하압력보다 대략 2.0~2.5 MPa(maximum working pressure 21 MPa)높다. 최고부하압력은 3개의 shuttle valve V12, V13, V14를 거쳐 PTOpump compensator로 입력되어 자동조절 된다.
2) 과도한 압력으로부터 system을 보호하기 위하여 압력line내에 안전valve V4가 있으며 PTOpump내부에 relief valve도 장착돼있다. 압력조절은 별도의 지침서를 참조한다.
3) steering과 reversing gear 실린더로의 oil flow는 전자원격조종장치에 연결된 비례제어 solenoid valve V10과 V11에 의해 흐름방향이 정해진다. 이 밸브는 전기적 신호에 비례하여 밸브최대 flow까지 흐름을 결정한다.
4) 유압flow에는 oil filter F1(10 micron), pressure gage G1이 있고 pressure switch PS1은 alarm system에 연결돼 있다. 운항중 hydraulilc mode pressure가 떨어지면 pressure switch PS2에 의해 solenoid valve V21이 여자되고 운전 중인 전동펌프 oil을 유압mode system으로 보내 한시적으로 사용할 수 있다.(back up, 이때 윤활작용 불가). solenoid valve V21 수동개폐 필요시 vavle 자체에 부착된 knob으로 조작할 수 있다. relief valve V5는 전동윤활유 펌프압력이 hydraulic mode에서 사용될 경우 압력유지용이다.
5) reversing 실린더는 bucket 위치를 control하는 장치로 유압동력이 작용하여 bucket을 full ahead에서 full astern 위치로(vice versa) 바꾼다. 고장이나 사고로 유압 supply부와 return부중 하나 혹은 둘 전부의 유압 line에 유압이 형성되지 않을 경우 예기치 않은 reversing으로 사고가 발생하지 않도록 free revers flow(revers flow 억지)용으로 check valve가 부착된 counter balance valve V18이 reversing 실린더위에 장착돼 있다.(counter balance valve 구조는 supply부와 return부 모두에 압력이 걸려야 valve가 작동돼 oil flow가 정상으로 형성된다) counter balance valve는 외력에 의한 oil overpressure를 조절하는 기능도 가지고 있다.
6) steering nozzle에 작용하는 steering 실린더 유압line에도 유사한 방식의 counter balance valve V41, V42가 설치돼 있다.

C. 윤활유 system은 다음과 같이 작동한다.

1) 전동윤활유펌프 P2로부터의 oil은 10micron filter F21과 flow switch FS21을 지나며 flow switch는 alarm system에 연결된다. 베어링 하우싱에 해수가 침입하는 것을 막기 위하여 유압은 항상 face seal 바깥쪽 수두보다 높은 압력을 유지한다. 정지중의 압력은 탱크정압(gravity pressure)으로 충분하며 압력 switch PS21은 alarm system에 연결된다.
2) gage G21에서 유압을 검지하며 needle valve V23으로 조절한다. 유압조절은 oil 적정작동 온도(약 50°C)에서 한나. 압력이 최대허용압력을 넘게되면 rclief valve V24가 열려 압력이

조절된다.

3) bearing부에 적절한 유압이 형성되지 않아 해수가 system안으로 침입할 수 있으므로 oil quality를 주기적으로 점검한다. 대체로 0.2~0.3%의 해수 함유 시 oil을 교환한다.

전동pump motor소손 및 고장으로 bearing윤활유 flow 혹은 압력이 없을지라도 bearing실 내부에 윤활유가 채워져 있어 정적상태(운항중 선박이 잠시 계류하거나 저속항내운항)에서는 안정적이므로 water jet운전이 가능하다. 이때 운전가능한 시간은 bearing 내부 윤활유 안정 지속여부에 달려있어, 고속운항과 선체slamming등이 있는 동적환경(운항중 선박이 항계 밖을 운항하거나 고속운항)에서는 아주 짧아짐에 유의한다.

* 주목할 점은;

가. 전동윤활유 pump고장으로 윤활유 압력 저하 시 PTOpump hydraulic mode oil이 자신의 역할을 하면서도 고압oil 일부분이 V21수동조작을 거쳐 bearing부로 흘러갈 수 있으며 V24에 의해 압력조절도 이루어지는 구조로 되어있다.

나. PTO pump고장 시 전동윤활유 pump는 bearing윤활이나 hydraulic 역할중 하나만 가능하다.

4) power pack탱크 저위 alarm switch LS1이 alarm system에 연결된다. 유압 및 윤활유는 점도가 46cSt/ 40°C를 유지해야 하며 oil을 필터 F3를 거쳐 system에 채운다.

5) oil 상태점검상 oil sample을 펌프 운전 중 test connection TPS1에서 채취한다. 해수오염의 시각적 점검만 필요하다면 sample은 탱크하부나 안내날개실 하부의 밸브에서 채취할 수 있으나 이러한 sample채취는 전체oil의 대표성이 없으므로 실험실 테스트에 사용하기 위해서는 oil drain을 한 후 좀 더 세심하게 채취할 필요가 있다.

D. <u>전기적 원격조종 system</u>

① steering control

② reversing bucket and engine speed control

③ fault detector

④ back up control

⑤ indication system

⑥ power supply

16. steering 및 reversing control

1) general

control system은 steering nozzle위치를 조종하는 전동유압밸브(유압이 흐르는 solenoid valve)식 electronic system이다. 선교조종간에서의 명령신호는 central unit로 보내진다. 전동유압밸브는 central unit로부터 명령신호를 받아 유압을 흘려 steering변화를 만들고 steering 응답발신기(feed back cable potentiometer)는 이 변화에 대한 응답신호를 central unit로 보낸다. steering nozzle position은 별도전원의 indication system으로 한다.

emergency용 back up control이 있는데, 통상적인 remote control system고장 시 사용

된다. steering nozzle위치는 back up panel조작반의 damping stick으로 조종된다.

2) 기능

steering control은 다음으로 구성된다.

① 조종 station;

lever position transmitter(좌우현 별도운전 lever로 stand-by시에 사용하며 전후진, steering, 기관출력조종을 하나의 lever로 할 수 있다)

좌우현 통합운전은 joystick로 run up시에 하며 steering만 조종된다.

② in kamewa central unit;

3개의 print circuit board(pc보드 기판) FSS1, S1, CP1

③ in the engine room;

feed back transmitter

electro-hydraulic control valve

가. pc보드 FSS1은 steering feed back transmitter용 adjustable gain이 있는 buffer amplifier와 nozzle과 lever사이의 adjustable 상호관계를 부여하는 function generator (기능발전기) FG로 구성되어 있다. pc보드 FSS1의 출력은 pc보드 CP1에 입력되는 steering명령신호이다.

나. pc보드 S1은 reversing feed back transmitter용 adjustable gain이 있는 buffer amplifier로 구성되어있다. pc보드 S1의 출력도 pc보드 CP1에 입력된다.

다. pc보드 CP1은 조종error를 계산하여 전동유압 비례식 조종밸브로 가는 전류를 결정한다. 이 밸브에 내장된 이중 입력권선은 supply-return방향(vice versa)을 변화시켜 궁극적으로 servo방향을 변화시킨다. 조종밸브에는 overlap이 있어 결국 servo에 dead zone으로 나타난다. system상 최소의 dead zone을 만들기 위해 non-linearity가 각 조종 증폭기내에 설치되어 있다. 조종증폭기특성은 pc보드내의 potentiometer P1에 의해 조정된다.

3) steering mode

steering nozzle은 5개의 방법으로 조종되는데, 각각 "port station", "stbd station", "separate lever"를 "one jet", "two jet"로 조종하는 방법으로 대별된다.

가. "port station"과 "two jet"조건에서 steering nozzle들은 portside 의자팔걸이에 있는 port steering tiller(joy stick)에 의해 함께 조종된다.

나. "port station"과 "one jet"조건에서 port steering nozzle만 port side 의자팔걸이에 있는 portside tiller(joy stick)에 의해 조종되는 반면에 stbd steering nozzle은 중립위치에 남아있다.

다. "stbd station"과 "two jet"조건에서 steering nozzle들은 stbdside 의자팔걸이에 있는 stbd steering tiller(joy stick)에 의해 함께 조종된다.

라. "stbd station"과 "one jet"조건에서 stbd steering nozzle만 stbdside 의자팔걸이에 있는 stbdside tiller(joy stick)에 의해 조종되는 반면에 port steering nozzle은 중립위치에 남아있다.

마. "separate lever"조건에서 steering nozzle은 좌우현 별도의 lever에 의해 각각 조종된다.

4) mode1-4 crusing mode

mode5, harbor maneuvering mode("reversing bucket과 engine speed control mode"를 참조하라)

5) autopilot에서의 steering

autopilot로부터의 steering 명령신호(+/-2.5V to +/-10V)와 상태신호(open and close contact)는 각각의 electronic central unit에 입력된다. 출력 steering 명령신호는 auotpilot system과 전기적으로 절연된다. autopilot system상 상태신호switch는 potentialfree(무전압신호)이다(closed contact는 autopilot 운항중임).

17. reversing bucket and engine speed control mode

1) 일반

control system은 reversing bucket용 전동유압밸브가 부착된 전자system이다. bucket 위치와 engine speed(rpm)는 하나의 lever로 동시에 조종된다(combinator control). remote조종간에서의 명령신호는 central unit로 보내진 뒤 거기서 bucket position 신호와 shaft speed 신호로 나뉜다. bucket위치용 전동유압밸브는 bucket control채널에서 신호를 받고 이어서 diesel engine governor는 rpm채널로부터 4-20mA 신호를 받는다. bucket위치표시는 별도전원의 indicating system으로 나타난다. 또한 통상의 조종계통에 trouble이 일어날 경우 사용되는 back up control이 있다. reversing bucket조작은 panel의 damping stick으로 조종하고 engine speed는 push button에 의해 조종한다.

2) 기능

reversing bucket control system은 다음과 같이 구성된다.

① control station에서;
control stand에 있는 lever position발신기

② kamewa central unit에서;
4개의 printed circuit board(pc보드) FS5, FV9, S1, CP1

③ engine room에서;
feedback transmitter, 전동유압 control valve

3) pc보드 FS5는 bucket lever위치 transmitter에 대하여 adjustable gain이 있는 buffer amplifier와 bucket와 선교lever위치 사이의 필수적 관계를 나타내는 function generator FG로 구성되어있다. pc보드 FS5출력은 pc보드 FV9으로 보내지는 shaft speed command signal과 pc보드 CP1으로 보내지는 bucket position command signal이다.

4) pc보드 FV9은 engine governor에 보내지는 voltage신호와 engine speed setting용 선교의 lever position command signal 사이의 필수적관계를 나타내는 function generator FG로 구성되어있다.

5) pc보드 S1은 feed back transmitter용 adjustable buffer amplifier로 되어있다. pc보드 S1의 출력은 pc보드 CP1으로 입력된다.

6) pc보드 CP1은 control error를 계산하여 “steering control”에서 기술한 같은 type의 전동

유압비례밸브로 흘러갈 전류를 결정한다.

18. reversing bucket and engine speed control mode

1) in pilot house

"separate lever" 조종 switch설정으로 각 unit의 reversing bucket와 engine speed는 해당 lever에 의해 개별적으로 조종된다. "port station"("stbd station")조종 switch설정으로 both unit의 reversing bucket와 engine speed는 port(stbd) lever에 의해 한 번에 조종된다.(목포선박은 도선사 조종실이 없고 실제 이런 식으로 조종되도록 설치된 case 없음)

2) fault detector

control circuit(steering and reversing)관련, voltage failure, control failure 및 조종과 feed back transmitter로의 cable failure에 대한 fault detector pc보드 D3가 있다.

가. control system에 voltage failure가 있다면(즉, central unit의 DC 24V fuse가 나갔다면) central unit의 alarm relay가 즉각 작동하여 alarm이 발생한다. 각 bucket와 nozzle은 alarm과 동시에 그 위치에 고정되는데, 해당 relay가 즉각 작동하여 조종전류switch를 off하여 조종계통을 차단하기 때문이다. engine rpm은 idle로 set된다.

나. operating range가 5%이상 error발생하여 실제 위치가 order된 위치와 차이가 있으면 fault detector가 1.5초 후에 alarm을 발생하며 engine rpm은 idle로 set된다.

다. bridge control panel의 command transmitter로 연결되거나 feed back transmitter로 연결되는 cable failure가 발생하면 fault detetor는 central unit에서 alarm을 발생한다. 동시에 bucket 또는 nozzle은 위에서 기술한 것과 마찬가지로 그 위치에 고정되고 engine rpm은 idle로 set된다.

라. fault detector pc보드는 다음 4개의 light emitting diode를 가지고 있다.

color	marking	indicating
green	ε'	correction which reduces the control error
yellow	ε	control error(조종오차) 〉 1.5%, 0에서 full position범위까지
red	Aε	alarm, remaining control error(남아있는 조종오차로 인한)
red	Aa	alarm, cable breakdown(전선 차단으로 인한)

note! alarm이 control failure를 나타내면 즉시 main engine emergency stop button을 누르고 control failure원인을 제거한다. 만일 failure가 main control system에서 발생한 경우 back up control로 전환시킨다.

19. back up control

1) back up control은 main control의 단순보조 system이다. main control system고장발생 시 수리될 때까지 back up control system에 의해 steering nozzle position, reversing

bucket position 및 engine speed조종이 가능하다. back up control은 battery에서 전원 공급이 되며 feed back(자동조종)이 안 된다.

2) back up control system은 다음으로 구성된다.

가. at the control station;

back up panel상의 control devices

나. at the kamewa central unit;

volatge regulator와 relay

3) maneuvering

가. back up control 조종단계 첫 번째는 back up panel상의 전환switch를 "back up"으로 설정하는 것이다. switch를 "back up"으로 설정하면 central unit상의 전환 relay가 작동되어 main system을 차단하며 switch상의 blue lamp가 점등된다. steering nozzle과 reversing bucket는 damping stick에 의해 조종되며, engine speed는 rpm+와 rpm- push button에 의해 set된다.

나. 적절한 조종조작을 위해서 central unit에는 steering과 reversing을 적정speed로 통제하는 2개의 potentiometer와 voltage regulator가 있다. main control system으로의 복귀는 panel상 전환switch를 "off"하여 relay를 소자시킨다. 동시에 control panel상 blue lamp는 소등된다. "separate rpm" switch(rpm "fix" setting에 사용, 사양에 따라 다르게 설치될 수 있다)로 rpm back up만을 separately하게 사용할 수 있다.

다. "separate rpm"switch전환에 따른 정보는 back up rpm으로 운전될 diesel engine governor에 입력되며 blue lamp가 점등된다. engine speed는 back up panel에 있는 push button rpm+와 rpm-에 의해 set된다.

4) indication

steering nozzle과 reversing bucket position은 panel 지시계에 실시간 나타난다. 이 지시계들은 실제는 voltmeter로서 position을 나타낸다. central unit에는 steering nozzle과 reversing bucket position을 나타내는 2개의 pc보드가 있다. 각 pc보드는 아래 항목의 조정을 할 OP 증폭기와 3개의 trim potentiometer P1, P2, P3로 구성되어있다.

① P1 zero adjutment

② P2 full ahead(bucket) or port(nozzle) adjustment

③ P3 full astern(bucket) or stbd(nozzle) adjustment

5) power supply

system의 power supply는 DC24V이며 electronic central unit안의 fuse에 의해 3개의 channel에 분배된다.

① main control

② back up control

③ indication

6) +/-15V인 operational amplifier, +/-7.5V인 lever position transmitter 및 feed back transmitter가 설치되는데 4개의 DC/DC converter가 있으며 각 2개는;

① remote control system(one +/-7.5V, one +/-15V)
② indication system(one +/-7.5V, one +/-15V)

20. 설치절차(정비시 참조)

설치되는 water jet unit에 따라 유압 및 전자system을 결정하여 설치한다.

1) inlet duct 제작 후 선미관과 함께 align한다.
2) inlet duct는 양질의 reinforced epoxy paint와 non-metalic anti-fouling paint로 coat한다.
3) impeller를 impeller shaft에 취부하고 impeller가 부착된 pump unit를 선미측에서 설치한다. water jet unit와 선미beam사이에 부식방지용 zinc paste를 붙인다. water jet unit를 선미관에 고정시키는 screw체결 전에 O-ring과 함께 각 유압nipple을 설치한다. 유압관통이 pump unit관통(유압 hose가 pump unit guide vane chamber 외부두께사이로 관통, 선미부에 유압hose가 안보임)이 아닌 선미beam을 지날 경우 이 작업은 불필요하다.
4) 최종적으로 볼트체결을 하기 전에, 선미관과 impeller실 선수끝단사이의 간격이 주어진 값과 일치하는지 확인한다.
5) shaft상에 shaft seal(stern tube seal)을 설치하고 냉각해수 pipe를 연결한다.
6) shaft coupling, 규정된 bearing 및 중간 shaft(필요시) 등을 설치한다.
7) feed back devices(feed back cable 및 potentiometer)를 설치한다.
8) hydraulic package설치 후, water jet unit에 적절한 유압hose로 연결하고, control system에 control전기배선을 하며, 전동motor가 있다면 전기동력선을 배선한다. 선박 launching전 system에 oil line을 연결하여 air vent하며 oil을 채운다.
9) remote control system 구성부품을 설치하고 배선한다.

21. inlet duct의 제작

1) water jet unit의 axial force와 moment(축력과 회전력)가 선미관을 거쳐 선미beam에 전달되므로 선미beam은 충분한 강도의 재질로 설계한다. 적절한 thrust를 형성해내기 위해서 실제 inlet duct형상을 도면과 같은 기하학적 형상으로 유지한다. 최대 및 최소수압, 표면짜임새, zinc부착 등을 충분한 경년변화내구성이 유지되도록 한다. 제작자가 결정하는 판 재질과 두께는 통상 선박하부 표면의 재질과 동일하다. 수면보다 위에 설치되는 검사공은 손으로 조작 가능하도록 접이볼트 혹은 snap-on coupling등의 제품으로 체결한다. 평탄부는 stiffner 자재로 보강한다. 잡용 sea water inlet와 배기가스 출구는 inlet duct에서의 water흐름이 방해되지 않도록 한다.
2) water jet unit는 grid없이 운항을 하도록 설계한다. rope, 캔버스, 나무조각 등이 pump를 손상시키지는 않지만 grid 없이 혼탁지역을 운항할 시 inlet 소제를 위해 불가피하게 기관정지를 할 수 있다. inlet grid 형상은 효율저감을 최소화하도록 설계하고 제작과 설치 시 충분한 강도를 유지한다. unit설계, 제작 및 조립에 있어 해수부식방지재료사용, zinc부착위치의 효율적인 선정 등 water jet unit 성능저감이 없도록 모든 대처를 해 왔음에도 unit와 인접부품들의 전해부식을 감소에 대해서는 여전히 부족한 점이 적지 않아 inlet duct내부에

two-component epoxy paint와 non-metalic antifouling paint도장을 권장한다.

22. inlet duct 설치는 다음 순서대로 하는 게 바람직하다.

1) 선미관은 전체축계의 alignment상 극히 중요하므로 설치 시 별도의 지침서를 참조한다. 이 부분의 정밀성은 선미beam counter surface(표면부의 껄끄럼미립자)의 매끄러움 가공작업, 수직도(해수면 입력흐름에 대한 펌프의 직각도) 유지, 혹은 alignment (maker권장을 준수한) 작업 후 선미관과 선미beam 사이에 칠하는 chockfast(alignment교정용 무수축 epoxy)에 의해 결정된다. 선미관이 선미beam에 바로 체결될 시 watertight목적으로 sealing compound를 바른다. GRP(탄소섬유판넬)재료 선체인 경우 kamewa에서의 선미관supply가 없어 inlet duct를 전체적으로 제작하여 선미beam에 연결한다. kamewa에서 water jet unit와 선미beam사이의 연결용으로 stainless steel adaptor-ring을 supply할 때가 있는데 adaptor ring설치시 선미관설치의 정밀도와 동일하게 작업한다.
2) inlet duct 제작은 선박하부의 inlet개구부로부터 시작될 수도 있고, 설치되고 있는 선체 의 해당 section부의 외부에서 제작될 수도 있다.
3) 선미관에 inlet duct 취부 시, 원활한 연결이 되도록 선미관의 선수쪽 duct의 cylinderical part 길이를 조정한다. duct제작완료 후 duct를 이동시 duct와 선체하부면의 접촉손상이 발생되지 않도록 주의한다.
4) inlet duct에 impeller shaft위치를 확인하고 protection tube용 구멍을 만든다.
5) 만곡 flange를 protection tube가 통과하는 duct wall에 취부하며, 만곡부에서 최대의 피로응력 내구성을 유지하도록 duct wall반경을 충분히 유지한다.
6) duct 평탄부는 진동으로 인한 피로취약을 피하도록 duct 외부에서 적절한 stiffner자재로 보강한다.
7) duct내부는 적절한 paint로 coating한다.
8) 적절한 inlet grid를 설치한다.

23. water jet unit의 alignment

1) aligned될 선미관과 gear box output flange의 위치와 맞도록 wire, laser등을 사용한다.
2) protection tube내의 shaft가 충분한 여유간극을 갖도록 protection tube가 shaft와 같은 중심line에 aligned되었는지 확인하며, 설치 후에도 재확인한다.
3) shaft seal(stern tube seal)용 tube flange를 조립하기전 protection tube의 fore end에 풀어 놓고 위치를 확인다.
4) impeller shaft가 취부된 water jet unit를 선미쪽에서 설치한다.
5) impeller chamber 주위에 동일한 blade tip clearance가 유지된 상태로 impeller shaft를 fore end에서 지지한다.
6) impeller shaft의 fore end는 gear box, engine, 지지베어링 등의 위치를 최종적으로 결정하는데 최우선의 기본위치가 된다. 발생의 우려가 있는 선체휨과 만곡인장부의 변형도 고려한다.
7) seal용 tube flange를 설치한다.

8) 진수 후 선체휨이 발생하여 alginment를 변화시킬 정도인, blade tip이 impeller실에 접촉하는 경우라면 blade tip clearance를 재점검하고 realignment를 한다. 우려스럽다면 impeller를 회전하면서 tip clearance를 측정하며 측정 중 윤활유펌프를 가동하여 윤활유압력을 3-4 bar정도가 되도록 한다.
   후부 선미관면과 shaft 중심 line사이에 +/- 0.1~0.2°(water jet type과 size에 따라 다름)의 각도변화는 blade tip과 impeller실 사이의 기계적 접촉을 야기하므로 안전측면에서는 +/-0.05° 이상의 각도변화가 일어나지 않도록 권장한다.
9) 의문사항이 있을 시 항상 maker담당자에게 연락하여 기술한 절차의 변경여부를 확인한다.

24. feed back transmitter 설치

1) "feed back devices assy"도면에 따라 steering과 reversing 2개의 transmitter 위치를 확인해둔다.
2) 제품 인도 시 potentiometer housing의 pulley는 spring load돼 있으며 설치 전에 unloading이 안 되도록 설정한 stroke limit를 해제하지 않는다.
3) pulley 가까이 유압동력package가 설치되며, pulley에는 각도를 나타내는 표시가 있다. transmitter는 inlet duct 외부에 설치되는 inspection hole을 방해하지 않도록 설치한다. bracket는 설치 후 진동 등 외부 원인에 의해 구부러지는 등 위치변화가 안되도록 stiffness와 강도를 가져야 한다.
4) feed back cable에 연결된 chain은 여유길이가 있는 상태로 보급되므로 현장에 맞게 잘라 사용한다.(최대와 최소길이는 도면에 표시된다)
5) chain을 자르기 전에 reversing bucket를 full ahead(ram이 cylinder안에 있을 때 cable길이가 가장 짧아진다), steering nozzle은 full port position(cable길이가 가장 짧아진다)으로 옮겨가며 계측 한 후 자른다.(reversing은 full ahead와 full astern 그리고 steering은 port와 stbd로 움직여가면서 cable 길이가 적절히 유지되도록 한다), feed back cable 연결 후 stroke limitation전 약 10°의 회전각 여유가 있도록 한다. reversing bucket와 steering nozzle이 astern과 stbd위치에 각각 있을 때 spring이 압축된다.(실제상황은 확인필요함) spring이 반대방향으로 작동되도록 하거나 손상이 일어날 정도로 과하게 압축하지 않는다.(spring 손상이 있으면 정확한 feed back이 안되어 control이 정확하지 않다)
6) 금속조각이나 해수가 spring실 내로 들어가거나 오염이 발생하지 않도록 주의한다.
7) 작동 중 chain이 걸리지 않도록 pipe, 선체부재 및 stiffener등을 chain통로 가까이 설치하지 않는다.
8) 설치 후 작동부는 적절한 chain 윤활제로 윤활한다.
9) spring 교환 시 spring각을 90°와 180° 사이로 돌려가면서 preload를 점검한다. 조정이 필요하다면 potentiometer shaft상의 spring holder를 돌리거나 stroke limitation을 다른 위치로 옮겨가면서 조정한다.

25. flexible mechanical shaft seal의 조립

1) tube flange를 protective pipe에 연결

tube flange(7)을 shaft protection tube에 접 합시 chockfast orange(2)를 사용하면서 shaft line을 조정한다.

2) tube flange의 만곡부 마모가 shaft seal assy 도면에 제시된 제한치를 넘어서는 안 된다.

3) 마모제한치는 shaft를 360° 회전하면서 dial gage로 측정할 수 있다.

26. seal(stern tube seal) 조립전

1) mechanical shaft seal은 정밀부품으로 정확한 조립만이 적절한 성능을 유지할 수 있다.

2) 공장출고 시 seal은 seal접촉면을 최대한 보호하여 포장되며 seal 조립 직전까지 해제하지 않는다.

3) 다음사항을 점검한다.

① seal이 조립될 shaft 접촉면이 적절한 기계가공 되었는지.

② O-ring이 지나가는 면에는 매끄럽지 않은 edge등이 없어야 한다.

③ screw(12,19)와 nut(6,20)는 locktite등을 묻혀 조립한다.

27. seal 조립

1) fig.2에 표시된 대로 lip을 돌리면서 lip seal을 설치한다.

2) tube flange상 조립이 없는 평탄부로부터 "A" mm인 liner(11)을 밀어 넣어 취부하고, screw(12)로 ring을 체결한다. 수치 "A"는 shaft seal assy에 표시되어 있다.

3) seal이 지나가는 shaft면은 청결히 하여 vaseline 혹은 silicone grease등을 발라둔다.

4) vaseline, silicone 및 grease등으로 윤활처리 된 O-ring(8)을 조립한다.

5) 처음 취부되 는 seal lid(9)안에 vaseline, silicone 및 grease등으로 윤활처리 된 O-ring(8)을 조립하고 screw(6,10)로 취부한다.

6) shaft seal assembly 도면에 표시된 sealing의 tolerance(조립 시 여유상태)를 점검한다. 필요하면 Fig.4의 screw(21)과 nut(20)로 조정한다.

7) driver pin(14)을 구멍밑과 접촉하도록 조립한다.

8) seal ring(15)이 안착부에 완전히 들어갈 때까지 조립한다.

9) ring(15)이 꼬여져 들어가지 않도록 점검한다.

10) Fig.2와 같이 회전 seal 부품(16,17)에 split ring(18)을 조립한다.

11) shaft를 따라 회전 seal 부품(16,17)을 밀어 넣는다. shaft작동상황에서의 위치는 spring sleeve(17)의 rear edge가 outer sleeve(16)의 rear edge와 동일평면에 있을 때 적절한 위치로 본다. 작동상황에서의 위치가 아니면(system에 윤활압력이 없는 경우) spring sleeve (17)는 outer sleeve(16)의 후부로 1.0mm위치에 있어야 한다.

12) screw(19)를 취부 한다.

13) seal이 완전히 조립되었는지 확인한다.

14) cooling water pipe를 연결하고 valve를 연다. minimum water flow는 도면 shaft seal

assembly에 표시되어 있다.

28. chockpast 유착

Note! chockfast로 유착되는 pipe표면과 flange는 잘 소제하여 기름이나 grease성분이 없도록 한다. 작업 전 package 지침서와 bulletine을 참조한다.

1) 주어진 도면대로 유착준비를 한다. 유착중 공기방울이나 air pocket이 없도록 확인한다.
2) shaft와 flange 온도는 적어도 13°C가 돼야한다.
3) section A-A와 B-B에서 screw로 flange를 align한다. 만일 최고점이 section B-B가 아닌 A-A에 있다면 fill hole과 vent hole의 위치를 바꿔본다. shaft관련 최대의 마모는 seal 도면에 표시되어 있다. 마모 제한치는 shaft를 360° 회전하면서 dial gage로 측정할 수 있다.
4) chockfast 층은 10~20mm두께이며 8mm이하는 안 된다.
5) 유착전 flange가 적절히 조정됐는지 점검한다. 유착 전 chockfast 내용물을 적절히 mix한다. 유착은 20분 안에 끝낸다. 유착 중 chockfast가 새나가는지 점검한다. chockfast의 경화는 4시간정도 걸리므로 주위온도 13°C에는 48시간, 16°C에는 24시간, 21°C에는 12시간 내에 하중을 걸지 않는다.
6) flange pipe옆에 나온 screw를 자른다.

29. 유압과 윤활유 system 설치

1) 유압동력과 윤활package는 정비와 사용에 접근성이 있어야한다. control valve의 수동조작도 가능하므로 유압동력package는 control valve 가까이에 설치되도록 한다. air ventilation상 전동motor위로 충분한 공간이 확보돼야 한다.
2) PTOpump는 gearbox primary side나 engine side에 설치한다. maker는 bell housing이나 coupling등은 공급하지 않으므로 gearbox와 engine maker에 연락하여 적절한 제품을 확보한다.
3) oil pump용 전동motor는 표준형으로 totally enclosed된 protection form으로 보급하며 motor 시동장치는 포함되지 않는다.
4) pipeline 설치는 최소만곡으로 한다. 압력pipe는 작동압력에 맞는 size로하고 유압에 맞는지 압력test를 한다. 주어진 pipe는 최소 허용내경이다.
5) 30mm 외경까지의 pipe size와 joint(이음새) 및 연결부는 규정상의 유압에 적절한 부속으로 설치한다.
6) 유압탱크하부의 위치는 PTO pump위로 최소 0.5m가 되어야 하며, waterline(해수면)보다 최소 1m위에 위치하여 중력작용이 될 수 있어야 한다.
7) PTO pump suction line이 4m이상 되지 않도록 한다. 최대 suction 길이가 이를 초과하거나 suction head가 확보되지 않으면 안 된다. suction line은 pump로부터 oil이 drain되지 않는 구조로 설계한다.
8) system작동 전 pipe와 tank를 소제하며 연결될 비내식성 pipe는 다음과 같이 처리한다.

가. 철저히 degrease한다.

나. 물로 세척한다.

다. 50~60°C에서 1~1.5시간 10~15% 황산으로 처리한다.

라. PH값 7이상, 되도록이면 9~10인 물로 중화시킨다. pipe를 중화된 통에 2번 담근다.

마. 담갔던 pipe는 즉시 바깥면에 도색을 하고 내면은 사용oil을 칠하여 보호한다. pipe에 이물질이 들어가지 않도록 blind flange처리한다. pipe는 impeller 검사공의 설치 여유가 있도록 하며 inlet duct와 선미관 zinc에도 접근 용이하게 설되 돼야 한다.

9) hydraulic power pack 전기설계에 맞게 alarm switch를 설치하여 조정한다. faulse alarm이 없도록 3~5초정도의 지연기능을 갖도록 한다.

10) hydraulic power pack pressure switch PS2는 전동pump oil이 hydraulic mode로 흘러가도록 하는 자동전환용이다. 전동pump 운전표시 indicating lamp를 설치한다.

11) oil level을 suction pipe바로 위까지 채운 후 flushing을 하고 모두 drain한다. tank를 잘 소제한 후 정상 level까지 다시 oil을 채운다. system작동 전 철저한 소제와 오염물 제거는 hydraulic system의 정확한 작동에 중요한 요소가 된다.

12) Note! launching전 pump unit bearing housing은 oil tank에 연결돼 중력으로 oil이 채워져야 한다.

13) hydraulic과 lubricating oil은 46cSt/40°C에 맞는 점도를 유지하며 DIN(독일산업기준) 51524 요구사항을 충족해야 한다.

30. hydraulic 및 lubricating oil package와 PTOpump가 결합된 system

system 가동 전 청결은 가장 중요하며 다음 절차를 수행한다. (hydraulic diagram 참조)

1) 설치설명과 hydraulic diagram에 따라 piping system과 구성부품의 위치가 제대로 설치됐는지 점검한다.

2) oil tank의 filler/ breather filter(F3)를 제거하고 tank 내부가 깨끗한지 점검한다. 필요시 filter를 소제 후 재부착한다.

3) 별도의 filling pump와 filter를 거쳐 tank에 적합한 품질의 oil을 채운다.

4) 선미beam바깥쪽 ram cylinder에 연결되는 유압hose는 보급된 자재를 사용하여 각 ram cylinder양 끝단에 연결한다. flushing시 ram 연결부에 물이나 이물질이 들어가지 않도록 막아놓는다. (Note! launching전 수행한다.)

5) jet unit에 연결된 pressure line의 valve(V15,V16)은 열고 valve(V17)은 닫아 놓는다.

6) power pack의 valve(V10,V11)밑에 flushing plate가 maker 보급 시에 설치되는 경우가 있다. 이 plate로 control valve들은 flushing을 할 수 있다.

Note! flushing이 끝나기 전에 plate가 제거돼선 안된다.

7) 전동pump(P2) 기동전 relief valve(V4,V5)를 최저압력으로 set한다.

8) hydraulic system에 전동윤활유 pump(P2)를 연결하기 위해 solenoid valve(V21)을 여자한다.

9) 전동motor가 기동되면 회전방향을 점검·확인한다.

10) system안에서 전체적인 oil flow가 적절히 되도록 gauge(G1)에 나타나는 압력을 참조하여 relief valve(V4,V5)의 setting 값을 조정한다.

11) 최소 4시간은 oil 순환을 하여야 하며 주기적으로 압력, oil level, 온도 및 filter(F1) 상태를 점검한다.
12) water jet의 hose탈착 시 pump를 정지하고 valve(V15,V16)을 잠근다. 기동 전에 vlave(V15,V16)를 연다. 남는 자재는 향후사용에 대비하여 선내에 보관한다.
13) lub oil mode시 solenoid valve(V21), valve(V22(설치됐다면), V23)의 여자상태를 확인한다.
14) 전동pump(P2)를 기동하여 최소4시간 oil을 순환한다. filter(F2)를 점검한다.
15) 다음은 main engine이 기동될 때의 절차이며 같은 절차를 수리·점검 후에도 적용한다.
  (1) PTOpump 자체의 내장 relief valve를 최소압력으로 set하고 flushing plate가 아직 작동유지되고 있는지 확인한다.
  (2) PTOpump(P1)관련 운전지침을 숙지하고 회전방향도 확인한다.
  (3) valve(V15,V16)을 닫고 valve(V17)을 연다.
  (4) drive unit(주기)를 기동한다.
  (5) 압력과 소음 등을 점검한다.
  (6) PTOpump 자체의 내장 relief valve의 setting치를 system안에서 전체적인 oil flow가 적절히 되도록 gauge에 나타나는 압력을 참조하여 조정한다.
  (7) pump(P1)를 적어도 30분 이상 운전하면서 주기적으로 압력, oil level, 온도 및 filter(F1)의 상태를 점검한다.
  (8) pump정지 후 tank내 oil을 drain하고 filter element를 교환한다.
  (9) 다시 oil을 채운다.
  (10) control valve(V10, V11)에 연결된 flushing plate를 제거한다. valve하부의 O-ring에 주의하며 flushing plate를 향후 사용대비 선내에 보관한다.
  (11) system압력시험은 적어도 1.5배의 압력으로 시행한다. 압력시험은 충분한 압력성능이 있는 별도의 pump로 시행한다. 이때 relief valve는 가능한 최대압력으로 맞춘다.
  (12) valve와 switch의 마지막 setting은 다음과 같이 한다.
    ① lub oil mode로 전동pump를 기동하고 water jet unit로부터 return line에 있는 needle valve(V23)로 압력을 hydraulic diagram에서 주어진 값으로 set한다. 압력line 상 모든 shut off valve는 완전히 열어둔다.
    ② hydraulic mode(V21)로 전환한다. steering nozzle 혹은 reversing bucket이 기계적인 end position에 오면 control valve(V10, V11)을 작동시킨 후 기계적인 움직임이 더 이상 일어나지 않도록 relief valve(V4, V5)의 압력을 set한다.
    ③ 전동pump(P2)를 정지하고 main pump(P1)을 기동한다. P1pump 자체의 내장 relief valve는 valve(V4)보다 10bar정도 낮게 set한다. control valve를 여자하지 않을 시 대략 20bar로 set한다.
    ④ 압력, 온도 및 flow switch는 maker 보급 시 적절한 값으로 미리 set되어 있다.

31. jet system의 relief valve setting과 combined hydraulic and lubricating oil system

1) main pump(P1)(main engine PTOpump) 기동전 내장 relief valve(두개가 있는데 큰 것,

pump 작동지침서 참조)를 최대압력으로 조정한다. power pack safety valve(V4)는 가능한 최소압력으로 조정한다.

2) main engine을 기동하여 수동운전이나 back up system을 사용하여 steering nozzle을 full port나 stbd로 한다. 만일 oil 압력이 낮아 nozzle이 움직이지 않으면 움직일 때까지(대략 50bar가 최소압력이다) vavle(V4)를 조정하여 압력을 올린다.

3) control valve(V10, V11)를 작동하여 nozzle을 full port혹은 stbd로 옮긴 상태에서 safety valve(V4)를 규정된 압력으로 조정한다. overheating이 발생할 수 있으므로 수분 이상 이 상태에서 system을 가동하지 않아야 하나 모든 relief valve setting은 이러한 조건에서 행해진다.

4) main pump(P1)에 내장된 relief valve조정을 규정된 압력으로 시행한다. 이 압력은 valve(V4)에 조정한 압력보다 10bar정도 적다. 서서히 nozzle이나 bucket을 기계적 max 위치로 운전하여 safety valve(V4)압력을 증가시킬 초기단계에서 valve가 열린 상태로 되어서는 안 된다.(즉, valve로부터 flow음이 들려서는 안 된다) system압력은 safety valve가 아닌 main pump에 내장된 relief valve에 의해 먼저 relief되어야 하기 때문이다.

5) control valve(V10, V11)를 여자하지 않은 상태에서 main pump(P1)에 내장된 작은 relief vavle(2개중 작은 것)를 unloaded pressure인 control valve소자상태 압력을 약 25 bar로 조정한다.

6) 전동pump의 최대압력은 main engine정지시 조정한다. valve(V5) 압력setting을 최소로 줄여 steering nozzle을 full port 혹은 stbd로 운전하면서 nozzle이 움직이지 않을 때까지 setting치를 증가한다. control valve(V10, V11)를 여자하여 nozzle을 기계적 max 위치로 옮긴 상태에서 relief 압력을 세부조정 한다.

32. counter balance valve의 조정 (hydraulic diagram 참조)

counter balance valve는 maker인도시 적절한 압력으로 set되어있다. 추후 조정이 필요하면 다음절차를 수행한다.

1) steering system상 valve 점검용의 압력시험연결부 TA1과 TB1에 압력범위 0~25MPa인 2 gauge를 연결한다.

2) steering cylinder사이의 valve(V17)을 연다.

3) hydraulic pump를 기동한다. (전동pump 혹은 PTOpump)

4) a) 연결부TA1으로 oil이 흐르도록 control valve(V10)을 여자한다. TA1~TB1간 차압이 약 5MPa가 될 때까지 valve(V42)를 조정한다.

   b) 연결부TB1으로 oil이 흐르도록 control valve(V10)을 여자한다. TB1-TA1간 차압이 약 5MPa가 되도록 valve(V42)를 조정한다.

   Note! 압력증가조정시 set screw는 반시계방향으로 돌린다.

5) steering system line상 valve(V17)을 잠그고 압력gauge를 뗀다.

6) steering을 port와 stbd로 운전하면서 조정한다. 압력은 전동pump운전중 압력gauge G1에 대략 5-6MPa가 나타나야 한다.

7) reversing bucket cylinder system에 내장된 counter balance valve의 압력setting 점검시 full ahead에서 full astern으로 조작하면서 gauge(G1)상 압력을 측정한다.
8) hydraulic pump를 정지한다.

33. power supply

1) 각개 system으로의 전력공급은 24V DC이며 전력공급이 끊어지지 않도록 우선회로 장치로 공급된다. central unit공급은 circuit breaker가 설치되어 수동차단이 가능하도록 한다. 각 전력공급에서 전력소모는 max 75 W이다.
2) 개개 system으로의 전력공급은 가능한 분리한다.(별도의 battery로부터 공급). 하나 이상의 system이 battery에 연결된 경우 별도의 fuse와 circuit breaker가 설치된다. 하기 표는 한 쌍의 water jet unit 사용의 경우 전력공급배분을 보여준다.

control system	battery수와 각battery에서 사용하는 별도 전원수		
	1(battery수)	2(battery수)	4(battery수)
joystick system	1	1(alternative.2)	1(alternative.3)
main system port jet	1	1	1
back up system port jet	1	2	2
main system stbd jet	1	2	3
back up system stbd jet	1	1	4

3) control panel상 indication lamp 점멸 전원공급은 별도의 전원으로부터 fuse와 circuit breaker를 거쳐 행해진다.
4) 조종 stsystem
전자조종계통을 가진 central unit는 선교 혹은 local에 설치되며 주위온도는 55°C, 최대허용 습도는 100%까지이다.
5) central unit 설치 시 radio transmitter주변, radio 영역 주위는 고강도자장이 형성되어 전기장치기능저하를 초래하므로 피하도록 한다. 필요시 maker와 협의한다.

34. central unit

1) 선체연결 이온화부식방지장치를 설치하며 hull에 nipple로 연결된 방식재 metal표면은 청결히 유지한다.
2) 만일 earth-wire가 선체연결에 사용된다면 가능한 짧아야 하며 multi-wire plate가 사용되는 게 좋으며 toothed plate connector를 사용한다.
3) central unit는 door가 최소 90도 열릴 수 있도록 한다.
4) central unit는 진동최소장소에 설치하며 진동이 있는 경우 damping element(진동흡수장치)를 설치한다.
5) maker는 central unit의 PC보드 delivery시 손상방지포장을 한다.

35. daily and maintenance routines

1) system기동시 다음의 일상점검을 한다.

(1) lubricating oil 및 유압system level을 점검한다.

(2) power pack system 기동 후 유압(G21)을 점검한다. (전동유압pump를 수동운전)

(3) 조종을 선교로 전환한 다음 steering과 reversing 조종을 확인하고(lever조작 mode) 지시계의 추종을 확인한다.

(4) back up system을 점검한다.(back up조작 mode)

(5) 주기 시동 전 추진기 control lever의 "0"위치를 확인한다.

2) 상이한 점검간격을 가진 점검 (check list 확인)

(여객선은 매 1년 상가로 대부분의 점검 point는 점검이 완료된다)

(1) lubricating oil and hydraulic system

lubricating oil 및 유압system의 filter를 매 2주 혹은 매 150시간 운전 시 점검한다. 필요시 filter 내부를 교체한다.

(2) 안내날개실의 hub oil을 점검하며 유압package내에 시각적으로 물이나 오염물질이 있는지 확인한다.

36. inlet duct

- 매 6개월 inlet duct 점검hole을 열어 impeller나 안내날개의 손상이 있는지 시각적 관찰을 하며 동시에 내부coating과 방식sytem을 점검한다.

Note! inlet duct 점검hole을 열기전 해수면이 점검공하부에 있는지 확인한다. 선박이 해수면 위에 있을지라도 점검hole을 열어둔 채 방치하지 않는다. 점검hole을 열거나 닫을 때 gasket을 취부하고 cover가 watertight됐는지 확인한다.

37. 선수 anchor용 hydraulic pump 및 oil tank

매 6개월 pump작동 및 oil tank 유량확인(anchor cock bill훈련까지 권장)

39. steering 및 reversing gear

1) 운항 중 예기치 않은 선박정지와 oil leakage를 피하기 위해 유압구성품 및 feed back cable은 매 3개월 혹은 매 300시간 운전마다 점검한다. seal은 매 2년마다 교체한다. steering 및 reversing 실린더는 선미관을 통해 실린더당 2개의 유압hose로 연결된다. hose는 steel이 내부층으로 형성된 고압형식제품으로 관련규정에 따른다. hose와 coupling은 일체로 보급되며 유압hose가 압력변화, 구부러진 물리적 손상, 경년변화로 강도는 점차 약해진다. 따라서 hose는 매달 wear(낡은 정도), cracking(찢어짐), leakage를 점검하고 손상 발견 시 모든 hose는 즉시 교체한다.

2) 모든 hose는 매 2년마다 시각적으로 손상이 발견되지 않더라도 교체한다.

3) 새 hose설치 시 꼬이지 않도록 한다.(hose의 세로방향 mark가 일직선으로 돼 있는지 확인한다). 꼬여진 hose의 내구성은 현저히 줄어들게 된다.

40. impeller shaft seal

- seal alignment는 wear와 leakage를 피하기 위해 매 3달 점검한다.

Note! impeller shaft seal 분해 전 해수면이 shaft protection fairing보다 충분히 아래에 있는지 확인한다. 선박이 해수면상에 있을 때 shaft protection fairing을 개방하여 선수부 개구상태로 방치하지 않는다.

41. shaft arrangement

support bearing과 flexible coupling이 설치되면 lubrication alignment등 관련 maker recommendation을 따른다.

42. pump unit

bearing과 seal은 매 3년 혹은 10000시간 운전마다 교체한다. 이때 impeller와 안내날개도 점검하며 zinc anode가 설치된 경우 이 부분도 점검한다.

43. 선박의 장기계류

선박이 장기간 운항하지 않고 계류하는 경우 impeller와 유압실린더 로드에 해양생성물부착 방지를 위하여 다음사항을 주기적으로 시행한다.

1) impeller shaft를 180° turning
2) steering과 reversing bucket 유압실린더를 5회 full stroke로 조작해본다.
   필요한 점검주기는 기상과 해양생성물성장지역에 따라 다르다.
   Note! 상기 권유를 따르기 어려운 특별한 이유가 있다면, 정상운전에 들어가기 전 water jet를 점검하고 해양생성물부착이 있다면 제거한다.

44. 선급 검사 rule(신조 및 일반점검시)

1) stopper기능점검
   steering시 deflector(nozzle)가 회전하면서 기계적으로 stopper에 닿아 정지하기 전 limit switch등에 의해 사전에 stopping되는 구조로 한다.
2) steering과 reversing의 alarm 및 지시계 장치의 기능을 점검한다.
   (1) 유압모터 전원failure시 가청 및 시각적인 alarm 장치를 선교에 설치한다.
   (2) 유압펌프가동여부 및 조종위치를 나타내는 지시계를 선교에 설치한다.
   (3) main engine overload alarm을 설치한다. overload alarm은 가청 및 시각적이어야 하며 main engine조종간에서 눈에 잘 띄는 위치에 설치한다.
   (4) 3상전원인 경우, phase failure시의 alarm을 설치한다. alarm은 가청 및 시각적이어야 하며 main engine 조종간에서 눈에 잘 띄는 위치에 설치한다.
3) steering 및 reversing 조종점검
   (1) control system failure시 local 조종간(설치된 경우)에서 추진기를 작동할 수 있도록 local 조종간(설치된 경우)에도 reversing system장치를 설치한다.

(2) reversing system 조종failure시 local 조종간(설치된 경우)control로 조종을 옮겨 조종을 시작할 때까지 기존의 reversing위치가 유지돼야한다.

(3) 다수의 추진기가 동시에 조종되는 경우 각 추진기에 대해 joystick(lever)장치를 독립적으로 설치한다.

4) control system전환 점검

bridge에서 보조조종 장소로(vice versa)의 전환 시 automatic에서 manual로(vice versa)의 전환점검을 한다.

5) 지시계 기능점검

(1) deflector(nozzle)위치 지시계

① deflector(nozzle)위치 지시계는 선교 및 조종장소에 설치한다.

② deflector(nozzle)위치 지시계는 조종계통 system전원과 독립적이어야 한다.

(2) 전후진 위치 지시계

전후진 위치 지시계는 선교 및 조종 장소에 설치한다.

(3) impeller speed지시계

impeller speed지시계는 선교 및 조종 장소에 설치한다.

6) 추진기의 lubricating system상 alarm기능점검

추진기 lubricating oil system에 윤활유 공급 failure 혹은 유압저하 시 가청 및 시각적인 alarm장치를 선교 및 local에 설치한다.

7) 유압system의 alarm점검

유압유누설 시 조기에 알 수 있도록 유압유 tank에 level low alarm장치를 설치한다.

alarm은 가청 및 시각적이어야 하며 선교 및 local에 설치한다.

8) 비상전원 공급점검

추진기 마력이 unit당 2500kW를 넘는 경우, 비상전원은 deflector(nozzle), 관련 조종계통 및 deflector지시장치에 45초안에 자동적으로 전원을 공급하도록 한다.

9) 비상정지장치 기능점검

각 조종위치에는 각 water jet unit 비상정지장치를 설치한다.

II. Kamewa water jet electric skeleton 해설(도면 참조)

1. port MSB와 stbd MSB는 bus bar로 항상 연결되어 있다(비상시 분리). 따라서 양현중 한쪽 현의 발전기 구동으로 선박전체의 전기를 공급한다.

2. battery

1) radio battery 12V (port)

MSB로부터의 제1 220V distributing panel for light at passenger saloon(P1,선교)에서 voltage down되어 분지된 12V charger기에서 12V DC distributing board를 통하여 charging & discharging됨.

2) EMCY lighting battery 24V (stbd)

(1) MSB로부터의 제1 220V distributing panelfor light at passanger saloon (P1, 선교)

에서 voltage down되어 분지된 제1 24V charger기에서 24V DC distributing board for EMCY lighting/ nav. equipment/ intercompass sys.을 통하여 charging & discharging됨.

(2) 220V distributing panel(P1, 선교)의 trouble에 대비하여 MSB로부터의 제2 24V charger기에서 24V DC distributing board for EMCY lighting/ nav. equipment/ intercompa sys.을 통하여 charging & discharging됨

3) <u>starting battery for ME(stbd & port), and monitoring battery for ME/ water jet/ aux. eng. monitoring(stbd & port)</u>

MSB로부터의 port & stbd 24V charger기에서 port & stbd starting battery와 monitoring battery를 charging & discharging됨

3. 선교에서의 주기 및 water jet조종(stbd & port)

1) steering & reversing 조종은 S1과 S2로부터 24V 전원을 공급받아 조종을 하며 정상적으로 전원이 공급되지 않으면 2항 3)의 starting battery로부터 전원을 공급받아 조종한다(backup system, 이때 자동조종은 안되고 수동조종만 가능하다)

2) main engine/ gear box 조종도 S1과 S2로부터 24V 전원을 공급받아 조종을 하며 정상적으로 전원이 공급되지 않으면 2항 3)의 starting battery로부터 24V 전원을 공급받아 조종한다. main engine/ gear box 조종은 local control도 가능하다

III. <u>Kamewa water jet hydraulic skeleton 해설(도면 참조)</u>

1. oil system은 water jet steering 및 reversing의 hydraulic system과 water jet pump의 bearing윤활 및 sealing system의 두 가지로 나눈다.

2. water jet steering 및 reversing의 hydraulic system

1) main eng. gear box에 연결된 PTO pump(gear box의 gear로 구동되는 잔느펌프)의 oil은 V10과 V11을 거쳐 reversing cylinder(전진 및 후진)과 steering cylinder(stbd 및 port)에 작동된다.

2) 윤활용 전동pump는 water jet pump bearing윤활과 shaft sealing 역할을 한다.

3. 장착된 주요장치의 역할

① F1, F21 : check valve 및 filter

② V10, V11, V21 : 양방향(원 방향 및 크로스 방향) 이중 solenoid valve

③ V12, V13, V14 : PTO pump compensator에 연결되어 압력조정

④ PS1 : hydraulic system high pressure alarm

⑤ PS2 : PTO pump의 hydraulic system low pressure시 전동pump용 solenoid valve V21 여자되어 hydraulic preesure를 형성한다.(water jet pump bearing 윤활과 sealing은 잠정적으로 중단된다)

⑥ PS21 : lub. oil system low pressure alarm

⑦ FS21 : lub. oil system low flow alarm

⑧ V4 : hydraulic system safety valve

⑨ V24 : lub. oil system safety valve

⑩ V23 : lub. oil system pressure keeping throttle valve

⑪ V5, V31 : 전동pump가 hydraulic system에서 사용될 때의 pressure keeping valve

⑫ V18, V41, V42 : counter balance valve(작동유 압력이 급격히 빠질 때 그 상태에서 기계움직임이 정지되며 상태유지용 valve)

⑬ LS1 : tank oil low level alarm

⑭ LS2 : tank oil temp alarm

해광 출판 해기

해사안전실무

- 해사안전관리법령 및 워터제트 -
- 해사용어 · 선박인수실무 -

2022년 8월 5일 인쇄 정가 28,000원
2022년 8월 15일 발행

저 자 고한석
편 집 송영미
발 행 인 조준형 http://www.hgbookpub.com
발 행 처 해광출판사 E-mail : munbookcokr@naver.com
주 소 부산광역시 중구 해관로 41-1 (중앙동2가)
전화번호 (051) 253-0001 팩스 (051) 245-1187
등 록 제 2012-000005호

ISBN 979-11-6881-180-5